养猪实用新技术大全

朱宽佑　肖锦红　刘　聪　主编

中国农业大学出版社
·北京·

内 容 简 介

　　近年来,中国养猪业已进入一个快速转型和产业升级的历史发展时期。在适度规模养猪逐渐成为养猪业主导形式的背景下,现代化的猪场建设从设计、建筑材料、工艺流程到设施及设备配套、猪场生产及管理等诸多方面都融入了包括新材料、机电一体化及智能化控制技术、计算机远程控制技术等在内的一系列新的技术和手段,依赖自控工程进行猪生产及利用计算机技术管理猪场的时代已经来临。这将极大提高养猪生产效率,改变当今养猪业用工困难且劳务成本高企的不利局面。同时在关注动物福利、善待动物的理念倡导下,欧盟将于2013年1月1日起,全面禁止使用限位栏,将促使工厂化及规模化养猪工艺发生重大转折。本书将秉承现代化养猪的理念,系统介绍猪场选址、规划设计、主要养猪设备配套、环境控制、品种引进及杂交、饲料生产、种猪的饲养管理、哺乳仔猪的养育、保育猪的饲养管理、生长肥育猪的饲养管理及猪场经营管理等,力争把符合时代发展要求并能代表行业发展水平的猪生产技术展现出来。

　　本书可作为养猪业者的参考用书,亦可作为院校学生的参考教材或职业培训教材。

图书在版编目(CIP)数据

养猪实用新技术大全/朱宽佑,肖锦红,刘聪主编.—北京:中国农业大学出版社,2012.4(2017.3重印)

ISBN 978-7-5655-0502-7

Ⅰ.①养… Ⅱ.①朱…②肖…③刘… Ⅲ.①养猪学 Ⅳ.①S828

中国版本图书馆 CIP 数据核字(2012)第 032165 号

书　　名	养猪实用新技术大全
作　　者	朱宽佑　肖锦红　刘　聪　主编

责任编辑	赵　中　潘晓丽　邝华穆	责任校对	王晓凤　陈　莹
封面设计	郑　川		
出版发行	中国农业大学出版社		
社　　址	北京市海淀区圆明园西路 2 号	邮政编码	100193
电　　话	发行部 010-62818525,8625	读者服务部	010-62732336
	编辑部 010-62732617,2618	出　版　部	010-62733440
网　　址	http://www.cau.edu.cn/caup	e-mail	cbsszs@cau.edu.cn
经　　销	新华书店		
印　　刷	北京时代华都印刷有限公司		
版　　次	2012 年 4 月第 1 版　　2017 年 3 月第 2 次印刷		
规　　格	787×980　16 开本　29.5 印张　540 千字		
定　　价	39.00 元		

图书如有质量问题本社发行部负责调换

编写人员

主　编　　朱宽佑　　肖锦红　　刘　聪

副主编　　程　伟　　张长兴　　刘永祥
　　　　　　徐秋良　　李梦云

参　编　　邢启银　　刘金章　　彭　峰
　　　　　　李灵平　　潘彦套

前　言

中国养猪历史悠久,源远流长。从远古的农耕时代开始,养猪一直与农业文明的进步相伴,单从"家"字的解析中,可以明晰读出"猪"在中国农业社会的特定历史意义。

中国为世界第一养猪大国,2010年的生猪出栏量达到6.67亿头,占到全世界出栏量的52%,成为名副其实的养猪大国及猪肉产品消费大国。猪的饲养量占牲畜总量的60%以上,猪肉产量占到肉类总产量的65%以上,成为畜牧业生产的主要产业方向。尽管我国养猪生产在数量上占优势,但生产水平与欧洲的一些国家及美国等发达国家相比,仍有一定差距,具体表现在母猪繁殖率不高、仔猪成活率低、肥育猪出栏率低、饲料利用率低、胴体瘦肉率低等方面;另外主要体现在规模化集中程度不高,小型、分散养殖形式仍占相当比例,养猪盈利能力低下。而养殖条件及方式仍较落后这种格局正在逐渐发生变化,适度规模饲养及养猪小区建设正在演变成为行业发展的主导形式。特别是近年来,党和政府关注"三农"问题及建设社会主义新农村的战略决策出台后,各方加大了对养猪业的投入及扶持力度。养猪正成为一些地方的农业经济支柱及经济增长点。目前养猪产业正值转型和发展的重要时期,一些现代化的技术及设施(备)正在不断应用于养猪业中,一线急需大量的专门技能型人才,用来助推产业进步和改变产业增长方式。这为有志于从事养猪业的人员提供了大量就业机会和创业平台。养猪生产技能势必成为这些人进入主要就业岗位群必须具备的本领。所以,在本书的编写过程中,有来自行业第一线、从事猪生产多年的大型企业的经营管理者参与其中,力争使该书的可读性及可参考性更强。

通过对本书的学习,读者能够了解和掌握猪生产过程中所需要的基本知识和技能,为从事相关岗位工作打下良好的基础。

目　　录

第一章 适度规模化猪场的
建设与投资预测

目前,国内养猪业处于产业转型和升级的重要时期。当今及以后相当长一段时期内,适度规模化猪场的建设仍是行业发展的主流。推动和引导规模化猪场按科学化、无害化、现代化及机电一体智能化方向发展是业界科技工作者的重要任务。本章就重点介绍规模化猪场的规划建设及投资预测。

第一节 适度规模化猪场的规划与设计

猪场地址的选择是建设猪场的首要任务。正确选择场址并进行合理的建筑规划和布局,既可方便生产管理,也为严格执行防疫制度打下良好的基础。猪场选址得当能带来持久的生态收益并减少不必要的麻烦。

一、猪场选址条件

猪场选址应根据猪场的性质、规模、地形、地势、水源、土壤、当地气候条件,饲料及能源供应、交通运输、产品销售,与周围工厂、居民点及其他畜禽场的距离、当地农业生产、猪场粪污消纳能力等条件,进行全面调查,综合分析后再作出决定。

(一)地形、地势及面积

猪场地势要求高燥、平坦、背风向阳、有缓坡、排水良好。地势低洼的场地易积水潮湿,夏季通风不良,空气闷热,易滋生蚊蝇和微生物,而冬季则阴冷。有缓坡的场地便于排水,但坡度不宜大于25°,以免造成场内运输不便。

猪场生产区面积,按照繁殖母猪 60~70 m²/头设定,调整系数依据大、中、小不同规模场分别为 0.8~0.9、1.0、1.1~1.2;或按商品育肥猪 3~4 m²/头规划。生活区、行政管理区、隔离区另行考虑。若是按连体猪舍建设来规划,猪场建设面积可以适当调低。

《规模猪场建设》(GB/T 17824.1—2008)国家标准要求,100头及600头基础母猪的自繁自养商品猪场占地面积不能低于 5 333 m²(8 亩)和 26 667 m²(40 亩)。如果综合考虑猪场各功能区间的隔离带、道路及粪污处理设施建设,一个年出栏1 万头商品猪的自繁自养场,土地规划面积应为 80~100 亩。

从我国的实际情况来看,在不影响森林资源及自然景观的条件下,选择在浅山区及丘陵地带建设猪场比平原地区更加有利。

场址总体要求为:地势高燥、排水良好、背风(寒风)向阳、地形整齐开阔,最好为方形或长方形。

平原地区可选择地势较高稍向东南倾斜的地方建场;山区应选择阳坡(南山坡)建场,这样排水良好,阳光充足,场地干燥;冬季可避免西北风的侵袭,减少猪场保温设计成本。地下水位应低于地表 2 m;在靠近江河地区,场址应比历史最高水位高 1～2 m。

山区一般选择稍缓的向阳坡地建场,山坡的坡度以 1％～3％ 为宜,最大不超过 5％;避免在山口和山谷底建场。切忌在山坡、坡底、谷地和风口等处建场。

低洼潮湿的区域,特别是沼泽地附近,不仅周围环境湿度大,影响猪舍小气候的建立,更是各种病原微生物和寄生虫良好的繁殖场所,容易使猪群患病,不宜建场。

(二)水源水质

猪场水源要求水量充足,水质良好,便于取用和进行卫生防护,并易于净化和消毒。水源水量必须满足场内生活用水、猪只饮用及饲养管理用水的要求。下列各类猪每头每天的总需水量与饮用量(表 1.1)供选择水源时参考。

表 1.1　各类猪每日用水量　　　　　　　　　　　　　　　　　　L

类别	总需水量	饮用量	类别	总需水量	饮用量
种公猪	40	10	断奶仔猪	5	2
空怀及妊娠母猪	40	12	生长猪	15	6
泌乳母猪	75	20	育肥猪	25	6

在一些污染较为严重的地区,浅层地下水已被污染,打机井时的深度应以百米计,并将水送检,确认是否符合饮用水的标准才为可用。水质和出水量一样重要,要充分考虑到猪场的安全生产要求。当地水资源的相关资料可咨询省级水利有关部门做进一步的落实。

现代规模化猪生产一般采用深井取水,水量受气候、地表水、地貌、土层及人类活动的影响较小。地下水经过地层的渗滤,悬浮物和细菌被隔滤,水质较好,是比较好的水源。但有的地下水因含盐类如氯化钠、硫酸镁、硝酸盐等过高而呈碱味或硬度偏高,不适于饮用,因此选好场之后要化验水质。

如果中小型猪场采用地面水做水源,则要考虑其受污染情况、水质及水量受季节的影响等因素。地面水源一般要求取水口上游 1 000 m,下游 100 m 不能有生活、工业污水排放口。池塘一般为人工挖掘,无活水补充,水量少、易污染、自净能力差,不能作为水源。

猪场的饮用水应符合 GB 5749—2006 的标准。GB/T 17824.1—2008 推荐在干清粪工艺的规模化猪场,猪场供水总量按每百头基础母猪不能低于 20 t/d(炎热季节和干燥地区供水量可增加 25%)。

规模化猪场规划建设时,在咨询县级以上的水资源管理部门并获取相关资料的情况下,可减少取水成本。

(三)土壤特性

选择场址时应选择土质坚实、渗水性强、未被病原体污染的沙质土壤为好。避免在旧猪场场址或其他畜禽养殖场场址上重建或改建。

土壤的物理、化学和生物学特性,不仅影响猪场建筑工程的质量,而且还会影响猪的健康和生产性能。良好的场地一般情况下土质应具备以下条件:

(1)土壤结构一致,压缩性小,以利于承受建筑物的质量。

(2)土壤透气性好,易渗水,热容量大,这样可抑制微生物、寄生虫和蚊蝇的滋生,并可使场区昼夜温差较小。

(3)土壤未被传染病和寄生虫的病原体污染。

(4)土质肥沃,且不能缺乏或过多含有影响猪群健康的矿物质。

总体而言,猪舍场地要求土质坚实,渗水性强,且未被病原体污染的黄沙土壤或红壤。沙质土壤虽然渗水性好,但低温变化大,对猪的健康不利;黏性土壤虽土质坚实,但不易渗水,阴雨季节易造成场地泥泞,也不适宜建猪场。

特别要提到的是,大型猪场建设项目进行规划论证时,提供的资料应该包括由当地文物主管部门出具的无文物的勘验报告,这样项目才能得以审批。所以在一些地下文物较为丰富的地区,尽量避开那些文物疑存区域,以减少不必要的麻烦。

(四)周围环境

猪场与村镇居民点、工厂及其他畜禽场间应保持适当距离,以避免相互污染。与居民点间的距离,一般猪场应在 0.5 km 以上,大型猪场应在 1 km 以上。与其他畜禽场间距离,一般畜禽场应在 0.5 km 以上,大型畜禽场应在 1 km 以上。周围 1 km 内无化工厂、屠宰场、制革厂、造纸厂、矿山等易造成环境污染的企业。

(五)电力及交通

了解当地的供电条件是确保以后生产正常进行的前提。农村电网在夏季和冬季极端气候条件下易断电,在电力配备上应根据猪场的总用电量及未来发展需要选择合适的变压器容量和供电线路。为确保供电正常,必要时可建设双回路供电线路。一般大型规模化猪场应由二级供电网供电,并配备发电机。

一般来说,大型猪场应离交通干线(铁路和国道、省道)1 000 m以上,距离交通要道500 m以上,距离乡村公路不少于50~100 m。对于中小猪场,上述距离可适当小些,但离交通干线不能小于100 m,专业养猪户的猪舍,离住宅也应在20 m以上。

(六)气候特点

我国各地自然气候和地理条件差异很大,选址时应注意拟选场区的局部小气候特点,尽量避开养猪生产不利的局部小气候环境。

在建造猪场之前,应该查阅资料了解所在地的气象参数,如年平均气温、年最高温、年最低温、土壤冻结深度、降雨量、积雪厚度、最大风力、常年主导风向、风向频率等。为猪场建筑施工、工艺选择和保温隔热设计提供依据。

二、100头能繁母猪的猪场规划设计

100头能繁母猪的猪场生产区占地不低于6 600 m²(相当于占地10亩),如果将保育舍及生长肥育舍分点隔离设置,应增加隔离区间面积,增加量在2 000 m²左右,如果考虑辅助生产用房及生活区的建设用地,猪场占地面积应该达到15亩以上。

场址选定后,考虑当地气候、风向、地形地势、猪场建筑物和设施的大小,合理规划全场的道路、排水系统、场区绿化、粪污处理等,安排各功能区的位置及每种建筑物和设施的位置和朝向。布局应整齐紧凑,节约土地,运输距离短,便于经营,利于生产。

(一)场地规划

大型猪场一般可分为4个功能区。即生活区、生产管理区、饲养生产区、隔离区。为便于防疫和生产,应根据当地全年主导风向与地势,有秩序地安排以上各功能区,即生活区→生产管理区→饲养生产区→隔离区(图1.1)。不过对于只有100头母猪的猪场,可将生活区与生产管理区合二为一来安排规划。

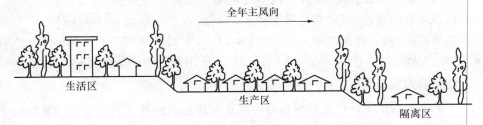

图1.1 猪场各区依地势、风向规划图

1. 生产管理、生活区

生产管理区、生活区应设在猪场大门外面,独成一院。为保证良好的卫生条件,避免生产区臭气、尘埃和污水的污染,该区要设在上风向或偏风方向和地势较高的地方,其位置应便于与外界联系。

生产管理、生活区包括办公室、饲料加工调配车间、饲料储存库、水电供应设施、车库、杂品库、消毒池、更衣消毒间、洗澡间、职工宿舍、食堂及其他用房等。该区与饲养工作关系密切,故距饲养生产区距离不宜太远。饲料库应靠近进场道路处,并在外侧墙上设卸料窗,场外运料车辆不进入饲养生产区,饲料由卸料窗入料库;消毒、更衣、洗澡间应设在猪场大门一侧,进饲养生产区人员一律经洗澡、消毒、更衣后方可入内。

2. 饲养生产区

饲养生产区是猪场的主体部分。包括各类猪群的猪舍、饲料准备库、人工授精室等生产设施,是猪场的最主要区域。饲养生产区严禁外来车辆进入,也禁止饲养生产区车辆外出。各猪舍由料库内门领料,用场内小车运送。在靠围墙处设装猪台,禁止外来车辆进入猪场。

(1)猪舍安排。猪舍的安排一定要考虑各类猪群的生物学特性和生产利用特点。公猪舍应建在猪场的上风区,与母猪舍保持 20 m 以上距离,依次安排育成猪舍、哺乳母猪舍、妊娠母猪舍。后备猪舍、肥育猪舍应建在距场门口近一些的地方,以便于运输。

(2)饲料准备库。宜安排在猪场的中间位置,既考虑缩短饲喂时的运输距离,又要考虑向场内运料方便。

(3)人工授精室。人工授精室应安排在公猪的一侧,如同时承担场外母猪的配种任务,场内、场外应双重开门。

3. 隔离区

包括新购入种猪的饲养观察室、兽医室和隔离猪舍、尸体剖检和处理设施、积肥场及贮存设施等。该区是卫生防疫和环境保护的重点,应设在整个猪场的下风或偏风方向、地势低处,以避免疫病传播和环境污染。

(二)场内道路与场内的防护设施规划

场内道路应分设净道、污道,互不交叉。净道用于运送饲料、产品等;污道则专运粪污、病猪、死猪等。场内道路要求防水防滑,生产区不宜设直通场外的道路,而生产管理区和隔离区应分别设置通向场外的道路,以利于卫生防疫。

场区排水设施为排除雨、雪水而设。一般可在道路一侧或两侧设明沟排水,也可设暗沟排水;但场区排水管道不宜与舍内排水系统的管道通用,以防杂物堵塞管道影响舍内排污,并防止雨季污水池满溢,污染周围环境。

场界要划分明确,四周应修建较高的围墙或坚固的防疫沟,防止场外人员和其他动物进入场区,在防疫沟内放水,可有效地切断外界的污染来源。在场内各区域间,也应设较小的防疫沟或围墙,亦可栽植隔离林带。

在猪场大门及各区域和各排猪舍入口处,应设消毒设施,如车辆消毒池、脚踏消毒槽、喷雾消毒室、更衣换鞋间装设紫外线灯(图1.2)。

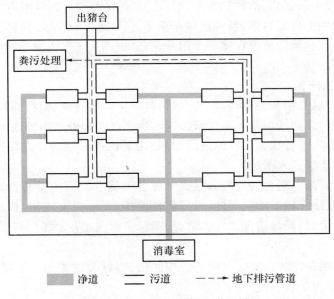

图1.2　生产区内污道、净道规划图

(三)场区绿化

植树、种草,搞好绿化,对改善场区小气候有重要意义。场区绿化可按冬季主导风向的上风向设防风林,在猪场周围设隔离林,猪舍之间、道路两旁进行遮阳绿化,场区裸露地面上可种花草;为控制场内蚊子的密度,可在走道边、猪舍间种植艾草、矮柏。场区绿化植树时宜多栽植高大的落叶乔木,防止夏季阻碍通风和冬季遮挡阳光。

(四)建筑物布局

猪场建筑物的布局在于正确安排各种建筑物的位置、朝向、间距。布局时需考虑各建筑物间的功能关系、卫生防疫、通风、采光、防火、用地等。

生产管理、生活区与场外联系密切,为保障猪群防疫,宜设在猪场大门附近,门口分设行人和车辆消毒池,两侧设值班室和更衣室。生产区各猪舍的位置需考虑配种、转群等联系方便,并注意卫生防疫。种猪、仔猪应置于上风向和地势高燥处。妊娠猪舍、分娩猪舍应安排在较好的位置,分娩猪舍要靠近妊娠猪舍,又要接近仔猪培育舍,生长育成猪舍靠近育肥猪舍,育肥猪舍设在下风向。商品猪置于离场门或围墙近处,围墙内侧设装猪台,运输车辆停在围墙外装车。商品猪场可按种公猪舍、空怀母猪舍、妊娠母猪舍、产房、断奶仔猪舍、肥猪舍、装猪台等建筑物顺序靠近排列。病猪和粪污处理置于全场最下风向和地势最低处,距生产区宜保持至少50 m 的距离。

猪场内建筑物排列整齐、合理,既要利于道路、给排水管道、绿化、电线等的布置,同时便于生产和管理工作。猪舍之间的距离以能满足光照、通风、卫生防疫的要求为原则。距离过大则猪场占地过多,间距过小则南排猪舍会影响北排猪舍的光照,同时也影响其通风效果,也不利于防疫。根据光照、通风、卫生防疫等各种要求,猪舍间距一般以 3～5 倍 H(H 为南排猪舍檐高)为宜。一般两排之间的距离以 10～15 m 为宜。猪场的总体布局如图 1.3 所示。

若规划土地充裕,可采用区块规划方式:即将繁殖区(舍)、保育区(舍)、生长肥育区(舍)按分割区块设置,形成二点式或三点式饲养格局,彼此间距达到 1 000 m 以上,有利于防疫安全(图 1.4)。

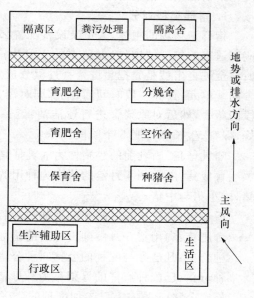

图 1.3 猪场布局示意图

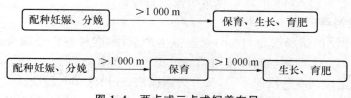

图 1.4 两点或三点式饲养布局

(五)工艺流程设计及主要技术指标

集约化养猪的目的是要摆脱分散的、传统的、季节性的生产方式,建立工厂化、程序化、常年均衡的养猪生产体系,从而达到生产的高水平和经营的高效益。养猪生产以生产线形式实行流水作业,按固定周期(以旬、周或日为单位)常年连续均衡生产。

全进全出、均衡的流水化生产需要将猪群分成若干阶段及单元,并以此划分生产车间,生产上将配种、妊娠、分娩、保育、育成、育肥等6个环节有机联系起来,分工明晰、责任明确、密切配合,使整个生产有节奏地、均衡稳定地进行,这是现代规模化猪场的生产组织形式,并在此基础上形成猪场的生产工艺流程。

1. 猪群类型划分

猪群是猪场的主体,人员及设备配置都是为猪群的有效生产服务,规模化猪场应有适宜的猪群结构,确保猪群的正常生产、周转和淘汰,以达到全进全出饲养。所谓全进全出就是先把猪群繁育过程分成几个阶段,同阶段同一群猪同时进入猪舍同一单元,饲养一段时间后,全部同时离开原猪舍,进入清洁干燥的下一生产阶段的猪舍,然后对原猪舍进行清洁消毒。一般生产上将猪群划分为配种妊娠、分娩、保育、生长和育肥5个阶段。

哺乳仔猪:断乳前的小猪称为哺乳仔猪;

育成猪:断乳到4月龄的猪作为种用的猪称为育成猪,作为肉用的猪叫称生长猪,或小猪与中猪;

后备猪:种用猪5月龄到配种前称为后备猪;

育肥猪:肉用猪5月龄到出栏前的猪称为育肥猪;

种公猪:凡已参与配种的公猪叫种公猪;

种母猪:已配种产仔的母猪称为种母猪;

检定公猪:1岁左右已参加配种的公猪称为检定公猪;

基础公猪:经检定合格的1.5岁以上的公猪称为基础公猪;

检定母猪:1岁左右、产仔1～2胎的母猪称为检定母猪;

基础母猪:经检定合格的1.5岁以上的母猪称为基础母猪;

核心群母猪:2～5岁的基础母猪叫做核心母猪。

2. 阶段饲养工艺

100头母猪的猪场按旬(10 d)来安排生产节律,能较好保证圈舍的合理规划及猪群的流转。大型猪场则可按周、3 d或更短的节律来安排。

生产工艺按饲养阶段的不同,又分为四段法、五段法和六段法。

(1)四段法。

①配种妊娠阶段:此阶段母猪要完成配种并渡过妊娠期。配种约需1周,妊娠

期 16.5 周,母猪产前提前 1 周进入产房。母猪在配种妊娠舍饲养 16～17 周。如猪场规模大,可把空怀和妊娠分为 2 个阶段,空怀母猪在 1 周左右配种,然后观察 3 周,确定妊娠后转入妊娠猪舍,没有妊娠的转入下批继续参加配种。

②产仔哺乳阶段:同一周配种妊娠的母猪,要按预产期最早的母猪,提前 1 周同批进入产房,在此阶段要完成分娩和对仔猪的哺育,哺乳期为 3～5 周,母猪在产房饲养 4～5 周,断奶后仔猪转入下一阶段饲养,母猪回到空怀母猪舍参加下一个繁殖周期的配种。

③断奶仔猪培育阶段:仔猪断奶后,同批转入仔猪保育舍,这时幼猪已对外界环境条件有了一定的适应能力,在保育舍饲养 5～7 周,体重达 25 kg 以上,再共同转入生长肥育舍进行生长肥育。

④生长肥育阶段:由育仔舍(仔猪保育舍)转入生长肥育舍的所有猪只,按生长肥育猪的饲养管理要求饲养,共饲养 13～14 周,体重达 100 kg 时,即可上市出售。生长肥育阶段也可按猪场条件分为中猪舍和大猪舍,这样更利于猪的生长。

通过以上 4 个阶段的饲养,当生产走入正轨后,就可以实现每周都有配种、分娩、仔猪断奶和商品猪出售,从而形成工厂化饲养的基本框架。其工艺流程如图 1.5 所示。

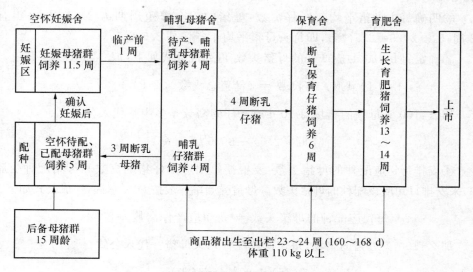

图 1.5　4 阶段饲养生产工艺流程示意图

(2)五段法。根据猪的生理特点,分别将其饲养在空怀妊娠舍、分娩哺乳舍、断奶仔猪保育舍、生长猪舍和肥育猪舍内。五段法和四段法不同之处,是把商品猪分成生长和育肥 2 个阶段,根据其对饲料和环境条件的要求不同,最大可能地满足其需要,充分发挥其生产潜力,提高养猪效率;但与 4 阶段比较,增加了一次转群负担和猪只的应激机会。

(3)六段法。根据猪只的生理特点,专业分工更细,在五段法的基础上,又把空怀与妊娠母猪分开,单独组群。这种饲养工艺适合于大型猪场,便于实施全进全出的流水式作业;另外,断奶母猪复膘快、发情集中、易于配种;猪只生长快、养猪效率高。但六段法的转群次数较多,增加了劳动量,增加了猪只的应激反应。

3. 按工艺流程确定各阶段生产指标计划

集约化养猪实行常年产仔,中、早期断奶,提高母猪的利用率,充分利用猪舍、设备。以固定期限(10 d 或周)为单位,安排母猪的配种、繁殖和猪群周转(即生产节律)。

(1)配种计划的确定。

①首先确定母猪繁殖周期:母猪的繁殖周期包括空怀期、妊娠期和哺乳期。妊娠期平均为 16.5 周,空怀期为 1 周,目前我国集约化养猪多采用仔猪 21 日龄断奶,也就是哺乳期 3 周,这样母猪的一个繁殖周期为 20.5 周(144 d,可按 150 d 计)。

②明确每头母猪平均年产仔窝数:母猪的一个繁殖周期为 20.5 周,一年有 52 周,52÷20.5=2.5(窝),即每头母猪平均年产仔是 2.5 窝。

③确定每旬(10 d)应产仔的母猪头数 可列成公式如下:

$$每 10 \text{ d 应产仔窝数} = (母猪总头数 \times 2.5) \div 36.5$$

那么:100 头母猪的猪场每 10 d 应产仔的窝数是多少? 代入公式:

$$(100 \times 2.5) \div 36.5 \approx 7(窝)$$

④安排每旬应配种的母猪头数:要根据每旬应产仔猪的窝数和母猪配种受胎率,来安排每旬应该配种的母猪头数。母猪受胎率一般按 80% 掌握,列成公式如下:

$$每旬应配种的母猪头数 = 每旬应产仔窝数 \div 80\%$$

那么:100 头母猪的猪场,每旬应该配种几头母猪? 代入公式:

$$7(窝) \div 80\% \approx 9(头)$$

所以,100 头母猪的猪场,每旬应该配种 9 头母猪。

(2)各阶段生产指标设定。无论新建猪场还是投产后的猪场,制定生产指标都要和当地的养猪水平相适宜,指标过高、过低都不利于生产管理。

根据目前我国养猪生产实际情况,集约化猪场生产指标应达到合理标准(表 1.2)。国标《规模猪场建设》(GB/T 17824.1—2008)及《规模猪场生产技术规程》(GB/T 17824.2—2008)为规模化猪场也设定了相关指标,可以参考选用。

表 1.2　集约化猪场主要生产指标

项目	参数	项目	参数
妊娠期/d	114	每头母猪年产活仔数	
哺乳期/d	21	初生时/头	22.5
保育期/d	42～49	21 日龄/头	20.3
断奶至受胎/d	7～14	22～70 日龄/头	19.2
繁殖周期/d	143～150	71～160 日龄/头	18.9
母猪年产胎次	2.5	每头母猪年产肉量(活重)/kg	1 890.0
母猪窝产仔数/头	10	平均日增重/g	
窝产活仔数/头	9	初生至 21 日龄	224
成活率/%		36～70 日龄	408
哺乳仔猪	90	71～160 日龄	822
断奶仔猪	95	公母猪年更新率/%	33
生长育肥猪	98	母猪情期受胎率/%	80
初生至 160 日龄体重/kg		公母比例(人工授精)	1：200
初生时	1.3	圈舍冲洗消毒时间/d	7
21 日龄	6.0	繁殖节律/d	7
70 日龄	25	母猪临产前进产房时间/d	7
160 日龄	100	母猪配种后原圈观察时间/d	21

注:繁殖节律会视养猪规模而变化,100 头母猪场可定为 10 d。

(3)合理的猪群结构。集约化猪场的猪群是由种公猪、种母猪、后备猪、哺乳仔猪、保育仔猪、生长肥育猪等构成。这些猪在猪群中的比例关系称为猪群结构。按照生产指标的要求,集约化猪场生产走向正常以后,生产上就会出现每旬都有产仔,每旬都有仔猪断奶,每旬都有培育猪转到生长猪舍,每旬都有商品猪出售,猪场的日常存栏应出现相对稳定的状态。100 头成年母猪的猪场,其猪群结构应为:

$$空怀待配舍母猪头数 = \frac{总母猪头数 \times 饲养日数}{繁殖周期}$$

$$= \frac{100 \times (14 + 21)}{150} \approx 23(头)$$

$$妊娠舍母猪头数 = \frac{总母猪头数 \times 饲养日数}{繁殖周期}$$

$$= \frac{100 \times (114 - 21 - 7)}{150} \approx 57(头)$$

$$分娩舍母猪头数 = \frac{总母猪头数 \times 饲养日数}{繁殖周期}$$

$$= \frac{100 \times (7 + 21)}{150} \approx 19(头)$$

$$哺乳仔猪头数 = \frac{总母猪头数 \times 年产胎次 \times 每胎产活仔数 \times 饲养日数}{365}$$

$$= \frac{100 \times 2.5 \times 9 \times 21}{365} \approx 129(头)$$

$$22 \sim 70 日龄保育仔猪头数 = \frac{\begin{array}{c}总母猪头数 \times 年产胎次 \times 每胎产活仔数 \\ \times 断奶成活率 \times 饲养日数\end{array}}{365}$$

$$= \frac{100 \times 2.5 \times 9 \times 0.9 \times 49}{365} \approx 272(头)$$

$$生长育肥舍中猪头数 = \frac{\begin{array}{c}总母猪头数 \times 年产胎次 \times 每胎产活仔数 \\ \times 断奶成活率 \times 保育成活率 \times 饲养日数\end{array}}{365}$$

$$= \frac{100 \times 2.5 \times 9 \times 0.9 \times 0.95 \times 90}{365} \approx 474(头)$$

因此,100 头成年母猪的猪场的猪群结构为:

空怀待配舍母猪 23 头;

妊娠舍母猪 57 头;

分娩舍母猪 19 头;

哺乳仔猪约 129 头;

保育仔猪 272 头;

生长肥育猪 474 头,另有后备母猪 30～35 头;

成年公猪 2 头;

后备公猪 1 头。

合计存栏:1 007 头左右。

如果猪群结构达到上述标准,说明生产正常,如果哺乳仔猪、保育仔猪和生长肥育猪低于上述标准,总存栏低于 1 000 头,说明生产上某个环节存在问题,应加以解决。

4. 按工艺流程建设或安排生产车间

一个集约化养猪场建场时要有严格的规划与设计,工艺流程确定以后,按猪场的工艺设计要求,安排配种妊娠舍、产房、育仔舍、育肥舍和各猪舍内的栏位。场内猪群周转、建筑的合理利用,都必须和生产工艺、防疫制度、机械化程度紧密联系,以做到投产后井然有序,方便管理。

(1)确定各类猪舍栋数。

①确定繁殖节律:组建起哺乳母猪群的时间间隔(天数)叫做繁殖节律。严格合理的繁殖节律是实现流水式生产工艺的前提。按一定时间间隔按一定规模组成一猪群,在指定的圈舍单元内饲养一定时间,然后转出或屠宰,空出的圈舍单元接纳新一批猪群,这样能保证全场的流水式生产;也是均衡生产商品猪、有计划利用猪舍和合理组织劳动管理的保证。繁殖节律按间隔天数可分为 1 d、2 d、3 d、7 d或 10 d 制,视集约化规模而确定。年产 5 万~10 万头商品肉猪的大型猪场多实行 1 d 或 2 d 制,即每日有一批猪配种、产仔、断奶、仔猪育成和肉猪出栏;年产 1 万~3 万头商品肉猪的企业多实行 7 d 制,规模较小的养猪场一般采用 12 d、28 d 或 56 d 制。如前所述,这里按 10 d 的节律安排。

②确定生产群的群数:应组建的生产群的群数是按照各生产群的猪在每个工艺阶段的饲养日除以繁殖节律来计算的。再根据每个工艺阶段每猪群头数除以群数即可得到每群的头数。

以 100 头生产母猪场为例计算的结果见表 1.3。

表 1.3　100 头母猪场各类猪群的头数及群数

猪群类型	饲养日	繁殖节律	群数	总头数	每群头数
空怀待配母猪	28	10	3	23	8
妊娠母猪	86	10	9	57	7
哺乳母猪	35	10	4	20	5
保育仔猪	42	10	4	272	68
生长育肥猪	90	10	9	474	53

③各类猪舍栋数的估算:安排猪舍的栋数,既要考虑全进全出的安全管理及消毒空置 1 周,又要兼顾栋数不要太多的建设便利。实际上,不考虑安装大型通风设备的要求,小型猪场如果设定的群体头数较少的话,可采用一群一个单元的建筑模式。

空怀待配母猪舍:如果 3 个生产群占一栋猪舍,考虑消毒需要加 1 个单元,就是一栋建设 4 个单元式空怀待配母猪舍。

　　另外,考虑到公猪及后备猪的分批补充,在空怀待配舍加设2个公猪栏,1个后备公猪栏及1个后备母猪栏(单元)。可以将2个公猪栏设为一个单元,后备公猪及后备母猪设为一个单元。这样在空怀待配舍需要加设2个单元。

　　妊娠母猪舍:如果每一个生产群占1栋,猪舍则需9栋独立小型猪舍,加上消毒日则为10栋,这样既不经济,又无必要。可以考虑多个生产群占同一栋猪舍,如果5个生产群占1栋,考虑消毒需要实建数为2栋就够了。

　　以上是按空怀圈养、妊娠限位栏饲养来设计的,如果采用母猪自动化精确饲喂系统则无需将二者分开安排,将空怀、妊娠母猪置于同一圈舍下采用自动化喂养就可以了。

　　哺乳母猪舍:按繁殖节律组建的分娩哺乳母猪群应各占一独立猪舍,但本例养猪规模的猪群数和群体头数都不大,同时考虑加温的处置方式,还要考虑消毒时间(一般为7 d),则哺乳母猪舍仍然采用一栋6个单元的建设模式。单元空间独立,确保全进全出。

　　保育仔猪舍:把消毒时间算在内,可安排2栋猪舍,一栋安排2个单元,一栋安排3个单元。

　　生长育肥猪舍:如加上消毒日可按10个单元群来考虑建设猪舍,每栋安排5个单元群,建设2栋猪舍就行了,非常便于建设和管理。

　　综上所述,100头基础繁殖母猪场需要:

空怀待配舍(包括6个单元)	1栋
妊娠母猪舍	2栋
哺乳母猪舍(包括6个单元)	1栋
保育仔猪舍	2栋
生长育肥猪舍	2栋

总计8栋猪舍不同设计要求的猪舍就够了。

　　(2)猪舍内净跨度及建筑面积的计算。计算各类猪舍舍内净跨度要综合考虑猪群类别、数量、每头猪占栏面积、栏宽、栏距墙距离、栏位排列方式、走道宽、猪舍一端或两端预留空间等因素。

　　①各类猪群圈养密度技术参数见表1.4。

　　②其他技术参数(按双列布局):过道宽1.2 m;栏(宽)2.2~3 m;栏距墙0.8~1.2 m;猪舍端预留空间3~4 m。

　　③各类猪舍舍内净跨度计算:本计算仍以上述假定为准。

　　空怀待配舍(1栋):按单边向阳栏位建设猪舍(充分考虑母猪接受自然光照)。栋内设空怀待配母猪栏4个(单元),每个栏养8头,每栏面积＝8×1.5 m² ＝

12 m²;1个后备母猪栏按20头设计,面积为12 m²;2个公猪栏、1个后备公猪栏各为6 m²,则总栏位面积为4×12+1×12+3×6=78(m²)。栏呈单列式布局,单列栏宽3.1 m,栏净长度为25.2 m。舍端预留空间为5.8 m(用于采精、精液处置),北侧设走道1.2 m,则舍内净跨度为长=25.2+5.8=31(m),宽=3.1+1.2=4.3(m)。那么,该栋猪舍的建筑面积应不低于135 m²(包括人工授精室25 m²)。

表1.4　不同功能猪场猪群的建议圈养密度

技术要求	猪群类别	每栏养猪头数/头		每头占床面积/m²	
		商品场	育种场	商品场	育种场
群养栏	后备公猪	10	10	2	2
	空怀及妊娠前期母猪	8	6	1.5	1.8
	妊娠后期母猪	2	2	2.5	2.5
	保育猪	10～30	10～30	0.25	0.3
	后备母猪	20(10)	20(8)	0.6	0.7
	肥育期	50		0.5	
	生长育肥猪	20		0.7	
	种公猪	10		2.5	
个体栏	种公猪	1	1	7	7
	妊娠后期与泌乳期母猪	1	1	5	6

图1.6是大型猪场的空怀待配舍平面示意图。本案例(100头母猪场)只取单列就是了。

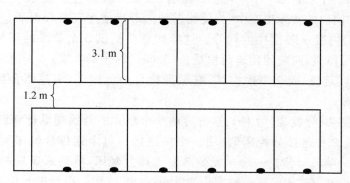

图1.6　空怀待配舍平面示意图

妊娠母猪舍(2栋):每栋可容纳妊娠母猪7×5=35(头),采用限位栏饲养,栏宽0.65 m,长2.3 m,单列式布局(充分考虑母猪接受自然光照),栏距墙0.8 m,舍端预留空间为5 m(储物间),过道1.2 m,则舍长为0.65×35+5≈28(m),宽为

2.3＋0.8＋1.2＝4.3(m)。那么，每栋妊娠舍建筑面积不低于 120 m²，2 栋舍需建 240 m²。

图 1.7 是大型猪场的妊娠舍平面示意图。本案例(100 头母猪场)只取单列就是了。

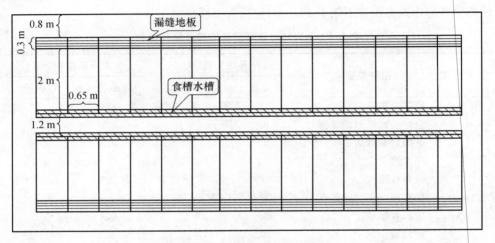

图 1.7　妊娠舍平面示意图

以上是按空怀圈养、妊娠限位栏饲养来设计建设的，如果采用母猪自动化精确饲喂系统，按每套设备饲喂 50 头空怀、妊娠母猪来算，只要 2 套设备就够了。建筑面积按每头母猪 1.8 m² 计算，建 2 栋各 90 m² 的圈舍就能满足要求(共计 180 m²)。在国内的实际生产中，为使配过种的母猪便于观察和保胎，可在配种后的 4 周(28 d)内置于限位栏内饲养。这样就需要提供 3 个节段的限位栏饲养容量，即 24 个限位栏，对应的建筑面积是长(0.65×24＋2)×宽(2.3＋0.8＋1.2)≈76(m²)。这就是说，周全考虑空怀、妊娠母猪自动化饲养，所建圈舍面积不低于 258 m²。

哺乳母猪舍(分娩舍)(1 栋)：这栋容纳 6 个单元的分娩哺乳母猪群(每群 5～6 头)，舍内装 2 头连排分娩床(共用一个保温区)，每个连排分娩床宽 3.7 m，长 2.3 m，装 2 头哺乳母猪。一个单元装 3 套连排分娩床，单列式布局，单元空间独立，用墙隔开，设可封闭门道。栏距墙 0.8 m，过道 1.2 m，则每单元长为 3.7×3＝11.1(m)，宽 2.3＋0.8＋1.2＝4.3(m)。每个单元建筑面积不低于 11.1×4.3≈48(m²)(考虑单元墙体占用面积)。那么 6 个单元的建筑面积不得低于 288 m²。舍端预留空间为 3 m(约 15 m²)，共计 303 m²。

图 1.8 是大型猪场的哺乳母猪舍平面示意图。本案例(100 头母猪场)只取单

列就是了。

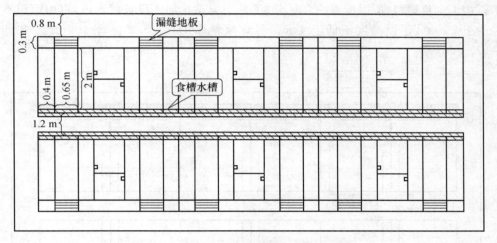

图 1.8　哺乳母猪舍平面示意图

仔猪保育舍（2 栋）：每群容纳 68 头保育仔猪，按单窝（10～13 头）式保育安排，计有 7 个保育栏。每头占栏位面积按 0.4 m² 计，每窝所需面积为 4～5.2 m²（若是地暖水浴式厕所养殖工艺则应加大面积）。按单列式布局，过道 1.2 m，栏墙距 0.3 m，栏宽按 2 m，舍端预留空间按 3 m 计，那么三单元舍长 7×2×3＋3＝45(m)，舍宽 2.8＋1.2＋0.3＝4.3(m)。二单元的保育舍建筑长度约为 31 m，舍宽一样为 4.3 m；那么 3 个单元的仔猪保育舍建筑面积为 194 m²。二单元的建筑面积为 133 m²。2 栋共计建筑面积不低于 327 m²。

图 1.9 是大型猪场的保育舍平面示意图。本案例（100 头母猪场）只选取单列就是了。

生长育肥舍（2 栋）：每栋可容纳 53×5＝265(头)生长育肥猪，每头生长育肥猪按 0.75 m² 计，单群按 20 头饲养，所需面积为 15 m²。单列式布局，舍端预留空间 2 m，过道宽 1.2 m，栏宽按 3 m 计，则舍长＝5×13＋2＝67(m)，宽＝3.1＋1.2＝4.3(m)。2 栋总建筑面积为 2×(67×4.3)＝576(m²)。

图 1.10 是大型猪场的生长育肥舍平面示意图。本案例（100 头母猪场）只选取单列就是了。

综上所述，100 头繁殖母猪的猪场，用于养猪生产所需的猪舍建筑面积为 135＋240＋303＋327＋576＝1 581(m²)。

如果采用母猪自动化饲养设备，则所需建筑面积约为 1 600 m²。

(3)其他功能建筑（区）的规划设计。饲料加工车间：考虑目前大多数猪场为自行加工全价饲料，所以配置一套时产 3T 的半自动化加工设备就可以，占用面积不少于 20 m²，建设高度不低于 4 m。另建原料库 150 m²，成品库 100 m²。共计 270 m²。

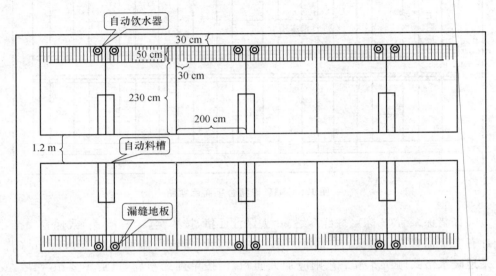

图 1.9　保育舍平面示意图

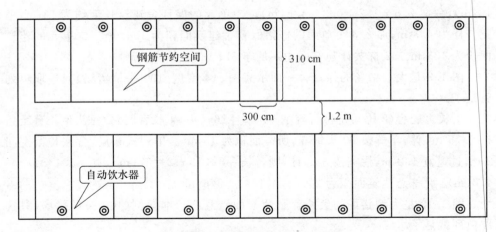

图 1.10　生长育肥舍平面示意图

公猪及后备猪运动场：在空怀待配猪舍的北侧设运动场，在规划时应充分考虑，面积在 300 m² 以上，能满足公猪及后备猪的运动所需。

隔离舍：独立建设，面积不小于 50 m²，用于观察猪群及隔离饲养。

装猪台：可建成与 3 层或 2 层笼位车体相适配的固定装猪台，上行猪道坡度应在 40°左右。市场上亦有移动式电动升降导引梯供选用。

办公及生活区：安排办公室 1 间，20 m²，职工宿舍 2 间各 10 m²，食堂 10 m²，淋浴、卫生间 10 m²，共计 60 m²，为改善职工生活条件和质量，可修建专门的娱乐场所。

猪场以上其他附属用建筑面积共计 380 m²。

对于大型猪场，生活区与办公区应分开布局建设，对应面积将要充分考虑猪场的实际需要及生产发展的需要，要把对员工的人文关怀的工作和生活物质条件落实到位，要考虑到员工对运动、娱乐等生活多样化的需求。

对于种猪场而言，还应建用于客户来场观察、挑选种猪的选猪舍。面积根据种猪生产规模来定。

5. 特别提示

工厂化养猪不仅表现在生产工艺流程及生产设施的外在形式上，更重要的体现在核心管理理念上——猪群的全进全出（将所有的猪一批一批地圈养）。所以，在建设规模猪场或改造旧猪场时，结合猪生产工艺流程，一定要实现猪群流转的全进全出，做到猪群每批次的数量与容纳的圈舍的适配；做到批次流转间的对应圈舍的适配，真正使猪群在流水线上有节奏、顺利地流动。

全进全出的模式是在猪场规划建设时就应该充分考虑到的重要内容，而不是等猪场建设好以后再实施的猪群管理模式。我国工厂化养猪发展的前期阶段，大部分规模猪场并没有实现真正意义上全进全出的流转形式，所以带来巨大的疫病防治压力，猪场生产指标不高与此也有很大关系。到目前为止，有些规模猪场仍然没有实现全进全出的猪群管理模式。

（1）全进全出的优点：每批猪必须做到以下几点。

①被限养在同一个猪舍里，每个圈舍有自己的地板和空气通道，即：每批猪之间的环境完全隔开。

②有相同的年龄，或在生命周期的同一阶段。

③离开或进入某一猪舍在同一时间。

在全进全出系统，每一分娩舍必须在生产周期同一阶段的母猪和小猪。最典型的管理方法是：在整个分娩和哺乳期，同一周分娩的母猪始终在同一间分娩猪舍。下一周分娩的母猪始终在下一间分娩舍。因此，同一分娩舍的所有胎次的仔猪，在同一年龄和同一时间断奶，所有的仔猪作为一批一起移出分娩舍。在移进下一批母猪前，这间分娩舍将被彻底清洗消毒，然后晾干。需要多少分娩房间，决定于在每间猪舍完成这个阶段所需的时间。分娩舍设备配置的原则是满足全进全出的原则。

(2)全进全出系统要满足以下 3 个管理的要求。

①卫生。在不同批的母猪分娩前,分娩舍及设备要求彻底清洗消毒。干净和无菌是分娩管理成功的关键。不放空的猪舍是无法彻底清洗消毒的。只有每间猪舍放空和彻底清洗消毒,全进全出系统才有效。而传统的饲养系统是不可能这样做的,否则将会干扰生产。

②环境。全进全出系统使生产者容易给每批同龄的小猪提供稳定的环境。这一间分娩舍的环境条件最适合新生仔猪,那么另一间分娩舍的环境条件将适合大一些的哺乳仔猪。传统的饲养系统、环境条件不可能满足不同年龄小猪的需要。

③减少疾病传播。全进全出系统使生产者避免了不同年龄的猪群混在一起。当不同年龄的猪群分开饲养,猪群交叉感染和暴露给病原的机会将减少。主要的原因是不同猪群带的病菌不同,全进全出系统将减少猪群暴露给病菌的机会。

三、猪场建设及设施配置

一旦确认养殖规模及相应的生产工艺后,就要依据圈舍布局和建设面积来进行猪场建设以及完成相关养猪设施、设备配置。下面主要介绍规模化猪场建设中涉及的建设内容。

(一)猪舍的型式

猪舍按屋顶形式、墙壁结构与窗户以及猪栏排列等形式分为多种。生产实践中要按照当地气候条件、投资水平等实际因素来安排具体规模猪场的建设,不可贪大求全,也不能因陋就简,以确保安全生产、管理便利、满足猪的需求为重要原则。

1. 按屋顶形式分

按屋顶的形式分为坡式、平顶式、拱式、钟楼式和半钟楼式猪舍。

(1)坡式。又分为单坡式、不等坡式和双坡式 3 种。单坡式猪舍跨度较小,结构简单,通风透光,排水好,投资少,节省建筑材料。较适合于小型猪场。不等坡式猪舍的优点与单坡式相同,其保温性能良好,但投资较多。双坡式猪舍可用于各种跨度,一般跨度大的双列式、多列式猪舍常采用这种屋顶。双坡式猪舍保温性好,若设吊顶则保温隔热性能更好。

(2)平顶式。平顶式的优点是可以充分利用屋顶平台,保湿防水可一体完成,不需要再设天棚。缺点是防水较难做。

(3)拱式。拱式的优点是造价较低,可以建大跨度猪舍。缺点是屋顶保温性能较差,不便于安装天窗和其他设施,对施工技术要求也较高。

(4)钟楼式和半钟楼式。钟楼式和半钟楼式在猪舍建筑中采用较少,在以防暑为主的地区可考虑采用此种形式。

　　猪舍建筑中常用的主要屋顶样式见图1.11。目前规模化猪场建设中,以双坡式和拱式的屋顶为多,中间都加隔热层(泡沫板)。若选用单列栏位布局、建筑跨度又不大的猪舍(如前所述),可采用不等坡式或单坡式建设,有助于成本降低。

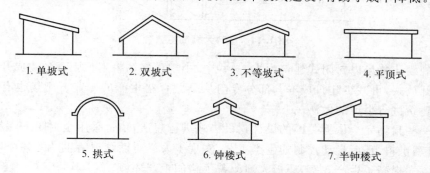

图 1.11　不同样式的猪舍屋顶

2. 按猪舍封闭程度分

　　按猪舍封闭程度可分为开放式、半开放式和密闭式。密闭式猪舍又可分为有窗式和无窗式。

　　(1)开放式。猪舍3面设墙,前面无墙,通常敞开部分朝南,通风采光好;其结构简单,造价低,但受外界影响大,较难解决冬季防寒,使用者较少。

　　(2)半开放式。猪舍3面设墙,前面设半截墙,其保温性能略优于开放式;开敞部分在冬季可加以遮挡形成封闭状态,从而改善舍内小气候。建造简单,投资少,见效快,在农村小型猪场和养猪户中很受欢迎。此外还有种养结合塑料棚舍。

　　(3)封闭式。分为有窗式封闭猪舍和无窗式封闭猪舍。有窗式封闭猪舍4面设墙,窗户设在纵墙上;寒冷地区,猪舍南窗大,北窗小,以利于保温。夏季炎热的地区,可在两纵墙上设地窗,或在屋顶设风管、通风屋脊等。无窗式猪舍与外界自然环境隔绝程度较高,墙上只设应急窗,供停电时应急用,不作采光和通风用。如母猪产房,仔猪培育舍。常见猪舍类型见图1.12、图1.13、图1.14。

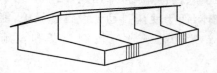

图 1.12　开放式猪舍

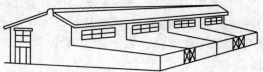

图 1.13　带外圈的密闭式猪舍(大型猪场少用)

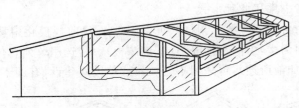

图 1.14　塑料大棚简易猪舍

　　规模化猪场以封闭式建筑为主,一些中、小规模猪场将生长肥育舍建成开放式或半开放式,可减少建筑成本。部分专门从事肥育猪生产的专业育肥场也有采用简化建筑进行生产的做法。

　　一些猪场完全依据美国的设计建设模式进行建造,猪舍采用全封闭、全漏缝地板、自动供料、环境自动控制的生产工艺,实现了人机对话管理猪生产的各个环节,不仅大大提高了生产效率,还极大地改善了猪的生产环境。

3. 按猪栏排列分

　　按猪栏排列形式可分为单列式、双列式、多列式。

　　(1)单列式。猪舍中猪栏排成 1 列,靠北墙一般设饲喂走廊,舍外可设或不设运动场。这种猪舍适合于养种猪。

　　(2)双列式。猪舍中猪栏排成 2 列,中间设一走道,有的还在两边设清粪通道。这种猪舍多为封闭舍,但北侧猪栏采光性较差,舍内易潮湿。

　　(3)多列式。猪舍中猪栏排成 3 列或 4 列,其跨度多在 10 m 以上。缺点是建筑材料要求高,采光差,舍内阴暗潮湿,通风不良,必须辅以机械通风,人工控制光照及温、湿度。多列式猪舍多用于育肥猪舍(图 1.15)。

单列式　　　　　　双列式　　　　　　多列式

图 1.15　单列式、双列式及多列式猪舍示意图

　　(4)连体式猪舍。现在一些大型自动化程度较高的猪场,采用连体式猪舍:即同种功能舍间无间隔,共墙并排建设为一个整体,便于使用自动化设备和设施,能够有效提高养殖量。但一定要配置对应的养猪工艺及环境控制设备和设施(图 1.16)。

图 1.16　连体式全漏缝地板猪舍

(二)猪舍的建筑设计

一个完整的猪舍,主要由墙壁、地面、屋顶、门窗、通风换气装置和隔栏等部分构成。不同结构部位的建筑要求不同。墙壁、地面、门、窗户、屋顶等这些又统称为猪舍的"外围护结构"。其设计与猪舍的保温隔热关系密切(图 1.17)。

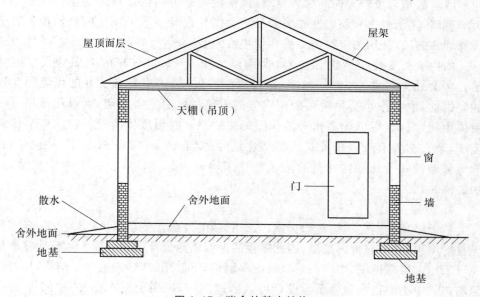

图 1.17　猪舍的基本结构

1. 地基和基础

地基，是猪舍基础下面承受荷载的土层，可分为天然地基与人工地基。利用天然土层称为天然地基；土层在施工前经人工处理加固的称为人工地基。在建造猪舍时应根据猪舍的跨度，猪舍的建筑高度及选材选择地基。

基础是猪舍地下承受猪舍各种负载，并将其传给地基的部分，因此要求基础具有坚固、耐久、防潮、抗冻和抗震等性能。一般基础应比墙宽 10～15 cm。基础受潮是引起墙壁潮湿及猪舍内湿度大的原因之一，因此应注意基础防潮。常用 1∶2 水泥砂浆，内掺 5％的防水剂，在基础墙上粉 20 mm 厚的防水层。基础的埋置深度一般为 50～70 cm，北方地区应该埋置在最大冻结层以下。

2. 地面

猪舍地面要求保温、坚实、不透水、平整、不滑、不涩，便于清扫和消毒。地面向排水端应保持 2％～3％的坡度。土质地面、三合土地面和砖地面保温性能较好，但不便于清洗和消毒。水泥地面坚固耐用、平整、易于消毒，但保温性能差。目前规模化猪场多采用水泥地面结合漏缝地板的形式。小型猪场可选用碎砖铺底，水泥抹面的方式建造。

3. 墙

墙体设计总体要求是坚固耐用、保温隔热。猪舍墙按长度分为纵墙和山墙（或叫端墙），沿猪舍长轴方向的称为纵墙，两端沿短轴方向的墙称为山墙。纵墙一般为承重墙，其承载力和稳定性必须满足猪舍结构设计要求。按墙所处的位置可分为外墙和内墙，外墙为直接与外界环境接触的墙。

墙内表面要便于清洗和消毒，地面以上 1.0～1.5 m 高的墙面应设水泥墙裙。猪舍总失热量的 35％～40％通过墙壁散失，墙壁应具有良好的保温隔热性能。因此，农村中小型猪舍可利用空气的隔热特性建造空心墙，规模化猪场可在墙体中间加保温板以提高猪舍的保温隔热效果。我国墙体的材料以前多采用黏土砖，现在主要有灰砂砖及其他类型烧结砖（空心砖）。墙壁的厚度应根据当地的气候条件和所选墙体材料的热工特性来确定。北方地区要充分考虑保温，可加装隔热层。

4. 屋顶

猪舍屋顶的主要功能是防止风、雪、雨、沙的侵袭。冬季屋顶散热较多，夏季阳光直射屋顶，易引起舍内高温，因此屋顶的保温隔热设计尤为重要。规模化猪场屋顶可采用上层彩钢板，中间夹玻璃纤维保温板，下层用 PVC 板的 3 层结构，以便保温隔热。中小型猪场猪舍屋顶设计可以因地制宜，采用上层石棉瓦，中间夹 10～15 cm 麦秸下衬檩条的形式。

5. 门

门通常设在猪舍两端墙上,正对中央通道,便于运送饲料。双列式猪舍门宽度一般为 1.2~1.5 m,高度为 2.0~2.4 m;单列式猪舍要求宽度不小于 1.0 m,高度为 1.8~2.0 m。猪舍门应向外开。在寒冷地区,通常设门斗以防止冷空气侵入,加强保温性能;门斗的深度不小于 2.0 m,宽度应比门大出 1.0~1.2 m。

6. 窗户

封闭式猪舍应设置窗户,窗户面积大则采光和通风效果好,猪舍一般应满足的采光系数大致为 1:12,大窗户冬季散热和夏季向舍内传热多,不利于保温和防暑。在保温散热设施比较先进的猪场,常采用大窗户加卷帘的设计。窗户一般距地面高度为 1.1~1.3 m;窗户上沿距屋檐 0.5~1.0 m。在寒冷地区,为便于保温防寒,在保证满足采光系数的前提下常采用南大北小、南多北少的窗户设计,并因地制宜确定合适的南北窗户面积比。炎热地区南北窗户面积之比为(1~2):1,寒冷地区的面积之比为(2~4):1。

7. 猪舍的排列设计

猪舍的排列设计内容包括各类生产猪群猪舍间关系、猪舍的朝向、猪舍的间距等设计。如前文所述,依常年主风向、地势,猪舍的排列顺序为公猪舍、空怀配种舍、妊娠舍、分娩舍、保育舍、育肥舍。

(1)猪舍的朝向。猪舍的朝向关系到猪舍的通风、保温和排污,应根据猪场的常年主导风向和日照确定猪舍的朝向。总体要求是夏季尽量少接受太阳辐射,舍内通风量大而均匀;冬季多接受太阳辐射,冷风渗透少。我国猪场设计一般采用猪舍长轴与夏季主导风向呈 30°~60°角,以南向或南偏东、南偏西 45°以内为宜。

猪舍一般东西成排,南北成列。根据场地的长宽,因地制宜地采用单排、双排或多排的猪舍排列设计。

(2)猪舍的间距。除了连体猪舍以外,猪舍的间距应满足日照要求,一般要求保证冬季上午 9 时至下午 3 时猪舍南墙满日照,要求间距不能小于前排猪舍的阴影长度,一般间距为舍高的 3~4 倍即可。此外,应满足通风和防疫间距,下风向猪舍不能处于上风向猪舍的涡流之中。这样可以避免上风向猪舍排出污浊气体的污染,也不影响下面的猪舍通风,一般间距为舍高的 3~4 倍即可。结合二者,一般大型猪场猪舍间距应设置为 12~15 m。

(三)猪场主要功能舍及设施配置

不同性别、不同生理阶段的猪对环境要求及设备的要求不同,设计猪舍内部结构时应根据猪的生理特点和生物学特性,合理布置猪栏、走廊和饲料、粪便运送路线,选择适宜的生产工艺和饲养管理方式,提高劳动效率。

1. 猪舍类型及栏位配置

不同功能的猪舍,会根据饲养对象的要求来配置不同的栏位。猪栏一般分为公猪栏、配种栏、妊娠栏、分娩栏、保育栏和生长育肥栏。猪栏的基本结构和参数应符合 GB/T 17824.1—2008 的要求,例如猪栏尺寸见表1.5。

表 1.5　猪栏基本参数　　　　　　　　　　　mm

猪栏种类	栏高	栏长	栏宽	栅格间隙
公猪栏	1 200	3 000～4 000	2 700～3 200	100
配种栏	1 200	3 000～4 000	2 700～3 200	100
空怀妊娠母猪栏	1 000	3 000～3 300	2 900～3 100	90
分娩栏	1 000	2 200～2 250	600～650	310～340
保育猪栏	700	1 900～2 200	1 700～1 900	55
生长育肥猪栏	900	3 000～3 300	2 900～3 100	85

注:分娩母猪栏的栅格间隙指上下间距,其他猪栏为左右间距。

(1)公猪舍及栏位。多采用带运动场的单列式,公猪栏要求比母猪和育肥猪栏宽,隔栏高度为1.2 m,公猪栏面积一般为5～7 m²,其运动场也较大。种公猪均为单圈饲养。栅栏结构可以是金属的,也可以是混凝土结构,栏门均采用金属结构。

(2)空怀、配种母猪舍及栏位。配种栏的结构形式有2种。一种是结构和尺寸与公猪栏相同,配种时将公、母猪驱赶到配种栏中进行配种。另一种是由4头空怀待配母猪与1头公猪组成一个配种单元,空怀母猪采用单体限位栏饲养,与公猪饲养在一起,4～5个待配母猪栏对应一个公猪栏,4头母猪分别饲养在4个单体限位栏中,公猪饲养在母猪后面的栏中。这种配种栏的优点是利用公猪诱导空怀母猪提前发情,缩短了空怀期;同时也便于配种,不必专设配种栏。

空怀母猪一般是群养,群养时空怀母猪每圈4～5头,可使空怀母猪相互诱导发情,但发情不易检查。

(3)妊娠母猪舍及栏位。妊娠母猪可群养,也可单养。妊娠母猪单养(单体限位栏饲养)时易进行发情鉴定,便于配种,但母猪运动量小,母猪受胎率有降低趋向,肢蹄病也增多,影响母猪的利用年限。母猪不争食,不打架,避免互相干扰,减少机械性流产等优点。母猪大栏一般长2.2～2.3 m、宽0.60～0.65 m、高1.0～1.2 m。栅栏结构多为金属制造,见图1.18、图1.19。

群养妊娠母猪,饲喂时亦可采用隔栏定位采食,采食时猪只进入小隔栏,平时

图 1.18　单体限位栏

图 1.19　全封闭式妊娠舍

则在大栏内自由活动,妊娠期间有一定活动量。

(4)泌乳母猪舍及栏位。多为三通道双列式。泌乳母猪舍供母猪分娩、哺育仔猪用,其设计既要满足母猪需要,同时要兼顾仔猪的要求。

单列式设计在一些种猪场及一些适度规模猪场得到认可,能有效改善猪舍内环境和提高猪的生产性能。

分娩栏是一种单体栏,是母猪分娩哺乳的场所。分娩栏的中间为母猪限位架,是母猪分娩和仔猪哺乳的地方,两侧是仔猪采食、饮水、取暖和活动的地方。母猪限位架一般采用圆钢管和铝合金制成,后部安装漏缝地板以清除粪便和污物,两侧是仔猪活动栏,用于隔离仔猪。

分娩栏尺寸一般长 2.2～2.3 m,宽 1.65～2.0 m,母猪限位栏宽 0.60～0.65 m,高 1.1 m;母猪限位栅栏,离地高度为 0.30 cm,并每隔 0.30 cm 焊一孤脚。

高床分娩栏是将金属编织漏缝地板铺设在粪沟的上面,再在金属地板网上安装母猪限位架、仔猪围栏、仔猪保温箱等。见图 1.20。

图 1.20　分娩栏

(5)仔猪培育舍及栏位。仔猪培育可采用地面或网上群养,每圈 8～12 头,仔猪断奶后转入培育舍一般应原窝饲养,每窝占一圈。除卧区外,猪栏底为全漏缝地板,每个栏靠走道侧留一个长 0.6 m,高 0.7 m 的门。可根据实际情况安排单排或双列猪栏。

仔猪保育栏:现代化猪场多采用高床网上保育栏,主要由金属编织漏缝地板网、围栏、自动食槽、连接卡、支腿等部分组成,金属编织网通过支架设在粪尿沟上或水泥地面上,围栏由连接卡固定在金属漏缝地板网上,相邻两栏在间隔处设一个双面自动食槽,供两栏仔猪自由采食,每栏安装一个自动饮水器。

仔猪保育栏的长、宽、高尺寸,视猪舍结构不同而定。常用的有栏长 2 m,宽 1.7 m,高 0.7 m,侧栏间隙 5.5 cm,离地面高度为 0.25～0.30 cm,可养 10～25 kg 的仔猪 10～12 头(图 1.21、图 1.22)。

(6)生长育肥猪舍及栏位。为减少猪群周转次数,往往把生长育成和育肥两个阶段合并成一个阶段饲养,生长育肥猪多采用地面群养,每圈 10～20 头。单、双列猪栏均可。猪舍采用封闭式、半开放式或活动壁帘结构都能满足生产需要。

图 1.21 保育栏

图 1.22 全封闭式保育舍

生长育肥猪栏:生长猪栏与育肥猪栏有实体、栅栏和综合 3 种结构。常用的有以下 2 种,一种是采用全金属栅栏和全水泥漏缝地板条,也就是全金属栅栏架安装在钢筋混凝土板条地面上,相邻两栏在间隔栏处设有一个双面自动饲槽。供两栏内的生长猪或育肥猪自由采食,每栏安装一个自动饮水器供自

由饮水。另一种是采用水泥隔墙及金属大栏门,地面为水泥地面,后部有
0.8~1 m宽的水泥漏缝地板,下面为粪尿沟。图1.23为现代化的全封闭式
全漏缝育肥猪舍。

图1.23　全封闭式育肥猪舍

(7)母猪自动化精确饲喂系统。采用母猪自动化精确饲喂系统,则按50头分
群饲养或大群统养(一个大群设多个饲喂系统),有助于提高母猪生产性能,减少限
位栏饲养带来的弊端。

根据不同的生理状态、体况确定饲喂量,是母猪饲养的关键。在大圈群养的
条件下很难实现母猪的精确饲喂,传统的做法是采用限位栏饲养,但此法限制了
母猪活动空间,导致母猪运动减少,体质下降,肢蹄病增多,缩短了母猪利用
年限。

针对这一现状,大型规模化猪场开始使用基于群养的母猪精确饲喂系统,该系
统以计算机软件作为控制中心,用一台或者多台饲喂器作为控制终端,由众多的读
取感应传感器为计算机提供数据,同时根据母猪饲喂的科学运算公式,由计算机软
件系统对获得的数据进行运算处理,处理后指令饲喂器的机电部分来进行下料,来
达到对母猪的数据管理及精确饲喂管理,这套系统又称之为母猪智能化饲喂系统,
主要包括:母猪自动化饲喂系统见图1.24,母猪智能化分离系统见图1.25,母猪智
能化发情鉴定系统见图1.26。

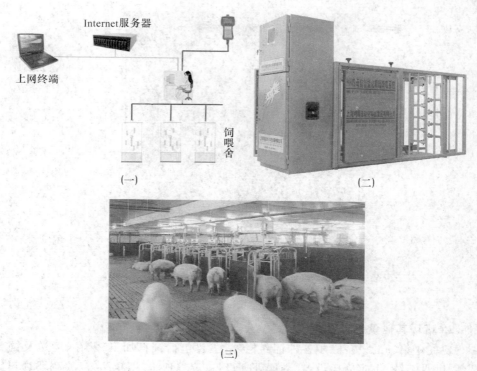

图 1.24 母猪自动化饲喂系统场景

图 1.25 母猪自动化饲喂系统——分离系统

图 1.26 母猪自动化饲喂系统——发情鉴定系统

2. 猪场其他设备配置

现代化猪场的设备除了各种饲养栏外，主要包括饲料加工、贮存、运送及饲养设备、供水系统、供暖通风设备、粪尿处理设备、漏缝地板、卫生防疫、检测器具和运输工具等。饲料加工有关设备会因为使用不同的料型及生产量不同而有较大的差异，在此不做详细介绍（相关内容见饲料生产的有关章节）。这里只对其他设备进行介绍。

（1）饲喂设备。

①传统人工饲喂方式用具。

第一是饲槽。饲槽可分为限量饲槽和自动饲槽。

限量饲槽：采用金属或水泥制成，每头猪喂饲时所需饲槽的长度大约等于猪肩宽。主要用于母猪（图 1.27）。

自动饲槽：自动饲槽就是在饲槽的顶部装有饲料贮存箱，贮存一定量的饲料，当猪吃完饲槽中的饲料时，料箱中的饲料在重力的作用下不断落入饲槽内。自动饲槽可以用钢板制造，也可以用水泥预制板拼装。自动饲槽有长方形、圆形等多种形状。它分双面、单面 2 种形

图 1.27 限量饲槽

式。双面自动饲槽供 2 个猪栏共用,每面可同时供 3～4 头猪吃料。单面自动饲槽
供 1 个猪栏用。这 2 种饲槽主要用于保育阶段及生长肥育猪阶段。而自动干湿饲
槽主要用于教槽或保育阶段(图 1.28)。

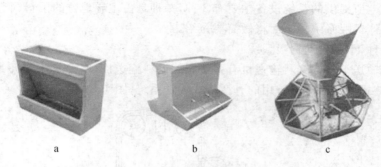

图 1.28　自动饲槽

a. 单面自动饲槽　b. 双面自动饲槽　c. 自动干湿饲槽

GB/T 17824.1—2008 推荐的饲槽设计参数见表 1.6。各类猪自动饲槽主要
结构参数见表 1.7。

表 1.6　猪饲槽基本参数　　　　　mm

型式	适用猪群	高度	采食间隙	前缘高度
水泥定量食槽	公猪、妊娠母猪	350	300	250
铸铁半圆弧食槽	分娩母猪	500	310	250
长方形金属食槽	哺乳仔猪	100	100	70
长方形金属	保育猪	700	140～150	100～120
自动落料食槽	生长育肥猪	900	220～250	160～190

表 1.7　钢板制造自动落料饲槽主要结构参数　　　　　mm

类别		高度	前缘高度	最大宽度	采食间隔
双面	保育猪	700	100～120	520	140～150
	生长猪	800	150～170	650	190～210
	肥育猪	900	170～190	690	240～260

第二是料车及分料工具。从各类猪舍饲料配送间将饲料投送到料槽一般采用
两轮带支架的铁制料斗车,宽度应小于 1.2 m(走道为 1.5 m),料斗能装饲料
150 kg 左右。饲料分发用具可按不同饲喂对象定制成不同装填量的分料斗,如用

于妊娠母猪定量采食的 2 kg 斗及生长肥育猪 5 kg 斗。基本原则是操作顺手、分发方便。

②全自动饲喂系统。在现代规模化养猪企业使用全自动饲喂系统已成趋势。目前市场上所提供的系统设备主要有 2 种,一种是占主导地位的干料饲喂系统,另一种是流体饲喂系统。下面将做简要介绍。

第一种,干料自动饲喂系统。

用于输送干料的饲料输送机有弹簧螺旋饲料输送机、塞管式输送机、卧式搅龙输送机、链式输送机等。常用的有塞管式输送系统(图 1.29)。

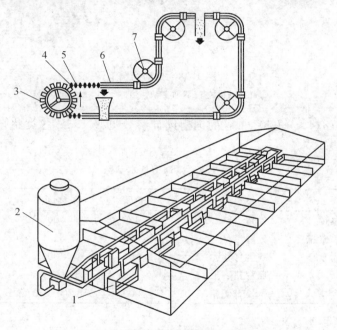

图 1.29 塞管式饲料输送机结构图
1.自动料箱 2.贮料塔 3.驱动装置 4.钢绳 5.塞盘 6.输送管 7.转角器

塞管式饲料输送机也称作线管式饲料输送机。它包括自动料箱、贮料塔、驱动装置、钢绳、塞盘、输送管和转角器等部分。

塞管式饲料输送机工作时,驱动装置带动塞盘移动,将贮料塔底部的饲料通过输送管带走,再经过每个自动料箱上部的落料管,饲料靠本身的重力落入自动料箱中,依次加满每一个自动料箱,当加满最后一个时,料位器使微动开关其作用,停止供料。

贮料塔多数用 2.5～3 mm 的镀锌波纹钢板制作,饲料在自身的重力作用下落入贮料塔下锥体底部的出料口,再通过饲料输送机送到猪舍中。

常用贮料塔的结构见图 1.30,其容量有 2 t、4 t、5 t、6 t、8 t 等,以能满足一栋猪舍猪群 3～5 d 采食量为宜,容量过小则加料频繁;过大则饲料易结拱,又造成设备浪费。

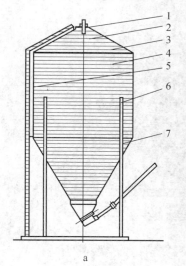

a   b

图 1.30　贮料塔

a. 结构图　　b. 实物图

1. 顶盖　2. 顶盖控制机构　3. 塔顶　4. 塔体　5. 梯子　6. 支架　7. 下锥体

自动化供料系统的终端下料设备会根据饲养对象要求的不同来设计。对于妊娠母猪(哺乳母猪)而言,由于妊娠(产仔)天数不同,限饲给料量不一样。所以,根据饲料容积来设计可控量杯来控制不同时期妊娠(哺乳)母猪的下料量(图 1.31、图 1.32)。

对于不要限量采食的饲养对象,下料终端设备就比较简单了,只要有下料管通向饲槽就可以。生长肥育猪舍的自动化饲养终端设备见图 1.33。

第二种,稀饲料自动饲喂系统。

稀饲料喂饲系统(图 1.34)主要由饲料调质、管道输送和控制设备构成。饲料调质设备包括贮料塔(贮存干饲料)、计量器、搅拌机等;管道输送设备包括输料泵及主、支输料管等;控制设备包括各种阀门和控制电器。

供料时,搅龙把贮料塔中的干料送入调质室,饲料经过计量后进入搅拌池,同时,水从水箱进入搅拌池,经搅拌机搅拌均匀后再由输料泵把池内稀饲料泵入主输料管道,各气动阀按程序自动开启,使稀料按顺序定量流入各食槽中。

图 1.31　母猪舍自动供料终端设备

图 1.32　母猪舍自动供料终端设备中的给料控制杯

　　稀饲料喂饲系统的管道布置应尽量减少弯曲,最小弯曲直径应不小于输料管直径的 4 倍,要避免高落差、急弯,以防止稀饲料的沉淀而造成堵塞。放料支管上部应设置阀门,末端不能垂直于饲槽底部,以免放料时出现喷溅。

图 1.33　生长肥育猪舍的自动化饲养终端设备

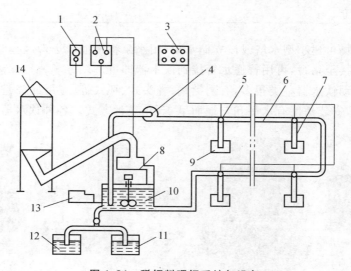

图 1.34　稀饲料喂饲系统与设备

1. 时间继电器　2. 搅拌机组控制板　3. 饲料控制板　4. 稀饲料输送泵　5. 气动阀
6. 主输料管　7. 放料管　8. 计量器　9. 食槽　10. 稀饲料搅拌机　11. 热水管
12. 冷水箱　13. 空气压缩机　14. 贮料塔

在冬季,用热水将饲料调温至 $20\sim30℃$,可提高适口性和减少猪维持体温的饲料消耗。适当的料水比为 1∶3,饲料和水的混合比由搅拌机组控制板来调节,放入每个食槽中的饲料量由饲料调节板控制。

稀饲料搅拌池的容积根据所饲喂猪的数量和管路长度来定,一般每百头猪所需容积为 1 m³,常用的容积为 2～5 m³。主管道的直径多为 50～100 mm,输送距离一般不超过 300 m,管内流速应不超过 3 m/s;放料支管常用直径为 38～45 mm。管道可用钢管或无毒 PVC 制作。

(2)供水设备。规模化猪场一般采用无塔压力供水,主要设备包括从深井汲水的水泵、加压设备、过滤器、输水管道、减压阀及饮水器。

在保育舍还有设加药水箱,以便供饮水投药。不同的生长阶段的猪群饮水器安装高度及流速不同,见表 1.8。

表 1.8　自动饮水器的流速和安装高度

适用猪群	水流速度/(L/min)	安装高度/cm
成年公猪、空怀妊娠母猪、哺乳母猪	2.0～3.0	60
哺乳仔猪	0.3～0.8	12
保育猪	0.8～1.3	28
生长育肥猪	1.3～2.0	38

小型猪场可建小型水塔或设立储水罐,用水泵将水抽取送入这些储水设施,选用粗水管下接至猪舍,再用普通水管接到饮水器即可。

猪的自动饮水器种类很多,有鸭嘴式、乳头式、杯式等,应用最普遍的是鸭嘴式自动饮水器,安装角度有水平和与地面呈 45°角 2 种方式。各种饮水器见图 1.35。

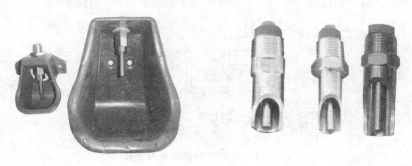

a　　　　　　　　　　　　　b

图 1.35　猪舍常用饮水器

a.杯式饮水器　b.鸭嘴式饮水器

(3)降温与采暖设备。现代规模猪场多采用密闭式猪舍设计,由于不同猪群所需适宜的温湿度不同(表 1.9),因此在冬、夏季节舍内温热环境基本由机电设备控制,以提供最佳的环境,利于猪的生长。

表 1.9 不同猪群适宜的温度与湿度

猪群类别	舍内温度/℃			舍内湿度/%		
	舒适范围	高临界	低临界	舒适范围	高临界	低临界
公猪舍	15～20	25	13	60～70	85	50
空怀妊娠	15～20	27	13	60～70	85	50
哺乳母猪	18～22	27	16	60～70	85	50
保育猪	20～25	28	16	60～70	85	50
生长育肥	15～23	27	13	65～75	85	50

①供热保温设备。猪舍的供暖,分集中供暖和局部供暖 2 种方法。集中供暖是由一个集中供热锅炉,通过管道将热水输送到猪舍内的散热片,加热猪舍的空气,保持舍内适宜的温度。在分娩舍为了满足母猪和仔猪的不同温度要求,常采用集中供暖,维持舍温 18～20℃,在仔猪栏内设置可以调节的局部供暖设施,保持局部温度达到 30～32℃。

局部保温可采用远红外线取暖器、红外线灯、电热板、热水加热地板等,这种方法简便、灵活,只需有电源即可,见图 1.36。目前大多数猪场实现高床分娩和育仔,因此,最常用的局部环境供暖设备是采用红外线灯或远红外线板,采用保温箱,加热效果更好。

a b c

图 1.36 仔猪常用加温设备
a. 仔猪保温箱 b. 红外线灯 c. 仔猪电热板

传统的局部保温方法采用厚垫草、生火炉、搭火墙、热水袋等方法。这些方法目前多被规模较小的猪场和农户采用,效果不甚理想,且费时费力,但费用低。

②通风降温设备。猪舍的冬季通风可将舍内的微生物、尘埃、有害气体和湿度都控制在允许范围内,而夏季通风与湿帘、喷雾等降温方式结合,可排出舍内过多的热量,以降低舍温。通风是猪舍环境控制的重要手段。

猪舍常用大直径、低速、小功率的轴流式风机通风。这种风机通风量大、耗电少、维修方便,适合猪场长期使用(图1.37)。

图1.37 轴流式风机

此外,不同季节和不同生长阶段的猪群适宜的通风量和风速不同,见表1.10。

表1.10 猪舍通风量与风速

猪舍类别	通风量/[m³/(h·kg)]			风速/(m/s)	
	冬季	春秋季	夏季	冬季	夏季
种公猪舍	0.35	0.55	0.70	0.30	1.00
空怀妊娠母猪舍	0.30	0.45	0.60	0.30	1.00
哺乳猪舍	0.30	0.45	0.60	0.15	0.40
保育猪舍	0.30	0.45	0.60	0.20	0.60
生长育肥猪舍	0.35	0.50	0.65	0.30	1.00

目前,猪场使用的通风降温形式有以下几种。

第一种是侧进(机械),上排(自然)通风。一些中小猪场用得较多。

第二种是上进(自然),下排(机械)通风。就是屋顶安装无需动力的自流式进风系统,而在舍端设置排风装置,在规模不大的猪场多见。

第三种是机械进风(舍内进),地下排风和自然排风。在一些规模较大的猪场有使用。

第四种是纵向通风,一端进风(自然)一端排风(机械),在现代化的猪场较为常见。见图1.38。

(一)

(二)

图 1.38　进风端墙安装湿帘

近年来新建的规模化猪场以上述第四种通风降温的方式为主,夏季结合湿帘能取得较为良好的改善舍内环境的作用。而连体式猪舍采用水泡粪工艺则必须使用地下排风系统。

(4)漏缝地板。根据材质不同,漏缝地板有钢筋混凝土地板、塑料漏缝地板、铸铁漏缝地板等。不同生长阶段的猪群适用的漏缝地板材质和漏缝宽度不同(表1.11)。

表1.11　不同猪群漏缝地板的漏缝宽度　　　　　　　　mm

成年种猪栏	分娩栏	保育猪栏	生长育肥猪栏
20～25	10	15	20～25

对漏缝地板总体要求是耐腐蚀、不变形、表面平整、防滑、导热性小、漏粪效果好、易冲洗和消毒;适应各种生长阶段的猪群行走站立、不卡猪蹄。特别是种猪群,不合格的漏缝地板易引起种猪肢蹄病增多,减少种猪利用年限。

漏缝地板漏缝断面呈梯形,上窄下宽,见图1.39。

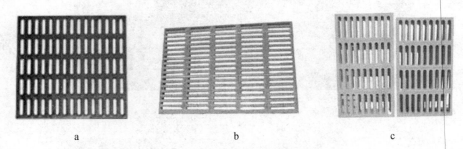

图1.39　漏缝板
a.铸铁漏缝板　b.塑料漏缝板　c.水泥漏缝板

金属编织地板网:由直径5 mm的冷拔圆钢编织成1 cm宽、4～5 cm长的缝隙网片,再与角钢、扁钢焊合而成。

塑料板块:可用于高床产仔栏、高床育仔网,热工性能上优于金属编织网。

铸铁块:使用效果好,但造价高,适用于高床产仔栏母猪限位架下及公猪、妊娠母猪、生长育肥猪的粪沟上铺设。

(5)消毒设备。规模化猪场使用的消毒设备主要有以下几种:

①动清洗消毒车。该机工作压力为15～20 kg/cm²,流量为20 L/min,冲洗射程12～15 m,是工厂化猪场较好的清洗消毒设备。用于猪舍的空圈消毒及周围环境消毒。见图1.40。

②火焰消毒器。火焰消毒器是利用液化气或煤油高温雾化,剧烈燃烧产生高温火焰对舍内的猪栏、地面、饲槽等设备及建筑物表面进行瞬间高温燃烧,达到杀灭细菌、病毒、虫卵等消毒净化目的。火焰消毒杀菌率高达97%以上,避免了用消

毒药物造成的药液残留。见图1.41。

图 1.40　电动清洗消毒车　　　　　　　　　图 1.41　火焰消毒器

③自动喷雾消毒系统。由感应系统控制开启喷雾装置,喷头从上方、左右、前后甚至下方等不同方向朝消毒对象喷洒消毒液,可用于进入场区的车辆的消毒,更多用在进入生产区的人员进行消毒,无需专人看管。

④背负式喷雾器。有手动及动力配置的2种类型,主要用于一些中小型猪场,设备经济实惠,操作灵活便利。生产中用于猪舍及环境的消毒。

(四)猪舍环境控制

猪生产性能受遗传基础和所处环境两方面因素的影响,广义的环境因素包括饲料的数量和质量、饲养管理措施、微生物环境、温热环境因素及空气质量等。只有在适宜的环境下,优良猪种的遗传潜力才能充分发挥。通过猪舍建造及猪场设备为猪群提供良好的生存及生产环境,是保持猪群健康、提高生产性能、提升猪场经济效益的有效途径和重要手段。

目前在国内新建的一些大型猪场,完全依据美国的设计建设模式进行建造,猪舍采用全封闭、全漏缝地板、环境自动控制的生产工艺,不仅大大提高了生产效率,还极大地改善了猪舍内部环境条件,提升了猪的健康水平,使猪的生产性能得以良好的体现。

1. 猪舍环境的控制措施

通过规划建造不同类型的猪舍,并配置相应的保温、隔热及通风设备,建立有利于猪只生存和生产的环境条件,称为猪舍的环境控制。猪舍的环境控制主要有以下几个方面。

(1)舍内温度控制。猪舍控温一般从两方面着手,一是利用猪舍的外围护结构的保温隔热特性,避免冬季舍外寒冷和夏季炎热对舍内的影响,形成稳定的舍内小气候;在此基础上采用适宜的供暖、降温、通风、换气、采光、排污等措施,创造有利于猪群生产的环境。

①保温隔热。屋顶面积大,冬季热空气由于密度小而上浮,容易通过屋顶散失,夏季太阳辐射加热屋顶,向舍内散热。因此,必须建造保温隔热性好的具有保温层的屋顶,并要求有一定的厚度。规模化猪场可选择彩钢板或 PVC 板夹泡沫板的设计形式,中小型猪场可以在屋顶铺锯末、炉灰或作物秸秆的形式增强保温隔热效果。在寒冷地区可以适当降低猪舍高度或进行吊顶,提高猪舍的保温效果。

墙壁应选用导热性小的材料,利用空气的隔热特性建造空心墙,或在空心墙、空心砖内填充珍珠岩、锯末提高热阻。

在寒冷地区,在满足采光和夏季通风的前提下,尽量少设门窗。地窗、通风孔应设挡板,便于启闭;猪舍门应加门斗,必要时挂草帘或棉帘保温。

减少外围护结构的面积,降低舍内空间可提高保温效果。北方寒冷地区的猪舍可适当降低猪舍高度,以檐高 2.2~2.7 m 为宜;冬冷夏热的地区,檐高在 2.4~3.0 m,猪舍跨度超过 8~9 m 应设机械通风。

②人工取暖。特别是分娩舍和保育舍,舍温一般不能满足猪的需要,必须采用人工取暖。取暖设备有热风炉、暖气、电热板、烟道、火炉等;规模化猪场也可采用地暖的形式,如图 1.42 所示。

实践经验表明,地暖保温比其他舍内给温方式更加有利,不仅仅是热效率的提高,更重要的是它能保护仔猪腹部不受凉,增加抵抗力,减少猪患病的风险。也可利用太阳能、沼气和工厂的余热供猪舍采暖。

③防暑降温。小猪怕冷大猪怕热。我国养猪在夏季都要采取防暑降温措施,以保证猪的正常生产。外围护结构的保温隔热设计可有效阻止环境高温对舍内小气候的影响。此外,在以防暑为主的地区,猪舍设计可采用通风屋顶,利用热压通风降低屋顶表面和舍内的温度。炎热地区的猪舍应加大窗户的面积,减少窗户之间墙的宽度,减少舍内通风涡流,提高通风效果。大窗设计可通过加装卷帘控制阳光对舍内的直射。

规模化猪场夏季舍内一般都要采取降温措施,主要有以下措施。

喷淋降温:向地面、屋顶、猪体洒水,利用水分蒸发吸热而降温。喷头(图 1.43)将水喷成雾状,增加水与空气的接触面积,使水迅速汽化,在蒸发时从空气中带走大量热量,降低舍内温度。喷淋降温增加舍内湿度,使用时间过长易形成舍内高温高湿环境,因此应间歇使用。一般舍内湿度低于 70%、温度高于 30 ℃时

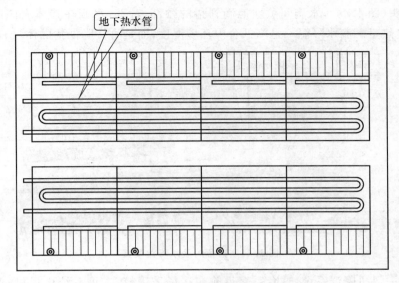

图 1.42　保育舍地暖设计平面图

降温效果较好,为提高降温效果,一般配合轴流式风机抽风,将舍内湿气排出,并吸入干燥空气。

图 1.43　猪舍内喷淋降温喷头

分娩哺乳舍因舍内温度与仔猪保温区温度存在差异,不宜使用喷淋降温,分娩哺乳舍可采用滴水降温方式。

滴水降温:适合于饲养于单体栏的公母猪及分娩母猪。在猪颈部上方安装滴水降温头(图 1.44),水滴间歇性地滴到猪的颈部、背部,水滴在猪体表面散开、蒸发,带走热量。滴水降温不是降低舍内环境温度,而是直接降低猪的体温。

图 1.44　猪舍的滴水降温装置

湿帘-风机降温系统:这套系统目前在猪场采用较多,该系统由风机、湿帘、水路及控制装置组成,并辅以负压通风设计,控制器调控整个降温系统的运转,在干热地区降温效果较好,在极端炎热的天气,可控制舍内温度在 30 ℃以内。系统降温效果与湿帘厚度、面积、舍内空气流速(风机转速)有关,当舍内湿度大于 85%时,该系统降温效果下降。

(2)舍内有害气体控制。舍内有害气体主要通过通风控制,舍内通风分为自然通风和机械通风。

①自然通风。自然通风主要靠空气流动即风压和舍内外热压差实现。风压通风是风从上风向通过门、窗进入舍内,从背风面或两侧的出风口穿过。热压通风则是由于舍内温度高于舍外,舍内热空气由于密度小,从猪舍上部或顶部的自然通风器、通风窗、窗户等排出,形成舍内负压;舍外空气经猪舍下部的窗户、通风口进入猪舍。舍外有风时,热压和风压通风共同作用,舍外无风时,仅能靠热压维持自然通风(图 1.45)。

②机械通风。在炎热地区猪场需进行机械通风。机械通风分为以下 3 种方式。

负压通风:由轴流式风机将舍内污浊的空气抽到舍外,舍内形成负压,舍外空气由进气口吸入舍内。

正压通风:将离心式风机安装在侧墙上部或屋顶,强制将风送至舍内,舍内污浊空气排出舍外,在冬季或夏季,可事先将空气加热或制冷。

联合通风:同时利用风机送风和排风。在炎热地区,进气口可设置在猪舍较低

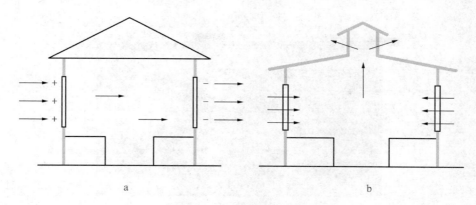

图 1.45 猪舍的自然通风

a.风压通风 b.热压通风

处,排气口设在猪舍的顶端,有利于通风降温。另外一种方式是将进气口设在猪舍上部,排气口在猪舍下端,该方式可对吹入的空气进行预热和冷却,因此寒冷和炎热地区均可采用。

(3)猪舍小环境自动控制系统。猪舍小环境自动控制系统是为猪场提供的一套控制分娩母猪舍小环境的配套设施。它围绕地上和地下 2 条主线设计,主要解决环境指标中的温度、废气及光照等。管理人员只需要设定参数,计算机就能自动控制运行(主要配套设施及设备见图 1.46 至图 1.53)。

图 1.46 温度报警器

图 1.47　水帘外帆布

图 1.48　通风窗

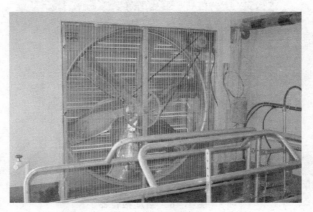

图 1.49　排风窗

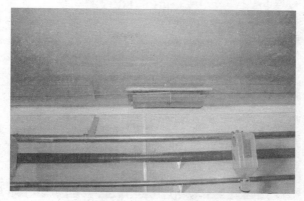

图 1.50　冬季换气天窗(上面 2 根管为暖气管)

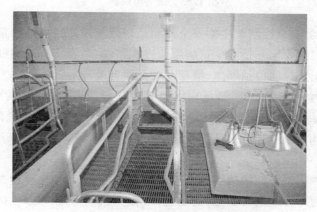

图 1.51　分娩栏及仔猪保温设施

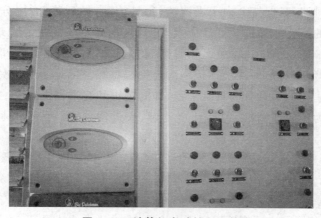

图 1.52　计算机自动控制面板

图 1.53　地下排风窗

（4）猪场生物安全控制。生物安全控制是现代规模化猪生产的重要组成部分，生物安全控制的主要任务是减少新病原菌进入猪场，是经济有效的疫病控制手段。最基本的生物安全控制包括隔离、消毒及病死猪的处理等。

①猪场隔离。在布局上，猪场应远离其他饲养场、交通干道、居民区、工厂及河流。猪场生活区、生产区及粪污处理区分开，并设有隔离带。舍内猪舍保持一定生物安全距离。在生产上实行全进全出制，猪饲养在隔离舍，切断猪群间病原传播。

新引进的种猪饲养在种猪隔离舍至少 6 周，采用饲喂本场种猪粪便、母猪胎衣及新老母猪接触的方式进行驯化，使新进种猪适应本场病原并产生抗体。

②卫生管理。在设计上遵循污道净道分开、污水雨水分排、污水暗排的原则。舍内应每天定时清扫，保持舍内干燥清洁；每日清圈，做到猪、粪尿分离；清扫后对猪圈进行必要的清洗。猪群转群后应及时清扫，用高压清洗机冲洗地面、栏圈、墙壁、食槽等，待干燥后消毒。繁殖舍每月彻底打扫冲洗一次，产房断乳后彻底打扫冲洗。保育仔猪 50 日龄后冲洗地板一次，育成、育肥舍每月冲洗一次。

③消毒。猪场的消毒分为日常消毒、即时消毒和终末消毒。

日常消毒为预防性消毒，包括环境消毒、人员消毒、圈舍及用具消毒、带猪消毒、进场物品消毒等，具体消毒措施有以下几种。

进场消毒：所有进入猪场的人员须经过"踩、喷、洗、换"4 个步骤，人员先在洗澡间洗澡，换上干净的工作服，随身携带物品应经过喷雾消毒，进入猪舍前在舍门口踩踏 3％～4％火碱消毒液。

空圈消毒：猪圈彻底清扫后用高压水枪冲洗，冲洗要自上而下，连同舍内工具一起冲洗,待干燥后用3％～4％火碱,对曾有疫情的猪圈或猪栏用火焰喷灯灼烧,然后用福尔马林或过氧乙酸等熏蒸24 h后空舍干燥3～5 d,进猪前再喷洒一遍消毒剂。

带猪消毒:舍内带猪消毒可使用刺激性小、低残留、对人猪无害的消毒液,如百毒威、0.2％过氧乙酸等。

舍外环境消毒:猪场道路及舍外环境应定期消毒,消毒前必须进行彻底清扫、冲洗,可用2％火碱消毒。用氢氧化钠溶液消毒后亦须彻底用清水冲洗,除去消毒液,以免腐蚀皮肤和用具。

猪场建立门口消毒池:可用2％氢氧化钠溶液作为消毒液,每周更换一次,保持消毒池内消毒药液的有效性,保证进出车辆轮胎达到全浸泡的效果。

④猪场灭害。鼠、蚊蝇、飞鸟等是猪场疾病传播的途径之一。在夏季,至少每周灭蚊蝇1次,可选用敌百虫、敌敌畏、倍硫磷等杀虫药,使用时应避免对人猪的危害。在猪舍门窗上安装纱窗,降低舍内蚊蝇的密度,可减少疫病传播。特别要提到的是,由于瘦肉型的猪皮薄,夏季及早秋蚊子极易吸到血,管理人员一定要在晚上进行驱蚊及灭蚊,否则猪会深受其害,不仅直接影响猪的休息,减少增重,而且加大患病风险。苍蝇在白天会干扰猪的正常休息,降低猪的舒适度,同样影响猪的增重,所以应从减少猪场生蛆场所入手,综合防控猪场的苍蝇密度。

老鼠不仅可携带病原传播疾病,也对猪场饲料、水管、电线等造成危害,猪场可选用安妥、敌鼠钠盐等对人猪毒性低的灭鼠药灭鼠。灭鼠要全场同步进行,并做到不声张,下药点合理。

猪场内还应对野鸟进行控制,此外,不要养犬、猫等其他动物,控制其他动物的入侵。

2. 猪场废弃物的处理

我国养猪正处于由小规模分散饲养到规模化饲养的阶段,形成了具有产业链、集约化、规模化的大型养猪企业。每年大型猪场排出大量的粪尿及污水,如果处理不当,易给环境造成严重污染。因此,必须对猪场废弃物进行处理。

(1)猪场污水处理系统。

①猪场污水产生来源。水冲粪工艺:猪圈粪尿污水混合通过漏缝地板进入排粪沟,定期从排粪沟前端的自翻水斗放水,将污水冲入集粪池。这种清粪方式劳动强度小、效率高,在劳动力缺乏且人力成本较高的发达国家采用较多。缺点是耗水量大,污染物浓度高。例如,使用配合饲料的成年猪每日每头排放COD为448 g,BOD量为200 g,悬浮固体为700 g,如冲洗水量每头按30 L计算,其污水浓度COD为15 000 mg/L,BOD为6 700 mg/L,SS为23 000 g/L。粪污经过固液分离后,大部分可溶性有机质及微量元素等留在污水中,其污染物浓度很高。因此,污

水处理部分基建投资及动力消耗也很高。而分离出的固形物养分含量低,肥料价值低。

水泡粪工艺:水泡粪是粪尿、冲洗和饲养管理用水一并排入缝隙地板下的粪沟中,贮存一段时间,待粪尿沟装满后,拔开出口的闸门排出粪水。该工艺虽然省水,但由于粪便长时间在粪沟贮存,厌氧发酵后产生大量有害气体和水汽,恶化舍内空气环境,影响猪的生产力。粪水混合物的污染物浓度更高,后处理也更加困难。

全漏缝地板粪污自动收集管道密闭输送系统是目前一些自动化猪场用于解决粪污收集、控制有害气体的集成配套设施。这套系统利用水泡粪工艺的优点,排解有害气体进入舍内,自动完成输送的模式能够有效解决粪污收集、运送的高成本投入及对生产环境的有效控制。

干清粪工艺:粪尿与污水在猪舍内经过漏缝地板下的斜坡自动分离,分别清除。干粪由机械或人工收集、清出,尿及污水从下水道流出,再分别进行处理。该工艺可保持猪舍内清洁,空气卫生状况较好,有利于动物和饲养人员的健康;产生的污水量小,且其中的污染物含量低,易于净化处理;粪和尿、水直接分离,粪中营养成分损失小,肥料价值高,因此,是比较合理的清粪工艺。

不同清粪工艺的猪场污水水质和水量见表1.12。

表 1.12　不同清粪工艺的猪场污水水质和水量

清粪工艺		水冲清粪	水泡清粪	干清粪		
水量	平均每头/(L/d)	35~40	20~25	10~15		
	万头猪场/(m³/d)	210~240	120~150	60~90		
水质指标/(mg/L)	BOD	5 000~60 000	8 000~10 000	302	1 000	—
	COD	11 000~13 000	8 000~24 000	989	1 476	1 255
	SS	17 000~20 000	28 000~35 000	340	—	132

注:(1)水冲和水泡清粪的污水水质按每日每头排放 COD 量为 448 g,BOD 量为 200 g,悬浮固体为 700 g 计算得出。

(2)干清粪的 3 组数据为 3 个猪场的实测结果。

②猪场污水处理的基本原则。

第一,从生产工艺上进行改进,采用干清粪工艺,使干粪、尿及污水分流,减少污水量及污染物浓度,并使固体粪污的肥效得以最大限度的保存和便于其处理利用。

第二,实现资源的二次利用,实现生产的良性循环,达到无废排放。采用种养结合模式,与农、果、菜、鱼结合加以综合利用;采用能源化模式,利用猪粪生产沼气,变废为宝。净化后的污水经消毒后亦可用作冲洗猪舍用水等,可大大节约用水量。

第三,结合当地的自然条件和地理优势,利用附近废弃的沟塘滩涂,采用投资少、运行费用低的自然生物处理法,并避免二次污染。

③污水的处理方法。污水处理的方法可分为物理的、化学的、生物学的处理方法3大类,其中以物理和生物方法应用较多,化学方法由于需要使用大量的化学药剂,费用较高,且存在二次污染问题,故应用较少。

第一,物理处理方法。猪场污水处理常用的物理处理方法包括格栅过滤、沉淀、固液分离等,主要用于去除污水中的机械杂质。

格栅:格栅是污水处理工艺流程中必不可少的部分。其作用是阻拦污水中所夹带粗大的漂浮和悬浮固体,以免阻塞孔洞、闸门和管道,并保护水泵等机械设备。格栅是一种最简单的过滤设备,由一组平行的栅条制成的框架,斜置于废水流经的渠道上,设于污水处理场中所有的处理构筑物前,或设在泵前。栅框可为金属或玻璃钢制品。格栅按栅条间隙,可分为粗格栅和细格栅;按栅渣的清除方式,可分为人工清除格栅和机械清除格栅。

沉淀:沉淀法是在重力作用下将重于水的悬浮物从水中分离出来的一种处理工艺,是废水处理中应用最广泛的方法之一。沉淀法可用于沉沙池中去除无机杂粒;在一次沉淀池中去除有机悬浮物和其他固体物;在二次沉淀池中去除生物处理产生的生物污泥;在絮凝后去除絮凝体;在污泥浓缩池中分离污泥中的水分,使污泥得到浓缩等。沉淀池是分离悬浮物的一种主要构筑物。用于水及废水的预处理、生物处理的后处理以及最终处理。常见的沉淀池种类有平流式沉淀池、辐流式沉淀池、竖流式沉淀池和斜板(管)沉淀池4种。固液分离:对于清粪工艺为水泡粪或水冲粪工艺的猪场,其排出的粪尿水混合液,一般要用分离机进行固液分离,以大幅度降低污水中的悬浮物含量,便于污水的后续处理;同时要控制分离固形物的含水率,以便于处理和利用(堆制或直接干燥、施用)。常用的固液分离机具有振动筛(平型、摇动型和往复型)、回转筛和挤压式分离机。分离机具所用筛网有多种,筛孔孔径为 0.17～1.21 mm,可按需选用。挤压式分离机可连续运行,效率较高,分离固形物的含水率较低,并可通过调节加以控制。

调节池:猪场污水的流量和浓度在昼夜间有较大的变化,为保证污水处理构筑物正常工作,不受污水高峰流量和浓度变化的影响,需设调节池,以调节水质水量。对于猪场的污水处理,调节池是一个重要的、不可缺少的部分。

第二,生物处理方法。废水的生物处理方法包括工厂化的生物处理方法和自然生物处理方法。

第一种,工厂化的生物处理方法。通过建立废水处理构筑物,在其中培养微生物,利用微生物的新陈代谢功能,使废水中呈溶解和胶体状态的有机物降解,转化成为无害的物质,使废水得以净化。这是当前世界上有机废水处理的主要途径。

根据微生物的类型,生物处理法可分为好氧处理法与厌氧处理法 2 种工艺。

属于好氧工艺的有传统的活性污泥法、生物滤池、生物转盘、生物接触氧化法、流化床等。根据微生物在水中是处于悬浮状态还是附着在某种填料上,好氧生物处理法又可分为活性污泥法和生物膜法。

活性污泥法是水中微生物在其生命活动中产生多糖类黏液,携带菌体的黏液聚集在一起构成菌胶团,菌胶团具有很大表面积和吸附力,可大量吸附污水中的污染物颗粒而形成悬浮在水中的生物絮凝体——活性污泥,有机污染物在活性污泥中被微生物降解,污水因此而得到净化。

生物膜法又称固定膜法,当废水连续流经固体填料(碎石、塑料填料等)时,菌胶团就会在填料上生成污泥状的生物膜,生物膜中的微生物起到与活性污泥同样的净化废水的作用。生物膜法有生物滤池、生物转盘、生物接触氧化等多种处理构筑物。

生物膜法还有一种介于活性污泥法与生物滤池之间的工艺,称为生物接触氧化法,其反应器为接触氧化池,内设填料,部分微生物以生物膜形式固着生长于填料表面,部分则呈絮状悬浮生长于水中,因此它兼有活性污泥与生物滤池的特点。由于其中滤料及其附着的生物膜均淹没于水中,它又被称为淹没式生物滤池。

属于厌氧工艺的有普通消化池、厌氧滤池、上流式污泥床、厌氧流化床、厌氧膨胀床等。厌氧生物处理过程又称厌氧消化,是在厌氧条件下由多种微生物共同作用,使有机物分解并生成 CH_4 和 CO_2 的过程。主要特征是能量需求大大降低,还可产生能量。污泥产量极低;对温度、pH 值等环境因素更为敏感;处理后废水有机物浓度高于好氧处理;厌氧微生物可对好氧微生物所不能降解的一些有机物进行降解或局部降解;处理工程反应复杂。

消化池分传统消化池和高速消化池 2 种。

传统消化池又称低速消化池,一般在消化池内不设加热和搅拌装置。因不搅拌,池内污泥产生分层现象。只有一部分池的容积起到了分解有机物作用,液面形成浮渣层,池底部容积主要用于熟污泥的贮存和浓缩。这种消化池中微生物和有机物不能充分接触,所以消化速度很慢,消化时间长。根据温度不同,一般污泥在池内的停留时间需要 30～90 d,只有规模比较小的污水处理厂才采用。

高速消化池是一种设有加热和搅拌装置的消化池。此类消化池由于加热和搅拌,使厌氧微生物与有机物得到了充分接触,大大提高了厌氧微生物降解有机物的能力,缩短了有机物稳定所需的时间,提高了沼气产量。在中温(30～35℃)条件下,一般消化期为 15 d 左右,运行也较稳定,目前被废水处理厂广泛采用。

第二种,自然生物处理方法。是污水在自然条件下以微生物降解为主的处理方法,其中也包含了沉淀、光化学分解、过滤等净化作用。生物塘(氧化塘、兼性塘、厌氧塘和稳定塘)处理、土地处理(慢速灌溉、快速渗滤、地面漫流、人工湿地等)和废水养殖等均属自然生物处理法,这些方法一般投资省、动力消耗少,但占地面积较大、净化效率相对较低,在有条件的猪场和能满足净化要求的前提下,应尽量考虑采用此类方法。

第三,化学处理方法。污水的化学处理方法是利用化学反应使污水中的污染物质发生化学变化而改变其性质。一般可分为中和法、絮凝沉淀法和氧化还原法等。

④污水处理系统。

第一种,污水工厂化的生物处理系统。污水工厂化生物处理占地少,净化效率高,并可进行某些特殊要求的处理,如去除重金属或某些元素、消毒等,厌氧沼气处理还可以生产沼气(固液分离后的污水碳源不足,一般不能制沼气);但污水工厂化生物处理需要一定的投资和能源消耗,较适合于土地紧张,对水质要求较高的地区。

好氧生物处理系统:其主要设备为格栅、固液分离机(对于水冲或水泡粪清粪工艺需要)、污水泵、空气压缩机等。

厌氧生物处理系统:该处理系统产生的沼气可作为能源,沼渣、沼液可作为肥料,废物资源化程度较高。但此处理系统的建设投资高,且运行管理难度大。该处理系统较适用于南方气候温暖地区,北方地区由于气温低,大部分沼气要回用于反应器升温,限制了推广应用。其主要设备为格栅、固液分离机、污水泵、贮气罐、沼气脱水、脱硫设备、沼气加压系统、沼气输送管道系统等。

图1.54、图1.55、图1.56为水(尿)泡粪工艺猪场处理粪水的基本工艺。

图1.54　水(尿)泡粪工艺猪场粪水收集池

图 1.55 水(尿)泡粪工艺猪场粪水干湿分离

图 1.56 水(尿)泡粪工艺猪场沼气发酵罐、贮气罐及酸化池

第二种,污水自然生物处理系统。该处理系统可实现污水资源化,且建设投资少,运行费用低,操作管理简单。对于有现成的坑塘或废弃的滩涂可供利用的猪场较为适用。北方地区应选择适合当地气候条件的植物群,有助于处理效率。

(2)猪场粪便处理系统。

①好氧堆肥系统。好氧堆肥系统利用微生物分解物料中的有机质并产生50~70℃的高温,杀死病原微生物、寄生虫及其虫卵和草籽等,腐熟后的物料无臭,复杂有机物被降解为易被植物吸收的简单化合物,变成高效有机肥料。传统的堆肥为

自然堆肥法，无需设备和耗能，但占地面积大，腐熟慢，效率低。现代堆肥法是根据堆肥原理，利用发酵池、发酵罐（塔）等设备，为微生物活动提供必要条件，可提高效率10倍以上。堆肥要求物料含水率60%～70%，碳氮比（25～30）：1，堆腐过程中要求通风供氧，天冷适当供温，腐熟后物料含水率为30%左右。为便于贮存和运输，需降低水分至13%左右，并粉碎、过筛、装袋。因此，堆肥发酵设备包括发酵前调整物料水分和碳氮比的预处理设备和腐熟后物料的干燥、粉碎等设备，可形成不同组合的成套设备。

充氧动态发酵机和卧式发酵滚筒：这两种设备均为卧式发酵设备，特点是物料可被自上而下地抛撒，供氧更充分，效率更高，前者加菌种可在12 h内预发酵，后者可在1～2 d内预发酵。预发酵的粗堆肥经堆放一段时间达到稳定后，再进行干燥、粉碎过筛、装袋销售。充氧动态发酵机内设螺旋搅拌器，搅拌时将部分物料带至罐上部往下撒落，并由送风管充分供氧，同时，物料被推向料口。达诺式发酵滚筒是卧式发酵滚筒的一种，由筒外壁齿轮箍带动滚筒转动，内部物料不断被带到筒上部向下撒落，同时送风管对物料充分供氧，在滚筒转动时，其中的螺旋板不断将物料推向出料口。

自然堆腐：将物料堆成长、宽、高分别为10～15 m、2～4 m、1.5～2 m的条垛，在气温20℃左右需腐熟15～20 d，其间需翻堆1～2次，以供氧、散热和使发酵均匀，此后需静置堆放2～3个月即可完全成熟。为加快发酵速度，可在垛内埋秸秆束或垛底铺设通风管，在堆垛前20 d因经常通风，则不必翻垛，温度可升至60℃。此后在自然温度下堆放2～4个月即可完全腐熟。

堆肥发酵罐（塔）：此种设备为竖式发酵设备。发酵罐多为多段堆肥发酵，上下层分别占总体积的2/3和1/3，罐中心设置竖向空心轴，并与各层管状搅拌齿相通，竖轴带动搅拌齿转动，并通过管状齿上的孔向物料送风充氧。物料由入口加入上层，边搅拌边送风，发酵3 d后，上层物料的1/2落入下层。上层再加新料与原余料混合发酵，落入下层的物料进一步发酵、消化、稳定，3 d后出料，经干燥、粉碎过筛后，装袋出售。梯式窖形发酵塔，原理和操作与发酵罐基本相同，只是不分层。

堆肥发酵罐工作效率易受低温影响，必要时可送入70～80℃的热风。在发酵初期，会产生部分臭气，可将排出气引入锯末池除臭。池可设置在地上、地下或半地下，池深1～1.5 m，池底须铺设排气管，池中装锯末并经常洒水保持潮湿，排出气由管上的孔喷出，臭气被湿锯末吸附、溶解，进而在微生物的作用下分解而起到除臭作用。

大棚式堆肥发酵槽：设在棚内的发酵槽为条形或环形地上槽，槽宽4～6 m，槽壁高0.6～1.5 m，槽壁上面设置轨道，与槽同宽的自走式搅拌机可沿轨道行走，速度为 2～5 m/min。条形槽长 50～60 m,每天将经过预处理(调整水分和碳氮比)的物料放入槽一端,搅拌机往复行走搅拌并将新料推进与原有的料混合,起充氧和细菌接种作用。环形槽总长度 100～150 m,带盛料斗的搅拌机环槽行走,边撒布物料边搅拌。发酵棚可利用以玻璃钢或塑料棚顶透入的太阳能,保障低温季节的发酵,一般每平方米槽面积可处理 4 头猪的粪便,腐熟时间为 25 d 左右。腐熟物料出槽时应存留 1/4～1/3,起接种和调整水分的作用。

②粪便干燥处理系统。采用干燥处理系统的干燥方式有微波干燥、大棚发酵干燥、发酵罐干燥、烘干机烘干等多种方式。干燥处理方法在我国生产上还较少采用,处于探索阶段,主要问题是投入设施的成本比较高,消耗的能源比较多,而且干燥处理过程中会产生明显的臭气。在国内也有部分中小企业采用自然风干或阳光干燥法来处理畜禽粪便,但处理过程中产生的臭气较重,引起牧场及周边环境的空气污染,这种处理方法也常常受到阴雨天气的影响而得不到及时的处理。降水也会引起粪水的地表径流而造成环境的严重污染,但无论采用何种干燥方式,对水冲粪便都应当首先进行固液分离。

(3)死猪的处理。在养猪生产中,由于疾病或其他原因会导致猪死亡。做好死猪处理是防止疾病流行的一项重要措施。对死猪的处理原则是:对因烈性传染病而死的猪必须进行焚烧火化处理;对其他伤病死的猪可用深埋法和高温分解法进行处理。

第一,深埋法。在小型养猪场或个体养猪户中,死猪数量少,对不是因为烈性传染病而死的猪可以采用深埋法进行处理。具体做法是,在远离猪场的地方挖 2 m 以上的深坑,在坑底撒上一层生石灰,然后再放入死猪,在最上层死猪的上面再撒一层生石灰,最后用土埋实。

深埋法是传统的死猪处理方法。其优点是不需要专门的设备投资,简单易行。缺点是易造成环境污染。因此,采用深埋法处理死猪时,一定要选择远离水源、居民区的地方并且要在猪场的下风向,离猪场有一定的距离。

第二,高温分解法。一般用高温分解法处理死猪是在大型的高温高压蒸汽消毒机(湿化机)中进行的。高温高压的蒸汽使猪尸中的脂肪熔化,蛋白质凝固,同时杀灭病菌和病毒。分离出的脂肪作为工业原料,其他可作为肥料。这种方法投资大,适合于大型的养猪场,或大中型养猪场集中的地区及大中城市的卫生处理厂。

第三,焚烧法。焚烧法是在焚化炉中猪尸焚烧,通过焚烧可将病死猪烧为灰烬。这种处理方法彻底消灭病菌,处理死猪迅速卫生。

焚化炉由内衬耐火材料的炉体、燃油燃烧器、鼓风机和除尘除臭装置等组成。除尘除臭装置可除去猪尸焚化过程中产生的灰尘和臭气,使得在死猪的处理过程中不会对环境造成污染。

（4）猪场空气污染的治理。畜牧场的恶臭气体主要来自畜禽粪便、污水、垫料、饲料、尸体等的腐败分解。影响养殖场恶臭产生的主要因素是清粪方式、管理水平、粪便和污水的无害化处理程度。

①有害气体的控制。控制养殖场恶臭必须消除恶臭源，控制其生产和散发，进行大气卫生防护等各个环节采取有效措施。

日量设计与恶臭的控制：配料的营养成分，日粮的配合，日粮粗蛋白质、粗纤维合理，饲料添加剂的应用。

牧场设计与恶臭的控制：生产工艺（主要是与畜舍粪便清除有关的饲养方式和清粪工艺），场址选择，场地规划。

②粪便管理与恶臭的控制。

掩蔽法和掩盖法：采用吸附性强的材料对固体粪便或污水做表面处理或混合处理。常用的覆盖材料有锯末、稻壳、泥炭、草末、米糠、麸皮和腐熟好的堆肥或污泥等。

脱臭装置：太阳能干燥棚、快速烘干机、高温堆肥发酵塔等粪便处理设施，在处理过程中产生的臭气，以及畜舍产生的臭气，凡可由排气管排除的，均可用除臭池除臭。

除臭剂：多为化学制剂或植物提取物，主要是 pH 值调节剂、氧化剂和杀菌剂。

生物学方法：用活菌剂和酶制剂，通过生化过程脱臭。

③猪场的除尘。一般有湿法除尘和机械除尘。湿法除尘包括采用喷嘴向扬尘点喷水，促使粉尘凝聚，从而减少扬尘的水力除尘和喷雾降尘等。机械除尘主要是借助于通风机和除尘器等捕集粉尘以达到除尘目的。机械除尘设备的基本要求是效率高、操作方便和成本低廉，常用除尘设备有空气过滤器和旋风除尘器等。

3. 关于发酵床养猪的应用问题

发酵床养猪是近年在国内被推广应用的一种养殖形式：在猪舍养殖地面下挖深度 80 cm 以上，用 50％的锯末和 50％的稻壳（糠）混合后，接种驯化的复合活菌进行堆积发酵后再铺开形成垫料（厚度在 80 cm 及以上），然后在它上面放置猪进行养殖，猪只排放的粪便供垫料中的菌体分解利用。同时，在猪的饲料中添加同样的活菌制剂，以期改善猪的肠道微生态系统。

发酵床养猪的主要好处是：

（1）无粪水排放，暂时不会造成环境污染。

（2）发酵垫料产热，可以保证猪只在低温季节的保温需求。

（3）如果管理得当，能够一定程度降低猪舍有害气体的产生。

发酵床养猪的不利之处主要是：

（1）高温时期不适合在其上面养殖。

（2）不能带猪消毒，不能很好解决猪的肠道疾病及寄生虫问题。

（3）垫料的不时翻动会给工人带来较大的劳动强度。

（4）垫料使用到期后的处置问题（垫料含有重金属等问题，会有后续污染）。

在实践应用中，河南、重庆等地均有大型猪场将发酵床养猪改成主流养猪形式的案例。谨慎的建议是：发酵床养猪可在中、小型猪场的部分生产环节使用（如保育阶段）或在低温季节使用，并做好设施配套。

第二节　　适度规模化猪场投资效益分析

在养猪业发展的不同时期，规模化猪场投资水平会随着猪场的现代化程度、建筑材料价格、建筑用地地貌特征及征（租）地价格等因素的变化而不同，同时还关系到国家及地方政府对该产业发展的有关政策。而对投资回报及效益预期则关系到生猪价格、饲料成本、劳务成本及年度猪传染病流行情况等因素。这里将以 100 头基础繁殖母猪的适度规模场为例，介绍其主要的投资项目和正常运行后的效益分析。

一、规模化猪场投资项目概算

新建猪场的投资从大的方面来说，分固定投资部分和生产流动资金投入两大类。

（一）猪场固定资产投入项目及概算

猪场固定投资项目主要包括土地购置费、猪舍建设费、非生产区用房建设费、生产配套设施（设备）建设及购置费、水源建设及输送工程建设费、道路建设及场地绿化费用、雨水收储工程建设费、排污系统及污水处置设施建设费、电力配置建设费等方面。下面就涉及的固定投资项目及相关概算作逐一介绍。

1. 猪场占用土地的费用

目前，我国的土地管理政策是严厉禁止或控制占用可耕地用于非粮食生产用途。尽管国家鼓励和支持养猪业的发展，受限于此，所以养猪业处于向山区、荒山及荒地进军的时期。养猪业者获取土地的方式主要有两类，一类是土地租赁形式，租赁期为 20~30 年，按年支付租金，租金额度 5~10 年调整一次；亦有一次付清租赁期所有租金的操作案例。另一类是土地买断方式，业者用购置的土地用于养猪生产,只要符合土地规划要求及具备生猪养殖条件、环境即可。按照当前土地的属性及所处地理条件,无论租赁价格还是购置价格都有很大的不同。

如果对租赁土地来从事猪生产的业者而言,山区及荒山、荒坡的每亩每年的租赁费为100～200元,那么100头能繁母猪按占地15亩计算,年度支付的租赁费在1 500～3 000元;但在平原地区养猪的业者,土地租赁费每年每亩达到500～600元,15亩占地每年支付的租赁费达到7 500～9 000元。两者占地支出差别不小。

如果对购置土地来从事猪生产的业者而言,土地本身存在增值潜力,而法律规定土地出让使用年限在70年。很多农村地区土地购置费为每亩3万～5万元,而使用后土地价值不减反增,按年度分摊费用只能按购置土地费用产生的年度利息来计提,若按6%的年息来算费用,则每亩土地每年的计入成本为1 800～3 000元,那么15亩土地的年度成本支出平均在36 000元左右,明显高于租赁土地的费用,但购地真正用于养猪的是极少数,不太划算,主要用于土地增值采用的临时项目。

对于年出栏万头商品猪的猪场,若按占用50亩土地计算,每亩占地年租赁费300元,一年的土地占用费为1.5万元。

2. 猪场规划设计及建设费用

对于大型猪场的投资项目,猪场生产舍及生产配套设施的建设是主要的实施内容之一。投资支出一方面是规划设计费用(小型猪场无需这项费用);另一方面是建设工程费用:建设项目包括生产舍、隔离舍、饲料加工车间及仓库、电力配置系统、给水系统工程、道路(赶猪通道及装猪台)、排污系统及粪污处理工程、雨水收储工程、绿化工程。

(1)大型猪场的规划设计费用。规划设计费用视具体情况而定,通常是按项目投资规模来计提,行业规定是总投资的2%～3%,一个出栏万头的猪场正式招标项目的设计费在15万元左右。亦有按项目定额支付或由工程承包方免费设计的做法。

对于100～300头生产母猪的中小型猪场则没有这项支出或支出额度很小,可以忽略不计。

(2)生产舍(隔离舍)建设费。生产舍及隔离舍的建筑费用会因为养猪的工艺不同、使用建筑材料的不同及施工工地的地理地貌特征的差异而造价差别较大。现在使用水泡粪工艺的连体猪舍(猪栏地面抬高1.2 m左右),若使用钢构结构材料,每平方米的造价在480元。一个出栏万头商品猪的猪场建筑面积按6 500 m²来计算,猪舍建筑费用在310万元左右。一些养猪企业应用钢架加泡沫板做围护结构,屋顶用泡沫彩钢板来建造猪舍,造价在 300 元/m² ,万头猪场的猪舍建造费用不到 200 万元。这种猪舍结构有建设简便、周期短的优势。

对于中小型猪场而言,应该关注先进养猪工艺的使用及现代建筑材料的利用,改善养猪条件。那么 100 头生产母猪的猪场,猪舍建筑面积及隔离舍面积按前述1 631 m² 计算,造价按 300 元/m² ,猪舍的总建设费用为 47 万多元。

(3)饲料加工车间及仓库建设费。现在大多猪场不是直接采购全价料(一部分猪场开始用全价料,只需建仓库或储料仓即可),而是采购预混料进行加工,所以猪场仍然要建加工车间及仓库(储存原料、成品等)。加工车间会根据猪场饲料用量来设计建设,重点考虑饲料加工设备的高度及地面要求,很多猪场为了建设方便,将车间与仓库二者融为一体进行建设,省事不少。万头猪场的仓库面积不能太少,应考虑原料价位波动,适量储存的需要。所以,1 000 m² 饲料加工车间及仓库是必要的。若按造价 350 元/m² 计算,万头猪场的该项建设费用为 35 万元。

100 头生产母猪的猪场,加工设备简单,库容也不要太大,按前述 270 m² 计算,造价低于万头猪场,按 300 元/m² 计,则建造费用需要 8 万元。

(4)电力配置费用。猪场地址与经过的输电线路距离远近决定投入费用高低。猪场饲料加工及供水系统都要动力电,还需要照明电。按就近接入高压电,猪场配置变压器的功率视生产规模或用电负荷的大小来决定,一个万头猪场需要 30 kW的配备,而年出栏 7 万头的自动化程度较高的猪场则需要配备的变压器功率在350 kW 以上。从变压器到接入使用终端的全部投入,占到猪场建设总投入的1.3%～1.5%。一些万头猪场该项匡算总体投入在 8 万元左右。

100 头生产母猪的猪场的该项支出约 1 万元。

(5)给水系统工程建设费用。猪场供水系统工程的建设项目主要是打井、无塔供水设备购置及安装、输水管道工程及终端设备(饮水器)等。

打井的费用与地势、地下水位高低、地质条件、取水量及打井深度等因素有关。有些地方满足一个万头猪场使用水量的打井费用需要 5 万元就够了,在有的地方则需要 10 万元或更多。

无塔供水视罐体的储水量不同而有价格差异,一个 20 t 的设备在 4 万元左右,能够满足一个万头猪场的供水需要。

输水管道工程就是将水由储水罐输送到饮水器的工程,投入包括购置管道费用(材质类型不同而价位差别大,现在用塑料管居多)、埋设及安装费用,万头猪场的这项投入费用在 5 万元左右。

输水终端——饮水器有不同种类,便宜的鸭嘴式饮水器每个只要 3 元,而用杯式饮水器在 20 元以上。万头猪场的这项费用支出 0.5 万～1 万元。

按上述投入费用计，一个万头猪场的供水系统工程总费用在 15 万元左右。
100 头生产母猪的猪场的该项支出 4 万元左右。

（6）道路（赶猪通道及装猪台）建设支出。主要道路应做硬化处理，且能够承受通行运输饲料车辆的载荷就可以了。在育肥舍与装猪台间建设两侧封闭的赶猪通道，同时根据生猪运输车辆的装猪栏位层次建立装猪台。大型猪场道路硬化成本在 70 元/m² 左右，道路宽度不低于 2.8 m。万头猪场的投入不低于 10 万元。

100 头生产母猪的猪场的该项支出约 2 万元。

（7）排污系统、粪污处理工程及雨水收储工程。排污系统采用地下埋设 PVC 塑料管来建造，不同流量铺设直径 10～30 cm 的管道即可。粪污处理工程包括粪污收集池（进行干粪分离）、酸化池、沼气池、沼气处理及利用工程（发电、直供使用）。目前万头猪场按养殖场标准化建设要求，沉淀池要达到 500 m³ 以上。这项投入会因为沼气利用的形式及规模不同而产生较大的差异。万头猪场有的投入达到 100 多万元（包括发电设备），有的场则不到 20 万元（沼气自用）。

雨水收储工程是猪场应该重视的一个工程项目，它是节水工程的重要内容，单独建地下管道或明沟将雨水收集汇入储水窖（池），不仅可用来浇花种草及种菜，对于水泡粪工艺的猪场可用作补充水源，储水工程合理的话，可有效减少猪场用水量。对于万头猪场而言，工程投入 5 万元左右就能办好。

万头猪场上述 3 项投入按 100 万元估算即可。

100 头生产母猪的猪场的该项支出约 1 万元。

（8）绿化工程。绿化工程是猪场必不可少的建设项目，它不仅仅是具有美化环境的功能，更重要的作用在于生态功能及生物安全防护功能（绿色屏障）。绿化工程栽种的树木应该以矮化灌木品种为主，种草选择多年生优质牧草—苜蓿草及驱蚊草—艾草，种花可选用当地适宜的花卉品种，达到易于种植、便于管理的目的。甚至一些猪场将养猪与种植林木项目结合起来，实现养—种生态循环体系，取得了良好的经济效益及社会效益。这项投入在万头商品猪生产场达到 5 万元以上。

100 头生产母猪的猪场的该项支出约 0.5 万元。

综上所述，目前一个年产万头商品猪的猪场，其规划及基本建设投入至少在：15＋200＋35＋8＋15＋10＋100＋5＝388（万元）。但随着养猪工艺模式的调整、所建猪场的气候条件不同、建筑材料价格的变化及人工劳务成本的增加等因素，具体的猪场建设成本投入与此概算有一定的出入。

一个 100 头生产母猪的猪场的基本投入在 64 万元左右。但同样会受上述关联因素的影响，导致投入成本有变数，在此只是对基于目前情景状况的一个大体总结。

3. 猪场主要生产设备的购置及安装费用

猪场主要生产设备投入指用于生产过程使用的必备配置的项目,包括饲料供应系统设备、猪栏设备及开展人工授精相关配置项目。特别要提到的是,欧盟自2013年1月1日起,将全面禁止养猪企业使用限位栏,选用母猪自动化饲喂系统将成为不可替代的选择。

(1)饲料供应系统设备投入。猪场饲料供应系统设备投入包括饲料加工设备及配套料仓、自动供料系统及运料工具(无法用绞龙将饲料输送至储料罐,改用运料罐车)。对于规模猪场自己加工饲料,可以选用管道绞龙从成品料仓直接将饲料输送到猪舍外储料罐(价格在8 500元/个),真正实现了供料的全自动化。那么,全自动化供料的猪场设备投入项目包括饲料加工成套设备(不加工颗粒料)、原料仓及成品仓、输送系统及储料罐、料槽等;其中,半自动化饲料加工成套设备用在万头猪场较多,按饲料消耗量来配备相应加工能力的设备,一台时产5 t的设备需要30万,料仓投入10万,输送系统、储料罐及料槽配套设备支出在120万左右,这样一个万头生产线的自动化供料系统总投入在150万元左右。

如果输送距离较远,不能用管道直接输送的猪场就用专用饲料罐车配送,会提高投入5万元左右。

如果没有使用自动供料设备的猪场,主要是加工设备投入、料槽投入及配送车投入,总体投入不会超过40万元。

100头生产母猪的猪场的加工只需购入带提升装置的小型加工机组,投入不超过5万元,加上料车、料槽支出1万元左右,估计支出在6万元左右。

(2)猪栏设备投入。猪栏设备投入项目包括猪栏、漏缝地板。猪栏投入在空怀待配栏、限位栏、产床、保育栏、育肥栏及公猪栏,若妊娠母猪使用自动化精确饲喂系统,则限位栏数量可大大减少(限位栏为配种后4周而保留,保证胚胎着床安全)。下面就一个万头生产线(556头生产母猪群)的猪栏配备及投入进行介绍。

猪场的后备种猪及空怀待配母猪若是都按小栏群养,后备猪的补充按生产母猪的40%来算,补充数量为222头,每年按3个批次补充,每个批次为74头。就是说猪场应该有后备猪的专用猪舍及栏位,按每个栏位10 m² 养6头猪计算,需要12个栏位;空怀待配母猪平均存栏数为110头左右,需要18个栏位;上述两种猪共需要30个栏位,用栅栏及砖墙分隔均可,每个栏的投入约200元,总体投入在0.6万元。

猪场的妊娠母猪限位栏数量在320个左右,每个猪栏的加工成本(自购材料焊制)及安装费用在300元左右;若是从市场上订购并安装到位,每个猪栏的支出达到 350 元。两者的投入分别是 9.6 万元、11.2 万元。

猪场若采用母猪精确饲喂自动化系统,保留 80 个限位栏供早期妊娠母猪过渡使用,其他处于空怀、妊娠期的母猪约 350 头,按每个饲喂终端管理 50 头计算,需要相关设备为 7 台;每台国产基本配置的价位按 6 万元计,投入为 42 万元;加上限位栏(每个按 300 元计)的投入共需要 44.4 万元。

猪场的产床数量需要 128 个(两个成组,共 64 组),每组投入安装的费用在 3 000 元,所需费用为 19.2 万元。

保育栏按栅栏分隔,采用地暖供热,按 20 头的栏位建设,需要 65 个栏位左右,平均每个栏位在 150 元,需要 1 万元。

生长育肥栏采用栅栏分隔,每个栏位饲养 20 头,需要栏位 145 个,每个投入 200 元,需要 2.9 万元;采用人工授精的猪场,按 10 头公猪饲养量计,一个栏位需要 300 元,投入 3 000 元就够了。

综上所述,一个年产万头商品猪的猪场,按普通栏位设置建设,其投入成本在 35 万元左右。若是使用母猪精确饲喂自动化系统设备,其投入建设成本在 68 万元之多。

100 头生产母猪猪场的猪栏投入不会超过 8 万元;若是使用母猪精确饲喂自动化系统设备,其投入建设成本在 13 万元左右。

(3)漏缝地板。规模化猪场的全漏缝地板主要分 2 种,一种是用在保育舍,地板漏缝宽度为 1 cm;一种是用在其他猪舍的漏缝地板,漏缝宽度在 2.5 cm。现在一些猪场的漏缝地板主要由水泥制成,造价为 40 元/m² 左右。考虑到保育舍的地暖占用面积(要求实体基底),那么万头猪场的漏缝地板面积应该占到其 70% 左右,需要漏缝地板约 400 m²;种猪舍(空怀及妊娠舍、分娩舍)及生长育肥猪舍使用漏缝地板面积,除了分娩舍使用地暖减少 25% 左右的面积约为 300 m² 外,其余猪舍漏缝地板面积约在 500 m²＋4 000 m²;全场漏缝地板总面积约为 5 200 m²;总投入成本在 21 万元左右。如果加上安装费用,投入为 30 元/m² 左右,那么支出劳务费用约 16 万元,总投入在 37 万元左右。

如果不是使用全漏缝地板的猪场,漏缝面积占用比例很低即不足 200 m²,投入成本在 1.5 万元左右。

100 头生产母猪的猪场及相近规模的猪场投入在 1 万元左右。

(4)人工授精配套设施及设备投入费用。人工授精技术已经成为适度规模以上猪场开展的基本繁殖手段,投入项目包括人工授精实验室、采精室及其配套的仪器设备(见人工授精相关章节),万头猪场的投入建设费用在 3 万元左右。

100 头生产母猪的猪场及其他中小型猪场投入不到 1 万元就解决问题了。

　　按照上述 4 项投入估算,万头猪场的投入建设费用为 150＋35＋37＋3＝225(万元)之多;若是使用母猪精确饲喂自动化系统设备的万头猪场,投入得增加到 258 万元。若使用干清粪的生产工艺,可大大减少漏缝地板的投入达到 35 万元之多,上述投入大概只有 190 万元。

　　100 头生产母猪的猪场及其他中小型猪场的上述 4 项投入约为 16 万元。

4. 猪舍环境控制设备(设施)的投入费用

　　现代工厂化养猪的重要理念就是通过工程及设备对猪舍内的环境进行有效控制,给猪营造一个较为舒适的生活环境。不仅要解决温度、湿度的问题,同时关注猪舍内的有害气体及空气尘埃造成的危害。

　　(1)保温设备(设施)投入费用。现在一些规模化猪场以地暖形式保温正深得养猪业者的青睐,其方法是将水加热,通过水泵将水送入采暖地面下埋设的循环水管,实现热水的不断循环,能够保证冬季舍内地面温度达到 18℃ 以上。这种方式具有投入成本低、热效率高、运行成本低的特点,适合不同规模猪场的使用。只要购买一台小型锅炉及水泵,加上采暖地面下的熟化塑料水管购置及铺设工程(见前面章节示意图),一个万头猪场的投入在 10 万元左右(不包括分娩舍使用小环境自动控制系统)。

　　有些猪场使用散热片采暖,采用大型锅炉供热,供热效果很不错,但设备投入成本高、运行成本高、管理难度大(特种行业许可管理)。一个万头猪场的投入在 60 万元左右。

　　100 头母猪及相近规模的猪场投入 3 万元就行了。

　　(2)通风(换气)降温设备的投入费用。一些规模化猪场采用湿帘—风机配套系统用于夏季降温及空气调节,同时用于其他季节的舍内空气的调节。有的规模猪场采用漏缝地板下的湿帘—风机配套系统运行机制,通过舍端或中部向上送出有害气体;有的规模猪场猪舍采用湿帘—风机配套系统进行纵向通风设置,一端由于负压进风经过湿帘降温除尘,另一端则通过风机将热空气及有害气体送出;而冬季大多时间湿帘—风机配套系统处于封闭状态予以保温,间隔时间根据舍内空气污染情况开启通风来排除污染空气。一个万头猪场的投入建设费用在 15 万元左右。

　　如果按照目前国内使用的美国规模化养猪场建设模式,真正达到全封闭、全漏缝、全自动控温及通风的水平,投入成本将是上述数值的 2～3 倍,若选用进口设备,投入成本将更高了,在此不做详细估算。

　　100 头母猪及相近规模的猪场投入 3 万元就行了。

　　(3)猪场消毒设备(设施)的投入费用。门口消毒池及消毒室的建造投入,涉及场区大门、生产区大门消毒池和两处大门的消毒室(消毒通道);种猪场必须建设淋浴室及更衣室。对于万头商品猪场而言,这些建设投入 1.5 万元;自动喷雾消毒设备 2 台,投入约 1 万元。上述 2 项投入费用在 2.5 万元。

一些大型自动化猪场,在猪舍内均装有喷雾消毒系统,可以满足舍内带猪消毒及空圈消毒;由于圈舍设计构造的不同及使用设备的差异,在此不做投入估算。

对于其他规模的猪场,投入相应减少,投入在 1 万元就足够了。

所以,万头商品猪场猪舍环境控制设备(设施)的最少投入费用在 10+15+2.5≈28(万元)。

100 头母猪及相近规模的猪场的该项投入大约在 7 万元。

根据上述估算的各项固定资产项目投入费用,一个万头猪场的投入在 388+225+28=641(万元);若是使用母猪精确饲喂自动化系统设备的万头猪场,投入得增加到 674 万元(不包括分娩舍使用小环境自动控制系统)。若使用干清粪生产工艺的猪场,上述设施及设备固定资产投入需要 606 万元。

100 头母猪及相近规模的猪场的固定资产建设投入大约在 29 万元。

(二)猪场非固定资产主要投入项目及概算

猪场的非固定资产投入主要是指猪场达到规定产能并能实现产品销售期间应投入的生产经营费用,包括引入种猪、购买主要生产资料——饲料及动物保护产品投入项目;同时应该考虑人员工资福利、能源费用、水费及其他运行中发生的费用(这些投入费用置于后续内容中说明)。

1. 种猪购买投入费用

种猪是猪场建设投入费用很大的一个项目。一个年产万头的商品猪场,按引入 556 头长大二元母猪、10 头杜洛克公猪来算,正常年份的二元母猪价格在 2 000 元、测定杜洛克公猪的价格在 5 000 元以上,那么引入种猪的投入在 116 万左右。

100 头母猪的生产场按上述推算(需要 2 头公猪),需要引种费 21 万元。

2. 饲料购买投入费用

饲料购买的投入主要集中在两个方面:一方面是种猪耗用饲料,包括后备种猪料、不同阶段母猪用料(有生猪产品出售前的阶段);另一方面是一定批次的商品猪耗用饲料。

后备种猪料的耗用主要是指购入的一定体重(50 kg 左右)的二元母猪饲养到配种前(130 kg 左右)所耗用的饲料,按每头后备猪增重 80 kg 耗用 260 kg 饲料计,那么 556 头后备猪共需要144 560 kg 饲料,按专用后备种猪料价格 2.60 元/kg

计算,需要投入 37.6 万元。

一个繁殖周期的生产母猪按消耗 450 kg(一头母猪年耗用饲料1 200 kg 左右)计,平均价格按 2.30 元/kg 计算,那么万头猪场所有母猪一个繁殖周期的(556 头)饲料投入成本至少在 58 万元。

如果按商品代猪的存栏数量以及实现产品出售前尽投入的饲料费用估算 60 万元以上。所以,猪场持续投入的饲料费用在 155 万元以上。

万头商品猪生产场非固定资产大宗项目投入在 271 万元以上。

100 头母猪的生产场按上述推算,需要投入在 50 万元左右。

因此,从以上所描述的相关建设项目及生产性投入来看,一个较为现代化的猪场建成并能实现正常生产运行所需要的资金达到 641＋271＝912(万元);若是使用母猪精确饲喂自动化系统设备的万头猪场,投入更是达到 945 万元(不包括分娩舍使用小环境自动控制系统)。如果采用干清粪的生产工艺,依赖传统人工来进行猪的饲养管理,所建猪场达到正常运行的投入不超过 877 万元。

100 头母猪的生产场建设费用及生产性投入资金共计需要 144 万元。

二、猪场运行效益简要分析

猪场作为一个企业,获得合理的利润是投资者及经营者追求的最重要内容。猪场的经营管理效益取决于所售生猪的价格及生产每头生猪的成本多少。在国内目前的行业背景下,猪场的主要生产技术指标不高,导致每头商品猪分摊的成本居高不下,养猪业者在一般年份获利艰难,猪场经营者不仅受到行业外部的诸多压力,如食品安全、减排及环境保护等,同时又要面临行业内部的很多挑战,如饲料价格一直走高、重大疫病时有发生且防控难度大、猪场用工难等。在此双重压力下,许多经营者把目光盯着商品猪的周期性高价位来实现猪场的盈利,在一定程度上轻视了通过猪场管理来控制猪的生产成本的至关重要性。所以,猪场练好内功——提高生产技术指标,实现每头生产母猪年均得到 20 头及以上的商品猪,才是猪场立于不败之地的法宝。

下面就猪场的运行效益做简要分析,为了方便计算,以万头猪场的单个商品猪作为对象,估算其收入及成本。

(一)猪场的营收估算

商品猪场的营收在 3 个方面,一是出售商品猪获得的收入,这是猪场的主营业务收入;二是淘汰种猪及残次猪的收入;三是出售固体粪便带来的收入。

出售商品猪的收入:为计算方便,单个商品猪的体重按 100 kg(注:生猪行情适宜时,猪场出售商品猪的体重在 110～120 kg)计,当下年份的价位平均约为

16.00 元/kg,那么,一头商品猪的收入为 1 600 元。

出售淘汰种猪及残次猪的收入:母猪的平均淘汰率按 35% 计算,每年淘汰母猪 195 头;公猪淘汰 50% 即为 5 头;二者共计 200 头。按目前市场价位(很多地方价位比商品猪低 4 元/kg 左右)每头价格约 3 500 元计算,可实现收入 70 万元;残次猪的收入在 3 万元左右。按每头商品猪分摊实现的收入在 73 元。

出售固体粪便的收入:规模化猪场的固体粪便去向有 2 个,一个是出售给有机肥料厂;一个是出售给种植户、园艺场及农业产业化公司。固体粪便按每立方计价,南方地区卖价高一些,北方地区低一些。一个万头猪场的收入在 6 万元左右。按每头商品猪分摊实现收入为 6 元。

一个万头猪场,按 100 kg 的商品猪计算营收时,每头可实现收入为 1 679 元。

100 头生产母猪的猪场,淘汰种猪及残次猪的收入在 12.80 万元左右;固体粪便出售收入按 1 万元计算;若该场按年出栏 1 800 头商品猪估算,每头商品猪分摊收入为 77 元左右。每头商品猪实现的收入为 1 677 元。

(二)猪场的生产成本估算

猪场的商品猪生产成本主要由工资和福利费、饲料费、燃料和水电费、种猪摊销费、固定资产折旧费、固定资产修理费、低值易耗品费用、其他费用、共同生产费、财务费用、企业管理及销售费等构成。

1. 工资和福利费

指直接从事生产的工人工资和福利开支。按目前用工劳务成本推算,结合一些猪场用工情况,一些没有使用自动化设备的规模猪场(万头猪场用人在 25 人左右),每头商品猪的该项成本支出为 60 元左右;而一些自动化程度高的猪场可以降低到 20 元。

2. 饲料费

指直接用于各类猪群的饲料开支。一头商品猪到出售时按消耗 300 kg 饲料计算,按饲料中的主要构成原料价位:玉米 2.30 元/kg、小麦 2.15 元/kg、豆粕 3.00 元/kg 估算,4% 生长育肥预混料价位按 5.00 元/kg 计,将教槽料、保育料及小猪料的消耗量和价位考虑在内,推算商品猪耗用饲料的平均价位在 2.50 元/kg 左右;那么其饲料成本约为 750 元;一头母猪一年耗用 1 200 kg 饲料,平均价位按 2.30 元/kg 计算,支出为 2 760 元,按 18 头商品猪分摊,头均成本为 153 元;公猪年均耗用饲料约 1 000 kg(2.70 kg/d 左右),按 2.30 元/kg 估价,每头公猪年支出为 2 300 元,10 头公猪的支出费用为 2.3 万元;每头商品猪分摊成本为 2.3 元。所以,各项饲料成本支出分摊在每头商品猪身上的费用为 905.3 元。

3. 燃料和水电费

指饲养所耗用的煤、柴油、水、电等方面的开支。一头商品猪分摊在 30 元左右。

4. 兽药费

指养猪所耗用的医药费、防疫费等费用。一头商品猪分摊在 90 元左右（使用国产及进口疫苗、兽药有较大的价位差别）。

5. 种猪摊销费

指应负担的种公猪和生产母猪的摊销费用。前面已述，万头猪场的引种费用为 116 万元，每头后备种猪培育到使用阶段要耗用 260 kg 饲料，价位在 2.60 元/kg，培育成本支出为 676 元（全场支出 37.6 万元）；实际上到使用期时，一头种母猪的基本费用在 2 676 元；一头公猪的基本费用为 5 676 元；种猪使用年限按 3 年计算，生产的商品猪按 54 头计，母猪引种及培育费用分摊到每头商品猪身上的成本约为 50 元；公猪的相关投入分摊到每头商品猪身上的费用为 1.90 元；那么种猪的分摊费用为 51.9 元。

6. 固定资产折旧费

指养猪应负担并直接计入的猪舍和专用机械设备折旧费。如果按前述投资建设的自动化程度较高的猪场投入 641 万元及 674 万元来核算，按 15 年折旧，剩余残值按 5% 计，那么一年的固定资产折旧费分别为 40.6 万元和 42.7 万元，分摊到每头商品猪的成本分别为 40.6 元（取整数为 41 元）和 42.7 元（取整数为 43 元）。

7. 固定资产修理费

固定资产所发生的一切维护保养和修理费用。如猪舍的维修、猪栏维修、管道维修、电动机及粉碎机修理费等。每头商品猪分摊到 3 元。

8. 低值易耗品费用

指能够直接计入的低值工具和劳保用品价值。如购买水桶、胶鞋、扫帚及手套等的开支。按每头商品猪分摊到 1 元计。

9. 其他费用

凡不能列入以上各项的其他费用。按每头商品猪分摊到 1 元计。

10. 共同生产费

指几个车间（或猪群）的劳动保护费、生产设备费用等。可以忽略不计。

11. 财务费用

指猪场贷借款利息支出。猪场贷款艰难，很难确认额度及利率，在此不计入。

12. 企业管理及销售费

指应按一定标准分摊计入的场部、生产车间管理经费和销售费用。按每头商品猪分摊到 10 元计。

特别需要提醒的是：上述成本项目并没有涵盖猪场占用土地所应该交付的费用，若按 300 元/亩租赁费计算，分摊到每头商品猪的成本可以忽略不计。如果交付的占用费很高，应该计入成本进行核算，在此不做案例分析了。

以上共 12 项，前 9 项为直接费用，最后 3 项为间接费用。一头商品猪生成的成本费用为：60(20)＋905.3＋90＋51.9＋40.6(42.7)＋3＋1＋1＋10＝1 162.8(1 124.9)元。从计算的结果可以看出，自动化程度较高猪场的生猪成本(1 124.9 元按 1 125 元计)要低于用工较多的养殖场(1 162.8 元按 1 163 元计；1 124.9 元按 1 125 元计)，说明在经济快速发展的时代大背景下，劳务成本走高已毋庸置疑，采用机电一体智能化技术设备来替代猪生产过程中的重复生产劳动是社会发展及行业发展的必然要求。

（三）猪场运行效益简要分析

根据(一)和(二)的估算数据可知，目前市场条件下一头商品猪可实现营收 1 679 元，而每头猪分摊的生产成本是 1 163 元(1 125 元)；那么每头商品猪可获利 1 679－1 163＝516(元)(554 元)；一个年出栏万头的商品猪场可实现利润为 516 万元(554 万元)。

对于 100 头生产母猪的猪场，上述成本核算不能直接照搬，成本内容有一定的出入；应该说，中小型猪场的直接计算成本要低一些，如果每头母猪生产指标不降低，一头商品猪的利润可以在万头猪场的头均商品猪利润的基础上提高 10 元。

在饲料价位及其他运行成本(1 163 元)不变的情况下，出售商品猪及淘汰猪(淘汰母猪及残猪)的收入下降 31%即 1 157 元(粪便收入 6 元不变)时达到盈亏平衡点，此时的商品猪价格为 11.04 元/kg；就是说，当生猪成本不变的情况下，商品猪价格运行至 11.04 元/kg 时，猪场没有利润。在此市场价格条件下，猪场要获得利润，必须提高猪场生产技术指标来降低生产成本，当每头母猪可以完成每年 20 头任务的目标时(每头母猪年均提高 2 头)，年出售生猪的数量增加到 11 120 头，那么种猪摊销费降为 44.6＋1.7＝46.3(元)，比年出栏万头时低 5.6 元；固定资产折旧费分摊每头商品猪的成本约为 36.5 元(38.4 元)，比年出栏万头时低 4.1(4.3 元)；直接可估算成本降低 5.6＋4.1＝9.7(元)，如果考虑到猪群健康良好，保健药物投入减少，还有其他的商品猪计摊成本降低的话，每头成本共计降低 20 元是可以实现的，这样在价格低位运行时，猪场每年仍然可以获得 22 万元以上的生产利润。

由于具体年份的养猪业情况不同，加上生猪行情的走向受诸多变数因子的影响,对于从事猪生产的业者而言,精确预测生猪价格的变化趋势是一件很难的事情。切记加强猪场内部的生产管理,力争完成生产指标,在行业名列前茅。

猪场如有充裕的经营资金,可以适度关注大宗饲料原料的一年中不同月份行情变化规律,在价格低位时,储存一定数量的玉米或豆粕,会对降低养猪成本有一定帮助,获得一定的经营性收益。

第二章 猪的优良品种及引种要务

猪生产就是使用种猪作为生产工具，充分发挥它们的繁殖性能，获得尽可能多的猪肉载体——仔猪，通过为仔猪提供生产资料——饲料来完成猪肉的生产转换，实现将植物性农产品置换为动物性产品的过程。所以，生产工具的性能直接关系到猪场生产水平的高低，在养猪业中起到决定作用的关键要素。本章将就猪的优良品种的相关资料及利用做具体介绍，并将引种工作中应该注意的事项予以说明。

第一节 当今主要适用的猪品种

从 20 世纪初开始，10 多个国外品种相继引入我国，一些品种对我国的品种改良和养猪生产产生了很大影响。20 世纪 80 年代之后，我国开始大量引进杜洛克、大约克夏和长白猪等品种，用于经济杂交。一些国际著名猪育种公司的专门化品系及配套系如 PIC、迪卡和斯格猪等相继进入我国。早期引进的一些猪种由于已经不能适应时代的发展和市场的需求而逐步被淘汰，而这些新引进的瘦肉型猪品种对我国猪生产有着举足轻重的巨大影响，成为国内养猪业的当家品种。与中国地方猪种相比，引进品种在种质特性上有着生长速度快、饲料报酬高、屠宰率和胴体瘦肉率高的突出优点，但也有繁殖性能不高、抗逆性较差、肉质欠佳等方面的不足。

特别要提到的是为彻底改变国内种猪企业年年多家分头引进国外同类品种、造成大量外汇流失的局面，国家已从 2010 年启动国内瘦肉型猪本土化选育的中长期规划，首批遴选全国 20 家种猪场参与其中。不久的将来，中国的长白猪、大约克夏、杜洛克品种将出现在世人面前，真正体现与养猪大国相对应的种猪育种水平。

在国内肉食品消费市场的发展进程中，主流市场需求仍然是瘦肉型猪肉，这为规模化瘦肉型猪的生产提供了稳定而又不断增长的市场需求。但也应该看到，本土化品种资源的利用进行猪肉生产在一些地方已有增长的态势。所以，不但要对引入的品种有较为全面的了解，还要对国内一些地方良种和一些培育品种有所认识。

一、主要引入瘦肉型品种

在国内猪生产行业发展过程中，使用的主要品种是来自国外的引入品种。主要包括长白猪、大约克夏猪、杜洛克猪等瘦肉型品种。

(一)长白猪

长白猪原名兰德瑞斯。原产于丹麦,是世界上最著名的瘦肉型猪种之一,因其体躯特长,毛色全白,在中国通称为长白猪。目前世界上的许多国家都引入饲养,并结合本国自然经济条件进行选育,育成了适应本国的长白猪,如英国长白猪、德国长白猪、法国长白猪、荷兰长白猪等。我国引进的有丹麦、法国、瑞典、美国、加拿大等国品种。

1. 品种特征

长白猪全身被毛白色,头小肩轻,脸面平直,鼻嘴直长,耳大前倾。躯干较长,背部平直稍呈弓形。四肢较高,后躯的肌肉较发达,前窄后宽呈流线型,胸部有16～17对肋骨,乳头6对以上。各国培育的长白品系的体型外貌大同小异,但各有特点,如瑞典系长白猪体躯较粗壮;美系长白猪体躯较高,而后躯的肌肉不太丰满等。近10多年来新培育出的丹系长白、英系长白的共同特点是后躯肌肉更发达,背最长肌更粗,背中线呈一条凹沟,四肢较短。见图2.1。

图 2.1　长白猪

2. 生产性能

长白猪繁殖性能较好,引入中国后产仔数有所增加,初产母猪产仔数可达10头以上,经产母猪产仔数一般在11～12头。在良好的饲养管理条件下,生长发育很快。农场大群测试公猪,育肥期日增重880 g,母猪840 g,胴体瘦肉率61.5%。新引入的长白猪品种,生产性能有了很大提高。公猪达到100 kg日龄只需152 d左右,母猪则需159 d左右;饲料报酬(2.8～3.0)∶1,瘦肉率在63%以上。

在2010年湖北省第十届种猪拍卖会上,国家武汉种猪测定中心提供的测定数据显示,测定期(30～100 kg)排名第一的长白种公猪校正日增重为1 011.8 g,校正膘厚 9.9 mm,测定期饲料报酬为 2.03：1。同时期送测表现最好的种公猪校正日增重已达 1 121.6 g,送测表现最好的种公猪饲料报酬已达 1.92：1。表明国内一些种猪场进行本土化选育已取得了可喜的成绩。

3. 引入及利用情况

我国于 1964 年首次引进长白猪。在引种初期,存在易发生皮肤病、四肢软弱、发情不明显、不易受胎等缺点;20 世纪 80 年代首次从原产国丹麦引进长白猪,以后我国各省又相继从加拿大、英国、法国、丹麦、瑞典、美国引入新的长白猪种。经多年驯化,这些缺点有所改善,适应性增强,性能接近或超过国外测定水平。长白猪作为第一父本进行二元杂交或三元杂交,效果显著。

(二)大约克夏猪

大约克夏猪又叫大白猪,于 18 世纪在英国北部的约克郡及其临近地区育成,是世界著名的瘦肉型猪种,是目前世界上分布最广的品种之一。大约克夏猪具有生长快,饲料利用率高,产仔较多,胴体瘦肉率高,肉色好,产仔多,适应性强等特点。因其既可以作母本,也可用作父本,且具有优良的种质特性,在欧洲被誉为"全能品种"。

1. 品种特征

大约克夏猪体格大,全身被毛白色,故称大白猪。体型匀称,耳直立,鼻直,头颈较长,脸微凹,体躯长,背腰微弓,四肢较长。引入我国后体型无明显变化,在饲养水平较低地区,体型变小或腹围增大。见图 2.2。

图 2.2　大约克夏猪

2. 生产性能

初产母猪产仔 9.5～10.5 头,产活仔数 8.5 头以上;经产母猪产仔数 11～

12头。乳头7对以上,8月龄开始配种。成年公猪体重250～300 kg,成年母猪体重230～250 kg。后备公猪6月龄体重可达90～100 kg,母猪可达85～95 kg。体重25～90 kg阶段,日增重800～900 g,饲料报酬(2.6～2.8):1;达100 kg体重时日龄156～164 d。体重100 kg屠宰时,屠宰率在73%以上,胴体瘦肉率64%～65%,肉质优良。

在2010年湖北省第十届种猪拍卖会上,国家武汉种猪测定中心提供的测定数据显示,测定期排名第一的大约克种公猪校正日增重为981.3 g,校正膘厚7.7 mm,测定期饲料报酬为2.01:1。同时期送测表现最好的种公猪校正日增重已达1 023.2 g,测定期表现最好的种公猪饲料报酬已达1.94:1。

3. 引入及利用情况

大约克夏猪引入我国后,经过多年培育驯化,已有了较好的适应性。在杂交配套生产体系中主要用作母系,也可用作父系。大约克夏猪通常利用的杂交方式是杜×长×大或杜×大×长,即用长白公(母)猪与大约克夏母(公)猪交配生产,杂一代母猪再用杜洛克公猪(终端父本)杂交生产商品猪。这是目前世界上比较好的配合。我国用大约克夏猪作父本与本地猪进行二元杂交或三元杂交,效果也很好。可在我国绝大部分地区饲养。

(三)杜洛克猪

杜洛克猪原产于美国东部的新泽西州和纽约州等地。原名为杜洛克-泽西,后简称杜洛克猪。是美国目前分布最广的品种,也是当今世界较为流行的品种之一。早期的杜洛克为皮薄、骨粗、体长、腿高、成熟迟的脂肪型品种,20世纪50年代后,向瘦肉型方向发展,并逐渐达到目前的品种标准,成为世界著名的瘦肉型品种。杜洛克最大特点是身体健壮,强悍,耐粗饲性能强,是一个极富生命力的品种。生长快,饲料利用率高。该品种的缺点是繁殖力不高,早期生长速度慢。

1. 品种特征

全身被毛呈枯草黄到棕红色,体躯高大,粗壮结实,全身肌肉丰满平滑,后躯肌肉特别发达。头较小,颜面微凹,鼻长直,耳中等大小,向前倾,耳尖稍弯曲;胸宽而深,背腰稍弓,腹线平直,四肢强健。见图2.3。

2. 生产性能

杜洛克猪是生长发育最快的猪种,肥育期90 kg时最大日增重可达920 g以上,饲料报酬低于2.8:1。胴体瘦肉率在65%以上,屠宰率为75%。成年公猪体重为340～450 kg,母猪300～390 kg。初产母猪产仔9头左右,经产母猪产仔10头左右,育成率高。杜洛克猪相对于其他引进猪品种体质更为强健,肌肉结实,尤其是腿和腰肉丰满。达到100 kg体重需153～158 d。杜洛克猪比较耐粗饲,对

图 2.3　杜洛克猪

饲料选择不严格,对环境的适应性较好,肉用品质较好。

　　在 2010 年湖北省第十届种猪拍卖会上,国家武汉种猪测定中心提供的测定数据显示,测定期排名第一的杜洛克种公猪校正日增重为 870.2 g,校正膘厚7.5 mm,测定期饲料报酬为 2.01∶1。同时期送测表现最好的种公猪校正日增重已达 1 123.6 g,送测表现最好的种公猪饲料报酬已达 1.95∶1。

3. 引入及利用情况

　　我国从 20 世纪 70 年代后从英国引进瘦肉型杜洛克猪,以后陆续由加拿大、美国、匈牙利、加拿大、丹麦等国家和中国台湾地区引入该猪,现已遍及全国。引入的杜洛克猪能较好地适应中国的条件,且具有增重快,饲料报酬高,胴体品质好,眼肌面积大,瘦肉率高等优点,已成为中国商品猪的主要杂交亲本之一,尤其是终端父本。但由于其繁殖力不高,早期生产速度慢,母猪泌乳量不高等缺点,故有些地区在与其他猪种进行二元杂交时,作父本不很受欢迎,而往往将其作为三元杂交中的终端父本。

(四)汉普夏猪

　　汉普夏猪属瘦肉型猪品种。原产英国南部,由美国选育而成。曾称为薄皮猪,1904 年统一名称为汉普夏猪。原属脂肪型品种,20 世纪 50 年代后逐渐向瘦肉型方向发展,成为世界著名的瘦肉型品种,广泛分布于世界各地。因其具有独特的毛色特征,在肩和前腿部为白色,其他部位为黑色,故有"银带猪"之称。在北美地区,汉普夏猪的饲养量与杜洛克猪的饲养量不分上下,足见其生产性能与杜洛克猪是相当的。

1. 品种特征

汉普夏猪体型大,毛色特征突出,全身主要为黑色,肩部到前肢有一条白带环绕,俗称白肩(带)猪。头大小适中,颜面直,耳向上直立,中躯较宽,背腰粗短,体躯紧凑,呈弓形。背最长肌和后躯肌肉发达。见图2.4。

图 2.4　汉普夏猪

2. 生产性能

汉普夏猪繁殖力不高,产仔数一般在9~10头,但仔猪硕壮而均匀,母性好,体质强健。汉普夏公猪从30~100 kg日增重845 g,料重比2.53∶1。农场大群测试,公猪平均日增重781 g,母猪平均日增重731 g,胴体瘦肉率60%以上。胴体性状很好,尤以胴体背膘薄、眼肌面积大、胴体瘦肉率高而著称。但肉质欠佳,肉色浅。

3. 引入及利用情况

我国于20世纪70年代后开始成批引入。由于其具有背膘薄、胴体瘦肉率高的特点,以其为父本,地方猪或培育品种为母本,开展二元或三元杂交,可获得较好的杂交效果。国外一般以汉普夏猪作为终端父本,以提高商品猪的胴体品质。

(五)皮特兰猪

皮特兰猪原产于比利时的布拉帮特地区,育成历史较短,1950年被确定为新品种,进行品种登记。1955年首次引入法国北部地区,1960年出口至德国,随后分布范围逐渐扩大。主要特点是瘦肉率高,后躯和双肩肌肉丰满。

1. 品种特征

皮特兰猪毛色呈灰白色并带有不规则的深黑色斑点,偶尔出现少量棕色毛。头部清秀,颜面平直,嘴大且直,双耳略微向前;体躯呈圆柱形,腹部平行于背部,肩部肌肉丰满,背直而宽大。见图 2.5。

图 2.5 皮特兰猪

2. 生产性能

皮特兰猪产仔数不多,但母猪母性好,不亚于我国地方品种;仔猪育成率较高,平均产仔数 10 头左右,产活仔数 9 头左右;断乳仔猪数 8.3 头。在较好的饲养条件下,皮特兰猪生长较快,6 月龄体重可达 90～100 kg,但 90 kg 后生长速度显著减缓。日增重 750 g 左右,料重比(2.5～2.6):1,屠宰率 76%,瘦肉率可高达70%。肉质欠佳,肌纤维较粗,氟烷敏感基因频率高,易发生猪应激综合征(PSS),产生发白松软滴水肉(PSE 肉)。近年选育出的抗应激皮特兰,在适应性和肉质上都有大幅度改进。

3. 引入及利用情况

我国于 20 世纪 80 年代开始引进皮特兰猪,由于皮特兰猪产肉性能强,胴体瘦肉率很高,能显著提高杂交后代的胴体瘦肉率。但繁殖能力欠佳,故在经济杂交中多用作终端父本。

(六)PIC 配套系

1. 配套系组成

PIC 配套系是以长白、大约克、杜洛克、皮特兰 4 大瘦肉型猪为基础,导入包括中国太湖猪在内的其他一些著名品种血统,选育形成 20 多个专门化品系后,进行最优化组合培育而成。其主要优点为:生长速度快,产仔多,成活率高,瘦肉率高,肉质细嫩,免疫力强,对环境适应性较好。

目前,国内引入繁育的有 PIC 曾祖代 4 个专门化品系,由父系 L64、母系 L11及父系 L19、PIC 祖代母猪(由 L02 父系及母系 L03、L95 杂交而成)组成。L64 与L11 杂交生成 PIC402 父母代公猪;L19 与 PIC 祖代母猪杂交生成 PIC 康贝尔母猪;PIC402 公猪与 PIC 康贝尔母猪即生成 PIC 五系杂交商品猪。

2. 生产性能

父母代母猪初产活仔数平均为 11.3～11.7 头/胎,经产活仔数为 12.4～12.6 头/胎;商品猪育肥期 30～100 kg 阶段,日增重 900～1 150 g;出生到 90 kg 出栏平均为 155 d;育肥期料重比(2.5～2.6)：1;商品代育肥猪 90 kg 屠宰率为 73%～75%,胴体瘦肉率为 65%～68%。

(七)斯格猪配套系

1. 配套系组成

斯格猪配套系育种工作开始于 19 世纪 60 年代初,已有近 50 年的历史。他们一开始是从世界各地,主要是欧美等国,先后引进 20 多个猪的优良品种或品系,作为遗传材料,经过系统的测定、杂交、亲缘繁育和严格选择,分别育成了若干个专门化父系和母系。这些专门化品系作为核心群,进行继代选育和必要的血液引进、更新等,不断地提高各品系的性能。目前育成的 4 个专门化父系和 3 个专门化母系可供世界上不同地区选用。作为母系的 12 系、15 系、36 系 3 个纯系繁殖力高,配合力强,杂交后代品质均一。它们作为专门化母系已经稳定了近 20 年。作为父系的 21 系、23 系、33 系、43 系则改变较大,其中 21 系产肉性能极佳,但因为含有纯合的氟烷敏感基因其利用受到限制。其他的 3 个父系都不含氟烷敏感基因,23 系的产肉性能极佳;33 系在保持了一定的产肉性能的同时,生长速度很快;43 系则是根据对肉质有特殊要求的美洲市场选育成功的。

目前我国主要引进 23、33 这 2 个父系和 12、15、36 这 3 个母系组成了 5 系配套的繁育体系,从而开始在我国繁育推广斯格瘦肉型配套系种猪和配套系杂交猪。

2. 生产性能

父母代母猪胎均产仔数为 12.5～13.5 头,一生产仔胎数可达 6.8 胎;育肥期 25～100 kg 阶段,平均日增重 900 g;出生到 100 kg 出栏平均为 150 d;育肥期料重比 2.4：1;商品代育肥猪 100 kg 屠宰率为 75%～78%,胴体瘦肉率为 66%～67.5%。

二、国内可选用的培育品种

新中国成立以来,根据国民经济的发展和人民生活需要,有目的、有计划、有组织地进行了猪新品种的培育工作。特别是在 20 世纪 70 年代以后培育了一批具有较高生产性能、符合时代要求的品种,为当地的猪生产作出了积极贡献。

(一)湖北白猪

湖北白猪是我国瘦肉型猪育种中具有标志性的一个成果。它是我国猪育成品种中产生经济效益和社会效益最明显的一个。

1. 产地与培育

湖北白猪是湖北省 1986 年育成的瘦肉型新品种,包括 5 个品系。原产于湖北省武昌地区,是以通城猪、荣昌猪、长白猪和大白猪为杂交亲本并以"大白猪×(长白猪×本地猪)"组合组建基础群选育而成。

2. 体型外貌

湖北白猪全身被毛白色,体格较大,具有较典型的瘦肉型猪体格。头稍轻、直长,两耳前倾或稍下垂,背腰平直,中躯较长,腹小,腿臀丰满,肢蹄结实;乳头 7 对。见图 2.6。

图 2.6　湖北白猪

3. 生产性能

成年公猪体重 250～300 kg,母猪体重 200～250 kg。该品种具有胴体瘦肉率高、肉质好、生长发育快、繁殖性能优良等特点。20～90 kg 育肥期Ⅰ、Ⅱ、Ⅲ系平均日增重 560～620 g,料重比(3.17～3.27):1;Ⅳ、Ⅴ系平均日增重 622～690 g,料重比 3.45:1。胴体瘦肉率较高,90 kg 屠宰胴体瘦肉率达 60% 左右。

湖北白猪适应性好,对高温、湿冷的耐受能力强,耐粗饲,与杜洛克猪具有很好的杂交效果,是生产商品瘦肉猪的优良母本。现在相关育种单位正在进一步开展品系繁育。

(二)哈尔滨白猪

哈白猪是我国猪育种成型较早的育成品种之一。它的经济属性仍是兼用型（瘦肉率为 45%～55%）范畴，是我国地方品种的改进型品种。

1. 产地与培育

哈尔滨白猪简称哈白猪，产于黑龙江省南部和中部地区，以哈尔滨及其周围各县为中心产区。广泛分布于滨州、滨绥、滨北和特佳等铁路沿线。哈白猪是由民猪与约克夏、巴克夏杂交后形成杂种群进行选育，再引入苏白猪进行级进杂交后选育而形成。

2. 体型外貌

哈白猪体形较大，全身被毛白色，头中等大小，两耳直立，面部微凹；背腰平直，腹稍大但不下垂，腿臀丰满，四肢健壮，体质结实；乳头 7 对以上。见图 2.7。

图 2.7　哈白猪

3. 生产性能

哈白猪成年体重，公猪 222 kg，体长 149 cm；母猪 176 kg，体长 139 cm。据对 380 窝初产母猪的统计，平均产仔数 9.4 头；1 000 窝经产母猪统计平均产仔 11.3 头。屠宰率 74%，膘厚 5 cm，眼肌面积 30.81 cm^2，后腿比例 26.45%；90 kg 屠宰胴体瘦肉率 45% 以上。

哈白猪与民猪、三江白猪和东北花猪进行正反交，其杂种猪在肥育期的日增重和饲料转化率均呈现出较强的杂种优势。具有肥育速度较快，仔猪初生体重大，断乳体重高等优良特性。

(三)苏太猪

苏太猪是我国直接利用太湖猪作为遗传素材并导入瘦肉型猪血统来育成自主知识产权的瘦肉型品种，它对我国充分利用本土资源、提升经济价值有积极意义。

1. 产地与培育

苏太猪是由江苏省苏州市太湖猪育种中心以二花脸和枫泾猪为母本、杜洛克为父本,通过杂交选育而成。1999 年通过国家畜禽品种审定委员会审定。

2. 体型外貌

全身被毛黑色,耳中等大,垂向前下方,头面有清晰皱纹,嘴中等长而直,四肢结实,背腰平直,腹小,后躯丰满,身体各部位发育良好,具有明显的瘦肉型猪特征。见图 2.8。

图 2.8 苏太猪

3. 生产性能

苏太猪具有产仔多、生长速度快、瘦肉率高、耐粗饲、肉质鲜美等优良特点,可作为生产三元瘦肉型猪的母本。90 kg 体重日龄为 178 d。屠宰率 73%,平均背膘厚 2.33 cm,胴体瘦肉率有 56%。母猪平均乳头 7 对以上。初产母猪平均产仔11.68 头,经产母猪平均产仔 14.45 头,有一胎产 24 头的记录。以苏太猪为母本与大约克夏或长白公猪交配产生的苏太杂优猪,瘦肉率可达 60%,日增重 750 g 以上。可在我国大部分地区饲养,适宜规模猪场、专业户、农户饲养。

(四)三江白猪

三江白猪是我国利用民猪血统并引入瘦肉型猪杂交选育而成,它基本上体现了瘦肉型猪的特征。但主要生产性能与引入品种有较大差距。

1. 产地与培育

三江白猪产于东北三江平原,是由民猪和来自英国、瑞典、法国的长白猪杂交选育而成的我国较早的一个瘦肉型猪品种。

2. 体型外貌

三江白猪被毛全白,毛丛稍密,头轻嘴直,耳下垂,背腰宽平,腿臀丰满;四肢粗壮,蹄质坚实;乳头 7 对,排列整齐。见图 2.9。

图 2.9　三江白猪

3. 生产性能

三江白猪继承了民猪亲本在繁殖性能上的优点,性成熟早,初情期约在 4 月龄,发情征状明显,配种受胎率高。初产母猪平均产仔 10.2 头,经产 12.4 头。6 月龄体重可达 84.6 kg,胴体瘦肉率 58%,特别适合于在寒冷地区饲养。在农场生产条件下饲养,表现出生长迅速、饲料消耗少、抗寒、胴体瘦肉多、肉质好等特点。

(五)豫南黑猪

豫南黑猪是在对淮南猪群体继代选育的基础上,通过杂交育种,历时 23 年而育成的一个黑色瘦肉型猪新品种。2008 年 5 月 26 日经国家畜禽遗传资源委员会猪专业委员审定,符合国家猪新品种标准,2008 年 10 月 22 日农业部发布公告颁发新品种证书(农 01 新品种证字第 15 号)。

1. 产地与培育

豫南黑猪是以河南省地方优良品种淮南猪和美系杜洛克猪为基本育种材料,通过杂交选育而成。推广养殖区域主要在河南省信阳市的固始、新县、商城等地区。

2. 体型外貌

豫南黑猪体型中等,被毛黑色;头中等大小,颈短粗,嘴较长直,额部较宽,有少量皱纹,耳中等大,耳尖下垂;背腰平直,腹稍大,腿臀丰满,肢蹄健壮结实。成年公猪体重 160 kg 以上,成年母猪体重 180 kg 以上。公猪睾丸发育良好,性欲旺盛。母猪乳房发育良好,乳头 7 对以上,排列整齐。见图 2.10。

图 2.10　豫南黑猪

3. 生产性能

豫南黑猪母猪 4～5 月龄有发情表现,体重达 80 kg 可初配。公猪 5 月龄性成熟,体重达 85 kg 可初配。后备公猪 180 日龄平均体重 89 kg,平均日增重 580 g;后备母猪 181 日龄体重 92 kg,平均日增重 590 g。初产母猪平均窝产仔数10.97 头,育成率 90％以上;经产母猪平均窝产仔 12 头,育成率 95％以上。

在中等营养水平下(前期 DE:12.98 MJ/kg,CP:16％;后期 DE:12.55 MJ/kg,CP:14％),育肥期(30～90 kg),平均日增重 640 g,料重比 2.94：1。

育肥猪 90 kg 体重屠宰,平均屠宰率为 74.67％,胴体长 97.69 cm,眼肌面积31.77 cm²,胴体背膘厚 26.63 mm,后腿比例 31.07％,胴体瘦肉率 56.08％,肉色3.44,pH 值 6.43,系水力 93.33％,肌内脂肪 4.11％。

豫南黑猪新品种保持了淮南猪繁殖力高、肉质好、耐粗饲、抗病性较好的优良特性,既适合集约化猪场饲养,也适合农村小规模饲养或散养;既适应高营养水平的饲养条件,也适应较低水平粗放饲养;在高营养水平条件下,能发挥其生产潜能,在低水平条件下也能表现出好的生产成绩。该品种对气候条件有较好的适应性,推广应用的范围比较广泛。

三、一些非主流市场需求品种(部分优良地方品种)

目前,国内养猪业的主体是利用瘦肉型品种以生产猪肉来满足大众市场需求,规模化、高投入、高产出是其根本特征。但经济的发展及消费观念的变化,一些消费者已把目光放在绿色无抗(无抗生素)猪肉甚至是有机猪肉上。所以一些地方良种在当前高端猪肉生产中发挥着积极的作用。现根据一些地方良种的使用情况及现实作用,特介绍一些影响较大、具有突出性能表现或特色的地方良种。

(一)太湖猪

太湖猪是中国乃至全世界上最有突出遗传种质特性的猪品种,它的超强繁殖性能被猪育种者所青睐。法国的大白猪、美国的猪配套系育种都成功导入太湖猪的血统,使猪的胎产仔数增加1~3头。实现了瘦肉型猪繁殖性能的突破。

1. 产地与分布

太湖猪产于长江下游的沿海沿江地区,共有7个类群。其中产于嘉定县的称"梅山猪",产于松江县的称"枫泾猪",产于嘉兴、平湖县的称"嘉兴黑猪",产于武进和靖江县的称为"二花脸猪"。还有"横泾猪"、"米猪"、"沙乌头猪"。以上猪种因其有共同的来源,主要特征和特性也很类似,从1974年起统称"太湖猪"。

2. 体型外貌

体型中等,各类群间有差异。以梅山猪较大,骨骼较粗壮,头大额宽,额部皱褶多、深,耳特大,近似三角形,软而下垂,耳尖齐或超过嘴角,形似大蒲扇;背腰宽平或微凹,腹大下垂;四肢稍高,卧系撒蹄,大腿欠丰满;全身被毛稀疏,腹部更少,被毛黑色或青灰色,梅山猪的四肢末端为白色,俗称"四白脚",也有尾尖为白色的;后躯皮肤有皱褶,随着身体肥度的增强而逐渐消失。乳头一般8~9对。见图2.11。

图 2.11　太湖猪

3. 生产性能

太湖猪以繁殖力高著称于世,是全世界已知猪品种中产仔数最高的一个品种,经产母猪每胎产仔15头左右,泌乳力高,母性好。成熟早,肉质好,性情温驯,易于管理。7~8个月体重可达75 kg,屠宰率65%~70%,胴体瘦肉率40%~45%。太湖猪分布范围广,数量多,品种内类群结构丰富,有广泛的遗传基础,肉色鲜红,肌肉内脂肪较多,肉质好。但纯种太湖猪肥育时生长速度慢,胴体中皮的比例高,瘦肉率偏低。今后应加强本品种选育,适当提高瘦肉率。进一步探索更好的杂交组合,在商品瘦肉猪生产中发挥更大的作用。

(二)民猪

民猪是我国分布最广的地方优良品种,也是地方品种中体型较大、抗寒能力强的一个。在我国历史上的传统养猪进程中,民猪的饲养对北方尤其是年均气温较低地区的猪肉消费发挥了重要作用。

1. 产地与分布

原产于东北和华北部分地区。现分布于东北三省、华北及内蒙古地区。

2. 体型外貌

按体形大小及外貌特点可分为大(大民猪)、中(二民猪)、小(荷包猪)3 种类型。体重 150 kg 以上的大型猪称大民猪;体重 95 kg 左右的中型猪称二民猪,体重 65 kg 左右的小型猪称荷包猪。目前的民猪多属于中型猪,头中等大,嘴鼻直长,额部有纵行皱纹,耳大下垂;体躯扁平,背腰狭窄稍凹,臀部倾斜,腹大下垂,四肢粗壮;被毛全黑,冬季密生绒毛,鬃毛发达,飞节侧面有少量皱褶。乳头 7~8 对。见图 2.12。

图 2.12　民猪

3. 生产性能

民猪性成熟早,母猪 4 月龄左右时出现初情期,母猪发情征状明显,配种受胎率高;分娩时不让人接近,有极强的护仔性。初产母猪产仔数 11 头左右,经产母猪 13 头左右。民猪有较好的耐粗饲性和抗寒能力,在较好的饲养条件下,8 月龄体重可达 90 kg,屠宰率为 72% 左右,胴体瘦肉率为 46% 左右。

民猪是我国东北和华北广大地区在寒冷条件下,选育成的一个历史悠久的地方种猪。它具有繁殖力高,护仔性强,抗寒能力强,体质健壮,脂肪沉积能力强和肉质好的特点,与其他品种杂交均获得良好效果。新金猪、吉林省黑猪、哈白猪和三江白猪等都是用民猪和其他猪种杂交培育而成。但增重较慢,饲料转化率低,胴体脂肪率高。今后应继续加强本品种选育,进一步提高生长速度,提高胴体的瘦肉率。

(三)金华猪

金华猪是我国著名食品"金华火腿"的制作原材料,也可以说是金华猪成就了"金华火腿"。它代表了地方品种华中型猪的基本特征。

1. 产地与分布

金华猪原产于浙江省金华市的金华、东阳县的部分地区。主要分布于东阳、浦江、义乌、金华、永康、武义等县。

2. 体型外貌

金华猪体型中等偏小。额有皱纹,耳中等大、下垂,颈短粗,背微凹,腹大微下垂,臀较倾斜,四肢细短;毛色以中间白、两头黑为特征,即头颈和臀尾为黑皮黑毛,体躯中间为白皮白毛,在黑白交界处有黑皮白毛的"晕带",因此又称"金华猪两头乌"或"两头乌"猪。乳头一般8对。金华猪按头型可分为寿字头型、老鼠头型和中间头型3种,现称大、中、小型。寿字头型体型稍大,额部皱纹较多较深,结构稍粗。老鼠头型个体较小,嘴筒窄长,额面较平滑,结构细致。中间型则介于两者之间,体型适中,头长短适中,额部有少量浅的皱纹,是目前产区饲养最广的一种类型。见图2.13。

图 2.13　金华猪

3. 生产性能

金华猪繁殖力高,一般产仔 14 头,母性好,护仔性强,仔猪育成率高(94%)。在一般饲养条件下,肥育猪 8～9 月龄体重 63～76 kg,日增重 300 g 以上。体重

74 kg时,屠宰率为72%,胴体瘦肉率为43%。金华猪具有性成熟早,繁殖力高,早熟易肥,屠宰率高,皮薄骨细,肉质细嫩,肥瘦比例恰当,瘦中夹肥,五花明显。适于腌制优质火腿等优点,著名的金华火腿就是由金华猪的大腿加工而成。但仔猪出生重较小,肥育猪在育肥后期生长较慢,饲料转化率较低,后腿欠丰满。今后,应按国家标准总局发的《金华猪标准》进行本品种选育,注意保存和提高该品种的优点,特别是与腌制优质火腿有关的肉质性状。同时,在产区建立杂交繁育体系,有计划地推广较优良的杂交组合,适当提高肥育猪的瘦肉率。

(四)香猪

香猪是我国西南地区存留的一个小型猪品种,由于其肉质的香、嫩而得名。香猪是作为烤猪的不可多得的原材料。但其生产性能不高。

1. 产地与分布

香猪的中心产区在贵州省从江县、三都县与广西环江县等。主要分布在黔、桂两省(区)接壤的榕江、荔波、融水及雷山、丹寨等县。其中广西的巴马香猪除当地有饲养外,北方一些省份亦有饲养。

2. 体型外貌

体躯矮小,毛色多全黑,有"六白"或"六白"不全的特征。头较直,耳小而薄,略向两侧平伸或稍下垂,身躯短,背腰宽微凹,腹大丰圆垂下,后躯较丰满,四肢短细,乳头5～6对。见图2.14。

图 2.14　香猪

3. 生产性能

香猪6月龄体高40 cm左右,体长60～75 cm,体重20～30 kg,相当于同龄大型猪的1/4～1/5,平均日增重仅120～150 g。成年公猪体重为37.4 kg,母猪体重为40.0 kg。母猪平均产仔数为4.5～5.7头。38.9 kg育肥猪屠宰率为65.7%,

胴体瘦肉率为 46.75%。体重达 30～40 kg 时为适宜屠宰期。

香猪早熟易肥,皮薄骨细,肉质鲜嫩,哺乳仔猪与断乳仔猪肉味香,无乳腥味与其他异味,加工成烤猪、腊肉,别具风味与特色。香猪是我国向微型猪方向发展,用作乳猪生产很有前途的猪种与宝贵基因库。

(五)荣昌猪

荣昌猪是我国地方良种西南型的典型代表,具有脂用型的基本特征。适应性好、耐粗饲等优点深受传统养殖户的喜爱。

1. 产地与分布

荣昌猪主产于四川荣昌和隆昌两县,后扩大到永川、泸县、泸州、合江、纳溪、大足、铜梁、江津、璧山、宜宾及重庆等 10 余县、市。

2. 体型外貌

荣昌猪体型较大,被毛除两眼周围或头部有大小不等的黑斑外,均为白色。是我国地方猪种中少有的白色猪种之一。荣昌猪头大小适中,面微凹,耳中等大、下垂,额面皱纹横行,有旋毛,体躯较长,发育匀称,背腰微凹,腹大而深,臀部稍倾斜,四肢细致、结实,鬃毛洁白、刚韧。乳头 6～7 对。见图 2.15。

图 2.15　荣昌猪

3. 生产性能

荣昌猪日增重 313 g,以 7～8 月龄体重 80 kg 左右出栏为宜,屠宰率为 69%,胴体瘦肉率 42%～46%。荣昌猪肌肉呈鲜红或深红色,大理石纹清晰,分布较匀,初产母猪产仔数 6.7 头,经产母猪产仔数为 10.2 头。荣昌猪的鬃毛,以洁白光泽、刚韧质优载誉国内外。荣昌猪适应性强,杂交效果好,遗传性能稳定,胴体瘦肉率较高,肉质优良,鬃白质好等优良特性而驰名中外。1957 年,荣昌猪被载入英国出版的《世界家畜品种及名种辞典》,成为国际公认的宝贵猪种资源。经全国家畜禽遗传资源管理委员会评审,荣昌猪以其"瘦肉率高、白色、特定遗传性状",农业部在"七五"规划中把荣昌猪列为国家级重点保护的优良地方猪种。

(六)通城猪

通城猪由原产地通城县而得名,属"华中两头乌猪"品种中极具代表性的类群,2000 年被列入《国家级畜禽品种资源保护名录》。它具有瘦肉细嫩多汁、鲜香味浓;产仔多,性成熟早,发情明显,配种容易,母性好;抗逆性强;遗传性稳定;杂交配合力好等优良特性,是一个宝贵的地方猪遗传资源,是湖北省的主要当家地方猪母本品种。

1. 产地与分布

通城猪产区在湖北幕阜山低山丘陵地区,中心产区在通城县。产区多为沙壤土,江南多为红壤和黄壤,属亚热带气候区,年平均气温 16℃,冬夏温差较大。农作物一年 2～3 熟,以水稻为主,旱作物有薯类、大麦、小麦,大豆、花生、油菜、高粱、玉米、棉花等。物产丰富,素称"鱼米之乡"。粮食加工、制粉、酿造业发达,农副产品充足,四季青料和野草丰茂,为发展养猪业提供了优越的条件。

通城猪分布于崇阳、蒲圻、通山、咸宁、武昌、鄂城、大冶等县。

2. 体型外貌

通城猪猪头短宽,额部皱纹多呈菱形,皱纹粗深者称"狮子头",头长直额纹浅细者称"万字头"或"油嘴筒";耳中等大、下垂。背腰多稍凹,四肢较结实,但常年圈养者多见卧系叉蹄。毛色为"两头乌,中间白",即头、颈和臀、尾为黑色,黑白交界处有 2～3 cm 宽的黑皮着生白毛,称"晕带",躯干、四肢为白色,额上有一小撮白毛,称"笔苞花"或"白星",有的白毛延至鼻端称"破头花",有的尾尖有白毛,少数猪躯干上有一两块不定型的黑斑,称"腰花"或"点花猪",头尾黑毛区较小,黑色区常以两额角为中心连于头顶,称"点头墨尾"。乳头数一般 6～7 对。见图 2.16。

3. 生产性能

通城猪成年公猪体重(97.01±5.64)kg,体长(122.45±2.10)cm,胸围(107.30±2.17)cm,体高(68.71±1.16)cm;成年母猪相应为:(94.38±5.05)kg,(120.00±0.35)cm,(107.69±0.36)cm,(60.96±0.18)cm。通城猪具有早熟易肥、骨细、瘦肉率较高、肉质细嫩等特点。但腿臀不够丰满,体质结构疏松。

图 2.16　通城猪

(七)撒坝猪

1. 产地与分布

撒坝猪主产于隶属昆明的禄劝彝族苗族自治县以及滇中的楚雄彝族自治州的武定、楚雄、南华、禄丰、姚安、大姚、双柏等县,而又以禄劝县撒营盘镇(以前称撒坝)为中心而得名。

2. 体型外貌

撒坝猪按体型大小、头式、外貌特征及性成熟的早晚分大、中、小 3 型,其中大型称为"八卦头",头大、耳大、腹大不下垂,身长、尾粗长、面部微凹,四肢粗壮"穿套裤",较晚熟;小型称为"狗头"或"油葫芦"猪,嘴筒细,尾细,耳小,身短,四肢细短,被毛稀疏;中型称为"羊头"或"二虎头",介于大、小两型之间。被毛黑毛居多,有 22.7%的火毛,"六白"或"六白"不全占 11.4%。

3. 生产性能

撒坝猪成年体重:大型母猪 140 kg,中型母猪 43 kg,小型母猪 36 kg,小公猪配种后即去势育,很少养到半年。产仔数:经产 11.83 头,肥育期日增重 423 g。撒坝猪肉的 pH 6.48±0.15,肉色(3.19±0.31)分,大理石纹(3.25±0.41)分,失水率(17.40±5.77)%,贮存损失(1.86±0.71)%。

经过 6 个世代纯繁选育的新品系撒坝猪,初产(头胎)达 8.72 头,经产 11.84 头,7 对乳头的仔猪占总产仔数的 37.2%,肉猪达 87 kg 体重的日龄为

195 d,料重比为 3.63。杂交利用中选育出的二元杂母猪约撒(约克夏×撒坝)产仔 13.3 头,长撒(长白×撒坝)12.4 头,二元杂肉猪约撒、杜撒达 90 kg 体重的日龄分别为 163.8 d、171.7 d;料重比分别为 3.45、3.37;瘦肉率分别为 54%、55.3%。三元杂肉猪杜约撒、约长撒分别为 162.5 d、167 d;料重比分别为 3.03、3.13;瘦肉率分别为 59.3%、60.96%;肉质指标均属优质;撒坝猪的繁育体系以楚雄州种猪场为核心场,三县一校(禄丰县、姚安县、元谋县和云南农业大学)4 个扩繁场,现已推广到 5 个地州 10 余个县市。见图 2.17。

图 2.17　撒坝猪

除上述一些地方良种外,像山东的莱芜猪、河南的淮南猪、湖北的清平猪等都在区域性的养殖生产中发挥作用。

四、杂交利用

杂交是指不同品种、品系或类群间的交配。杂交所产生的后代称为杂种。杂种个体通常会表现出生活力和生殖力较强,生产性能较高,性状表型均值超过亲本均值,这种现象称为杂种优势。杂交的目的,就是为了加速品种的改良和利用杂种优势,在短时间内生产出高性能的商品育肥猪。杂交已成为现代化养猪生产的重要手段,对提高猪的生产性能及经济效益具有十分重要的作用。在养猪生产中常用的经济杂交模式有以下几种。

(一)二元杂交

二元杂交是利用 2 个品种或品系进行一次杂交,其杂种一代全部作为商品肉猪。这是最为简单的一种杂交方式,且收效迅速,只要购进父本品种即可杂交。一般要求父本和母本来自不同的具有遗传互补性的两个群体。在我国一般以地方品种或培育品种为母本,以引入猪种作父本。这种杂交方式的缺点是仅利用了生长肥育性能的杂种优势,而杂种一代被直接育肥,没有利用繁殖性能的杂种优势。见图 2.18。

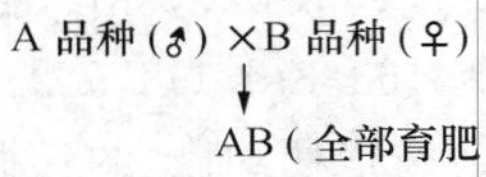

A 品种(♂)×B 品种(♀)

AB(全部育肥)

图 2.18　二元杂交示意图

(二)三元杂交

三元杂交又称三品种杂交,是由 3 个品种(系)参加的杂交,生产上多采用两品种杂交的杂种一代母猪作母本,再与第三品种的公猪交配,后代全部作商品猪育肥。三元杂交在现代养猪业中具有重要意义,其优点在于既能获得最大的个体杂种优势,也能获得效果十分显著的母体杂种优势。同时遗传基础比较广泛,可以利用 3 个品种(系)的基因互补效应。缺点是需要饲养 3 个纯种(系),进行 2 次配合力测定。见图 2.19。

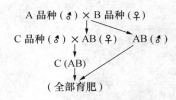

A 品种(♂)×B 品种(♀)

C 品种(♂)×AB(♀)　　AB(♂)

C(AB)

(全部育肥)

图 2.19　三元杂交示意图

(三)四元杂交

四元杂交又称四品种杂交或配套系杂交,采用 4 个品种(系),先分别进行两两杂交,在后代中分别选出优良杂种父本、母本,再杂交获得四元杂种的商品育肥猪。由于父、母本都是杂种,所以双杂交能充分利用个体母本和父本杂种优势。另外,四元杂交又比三元杂交能使商品代猪有更丰富的遗传基础。同时还有发现和培育出"新品系"的可能。20 世纪 80 年代以来,由于四元杂交日益显示出优越性而被广泛利用。见图 2.20。

(四)轮回杂交

最常用的有两品种轮回杂交和三品种轮回杂交。这种杂交方式是利用杂交过程中的部分杂种母猪作种用,参加下一次杂交,每一代轮换使用组成亲本的各品种的公猪。采用这种方式的优点是可以不从其他猪群引进纯种母本,又可以减少疫病传染的风险,也能充分利用杂种母猪的母体杂种优势,同时减少公猪的用量。缺点是不能利用父本的杂种优势和不能充分利用个体杂种优势;遗传基础不广泛,互补效应有限。另外,为避免各代杂种在生产性能上出现忽高忽低现象,参与轮回杂交的品种要求在生产性能上相似或接近。见图 2.21。

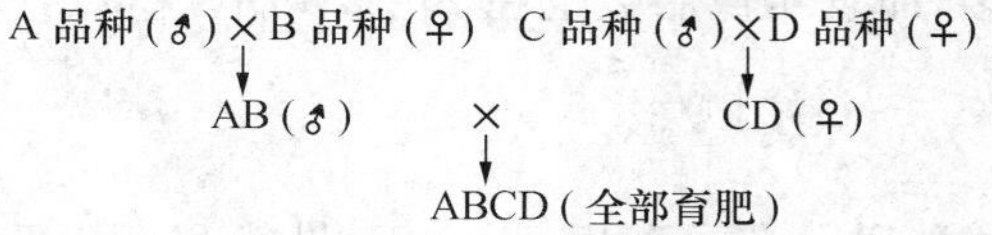

A 品种(♂)×B 品种(♀)　C 品种(♂)×D 品种(♀)

　　　AB(♂)　　　×　　　CD(♀)

　　　　　　　ABCD（全部育肥）

图 2.20　四元杂交示意图

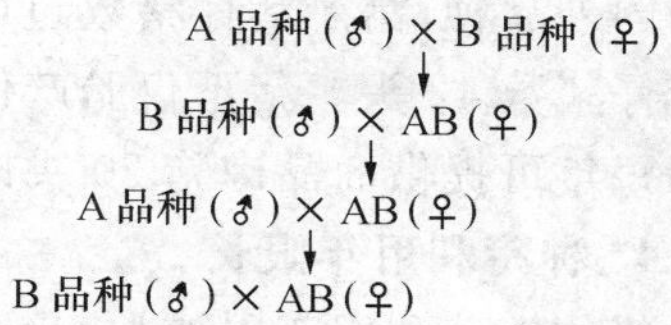

A 品种(♂)×B 品种(♀)

B 品种(♂)×AB(♀)

A 品种(♂)×AB(♀)

B 品种(♂)×AB(♀)

图 2.21　轮回杂交示意图

第二节　选种及引种要务

　　选种是猪育种及引种工作中必须面对的实际问题。作为种猪公司所进行的多体系的选种方法这里不再重复,在此只把生产实践中使用广泛的实用选择法做针对性的介绍。不同性质的猪场,每年都有淘汰母猪,同时要补充相应数量的后备种猪才能保持设计的生产能力,所以猪场都要涉及引种工作,具体事务也应当引起经营者的足够重视。

一、猪的生物学特性

　　猪在长期的自然选择和人工选择的过程中,逐步形成了猪所共有的区别于其他动物的内在特质,即某些独特的本能、特征和特性,称为猪的生物学特性。主要有以下几个方面。

(一)繁殖率高,世代间隔短

1. 猪的性成熟早

　　猪一般在 4～5 月龄就达到性成熟。我国地方优良猪种从 3 月龄小公猪开始就能产生成熟精子(如内江猪 63 d 龄小公猪就能产生成熟精子),小母猪就开始发情排卵(如太湖猪);培育品种和杂交一代一般 5 月龄达到性成熟;国外瘦肉型猪种一般 6 月龄以上。所以我国地方品种要比国外品种早 3 个月,而且,发情征状也比国外品种明显,在这方面我国猪种的优越性特别突出。

2. 初配年龄早,世代间隔短

　　一般猪种 6～8 月龄就可配种,经过 114 d 的妊娠期,大约 12 月龄就可产仔。我国太湖猪初配年龄更早,有的 3 月龄配种 7 月龄就可分娩产仔。猪的世代间隔为 1～1.5 年,如第 1 胎留种则为 1 年,第二胎开始留种则为 1.5 年。

3. 胎产仔猪数和年产窝数多

　　经产母猪一胎产仔 10 头左右。特别是我国的太湖猪,产仔数高于其他地方品种和国外品种,窝产活仔猪数超过 14 头,个别母猪一胎产仔超过 22 头,最高纪录窝产仔猪数 42 头。猪不仅胎产仔数多,而且年产胎数也在 2～2.5 胎。所以,一头母猪每年可提供商品肉猪 20 头以上。

4. 种猪利用年限长

猪的繁殖利用年限较长,我国地方猪种公猪可利用 5～6 年、母猪 8～10 年;培育品种和国外引入瘦肉型猪种也在 4～5 年。

5. 猪的繁殖潜力高

母猪的繁殖潜力很大。母猪卵巢中有卵原细胞 11 万个,但在猪的繁殖年限内只排卵 400 个左右。母猪在一个发情期内可排卵 20～35 个,但实际产仔数为 10 头左右,有一半的胚胎中途死亡。而公猪一次射精量在 200～400 mL,含有 200 亿～800 亿个精子。可见猪的繁殖潜力巨大。

(二)食性广,饲料转化率高

1. 猪消化系统的特点决定了猪的杂食性

猪的消化道发达,胃是食肉动物的简单胃和反刍动物的复杂胃之间的中间类型,容量大小为 7～8 L,小肠长度为 16～20 m,大肠长度为 4～5 m,肠子的长度与体长之比为 18 倍(国外引进猪 13.5 倍)。猪的唾液淀粉酶含量是马的 14 倍,牛羊的 3～5 倍;胃肠内有各种消化酶,便于消化各种动物性和植物性饲料。

2. 猪的饲料转化率高

猪的维持消耗较少,有利于长肉。对饲料中的能量和蛋白质的利用率较高,一般料重比为(3～3.5)∶1,肉牛(6～6.5)∶1。例如,猪利用 1 kg 可消化淀粉可转化成体脂肪 356 g,而阉牛为 248 g,比阉牛高 40%;据试验猪对蛋白质、脂肪和糖类的转化率比阉牛高 50% 以上,所以猪是产肉性能较好的节能型家畜。

(三)生长期短,周转快

猪周转的快慢可以从经济成熟的角度上来看,而经济成熟的早晚可以从猪生后体重的增加情况来看。如表 2.1 所示,各种家畜的生长期比较,在肉用家畜中,猪不仅生后生长期最短,而且在生前胚胎期也是最短的。

表 2.1　各种家畜的生长期比较

畜别	胚胎期/月	生后生长期/年	出生重/kg	成年体重/kg	体重增加倍数
猪	3.8	1.5～2.0	1.3	200	7.64
牛	9.5	3～4	35	500	3.84
羊	5	2～3	3	60	4.32
马	11.34	4～5	50	500	3.44

猪在生后生长发育特别快,10 日龄时体重达出生时的 2 倍以上,30 日龄达 5~6 倍,60 日龄增长 10~13 倍或更多。国外瘦肉型猪种和培育品种,育肥速度快,一般 6 月龄就能达到 90 kg 以上出售;我国地方品种生后 8~12 月龄,体重可达到 100 kg 即可出栏。

(四)听觉、嗅觉灵敏,视觉弱

1. 猪的听觉

猪的耳形较大,外耳道深广,听觉相当发达。猪的听觉分析器很完善,能细致地分析声音的强度、音调、节律、方向等,容易对呼名、口令、声音刺激调教成习惯。仔猪生后几小时对声音就有反应。当母猪在放奶前发出"哼哼"的唤奶音时,远在运动场玩耍的仔猪就能听辨出,并迅速回窝吃奶。猪对意外声音特别敏感,特别是与吃喝有关的音响更为敏感,容易形成条件反射,每次饲喂前饲喂用具碰撞发出的声音都会使猪群骚动,翘首等待,并发出饥饿求食的声音。猪对一些危险信号也很警觉,即使在睡觉,一有意外声响,立即苏醒,站立警备。

2. 猪的嗅觉

猪的鼻子特殊,长有吻突,嗅区广阔,嗅黏膜的绒毛面积很大,分布在嗅区的嗅神经非常密集。因此,猪的嗅觉非常灵敏,对任何气味都能闻到和鉴别。据测定,猪对气味的识别能力高于犬 1 倍,比人高 7~8 倍。猪凭着灵敏的嗅觉,识别群内的个体、自己的圈舍和卧位,保持群体之间、母仔之间的密切联系。

仔猪在生后几小时便能鉴别气味,依靠嗅觉寻找乳头,在 3 d 内就能固定乳头,直到断奶也不会改变。母猪凭借嗅觉识别自己的仔猪,这一点在寄养仔猪时特别注意。嗅觉在公母性联系中也起很大作用,当母猪发情时,即使距离很远,公猪也能通过嗅觉准确判断出母猪的方位;母猪如闻到公猪的气味,即使公猪不在场,也会表现出"呆立"现象。猪通过嗅觉能有效地找出埋在地下很深的食物,并经过训练,猪能嗅到 30 m 远处的野禽,也能嗅出埋在地下的地雷、毒品,有一些国家专门训练"警猪"作为破案和排雷的工具。

3. 猪的视觉

猪的视觉很弱,缺乏精确的判断能力,不靠近物体就看不见东西。属高度近视加色弱。据此,人们常利用猪这一特点,生产上通常把并圈时间定在傍晚时进行;用假母猪(台猪)进行公猪采精训练。

(五)适应性强,分布广

猪对自然地理、气候等条件的适应性强,是世界上分布最广、数量最多的家畜之一。猪从生态学适应性看,主要表现对气候寒暑的适应、对饲料多样性的适应、对饲养方法和方式上的适应,这些是它们饲养广泛的主要原因之一。

(六)对温、湿度敏感

1. 对温度敏感

温度的变化对猪主要表现在小猪怕冷、大猪怕热。小猪怕冷,原因在于初生仔猪大脑皮层调节温度中枢发育不健全,对温度调控能力低下;皮下脂肪少,皮毛稀,散热快;体表面积/体重比值大,单位重量散热快。所以,小猪最怕冷。大猪怕热,原因在于猪的汗腺退化,只在鼻、蹄叉和面颊处有汗腺,散热能力特别差;皮下脂肪层厚,在高温高湿下体内热量不能得到有效地散发;皮肤的表皮层较薄,被毛稀少,对热辐射的防护能力较差。因此,大猪最怕热。

2. 对湿度敏感

对湿度的敏感程度低于对温度,但潮湿环境对猪的生长发育极为不利。特别是高温高湿、低温高湿的情况下容易发病,造成一定的损失。最适宜的湿度为65%～75%较好。

(七)爱好清洁,容易调教

1. 猪讲究卫生,爱好清洁

猪是非常爱好清洁的动物,这也是其祖先遗留下来的优良特性。一般不在吃睡的地方排泄粪尿,喜欢在墙角、潮湿、蔽荫、有粪尿气味的地方排粪尿。但在圈舍过小,数目过多、天热等情况下上述特性就被破坏,无法表现这种特性。特别是炎热的夏季,由于猪身上只有极少的汗腺来帮助它调节体温,因此,它总喜欢泡在水里,把热散发出去。因此,夏季经常给猪洗澡降温是有一定道理的。

2. 猪较聪明,容易调教

猪属于平衡灵活的神经类型,易于调教。科学家认为,同其他家畜不同,猪解答问题是经过思考的,对猪进行训练,它能学会犬所能做的几乎任何一种技巧,而且训练所需的时间通常还要短些。英国剑桥大学的实验表明,在很多情况下,猪比犬更机智。科学家曾把猪和犬分别放到冷室中,教它们怎样按动键钮打开暖气。猪只用了 1 min 就学会了这个动作,而犬却用了 2 min。在美国,许多驯养的猪不仅能替主人看门、开锁、关门和掌管钥匙,还能够帮助主人送信,把东西找回来,甚至会有秩序地进行赛跑比赛。

(八)定居漫游

猪在无固定猪舍的情况下,能找一个固定的地方居住,一般不管走出多远,总要回到它的家,表现出定居漫游的特性。

二、猪的行为习性

行为是动物对某种刺激和外界环境适应的反应,不同的动物对外界的刺激表现出不同的行为反应,同一种动物内不同的个体行为反应也不一样,正是由于这些行为反应才使动物适应复杂的环境变化,才能生存、生长发育和繁衍后代。猪也和其他动物一样对其生活环境、气候条件和饲养管理条件等反应,在行为上都表现出一定的特殊和规律性。

(一)采食行为

拱土觅食是猪采食行为的一个突出特征。尽管现代饲喂良好的全价日粮,猪还是表现出拱地觅食的特征。每次饲喂时,出现抢占有利位置、前肢踏入饲槽或钻入饲槽用吻突拱掘饲料,将饲料掘出,造成饲料浪费。

猪的采食具有选择性,特别喜爱甜食。颗粒料和粉料相比,猪爱吃颗粒料;干料与湿料相比,猪爱吃湿料,且花费时间也少。

猪的采食是有竞争性的,群饲的猪比单饲的猪吃得多、吃得快,增重也高。

猪在白天采食6~8次,比夜间多1~3次。每次采食时间10~20 min,限饲时少于10 min。仔猪每昼夜吸吮为15~25次,占昼夜总时间的10%~20%。

通常饮水与采食同时进行。仔猪出生后就需要饮水,主要来自母乳中的水分,仔猪吃料时饮水量约为干料的2倍。自由采食的猪采食与饮水交替进行,直到满意为止;限制饲喂猪则在吃完料后才饮水。

(二)排泄行为

猪排粪尿是有一定的时间和区域的。一般多在采食、饮水后或起卧时,选择阴暗潮湿或污浊的角落排粪尿,且受邻近猪的影响。据观察,生长猪在采食过程中不排粪。饱食后约5 min开始排粪1~2次,多为先排粪再排尿;在饲喂前也有排泄的,但多为先排尿后排粪;在两次饲喂的间隔时间里猪多为排尿而很少排粪,夜间一般排粪2~3次,早晨的排泄量最大。猪的夜间排泄活动时间占昼夜总时间的1.2%~1.7%。生长肥育猪,在头均占有面积小于1 m² 时,它们的排泄行为就会变得混乱。

(三)群居行为

猪的群体行为是指猪群中个体之间发生的各种交互作用。结对是一种突出的交往活动。猪有合群性,但也有竞争习性,大欺小,强欺弱和欺生的好斗特性。猪群越大,这种现象越明显。

猪具有明显的等级,在猪刚出生不久便表现出来。仔猪出生后几小时内,为争夺前端的奶头会出现争斗行为,常常是先出生或体重较大的仔猪获得较优的奶头位置。一个稳定的猪群等级最初形成时,以攻击行为最为多见。等级顺位的建立,一般体重大的、气质强的猪占优位,年龄大的比年龄小的占优位,公比母,未去势比去势的猪占优位。优势序列既有垂直方向,也有并列和三角关系夹在其中。争斗优胜者,位次排在前列,吃食时常占据有利的采食位置。在整体结构相似的猪群中,体重大的猪往往排在前列;不同品种构成的群体中不是体重大的个体而是争斗性强的品种或品系占优势。

(四)争斗行为

猪的争斗行为包括进攻防御、躲避和守势的活动。

在生产中能见到的争斗行为一般是为争夺饲料和争夺地盘所引起,新合并的猪群内的相互交锋,除争夺饲料和地盘外,还有调整群居结构的作用。

当一头陌生的猪进入一个猪群,这头猪便成为全群猪攻击的对象,攻击往往是严厉的,轻者伤及皮肉,重者造成死亡。

当猪群密度过大,每猪所占空间下降时,群内咬斗次数和强度增加,会造成猪群吃料攻击行为增加。降低饲料的采食量和增重。这种争斗形式一是咬对方的头部(特别是耳朵),二是在舍饲猪群中,咬尾争斗。这种争斗形式往往对猪造成不利影响。

(五)性行为

性行为包括发情、求偶和交配行为。

发情母猪主要表现为卧立不安,食欲忽高忽低,发出特有的音调、柔和而有节律的哼哼声,爬跨其他母猪或等待其他母猪爬跨,频频排尿,尤其是公猪在场时排尿更为频繁。发情中期,在性欲高度强烈时期的母猪,当公猪接近时,调其臀部靠近公猪,闻公猪的头、肛门和阴茎包皮,紧贴公猪不走,甚至爬跨公猪,最后站立不动,接受公猪爬跨。饲养员压母猪背部时,立即出现呆立反射(压背反应),这种呆立反射是母猪发情的一个关键行为。

公猪一旦接触母猪,会追逐它,嗅其体侧肋部和外阴部,把嘴插到母猪两腿之间,突然往上拱动母猪的臀部,口吐白沫,往往发出连续的、柔和而有节律的喉音哼声,有人把这种特有的叫声称为"求偶歌声"。当公猪性兴奋时,还出现有节奏的排尿。

(六)母性行为

母性行为包括母猪的絮窝、分娩、哺乳及其他抚育仔猪的活动等一系列行为。

母猪临近分娩时,常有衔草絮窝的表现。分娩前 24 h,母猪表现神情不安,频频排尿,时起时卧,不断改变姿势。

母猪分娩时多采用侧卧,一般选择在下午 4 时以后,夜间产仔较多。母猪在分娩后,可以通过姿势、声音等主动引起仔猪的吸乳行为,母猪一般在分娩后 1~3 d 始终处于放乳状态,以便于仔猪随时吃到初乳。

母猪非常注意保护自己的仔猪,在行走、躺卧时十分谨慎,不踩伤、压伤仔猪。一旦发生仔猪被压,只要听到仔猪的尖叫声,马上站起,防压动作再重复一遍,直到不压住仔猪为止。哺乳母猪对外来入侵者有攻击行为,在饲养管理过程中应小心提防。

(七)活动与睡眠

平时我们看到猪除了吃食、排便外,总是趴在圈里睡觉。脑化学家的研究发现,大脑里有 30 余种不同的化学物质,能使神经元具有特殊的兴奋作用或抑制作用。其中有一种物质叫"内啡肽",具有镇静和麻醉作用,这种物质在猪脑中比其他动物要多,这样就使猪特别爱睡觉了。

猪的行为有明显的昼夜节律,活动大部分在白昼,休息高峰在半夜,清晨 8 时左右休息最少。

哺乳母猪睡卧时间表现出随哺乳天数的增加睡卧时间逐渐减少,走动次数由少到多,时间由短到长,这是哺乳母猪特有的行为表现。母猪的睡眠有静卧和熟睡两种状态,前者虽闭眼但易惊醒,后者呼吸深长、有鼾声或皮毛抖动,不易惊醒。

仔猪出生后 3 d 内,除吸乳和排泄外,几乎全是酣睡不动,随日龄增长和体质的增强,活动量逐渐增多,睡眠相应减少。仔猪活动与睡眠一般都尾随效仿母猪。出生后 10 d 左右便开始同窝仔猪群体活动,单独活动很少,睡眠休息主要表现为群体睡卧。

猪昼夜活动也因年龄和生产特性不同而有差异,昼夜休息时间仔猪占 60%~70%,种猪 70%,母猪 80%~85%,肥猪为 70%~85%。

(八)探究行为

探究行为包括探查活动和体验行为。

猪的一般活动大部分来源于探究行为,探究行为促进了猪的学习,使学习容易化。探究环境,并从环境中获得信息是猪基本的生物学需要。通过看、听、嗅、啃、拱等感官进行探究。探究行为在仔猪中表现明显,仔猪出生后 2 min 左右即能站立,开始搜寻母猪的乳头,用鼻子拱掘是探查的主要方法。仔猪探究行为的另一明显特点是用鼻拱、口咬周围环境中所有新的东西。猪在觅食时,首先是拱掘动作,先是用鼻闻、拱、舐、啃,当诱食料合乎口味时,便开口采食。猪在猪栏内能明显地区划睡床、采食、排泄不同地带,也是用鼻的嗅觉区分不同气味探究而形成的。

(九)异常行为

异常行为是指超出正常范围的行为。恶癖是指在各种癖性中能对人畜造成危害或带来经济损失的行为。它的产生多和动物所处的环境中的有害刺激或应激物有关。

猪的不良行为有多种表现:如长期圈养的母猪会持久而顽固地咬嚼饮水器的铁质乳头;母猪生活在单调无聊的栅栏内或笼内,常狂躁地在栏笼前不停在啃咬栏柱。一般随其活动范围受限制程度增加,则咬栏柱的频率和强度增加,攻击行为也增加。有的还会出现拱癖和空嚼癖。在拥挤的圈养条件下,或营养缺乏或无聊的环境中常发生咬尾异常行为,给生产带来极大危害。

(十)后效行为

后效行为是猪生后对新鲜事物的熟悉而逐渐建立起来的。猪对吃、喝的记忆力强,它对饲喂的有关工具、食槽、饮水槽及其方位等,最易建立起条件反射。如小猪在人工哺乳时,每天定时饲喂,只要按时给以笛声或铃声或饲喂用具的敲打声,训练几次,即可听从信号指挥,到指定地点吃食。

以上介绍的猪的生物学和行为学特性,为搞好养猪生产提供了科学依据。充分利用猪的生物学特性和行为习性,精心安排各类猪群的生活环境,使猪群处于最优生长状态下,达到繁殖力高、多产肉、少消耗以及获取最佳经济效益的目的。

三、选种

从 20 世纪七八十年代开始,选种的标准首先考虑商品价值,依次为产肉性能、繁殖性能和体型外貌。选种一般是从现有群体内筛选出最佳个体,通过这些个体的再繁殖,生产出更加优秀的个体,如此逐代进行,其实质是改变猪群现有的遗传平衡和选择最佳的基因型组合。

(一)猪的重要性状及其遗传力

猪的种质水平主要体现在生产性能上,它是猪最重要的经济性状,包括生长性状、胴体性状、繁殖性状及肉质性状等 4 个方面。由于不同性状的遗传力变化较大,在猪的常规育种实践中采取的选留方式亦有差别,了解遗传力是做好选种工作的基础。其中作为重要育种目标的性状遗传力见表 2.2。

表 2.2 猪重要经济性状的遗传力

性状	遗传力	性状	遗传力
产仔数	0.05~0.15	屠宰率	0.25~0.35
断奶每窝头数	0.05~0.15	眼肌面积	0.40~0.50
断奶头重	0.10~0.20	瘦肉率	0.48
日增重	0.25~0.35	背膘厚度	0.40~0.60
饲料转化率	0.30~0.50	后腿比例	0.58

从表 2.2 中可以看出,产仔数、断奶每窝头数、断奶头重等性状属于低遗传力;日增重、饲料转化率、屠宰率等性状属于中等遗传力;眼肌面积、瘦肉率、背膘厚度、后腿比例等属于高遗传力。对于瘦肉率性状遗传力,瑞典对长白猪及大约克夏猪的估计值高达 0.69 和 0.75(Johasson K.,1985)。中等以上遗传力的性状通过选择可以取得相对明显的进展。而低遗传力性状受环境因素影响较大,选择进展则有限。

(二)选择方法

在猪的常规育种实践中,往往需要全面提高猪的各项生产水平,涉及猪的多个经济性状的选育。采用的选择方法主要有以下几种。

1. 顺序选择法

顺序选择法就是在一个时期内只集中选择一种性状,取得满意效果后再有顺序地选择另一性状,使各个性状依次得到遗传改进。这种方法应用时应注意所选性状间的遗传相关性。如要改进猪的肥育期日增重与饲料转化率,由于两者存在正相关,通过单选日增重可间接提高饲料转化率;但要改进窝产仔数与初生重这两个性状,由于二者呈负相关,选择时会出现顾此失彼的现象。同时这种方法对选择提高多个性状时费时长,可通过空间上在品系内分别对不同性状进行选择,再进行系间杂交进行综合,可缩短选育时间。

2. 独立淘汰法

独立淘汰法就是要对猪的几个选择性状分别规定应达到的最低标准,全部达到标准的选留,若有任何一种性状达不到标准就淘汰。此法简单易行,好把握,但易走中庸路线,抹杀有突出性状表现但某一性状达不到标准的个体。

3. 指数选择法

指数选择法就是把猪的多个选择性状指标综合成一个指数,再根据这个指数的大小进行选择。目前设立的选择指数有以下 2 种。

(1)生长性能指数。将几个重要生长肥育性状综合成生长性能指数来选择种猪,对提高日增重、胴体瘦肉率及饲料转化率有显著效果。如英国制定的大约克夏猪的生长性能指数是:

$$公猪:I=100+0.39(DG-\overline{DG})-121.4(FC-\overline{FC})-1.1(BF-\overline{BF})$$
$$母猪:I=100+0.04(DG-\overline{DG})-75(FC-\overline{FC})-1.0(BF-\overline{BF})$$

式中,DG 和 $\overline{DG}$ 分别表示测验期个体和群体平均日增重(g);FC 和 $\overline{FC}$ 分别表示测验期个体和群体平均饲料转化率(料重比);BF 和 $\overline{BF}$ 分别表示测验期结束的个体和群体平均超声波测定背膘厚(mm)。

(2)母猪生产指数。将几个重要的繁殖性状综合成一个母猪生产力指数,按大小选择母猪,现在已得到实际应用。如美国猪改良联合会制定的母猪生产力指数:

$$I=100+6.5(N-\overline{N})+1.0(W-\overline{W})$$

式中,N 和 $\overline{N}$ 分别表示被评母猪产活仔数和同期全群平均产活仔数,W 和 $\overline{W}$ 分别表示被评母猪断奶窝重和同期全群平均断奶窝重。除上述指数外,一些国外育种公司也有直接将生产及肉用指标按货币化转换来确定选择价值指数。根据价值高低来选留。

4. 布拉普(BLUP)选择法(育种值估计评定法)

根据育种值选择是目前常规育种中使用的一种科学有效的选择方法。育种值不能直接度量,只能根据表型值进行间接估计。其中布拉普法是育种值估计较为准确的方法,尤其是在资料完备的情况下、针对大群体环境差异比较大的猪个体间相比较时,最好采用此法。现在主要有中国农大和华中农大及北京育种中心的软件可选用。此方法涉及数学知识较难理解,不要求掌握,只要理解其基本原理和会应用即可。

(1)基本原理。依据数量遗传学理论和生产实践经验,将观测值剖分为对其有影响的遗传和各种环境效应之和,此即为线性模型。根据最佳、线性、无偏的原则估计遗传和各种环境效应的值。

(2)软件应用。将测定过程中获取的资料收集、整理、按要求输入计算机即可。

其他根据单项资料及多项资料估计育种值的方法在《动物遗传育种学》的相关章节已有详细介绍,在此不再述及。

(三)种猪的选定

对于大多数养猪业者而言,如何引进合格的种猪非常重要。除确保引种生物安全、加强检疫监控手段外,挑选高种质性能的个体是最高目标。通俗地讲,真正的好种猪应该体现在 4 个大的方面：一是繁殖性能要高，具体表现在产仔数、初生重、断乳重等指标上；二是生长性能要好，具体表现在日增重、饲料报酬、采食量等指标上；三是胴体质量经济价值高，具体表现在屠宰率、胴体瘦肉率、胴体背膘厚、后腿比例等指标上；四是肉质符合消费者需求，具体表现在肉色、系水率、pH 值、肌间脂肪含量等。前 3 项的重要性特别突出，是猪生产业者追求的生产技术指标所在；后一项在国内还没有成为关键性的考量指标。故在行业生产实践中，把繁殖性能、生长性能、胴体质量作为种用评价的核心内容。

1. 种公猪的选择

（1）品种来源。应选择来自种猪场、有档案记录，经过选育、生长速度快、饲料利用率高的优良纯种或杂种公猪，符合本品种的特征。

（2）生产性能。要求生长快，一般瘦肉型公猪体重达 100 kg 的日龄在 160 d 以下；耗料省，生长育肥期每千克增重的耗料量在 2.8 kg 以下；背膘薄，100 kg 体重测量时，倒数第三到第四肋骨离背中线 6 cm 处的超声波背膘厚在 15 mm 以下。注意猪的生长速度、饲料利用率和背膘厚度因品种不同有一定差异，选种时根据该品种的具体标准而定，不可一概而论。

（3）结实程度及体型外貌。要求肌肉丰满，骨骼粗壮，四肢有力，体质强健，肩部和臀部发达；头和颈较轻细，占身体的比例小，胸宽深，背宽平，体躯要长，腹部平直；要求生殖器官发育正常，睾丸发育良好，两侧对称一致，无单睾、隐睾或疝气，有缺陷的公猪要淘汰；对公猪精液的品质进行检查，精液质量优良，性欲良好，配种能力强。

（4）乳房发育。乳头应达到 7 对以上，乳头排列整齐、均匀，发育正常。应注意有没有影响繁殖的传染性疾病，如伪狂犬病、日本乙型脑炎、细小病毒病、繁殖和呼吸综合征等。

在实际工作中，无论是纯种繁育还是杂交利用，有机会或条件时，一定要购入经过测定的种公猪，这样做看似引种费用大了一些，但公猪的相关性能已得到验证，只管放心利用好了。但是要合理利用公猪，保证使用频率适度，加强饲养管理，尽可能地延长公猪的使用年限。

2. 种母猪的选择

（1）品种来源。应选择来自种猪场、有档案记录，经过选育的纯种或杂种母猪。符合本品种的特征。

（2）乳房发育及体型外貌。乳房和乳头是母猪的重要特征表现，除要求具有该品种所应有的乳头数外（一般 7 对以上），还要求乳头排列整齐，有一定间距，分布均匀，无瞎、扣状和内翻乳头。外生殖器正常，阴户发育不良、偏小或阴户上翘往往是内生殖器官发育不良的表现,像这样的个体不能选留,并且要求体躯有一定深度。该母猪应产仔数多,泌乳力强,母性好;所生仔猪生长快、发育好、均匀整齐、无遗传缺陷。后备种猪在6～8月龄时配种,要求发情明显,易受孕。淘汰那些发情迟缓、久配不孕或有繁殖障碍的母猪。当母猪有繁殖成绩后,要重点选留那些产仔数高、泌乳力强、母性好、仔猪育成多的种母猪。根据实际情况,淘汰繁殖性能表现不良的母猪。

(3)结实程度。体型良好,头颈轻巧清秀,身躯长,后躯宽大丰满,肢蹄强壮。因为很多后备母猪要长时间站立,在配种时要支撑公猪的体重;具有典型的雌性特征。

(4)生产性能。可参照公猪的方法,但指标要求可适当降低,可以不测定饲料转化率,只测定生长速度和背膘厚。

3. 后备种猪的选择程序

真正的种猪选择过程,不是一锤定音,一般要经过以下4个阶段的选择,最终才能进入基本生产猪群。

(1)断乳阶段选择。第一次挑选(初选),可在仔猪断乳时进行。

挑选的重点:一是放在窝选和仔猪的个体选择上,但以窝选为主,它可以把父母双方都好的小猪选出来,被选留猪外貌较易趋向一致。二是把握好生产性能与外貌的关系,应以生产性能为主。

挑选的标准:选留的仔猪必须来自母猪产仔数较高的窝中,符合本品种的外形标准,生长发育好,体重较大,皮毛光亮,背部宽长,四肢结实有力,有效乳头数在7对以上。没有遗传缺陷,没有瞎乳头,公猪睾丸良好。

选留的数量:一般来说,初选数量为最终预定留种数量公猪的10～20倍,母猪5～10倍。以便后面能有较高的选留机会。

(2)测定结束阶段选择。第二次挑选(主选阶段),可结合猪的性能测定进行。

猪的性能测定一般在5～6月龄结束,这时个体的重要生产性状(除繁殖性能外)都已基本表现出来。因此,这一阶段是选种的关键时期,应作为主选阶段。

选留方法:①根据性能测定选留。按照生长速度和活体背膘厚等生产性状构成的综合育种值指数进行选留或淘汰。②根据体型选留。凡体质衰弱、肢蹄存在明显疾患、有内翻乳头、体型有严重损征、外阴部特别小、同窝出现遗传缺陷者,可先行淘汰。要对公、母猪的乳头缺陷和肢蹄结实度进行普查。

选留数量:该阶段的选留数量可比最终留种数量多15%～20%。

(3)母猪配种和繁殖阶段选择。该时期选择主要目的是选留繁殖性能优良的个体。

淘汰不良个体选择方法:①后备母猪至7月龄后毫无发情征兆者;②在一个发

情期内连续配种 3 次未受胎者;③断乳后 2～3 个月无发情征兆者;④母性太差者;⑤产仔数过少者。

(4)终选阶段。当母猪有了第二胎繁殖记录时可作出最终选择。选择的主要依据是种猪的繁殖性能。这时可根据本身、同胞和祖先的综合信息判断是否留种。同时,此时已有后裔生长和胴体性能的成绩,亦可对公猪的种用遗传性能作出评估。

四、引种要务

引种是一项非常严谨的工作。引种者必须准备充分,科学对待每个环节。在了解及考察不同种猪场的基础上,综合各方信息选定种猪场并确定引入的品种类型及数量,提前向种猪场下订单(或签合同),并大体约定引种时间。

1. 准备工作要充分

(1)猪场应准备好种猪隔离舍,饲喂功能齐全,面积充裕。做好消毒处理待用;同时预备种猪入场必须免疫的疫苗(猪瘟、口蹄疫等)及补液盐等。

(2)准备好运输工具,以单层运输为佳:配备分隔笼,每笼不超过 6 头,仔细消毒备用;为防止猪的肢蹄损伤,可在笼底铺垫麻袋片等柔性垫料。

(3)确定运输日期及具体运输时段(根据天气预报择日安排):冬季选在天晴日、夏季安排在晚上或阴天进行,并携带遮盖用品。

(4)及时与种猪场沟通,约定到场选猪时间,要求种猪场准备好相关血统资料(二元母猪及终端父本无需准备)、近期猪群监测资料(即免除病原佐证资料)。

(5)规划好行车路线,尽量选择平坦道路或高速公路。

2. 到场选定种猪

(1)选猪时精力应集中,头脑清醒。否则会造成把关不严、看走眼的事情发生。

(2)在获得相关种群系谱资料的前提下,要在光线充足的时候对种猪进行挑选,注意动和静的观察,关注猪的神情及外表特征。选定后记住耳牌号(耳号)或涂色分离。

(3)为保证所选种猪的质量,应要求种猪场尽量多展示能够售卖的猪群,选择群体大时,挑选合格种猪的概率就比较大。

(4)选定的种猪在装车前应做好消毒处理,饲喂不要过饱,在饮水中添加维生素 C 及维生素 E 等保健品,能够有效增强种猪在路途的抵抗力。

(5)为保证种猪的顺利过渡,可随车顺带适量的原场饲喂日粮,以备到场过渡期使用,达到减少应激的目的。

(6)到县级动检部门开具种猪运输检疫证明手续 3 项(出境检疫证明、运输工具消毒证明、口蹄疫非疫区证明)后方可上路(注意:为避免对种猪的伤害,产地耳标不要打,可带上)。

3. 种猪的运输

(1)种猪装车时做到小心、谨慎,不能造成肢蹄损伤或其他外伤。

(2)在冬季运输时,车厢四周做好挡风、防寒围护,不让寒风吹袭猪体;若在夏天白日运输时,在车厢顶部加防晒网,防止太阳的热辐射伤及猪体。

(3)路途运输时,车速在 80 km/h 左右即可。尽量做到不要急刹车或快速起步,以防猛烈碰撞伤及猪体。

(4)路途行程 2 h 左右进服务区停车检查,查看猪群状况及设施完好情况。在夏季应向车厢洒水降温或给猪补水。

4. 种猪入场隔离及驯养

(1)猪车入场前应全面消毒。

(2)猪卸车时,经过旅途颠簸的种猪很惶恐,不要粗暴驱赶,以免造成更大的应激。

(3)猪在入圈时应就猪瘟等一些重大疫病进行免疫处置,或与种猪场沟通后做相应免疫处置。

(4)入圈后的种猪先用补液盐或葡萄糖水补充体液,不要马上喂饲。待饮水结束后再将带来的原场日粮给猪喂饲,喂饲量有 6 成左右就可以了,2 d 后再恢复到自由采食;经过 3 d 的饲料过渡,逐渐改喂本场饲料。

(5)加强对猪群的观察,发现采食不积极、神情异常的猪要及时对症治疗。

(6)注意对猪的调教,强化管理,建立猪群有序的活动秩序。

(7)经过 1 个月左右的隔离驯养后,再将没有问题的种猪转入后备猪舍。需要继续隔离的猪仍留存喂养。

后备母猪是每次引种的主要群体,后备母猪引入后应该注意:

(1)分群与定位。卸猪与定位运猪车进场后用刺激性小的消毒药带猪消毒。卸猪时动作要轻,卸猪后要根据体重、品种等合理分群,尽量减小饲养密度。面对新的环境,猪只的吃、喝、拉、睡要重新定位。定位方法:全天专人看管,3 d 以后逐渐建立起新的生活习惯。

(2)隔离与饲养。新进后备种母猪要放在消毒过的隔离猪舍内,暂时不得与本场猪只接触,一般隔离 30~45 d。专人饲养,避免交叉感染。饲养过程中要把体弱的、有病的、打架的猪只隔离并特殊护理。卸猪后要让猪只充分休息,自由饮水(水中加补液盐)。12 h 后,开始给料,饲料量为正常的 1/3。3~5 d 内逐渐恢复正常。

(3)保健与消毒。对新引进的后备种母猪,所用饲料应添加适量的抗生素和电解多维,连用 5~7 d。坚持规范消毒,一般包括进场时车辆消毒和日常消毒(带猪消毒一般用刺激性小且无腐蚀的消毒药,如氯制剂、百毒杀、1210、威宝、碘制剂等)。连续消毒 2 周。以后各种消毒药轮替使用,每周消毒 3 次。在疫苗接种后开始驱虫,一般用阿维菌素粉剂拌料饲喂 1 周即可。

五、场内种猪测定

除国家认定的种猪测定中心开展种猪测定外,很多种猪场选择开展场内种猪测定,对提高选择效果作用明显,而且明确规定,参与国家 2010—2020 年中长期猪育种计划的种猪场,必须创造条件,完善种猪测定配套设施,积极开展场内种猪测定。下面对场内种猪测定做简要介绍。

1. 依据猪群性质选择适当的方法

由于猪场性质不同,实施场内测定的目的有异,因此场内测定的方法有出入。其种类可依据测定的精密程度,资料应用的方式以及测定项目而作不同分类。依据测定过程的精密程度可分为精密式场内测定和粗放式场内测定。依测定记录应用方式可分为个体测定、同胞测定或个体与同胞相结合的测定。依测定项目可分为生长性能测定、繁殖性能测定、胴体性能测定等。

2. 决定测定数量及测定猪公母比例

种猪场必须先决定其全年测定数量、测定公母后才能配合规划出需要的测定栏舍,决定测定设备。全年所需测定的总数量(公母合计),在核心猪场约为其全年所需母猪数的 5 倍,在繁殖场或杂交种猪场则约为 3.2 倍。以万头一级繁殖场为例,基础母猪总数约为 600 头,每年种母猪淘汰率为 25%～30%,每年约需补充母猪数量 150～180 头,按 3.2 倍计,每年测定猪数量为 480～580 头。

3. 规划测定设施

(1)以前估计的总测定数,估算所需测定栏数量,然后加一成以便调节:以年测定 580 头猪计算,其中公猪大约 60 头,母猪约 520 头。若是按传统方法测定,每批次猪占栏位的时间按 4 个月计,公猪单栏饲养,母猪 4～6 头一栏。那么公猪单栏年测定能力为 3 头,母猪单栏年测定能力为 12～18 头。那么公猪栏数量应为 60÷3＝20(栏),母猪栏数量应为 520÷12(15 或 18)＝43(35 或 29)(栏),然后在此基础上加一成。不过,现在种猪自动测定系统已在一些种猪场得到普及,设计合理的话,测定数量可以大幅提高,一个饲喂终端设备可以测定 12～15 头猪,一年 3 个批次,测定效率大大提高。使用自动测定系统,不仅能够排除饲喂工作过程中的人为干扰及记录数据的失真风险,获得客观翔实的数据资料,还能节约大量人力成本。

(2)基本设备:种猪自动化测定设备、背膘仪、眼肌面积扫描仪等,见图 2.22、

图 2.23。

（3）规划测定批次：比如规定每周的星期五为一个批次。

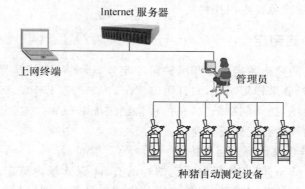

图 2.22　种猪自动测定设备示意图

图 2.23　种猪自动测定设备终端

4. 场内测定实施步骤

主要实施步骤及方法按以下所述来完成。

（1）决定送测猪只。绝大多数猪场，由于设备的限制，不可能测定所有的猪，对于参加测定的猪必须先作挑选。个体生长及胴体性能测定，受测猪选择标准如下：①受测猪来源于纯繁群，父母成绩优异；②受测猪品种特征明显，生长发育良好，无明显外形缺陷和遗传疫病；③有效乳头数 7 对以上，外生殖器发育良好。公猪阴茎包皮不过长，母猪阴门不过小；④受测猪的体重应在 25 kg 左右，误差不超过 1 kg；

⑤受测猪出生日期应相近。但送检时间与选猪时间不必相同。

（2）测定过程及方法。生长速度、背膘厚度测定过程及方法如下：测定猪进入测定舍后，首先按同窝同栏，半同胞同栏的原则调整，测定猪进入测定舍后，预试期约1周，此时约30 kg，空腹12 h称重，进入正式性能测定阶段。正式测定后，详细记录猪的生长发育、健康状况等，体重90 kg左右时，空腹12 h，称重并测定背膘厚及进行有关体尺指标度量。测定期的饲养管理条件及要求大致如下：第一，同批猪尽可能提供相同的饲养管理条件；第二，自由采食，自由饮水；第三，同栏猪体况相近；第四，测定猪一旦发生严重疾病，要及早结料退出。

母猪繁殖性能的测定主要应记录如下事项：第一项，后备母猪首次发情日龄，首次分娩日龄；第二项，母猪的复发情记录；第三项，母猪断奶后至配种的天数；第四项，母猪每胎的产仔数、产活仔数、畸形和木乃伊、寄入及寄出情况；第四项，母猪产仔21 d时，仔猪窝重、头数等。

（3）测定项目及有关指标计算。

①活体背膘测定。活体测定背膘在猪体重90 kg左右时进行，测膘部位目前一般是采用3点背膘即肩胛骨后缘、最后肋骨处、腰荐椎结合处距离背中线4～6 cm处，背膘仪使用应遵循有关说明，背膘校正可按有关说明或下述公式：

$$校正背膘 = \frac{90 \times 实测背膘}{终测体重}$$

②生长速度有两种表示方法。

第一，30～90 kg阶段日增重，开测体重误差在1 kg之内，终测体重误差在3 kg之内。

$$日增重 = \frac{终重 - 始重}{饲养天数}$$

第二，出栏周期（达90 kg的日龄），目前一般采用下述校正公式：

$$出栏周期 = 实际日龄 + (90 - 实际体重) \times \frac{实际日龄 - 75}{实际体重}$$

③产仔数。总产仔数为包括活仔数、死胎、木乃伊和畸形胎。产活仔数指出生后12 d内存活的仔猪数。

④泌乳力。以21 d时全窝仔猪重量来表示。仔猪出生后进行寄养，寄养后各哺乳母猪的带仔数对21 d窝重的影响极显著。因此，有必要进行校正，其原则为：头胎母猪少于9头，则每减少一头，21 d窝重加4.1 kg；经产母猪少于9头，则每减少一头，21 d窝重加4.5 kg；哺乳仔猪数量大于9头，可不予校正。

第三章 饲料选用及配制技术

饲料作为重要的生产资料,是除种质资源外的另一个不可缺少的生产要素。饲料及营养技术是实现养猪业不断进步的主要动力之一,通过营养调控来解决猪生产过程中出现的一些难题,已成为业内专家和生产经营者的共识,同时作为控制猪生产成本的重要路径选择。本章主要讲述猪的饲料选用及配制技术。

第一节 猪用饲料资源简介

猪用饲料资源主要包括能量饲料、蛋白质饲料、矿物质饲料等。了解和掌握猪能够采食且具有较好的营养价值的饲料资源,是从业者不可缺少的基本技能。

一、能量饲料

猪的能量饲料就是指那些能够为猪的日粮提供主要能量来源的原料。目前在国内猪饲料中使用较多的原料包括玉米、小麦、小麦麸与次粉、米糠、油脂(动物性及植物性油脂)等。

(一)玉米

1. 概述

玉米是配合饲料中的主要组成部分,我国所产玉米约70%用于饲料。玉米是最常用的谷物饲料,按颜色可以分为黄玉米、白玉米和混合玉米。玉米为禾本科谷物类,其子实多数呈淡黄色和金黄色,少数呈白色,形状为牙齿状,略具甜味。

玉米的粗脂肪含量高,为3.5%～4.5%,有的高油玉米品种可达10%,淀粉含量可达70%,玉米中粗纤维很少,仅2%。而无氮浸出物高达72%,无氮浸出物消化率可达90%,此乃玉米可利用能量高的原因之一。

2. 质量指标

中华人民共和国国家标准(GB/T 17890—1999)规定,饲料用玉米以粗蛋白质、粗纤维、粗灰分、水分及容重、不完善粒等为质量控制指标,按含量分为3级,饲料用玉米的各项质量指标必须全部符合相应的等级。质量指标及等级见表3.1。本标准适用于饲料用玉米籽实和杂玉米。

表 3.1 饲料用玉米的质量指标及等级

质量指标		等级		
		一级	二级	三级
粗蛋白质(干基)/%		≥10.0	≥9.0	≥8.0
粗纤维(干基)/%		<1.5	<2.0	<2.5
粗灰分(干基)/%		<2.3	<2.6	<3.0
容重/(g/L)		≥710	≥685	≥660
不完善粒/%	总量	≤5.0	≤6.5	≤8.0
	其中生霉粒	≤2.0		
水分/%		≤14.0		
杂质/%		≤1.0		
色泽、气味		正常		

3. 质量控制

(1)感官质量控制应包括外观是否霉变、杂质含量、籽粒的大小及破损情况。检查的步骤如下:

①饲料用玉米子粒外观应整齐、均匀,橙黄色或白色,检查有无发热、结块、发芽及异味异嗅,检查其有无霉变以及霉变的比例。检查样品中子粒的大小、皱瘪子粒的多少、破损玉米的比例。

②夹杂物。饲料用玉米内不得掺入饲料用玉米以外的物质,若加入抗氧化剂、防霉剂等添加剂时,应做相应的说明。检查样品中杂质的种类及含量。可能存在的杂质有石块、土粒、昆虫、动物污物、蓖麻子等。

③干湿度。玉米的干湿程度直接影响其质量及储存,有经验的饲料原料管理者,用感官检测可初步判断玉米的干湿程度。判断方法见表 3.2。

(2)常用的检测指标。容重、水分、粗蛋白质、粗纤维、粗灰分、霉菌总数、黄曲霉毒素 B_1。

根据上述指标的含量,对照国家标准对玉米进行分级,国标规定玉米的霉菌总数应低于 40 000 个/g,限制用量范围:40 000~100 000 个/g,超过 100 000 个/g禁用。国标规定玉米的黄曲霉毒素 B_1 含量不能超过 50 ug/kg。

从一个样品中分出具有代表性的样品,以烘干法测定水分含量。一般地区饲料用玉米水分不得超过 14.0%,东北、内蒙古、新疆等地区不得超过 18.0%。

表 3.2　玉米水分感官检测法

玉米水分	看脐部	牙齿咬	手指掐	大把握	外观
14%～15%	明显凹下,有皱纹	震牙,有清脆声	费劲	有刺手感	
16%～17%	明显凹下	不震牙,有响声	稍费劲		
18%～20%	稍凹下	易碎,稍有声	不费劲		有光泽
21%～22%	不凹下,平	极易碎	掐后自动合拢		较强光泽
23%～24%	稍凸起				强光泽
25%～30%	凸起明显		掐齐部出水		光泽特强
30%以上	玉米粒呈圆柱形		压胚乳出水		

测定容重:以大量杯装满玉米,然后倒入称量盘中,进行称重,从而可以计算出容重,容重大者即说明其含水量高。

4. 存放条件及有毒有害成分

玉米籽实在收获时虽然已达到成熟期,籽实饱满,但含水量很高,可达30%以上。含水量高则含营养素低,而且容易导致霉菌滋生、腐败、变质。

玉米必须干燥脱水后,方可入库存放,入库的含水量不得高于14%。玉米籽实应存放在阴凉、干燥的地方,并注意防止病虫害。

玉米籽实经过粉碎以后,已经失去了防止水分进出籽实的保护层,极易吸水、结块、发热和霉菌污染。在高温高湿地区,更易变质,配料时应在预混料中使用防霉剂。

当年的新玉米水分大,秋季阴雨天气空气湿度大,玉米易发霉,应注意监测霉菌总数是否超标。若超标,会严重影响畜禽的健康。玉米易感染黄曲霉,生产中应注意监测黄曲霉毒素 B_1 是否超标。

(二)小麦

1. 概述

小麦是我国人民的主食,极少作为饲料,在小麦的市场价偏低的时候,或某些地区,小麦的价格比玉米便宜,也可用作饲料。依外表颜色可分为茶褐色的红小麦和淡黄色的白小麦。

小麦的代谢能水平比玉米低,比大麦和燕麦高,约 12.97 MJ/kg。小麦的代谢能水平低的原因并不是由于粗纤维高(粗纤维2.4%),而是由于粗脂肪含量少,仅

1.8％，只及玉米的一半或更少。小麦的蛋白质含量高达12.1％以上，小麦取代玉米，取代量以1/3～1/2为宜，但如果在日粮中添加木聚糖酶，则可以全部取代玉米。

小麦如果作粉料，不宜粉碎太细，否则会引起黏嘴现象，造成适口性降低。如果作颗粒饲料，则无任何影响。小麦中所含的非淀粉多糖是戊聚糖，也会引起食糜黏度增加，影响它的吸收利用。由于小麦的能值较低，饲料效率略差，但可节省部分蛋白质来源，且可改善屠体品质。

小麦对猪的适口性较好，可全量取代玉米用于商品猪饲料。小麦用于猪饲料以粗粉为宜，太细影响适口性。

2. 质量标准

中华人民共和国国家标准（GB 10366—89）规定，饲料用小麦以粗蛋白质、粗纤维、粗灰分为质量控制指标，各项质量指标含量均以87％干物质为基础，三项质量指标必须全部符合相应等级的规定，二级饲料用小麦为中等质量标准，低于三级者为等外品。质量标准及等级见表3.3。

表3.3　饲料用小麦的质量指标及等级　　　　　　　　　　　　％

质量指标	等级		
	一级	二级	三级
粗蛋白	≥14.0	≥12.0	≥10.0
粗纤维	<2.0	<3.0	<3.5
粗灰分	<2.0	<2.0	<3.0

3. 质量控制

（1）感官指标。小麦籽粒应整齐，色泽新鲜一致，无发酵、霉变、结块及异味异嗅。仔细观察是否有出芽小麦，是否混杂草子、杂质等，估计霉变、结块、出芽小麦、草子、杂质的种类及比例、饱满与干瘪小麦粒的百分比等，以便初步判断小麦的品质。

（2）常用检测指标。水分、粗蛋白质、粗纤维、粗灰分。

国标规定冬小麦的水分含量不得超过12.5％，春小麦的水分含量不得超过13.5％。

小麦品种间蛋白质含量差异较大，在计算配方时应予以注意，小麦的种皮部分含灰分和纤维较高，如果小麦粉粗灰分和粗纤维含量高，显示种皮部含量多。

4. 有毒有害成分

小麦也有污染麦角毒素的可能,有籽实异常的,应进行检验。小麦赤霉病粒最大允许含量为4.0%。毒麦、麦角、小麦线虫病、小麦腥黑穗病等属于杂质,有的又是检疫对象,应严加控制。黑胚小麦,由省、自治区、直辖市规定是否收购或收购限量。收购的黑胚小麦就地处理。卫生标准和动植物检疫项目,按照国家有关规定执行。

(三)小麦麸与次粉

1. 概述

小麦籽实在通过磨辊的碾压和筛分后,大部分的胚乳形成精粉,种皮层形成麸皮,而大部分糊粉层、内外胚乳层和部分胚芽、少量胚乳和种皮形成次粉。次粉和麸皮同是加工面粉的副产品,由于加工工艺不同,制粉程度不同,出麸率不同,因而次粉和麸皮差异很大。

小麦麸又称麸皮,是小麦加工成面粉过程中的副产品。麸皮的营养价值因加工工艺不同,差别很大。

小麦麸的粗纤维含量为8.5%~12.0%,无氮浸出物约为58%,每千克代谢能为6.56~6.90 MJ。粗蛋白质含量一般为13.0%~15.0%,比小麦蛋白质含量高。赖氨酸含量较高,约为0.67%,但蛋氨酸含量低,约为0.11%。B族维生素含量丰富。磷含量高,约为1.0%,其中约2/3是植酸磷,钙含量比小麦高,但钙磷比例差异很大。小麦麸中含有丰富的锰与锌,但含铁量差异较大。小麦麸属于粗蛋白质含量较高,粗纤维也高的中低档能量饲料,与米糠近似,但含脂率低,相对不易酸败。由于其适口性好,同时具有特殊的物理性状,在猪的配合饲料中仍占有重要地位,一般用量在5%~10%。

次粉又称黑面、黄粉、下等面或三等粉,之所以称"次粉",是指供人食用时口感差,其营养价值并不低。

次粉中蛋白质含量稍低于麸皮或差异不大,但粗纤维含量显著下降,平均含量为3.5%,次粉代谢能值要比麸皮高,为11.92 MJ/kg。

目前,用作饲料的次粉和麸皮经常混在一起出售,很难严格加以区别,也没有以粗纤维的含量高低划分等级,质量相当不稳定。

2. 质量标准

(1)中华人民共和国国家标准(GB 10368—1989)规定饲料用小麦麸以粗蛋白质、粗纤维、粗灰分为质量控制指标,各项指标均以87%干物质计算,按含量分为3级,3项质量指标必须全部符合相应等级的规定,二级饲料用小麦麸为中等质量标准,低于三级者为等外品。质量标准及等级见表3.4。

表 3.4　饲料用小麦麸的质量指标及等级　　　　　　%

质量指标	等　级		
	一级	二级	三级
粗蛋白质	≥15.0	≥13.0	≥11.0
粗纤维	<9.0	<10.0	<11.0
粗灰分	<6.0	<6.0	<6.0

(2)中华人民共和国农业行业标准(NY/T211—1992)规定饲料用次粉以粗蛋白质、粗纤维、粗灰分为质量控制指标,各项指标均以 87％干物质计算,按含量分为 3 级,3 项质量指标必须全部符合相应等级的规定,二级饲料用次粉为中等质量标准,低于三级者为等外品。质量标准及等级见表 3.5。

表 3.5　饲料用次粉的质量指标及等级　　　　　　%

质量指标	等　级		
	一级	二级	三级
粗蛋白	≥14.0	≥12.0	≥10.0
粗纤维	<3.5	<5.5	<7.5
粗灰分	<2.0	<3.0	<4.0

3. 质量控制

(1)感官控制。小麦麸呈细碎屑状,略呈浅红色,质地较轻,要观察有无霉变、结块及异味异嗅。小麦麸中易于掺假的成分有石粉及与小麦麸颜色接近的杂质,如沙土或黄土。

次粉呈粉状,粉白色至浅褐色,色泽新鲜一致,无发酵、霉变、结块及异味异嗅。含草籽粉和干瘪小麦粉较多的次粉,颜色较深暗。

(2)主要控制指标。色泽、容重、水分、粗蛋白、粗纤维、粗灰分。

可以从小麦麸、次粉中取少量样品,测定其有效营养成分的含量。掺有细石粉的小麦麸、次粉其粗蛋白质含量较低。也可用测定其粗灰分含量的方法来判断其是否掺有细石粉,掺有细石粉的小麦麸、次粉其粗灰分含量超标。

(3)小麦麸、次粉中掺细石粉、沙土鉴别法。可取少量样品放在玻璃杯中,用水反复冲洗,倒出上层麸皮或次粉及溶液,最后杯中的剩余物多为石粉、砂石等不溶物,再用手指搓剩余物,若感觉是较硬的细颗粒,则是石粉。也可取少量样品放在白瓷板上或玻璃上,滴上几滴稀盐酸,如有较多的气泡生成,则可认为小麦麸中掺有细石粉。

4. 有毒有害成分

如果麸皮、次粉中水分超过 14％时,在高温高湿环境下易变质、结块,且有白色霉菌生长,气味难闻,则说明已变质,不宜作为饲料大量使用。

(四)米糠

1. 概述

稻谷加工的副产品统称为糠。以联合碾米机的砻谷部分将稻谷加工成糙米而得到的谷壳为砻糠。联合碾米机的碾米部分将糙米加工成普通大米而得到的副产品为米糠。米糠由种皮、糊粉层和胚组成,未经提油也称全脂米糠;米糠提油以后的产品称为脱脂米糠,分为米糠饼和米糠粕。以压榨工艺取油所得副产品为米糠饼;浸提工艺或预压浸取油所得的副产品为米糠粕,其能量浓度低于米糠,粗蛋白质含量有相应提高。

全脂米糠中粗脂肪含量为 16.5％左右,代谢能为 11.2 MJ/kg,赖氨酸含量为 0.74％,蛋氨酸为 0.25％,核黄素含量较高。米糠饼中粗脂肪含量为 9.0％左右,代谢能为 10.17 MJ/kg,赖氨酸含量为 0.66％,蛋氨酸为 0.26％;米糠粕中粗脂肪含量为 2％左右,代谢能为 8.28 MJ/kg,赖氨酸含量为 0.72％,蛋氨酸为 0.28％。全脂米糠、米糠饼及米糠粕中含磷量高,在 1.40％～1.85％,但主要为植酸磷。含钙量低,仅 0.1％左右。

米糠中不应含有稻壳粉,但有些米厂将稻壳粉(又称秕糠)按一定比例与米糠混合,以统糠的名义出售。市场上的"二八糠"、"三七糠"、"四六糠"即为稻壳粉所占比例为 80％、70％、60％的统糠。统糠中稻壳粉的比例越高,其营养价值越低。

2. 质量标准

(1)中华人民共和国国家标准(GB 10371—1989)规定,饲料用米糠以粗蛋白质、粗纤维、粗灰分为质量指标。各项质量指标含量均以 87％干物质为基础,按含量分为 3 级,3 项质量指标必须符合相应等级的规定,二级为中等质量标准,低于三级者为等外品。质量指标及等级见表 3.6。

表 3.6　饲料用米糠的质量指标及等级　　　　　　　　　　　　％

质量指标	等 级		
	一级	二级	三级
粗蛋白质	≥13.0	≥12.0	≥11.0
粗纤维	<6.0	<7.0	<8.0
粗灰分	<8.0	<9.0	<10.0

（2）中华人民共和国国家标准（GB 10372—1989）规定，饲料用米糠饼以粗蛋白质、粗纤维、粗灰分为质量指标，各项质量指标含量均以 88% 干物质为基础，按含量分为 3 级，3 项质量指标必须符合相应等级的规定，二级为中等质量标准，低于三级者为等外品。质量指标及等级见表 3.7。

表 3.7　饲料用米糠饼的质量指标及等级　　　　　　　　　　　　　%

质量指标	等 级		
	一级	二级	三级
粗蛋白质	≥14.0	≥13.0	≥12.0
粗纤维	<8.0	<10.0	<12.0
粗灰分	<9.0	<10.0	<12.0

（3）中华人民共和国国家标准（GB 10373—1989）规定，饲料用米糠粕以粗蛋白质、粗纤维、粗灰分为质量指标，各项质量指标含量均以 87% 干物质为基础，按含量分为 3 级，3 项质量指标必须符合相应等级的规定，二级为中等质量标准，低于三级者为等外品。质量指标及等级见表 3.8。

表 3.8　饲料用米糠粕的质量指标及等级　　　　　　　　　　　　　%

质量指标	等 级		
	一级	二级	三级
粗蛋白质	≥15.0	≥14.0	≥13.0
粗纤维	<8.0	<10.0	<12.0
粗灰分	<9.0	<10.0	<12.0

3. 质量控制

（1）感官鉴定。国家标准规定饲料用米糠呈淡黄灰色的粉状，饲料用米糠饼呈淡黄褐色的片状或圆饼状，饲料用米糠粕呈淡灰黄色粉状，色泽应新鲜一致，无发酵、霉变、虫蛀、结块及异味异嗅。

全脂米糠略有油光感，含有微量碎米、粗糠；气味正常，具米糠特有的风味。因全脂米糠脂肪含量高，易出现酸败、霉味及异嗅味。

脱脂米糠为黄色或褐色，烧烤过度时颜色深，有米味和特殊烤香，含有微量碎米、粗糠。脱脂米糠在脱脂过程中经加热，脂解酶已被破坏，所以可长期贮存，不用担心脂肪氧化酸败问题。脱脂米糠成分受原料、制法影响很大，各批间成分也有差别。使用时要注意检查粗糠多少,如果粗糠含量多,则粗纤维含量高,粗蛋白质低,品质差,可用水漂法检查粗糠含量。

显微镜检:显微镜下稻壳粉为黄色至褐色不规则碎片,碎片上带有不规则格状条纹,有光泽。外表面带有针刺状茸毛和横纹线,容重为 0.29～0.34 kg/L。若视野中有大量稻壳粉或其他杂质,而米糠很少,则被检测物为统糠或掺假米糠。

(2)主要检测指标。水分、粗蛋白质、粗纤维、粗灰分。

国标规定饲料用米糠及饲料用米糠粕中水分含量必须控制在 13.0% 以内,饲料用米糠饼中水分含量必须控制在 12.0% 以内,水分含量太高加速了氧化的进行,尤其是高温多雨季节。

(3)米糠中易掺黄土、细沙等杂物,可用溶于水的方法鉴别。

4. 有毒有害成分

全脂米糠中所含粗脂肪的不饱和脂肪酸含量高,因此,易酸败变质,不易贮藏,在炎热的夏天更难保存,使用时应注意控制其质量。

(五)油脂类

1. 概述

在室温下,呈液态的脂肪叫油,呈固态的叫脂。油脂中的主要成分是甘油三酯,它的物理性质取决于脂肪酸的组成。油脂可分为动物性脂肪和植物性脂肪,目前饲料用油脂主要来源于动植物,食用油脂都可用作饲料。

饲料用油脂可利用人类不宜食用或人类不喜欢食用的油或油渣,动物性油脂的原料都来源于肉类加工厂的副产品,一般采用分离和浸提的方法,常用的动物油脂有牛脂、猪脂、鱼油、羊脂、鸡脂等。植物油是各种油料子实中榨取的油,常用的植物油有大豆油、玉米油、高溶点油(如棉子油、椰子油)和含毒素油(如蓖麻油、桐油、棉子油、菜子油、麻油)。

油脂的能量很高,并且容易被动物利用,以单位重量计算,它含的能量是纯淀粉的 3 倍,可高达 39.3 MJ/kg,植物油的代谢能值为 34.3～36.8 MJ/kg,动物脂肪的代谢能值为 29.7～35.6 MJ/kg。

油脂常添加饲料中,以提高能量浓度和能量利用率,食后有饱腹感,是任何高热能饲料不可缺少的原料。

油脂除了具有高能量外,还可减少饲料因粉尘而导致的损失,减轻热应激带来的能量损失,提高粗纤维的饲料用价值,提高饲料风味,改善饲料外观,提高饲料粒状效果,减少混合机的磨损等。

2. 质量指标

(1)鱼油在目前我国饲料行业应用较多,鱼油是制造鱼粉的副产品,一般成分为游离脂肪酸 15%，不纯物 0.75%，不皂化物 1.5%，脂肪酸比例（不饱和/饱和）1.6～1.94。鱼油的高度不饱和脂肪酸不饱和度比植物油更高，故容易变质，鱼油用量太高会使猪肉产品产生鱼腥味，尤其是变质鱼油更加严重。

目前我国饲料用鱼油尚无统一的国家标准，水产行业标准（SC/T 3502—1999）可供参考，质量标准及等级见表 3.9。

表 3.9　鱼油的质量指标及等级

项目	单位	精制鱼油		粗制鱼油	
		一级	二级	一级	二级
水分	%	≤0.1	≤0.2	≤0.3	≤0.5
酸价	mg/g	≤1.0	≤2.0	≤8.0	≤15.0
碘价	%	≥120	≥120	≥120	≥120
杂质	%	≤0.1	≤0.1	≤0.3	≤0.5
过氧化值	mmol/kg	≤5.0	≤6.0	≤6.0	≤10.0
不皂化物	%	≤1.0	≤3.0		

（2）大豆油目前在我国饲料行业应用较多，大豆油的理化常数及脂肪酸组成参见表 3.10。

表 3.10　豆油物理-化学常数

指标	物理-化学常数	指标	物理-化学常数
密度	0.915 0～0.937 5	碘价	120～137
折光指数	1.473 5～1.477 5	皂化值	188～195
黏度 E(20℃)	8.5 左右	硫氰值	81～84
凝固点/℃	−18～−15	总脂肪酸含量(%)	94～96
脂肪酸凝固点/℃	20 左右	脂肪酸平均分子量	290 左右

（3）目前我国饲料用油脂尚无统一的国家标准，美国、中国台湾省的饲料用油部分标准见表 3.11，供参考。

3. 质量控制

饲料用油为高能量饲料。由于价格高，掺假现象严重。被检出的掺假物主要有水，溶点较高的动物油中还检出面粉和食盐。同时许多变质的人类食用油脂也流入饲料市场，故饲料用油脂质量参差不齐。

表 3.11　一般动植物油脂质量标准

成分/%	一般可接受的标准		美国加州粮农部标准		中国台湾省标准
	饲料级动物脂肪和禽类脂肪	动植物性混合脂肪	饲料级动物脂肪和禽类脂肪	动植物性混合脂肪	动物油脂
总脂肪酸(下限)	90.0	90.0	—	—	90.0
总脂肪物(下限)	—	—	98.0	95.0	20.0
游离脂肪酸(上限)	15.0	50.0	15.0	—	0.5
水分(上限)	1.0	1.5	—	—	0.5
杂质(上限)	1.5	1.0	—	—	2.5
不可皂化物(上限)	2.5	4.0	—	—	—
MIU(水分＋杂质＋不可皂化物)(上限)	—	—	2.0	5.0	—
酸碱度(pH 值)(下限)	—	—	—	4.0	—
活性氧法 AOM(Active Oxygen Method)(下限)	—	—	—	—	40 h

(1)油脂的通用感官检测法。

①气味检查。要注意是否酸败,即有无哈喇味。a. 盛装油脂的容器开口的瞬间用鼻子接近容器口,闻其气味;b. 取 1～2 滴油样放在手掌或手背上,双手合拢快速摩擦至发热闻其气味;c. 加热到 50℃上下闻其气味。

②滋味检查。取少许油样用舌头品尝,每种油脂都有其固定的独特滋味,不正常的变质油脂会带有酸、苦、辛辣等滋味和焦苦味,质量好的油脂则没有异味。

③色泽检查。每种油脂都有它固有的色泽,纯净的油脂是无色、透明,常温下略带黏性的液体。但因油料本身带有各种色素,在加工过程中,这些色素溶解在油脂中,而使油脂具有颜色。国家标准规定,色泽越浅,质量越好。

④色泽的鉴别方法。一般用直径 1～1.5 m 长的玻璃扦油管抽取澄清无残渣的油品,油柱长 25～30 cm(也可移入试管或比色管中)在白色背景前反射光线下观察。冬季气温低,油脂容易凝固,可取油 250 g 左右,加热至 35～40℃,使之呈液态,并冷却至 20℃左右,按上述方法进行鉴别。

⑤透明度。品质正常的油脂应该是完全透明的,如果油脂中含有碱脂、类脂、蜡质和含水量较大时,就会出现浑浊,使透明度降低。一般用插油管将油吸出,用肉眼即可判断透明度,可分为清晰透明、微浊、混浊、极浊,观察有无悬浮物、悬浮物多少等。

⑥沉淀物。油脂在加工过程中混入的机械杂质(泥沙、料坯粉末、纤维等)和碱脂、蛋白质、脂肪酸黏液、树脂、固醇等非油脂的物质,在一定条件下沉入油脂的下层,称为沉淀物。品质优良的油脂,应没有沉淀物。一般用玻璃扦油管插入底部把油吸出,即可看出有无沉淀或沉淀物多少。

⑦植物油脂水分和杂质的感官鉴别。植物油脂水分和杂质的鉴别是按照油脂的透明、混浊程度,悬浮物和沉淀物的多少,以及改变条件后所出现的各种现象等,凭人的感觉器官来分析判断的。

感官检测法控制常用油脂的质量,根据各种油脂的感官特征,采用上述的感官检测法进行初步的判断。

(2)不同油脂的主要物理特性。

①动物油脂。

色泽:取熔融动物油脂于干燥无色透明试管中(直径为 1.5~2 cm),置于冷水或冰水中 1~2 h,至油脂凝固,在 15~20℃温度下用反射光观察,应为白色或略带淡黄色,牛、羊油脂为黄色或淡黄色。

气味及滋味:在室温下嗅其味和口尝其滋味应正常无异味。

稠度:在 15~20℃时,猪脂为软膏状;牛、羊脂应为坚实的固体状。

透明度:取油脂样品 100 g 于烧杯中,于水浴上加热熔化,过滤于干燥无色透明的量筒中,用透过光线及反射光线观察油脂,做出浑浊与否判定。正常油脂应透明。

色泽要新鲜,有其固有颜色及气味,无酸败等。不准留有残余原料(熬油原料)。

②豆油。色泽呈淡黄色至棕黄色,具有豆油的香味和豆腥味,泡沫大。

a. 按其品质优劣可分为优质、良质、次质和劣质 4 种。

优质豆油:油色橙黄,清晰透明;气味、滋味正常,静置后有沉淀物痕迹;加热到 280℃,油色不变深,无沉淀物析出。

良质豆油:油色橙黄至棕黄,稍微混浊,气味、滋味正常,有微量沉淀物存在,加热至 280℃油色变深,无沉淀物析出。

次质豆油:油色黄至棕褐色,稍混浊,有少量悬浮物存在,静置后有少量沉淀物,气味、滋味正常,加热到 280℃有沉淀物析出,无苦味,产生泡沫少。

劣质豆油:色泽、气味、滋味发生异常,混浊,有明显的悬浮物存在。

b. 接收的豆油除判别其等级要符合标准外,特别要注意其是否酸败,即有无哈喇味。因油脂贮存时间过长,很容易酸败,同时脂肪酸升高,必要时可做脂肪酸值、过氧化价、碘价的检验。

c. 无掺杂物,不准混入其他植物油或非植物油。

③玉米油。精制玉米油为浅黄色、具油香味,毛油为深棕色,不透明,有似咸鱼的气味。玉米油要有本身固有的气味、滋味、颜色,无异味,无酸败。

④棕榈油。棕榈油是由棕榈果肉提炼加工的食用植物油。毛油颜色呈棕红色,精炼油呈黄色或柠檬色。因棕榈油中含有大量的天然抗氧化剂维生素 E 而耐贮藏。

⑤鱼油。鱼油是制造鱼粉或加工鱼产品的副产品,鱼油颜色呈透明色,精炼油呈黄色或金黄色,具有鱼腥味,无异臭。

⑥大豆磷脂。从大豆中提取出来的干燥脱油的大豆磷脂是一种良好的乳化剂,具有抗氧化作用。未精制者为深黄色,红棕色,颜色的深浅受很多因素影响,如原料、前处理过程,提油温度、脱胶条件及干燥等。若未经冷却立刻贮存则会黑变。

4. 应用中应注意的问题

(1)贮存。脂肪的大忌是水分及加热,因此贮存宜用贮槽,保持干燥,隔绝空气,避免过度加热,防止与金属铜的接触;贮槽、导管及控制阀等尽可能使用不锈钢材料。

(2)油脂容易氧化、酸败。如果油脂因氧化而产生了过氧化物,除本身受到破坏外,还破坏脂溶性维生素和胡萝卜素等,形成的毒性物质,阻碍生长,导致严重腹泻,甚至死亡。

(3)动物性油脂因在加工中加压加热,本身不会有细菌,但在贮存、运输中可能因交叉感染而染有杂菌,应注意检查。

(4)使用劣质油脂不仅影响畜禽生长,甚至能使畜禽中毒死亡。油脂不皂化物中的硬脂与某些农药会结合成贫血因子。仔猪饲料中用了含沥青(粕油)的牛油会发生中毒死亡的可能。使用掺劣质鱼油的油脂会造成猪肉烹调产生严重异味。

二、蛋白质饲料

蛋白质饲料就是指猪的日粮中主要提供蛋白质营养的成分。猪饲料中使用较多的原料有鱼粉、乳制品、血浆蛋白、膨化大豆、豆粕(饼)、花生粕(饼)、棉子粕

(饼)、菜子粕(饼)等

(一)鱼粉

1. 概述

鱼粉是以鱼为原料,去掉水和部分油脂加工制成的高品质蛋白质饲料。据统计,全世界每年捕获的鱼中约有 3 000 万 t 不能直接被人类食用而制成鱼粉。鱼粉的主要出口国是秘鲁、智利、丹麦、冰岛和挪威。

鱼粉的蛋白质含量很高(典型的含粗蛋白质 65%),并含有一定量的脂肪(9%),这使鱼粉有较高的能值。鱼粉含有丰富的必需氨基酸。动物有 10 种必需氨基酸,其中蛋氨酸、赖氨酸、色氨酸和苏氨酸为限制性氨基酸,鱼粉中这些限制性氨基酸的含量都很高,可补充质量较差的植物蛋白的氨基酸不平衡。氨基酸以十分重要的肽的形式存在,能被动物迅速吸收,它们是构成动物体蛋白如肌肉、酶等的基石。对猪来说,鱼粉中大多数必需氨基酸的真消化率大于 90%。

鱼粉含有丰富的矿物质,含磷量特别高,达 2.6% 左右,而且含有钙、镁和许多必需微量元素如铁、铜、硒、锌等。鱼粉中维生素的含量也很丰富,特别是维生素 A、维生素 D 和 B 族维生素中的胆碱、泛酸、核黄素、尼克酸、叶酸、生物素、吡哆醇和维生素 B_{12},而且也含有一定量的维生素 E。

大多数鱼粉的脂质部分是由多不饱和脂肪酸组成,可提高动物体的免疫力。这些多不饱和脂肪酸易于氧化、酸败,在现代鱼粉加工中,干燥后的鱼粉中通常要加入抗氧化剂以防止其变质。

2. 质量指标

(1)中华人民共和国水产行业标准规定,鱼粉按感官特征以及粗蛋白质、粗脂肪、水分、盐分、粗灰分、沙分为质量控制指标,分为 4 级。质量指标及等级见表 3.12、表 3.13。

表 3.12 鱼粉的感官指标及等级

项目	等级			
	特级	一级	二级	三级
色泽	黄棕色、黄褐色等鱼粉正常颜色			
组织	膨松,纤维状组织明显,无结块,无霉变	较膨松,纤维状组织较明显,无结块,无霉变	松软粉状物,无结块,无霉变	
气味	有鱼香味,无焦灼味和油脂酸败味		具有鱼粉正常气味,无异臭,无焦灼味	

表 3.13　鱼粉的理化指标及等级

项目	等级			
	特级	一级	二级	三级
粉碎粒度	至少98%能通过筛孔为2.80 mm的标准筛			
粗蛋白质/%	≥60	≥55	≥50	≥45
粗脂肪/%	≤10	≤10	≤12	≤12
水分/%	≤10	≤10	≤10	≤12
盐分/%	≤2	≤3	≤3	≤4
灰分/%	≤15	≤20	≤25	≤25
沙分/%	≤2	≤3	≤3	≤4

(2)鱼粉的饲料成分及营养价值见表 3.14。

表 3.14　鱼粉的饲料成分及营养价值表

	鱼粉种类	国产鱼粉		SC2级浙江鱼粉,小杂鱼,蒸干	秘鲁鱼粉	白鱼整鱼或切碎,去油,粉碎	进口鱼粉
	中国饲料编号	CFN5-13-0046	CFN5-13-0077	CFN5-13-0041	CFN5-13-0042	CFN5-13-0043	
常规成分	干物质/%	90.0	90.0	88.0	88.0	91.0	90.0
	粗蛋白质/%	60.2	53.5	52.5	62.8	61.0	62.5
	粗脂肪/%	4.9	10.0	11.6	9.7	4.0	4.0
	粗纤维/%	0.5	0.8	0.4	1.0	1.0	0.5
	无氮浸出物/%	11.6	4.9	3.1	0.0	1.0	10.0
	粗灰分/%	12.8	20.8	20.4	14.5	24.0	12.3
有效能	消化能(猪)/(MJ/kg)	12.55	12.93	13.05	12.47	16.74	12.97
氨基酸	赖氨酸/%	4.72	3.87	3.41	4.90	4.30	5.12
	蛋氨酸/%	1.64	1.39	0.62	1.84	1.65	1.66
	胱氨酸/%	0.52	0.49	0.38	0.58	0.75	0.55
	苏氨酸/%	2.57	2.51	2.13	2.61	2.60	2.78
	异亮氨酸/%	2.68	2.30	2.11	2.90	3.10	2.79
	亮氨酸/%	4.80	4.30	3.67	4.84	4.50	5.06
	精氨酸/%	3.57	3.24	3.12	3.27	4.20	3.86
	缬氨酸/%	3.17	2.77	2.59	3.29	3.25	3.14

续表 3.14

鱼粉种类		国产鱼粉		SC2级浙江鱼粉,小杂鱼,蒸干	秘鲁鱼粉	白鱼整鱼或切碎,去油,粉碎	进口鱼粉
中国饲料编号		CFN5-13-0046	CFN5-13-0077	CFN5-13-0041	CFN5-13-0042	CFN5-13-0043	
氨基酸	组氨酸/%	1.17	1.29	0.91	1.45	1.93	1.83
	酪氨酸/%	1.96	1.70	1.32	2.22	—	2.01
	苯丙氨酸/%	2.35	2.22	1.99	2.31	2.80	2.67
	色氨酸/%	0.70	0.60	0.67	0.73	2.60	0.75
矿物质及微量元素	钙/%	4.04	5.88	5.74	3.87	7.00	3.96
	磷/%	2.90	3.20	3.12	2.76	3.50	3.05
	钠/%	0.97	1.10	0.91	0.88	0.97	0.78
	钾/%	1.15	0.94	1.24	0.90	1.10	0.83
	铁/(mg/kg)	80	292	670	219	80	181
	铜/(mg/kg)	8.0	8.0	17.9	8.9	8.0	6.0
	锰/(mg/kg)	10.0	9.7	27.0	9.0	9.7	12.0
	锌/(mg/kg)	80.0	88.0	123.0	96.7	80.0	90.0
	硒/(mg/kg)	1.50	1.94	1.77	1.93	1.50	1.62

注:检索自中国饲料数据库。SC:中华人民共和国原商业部部颁标准。

3. 质量控制

(1)感官识别法。

眼观:纯鱼粉一般为黄棕色或黄褐色,也有少量的白鱼粉、灰白鱼粉和红鱼粉等因鱼品种不同而有差异。鱼粉为粉状,含鳞片、鱼骨、鱼眼等,处理良好的鱼粉均有可见的肉丝,而假鱼粉往往磨得很细,呈粉末状,看不到鱼肉纤维,优质鱼粉颜色一致(烘干的色深,自然干燥的色浅)。如果鱼粉中有棕色微粒,可能是棉子壳的外皮;如果有白色、灰色及淡黄色的丝条,则是制革工业的下脚料;若鱼粉呈黑褐色、咖啡色,或表面呈褐色油污状,则表明鱼粉在储藏过程中发生过自然或其他形式的氧化变质;若鱼粉呈灰色或污浊色,则可能混有草粉之类的植物杂质。

鼻嗅:优质鱼粉具有烹烤过的鱼香味,并带有鱼油味。存放时间过久受潮而腐败变质的鱼粉产生腥臭和刺鼻的氨臭味。掺有棉子饼和菜子饼的鱼粉,则有棉子饼和菜子饼的气味。

触摸:优质鱼粉用手捻感到质地松软,呈肉松状。掺假鱼粉质地粗糙,通过手捻可发现掺进的黄沙。鱼粉中若有豆大的鱼粉团块,经手捻如果发黏,说明已酸败;如果捻散后呈灰白色,说明已发霉。若磨手,则表明有黄沙、贝壳粉等异物。

品尝:新鲜鱼粉具鱼香味或干鱼片味,味淡。优质鱼粉含盐量较低,口尝几乎感觉不到咸味,劣质鱼粉咸味较重。沙分高的鱼粉打牙,自然干制的鱼粉味臭。

(2)物理鉴定法。

①称容重。粒度为 15 mm 的纯鱼粉,其容重为 $550\sim600$ g/L。如果容重偏大或偏小都可能不是纯鱼粉。

②用水浸泡。取样品于玻璃杯或其他容器中,加入 5 倍的水,搅拌后静止数分钟,如果鱼粉中掺有稻壳粉、花生壳粉、锯末、麦麸,即可浮在水面,而鱼粉则沉入水底。如果鱼粉中掺有黄沙,轻轻地搅拌后,鱼粉稍浮起旋转,而黄沙稍旋转即沉于底部;或经过多次加水把浮起的鱼粉倒掉,最后剩下的即为黄沙。

③燃烧。取一点鱼粉用火点燃,如果冒出的烟味好像毛发燃烧的气味,则是动物性物质;如果是谷物类干炒后的芳香味,这说明该鱼粉掺有植物性物质。

④筛选。优质鱼粉至少 98% 的颗粒能通过 2.80 mm 的筛网。使用不同眼目的筛子可大致检出混入的异杂物。

取 50 g 样品放在孔径为 0.84 mm 筛中,筛动 1 min,保留筛上一部分,将筛下部分放在孔径为 0.42 mm 筛中筛动 1 min。同样分级过孔径为 0.25 mm、0.149 mm 筛,然后在明光下分别观察各筛上成分。

棉子饼:如果在孔径为 0.42 mm、0.25 mm 筛孔上存有大量绒团,并有褐色小颗粒,证明是棉子饼存在。绒团物是棉绒,褐色小颗粒则是棉子壳。

羽毛粉:在孔径为 0.25 mm、0.149 mm 筛上有黄色或棕黄色小颗粒,且呈黄色或棕黄色小颗粒,且呈胶冻状,为半透明、有光泽的晶体。

菜子饼:在孔径为 0.42 mm、0.25 mm 筛上有棕红色薄片,薄片边缘卷曲。

稻壳:在孔径为 0.84 mm、0.42 mm 筛上有不规则长方形浅黄色薄片,其表面粗糙,有条纹,微弯曲。

一般能通过孔径为 0.149 mm 筛孔的物质,多数是细糠和细土。

(3)显微镜检查。在体视显微镜下,借助太阳光或灯光,可看到鱼粉整体为黄棕色或黄褐色的蓬松状,可清晰地看到鱼骨、鱼刺和肌肉纤维,鱼眼珠为珍珠状的白色颗粒,无光泽,大小因原料鱼的大小而异。若掺入尿素或蛋白精,可以看到肌肉纤维与尿素粘在一起形成的大颗粒及尿素或蛋白精颗粒,尿素颗粒为白色,蛋白精颗粒为黄白色,用镊子尖端压颗粒物易碎成粉末状。若掺入水解羽毛粉,可以看到未水解完全的羽毛小枝,水解完全的羽毛粉呈圆条状和各种粒状,呈无色、浅黄色透明的松香样。若掺入血粉,则可看到红褐色或紫黑色的不规则颗粒,边缘较锐利。若掺入肉骨粉,可看到不规则的粒状、条状的骨粒,骨粒上可见小孔,而鱼骨无小孔,成薄片透明状、圆条状、喇叭状。掺入棉子粕,可以看到表面覆盖着棉纤维的坚硬外壳和白色长条状棉丝,并有棕色棉子肉。掺入菜子粕可以看到褐色网状结构的菜子皮及外表呈蜂窝状的黄褐色颗粒。

（4）实验室测定。为了鉴别鱼粉品质的优劣,需要进行一些实验室的检测,常用的检测指标有水分、粗蛋白质、纯蛋白质、氨基酸、粗脂肪、盐分和灰分等。

①水分。鱼粉的水分含量应不低于6％,如果太低,说明鱼粉受到过热的影响（或者是加工过程中温度太高,或者是贮藏过程发热）。水分含量也不应超过12％,否则在贮存过程中会发热,并出现微生物污染。

②粗蛋白质。粗蛋白质的含量一般在62％～73％。粗蛋白含量低,则灰分含量高,说明鱼骨含量高。如果鱼粉的粗蛋白质低于60％,说明鱼粉加工原料中可能使用了去肉的鱼。鱼骨含量的增加会降低必需氨基酸的含量。

③纯蛋白质。目前粗蛋白质的测定是利用凯氏定氮法测定样品中的氮含量,从而计算出蛋白的含量。掺假鱼粉中含有低质便宜的含氮物,如尿素、铵盐、甲醛—尿素聚合物（蛋白精）等,以提高原料中含氮量,因此粗蛋白的含量无法真实地反映蛋白质的真实含量,对此可在样品消化前将上述非蛋白氮溶于水过滤掉,再进行测定,其结果即为纯蛋白质的含量。然后根据纯蛋白/粗蛋白质的比值来推断是否掺有这类高氮化合物。若得到的纯蛋白/粗蛋白质的比值小于80％,则可判断掺有此类"蛋白粉"。

④氨基酸分析。为了进一步鉴定鱼粉的掺假,可测定鱼粉中各种氨基酸的含量来进一步判断鱼粉中是否掺入羽毛粉、血粉、肉皮粉。由于羽毛粉的丝氨酸含量在各种动物原料含量中最高,高达8％左右,是鱼粉中丝氨酸含量的3倍左右,而羽毛粉中苏氨酸与鱼粉中丝氨酸、苏氨酸含量较接近,因此只要鱼粉中丝氨酸含量高出苏氨酸,且蛋氨酸、赖氨酸含量下降较多,一般可以认为掺有羽毛粉。

血粉中组氨酸含量在4.5％左右、缬氨酸含量在7％左右、亮氨酸含量在9％左右,均是鱼粉中含量的2倍左右。血粉中异亮氨酸含量较低,在1％左右,只有鱼粉中含量的1/3。鱼粉中亮氨酸与异亮氨酸之比常在1.7左右,血粉中亮氨酸与异亮氨酸之比常在9左右。因此,若鱼粉中组氨酸、缬氨酸、亮氨酸含量升高,异亮氨酸含量下降,亮氨酸与异亮氨酸之比在2以上,赖氨酸含量略有升高,蛋氨酸含量有所下降时,一般可认为鱼粉中掺有血粉。

肉皮粉中甘氨酸含量最高,达18％左右,是鱼粉中含量的4倍以上,且其脯氨酸含量较高,达12％左右,是鱼粉中含量的4倍以上,因此,只要鱼粉中甘氨酸达5％以上,同时脯氨酸含量达3.5％以上,且赖氨酸含量下降时,一般可认为鱼粉中掺有肉皮粉。

⑤粗脂肪。应在 8%～10%,最多不能超过 12%。粗脂肪过高,鱼粉不易贮存。

⑥灰分、盐分。用全鱼制得的鱼粉其灰分含量一般在 10%～17%,酸不溶灰分(沙分)应低于 1%,灰分富含钙磷。鱼粉中的盐分应低于 4%。即盐分和沙分的总和应小于 5%。南美鱼粉的灰分含量一般在 15%～17%。

(5)掺假检验。常用的掺假原料有羽毛粉、血粉、皮革蛋白粉、尿素及其衍生物、肉骨粉、虾粉和饼粕类原料等。

①掺入植物性物质。

烟雾测试法:取样品少许,火焰燃烧,以石蕊试纸测试产生的烟雾,若试纸呈红色,系酸性反应,为动物性物质;试纸呈蓝色,系碱性反应,说明鱼粉中掺有植物性物质。

②掺入石粉、贝壳粉、蟹壳粉等。

气泡鉴别法:取样品少许放入烧杯,加入适量的稀盐酸(3:1),若有大量气泡产生并发出吱吱的响声,说明掺有石粉、贝壳粉、蟹壳粉等物质。气泡产生的情况,可对比参照样进行观察,气泡产生的强烈程度由强到弱依次为石粉、贝壳粉、虾壳、蟹壳粉。

③掺入血粉。取被检鱼粉 1～2 g 于烧杯中加水 5 mL,搅拌后静置数分钟过滤。另取一试管,加入 N,N-二甲基苯胺粉少许,加入冰醋酸约 2 mg 使其溶解,再加入 3%的过氧化氢(现用现配)溶液 2 mL,摇匀。将样品过滤液徐徐注入试管中,如两液接触面出现绿色的环或点,即说明有血粉存在。

取少许样品于培养皿中。将 N,N-二甲基苯胺溶液(将 1 g N,N-二甲基苯胺溶解于 100 mL 冰醋酸中,然后用 150 mL 水稀释)和 3%过氧化氢溶液(现用现配)以 4:1 混合后,取 1～2 滴该试剂于待检样品上。将样品置 30～50 倍显微镜或放大镜下观察,如有血粉存在,在血粉颗粒周围呈现深绿色,与试剂的浅绿色对比鲜明。

④掺入羽毛粉。取被检鱼粉 10 g 放入 100 mL 高型烧杯中,从上方倒入四氯化碳 80 mL,搅拌后放置让其沉淀,将漂浮层倒入滤纸过滤。将滤纸上样品用电吹风吹干。取样品少许置培养皿中在 30～50 倍显微镜下观察,可见表面粗糙且有纤维结构的鱼肉颗粒外,还可见少量的羽毛、羽干和羽管(中空、半透明)。经水解的羽毛粉有的形同玻璃碎粒,质地与硬度如塑胶,呈无色、浅黄色、灰褐色或黑色。

⑤掺入木屑、稻壳、花生壳等含木质素的物质。取被检鱼粉 2～5 g 置于培养皿中,用间苯三酚溶液浸润样品 5～10 min;然后加 1～2 滴浓盐酸,如呈深红色,

表示有木质素物质的存在。

间苯三酚溶液的配制:取间苯三酚 2 g,加 90％的乙醇至 100 mL 使其溶解,摇匀,置棕色瓶内保存。

⑥掺入皮革粉。二苯基卡巴腙试剂显色法:取 2 g 被检鱼粉于瓷坩埚中灰化。冷却后用水湿润,加 1 mol/L 硫酸 10 mL,使之呈酸性。滴加 3～5 滴二苯基卡巴腙溶液(取 0.2 g 二苯基卡巴腙于 100 mL 乙醇溶液中),如呈紫红色,表示有皮革粉存在。

消化液颜色比较法:在测定鱼粉的粗蛋白质时,首先要用浓硫酸对样品进行消化。可以根据样品消化液的颜色和透明度鉴别鱼粉中是否掺有皮革粉。纯鱼粉经过常规消化可得到蓝色透明的溶液,而掺有皮革粉的鱼粉则消化液为黄绿色的混浊液。

氧化显色法:以铬鞣制的皮革中所含铬元素,通过灰化,部分变为 3 价铬和 6 价铬。3 价铬在强碱性溶液中以偏亚铬酸根离子的形式存在,此离子可被双氧水氧化为黄色。以此可鉴别含铬的皮革粉的存在。

也可测定鱼粉中铬含量,来判断是否掺入皮革粉,鱼粉中金属铬(以 6 价计)允许量小于 10 mg/kg。

⑦掺入尿素。加热测试法:取样品 20 g 于小烧瓶中,加 10 g 大豆粉、适量水,加塞后加热 15 min 左右。拿掉塞子后如闻到氨气味,说明有尿素。

pH 试纸法:取被检鱼粉 10 g 于烧杯中,加水 30 mL,用力搅拌后放置数分钟过滤。取样品过滤液 5 mL 于试管中置火源上加热。待液体快干时,用湿润的 pH 试纸检查管口。如果立刻变蓝色,并有氨气味,说明有尿素存在。

甲酚红指示剂法:取被检鱼粉 10 g 放入烧杯中,加水 100 mL,搅拌后放置数分钟过滤,取样品过滤液 2 mL 于白色点滴盘上,加 2～3 滴甲酚红指示剂(取 0.1 g 甲酚红溶于 100 mL 乙醇溶液中),然后加 2～3 滴尿素酶溶液(将 0.2 g 尿素酶粉末溶于 50 mL 水中),静置 3～5 min,若有尿素存在即呈深紫红色,且散开如同蜘蛛网似的;无尿素存在则只显黄色。

碘化汞钾试剂法:取待测鱼粉样品 5 g 置于 250 mL 烧杯中,加 25 mL 蒸馏水充分搅拌静置 10 min,过滤后取滤液 5 mL,加碘化汞钾试剂 1 mL,加 20％的氢氧化钠溶液 1 mL,观察颜色变化。如呈棕红色或红色则表示鱼粉中混有铵化物;如不变色仅呈现混浊,静置过夜,试管底有铝灰色沉淀,即表示有尿素存在。

碘化汞钾试剂的配制:称取氯化汞 1.5 g、碘化钾 5 g,分别溶于 50 mL 和 20 mL 蒸馏水中,将两液混合加蒸馏水至 100 mL,装棕色瓶内备用。

⑧掺入含淀粉的谷实类物质。取被检鱼粉 1～2 g 置于小烧杯中,加水 5 mL,搅拌后置电炉上加热 3 min。冷却后滴入 1～2 滴碘-碘化钾溶液(2 g 碘溶于 100 mL 6％的碘化钾溶液中),若溶液呈蓝紫色,则样品中有含淀粉的物质存在。

4. 使用鱼粉的注意事项

(1)食盐含量。良好鱼粉的食盐含量在1%～2%。劣质鱼粉的食盐含量可能达到10%～20%，如果添加量达到5%～10%，饲粮中的食盐含量将达到1%以上，引起动物腹泻甚至食盐中毒。食盐超标的主要原因是小型捕捞工厂，为防止鱼的腐败而大量加入廉价的海盐所致。

(2)氧化酸败。由于鱼粉营养物质丰富，是微生物繁殖的良好场所，脂肪含量高，易氧化酸败，应注意贮藏在通风和干燥的地方。变质鱼粉不宜再用于配制猪饲料。

(3)沙门氏菌污染。鱼粉很容易出现沙门氏菌污染，这是欧洲国家抵制动物性饲料原料的主要原因。沙门氏菌的污染主要有2方面的危害：一是直接危害的对象是动物本身，出现消化道疾病；二是通过动物间接污染畜产品。

(4)胺类物质和肌胃糜烂素。原鱼保存不当，很易分解产生胺类物质，对动物有很强的毒害作用。大量组胺可刺激胃酸分泌，使幼龄家禽出现肌胃糜烂。鱼粉加工温度过高，可使组胺与赖氨酸反应生成肌胃糜烂素，肌胃糜烂素增加胃酸分泌的能力是组胺的10倍，致肌胃糜烂的能力是组胺的300倍。

(二)血浆蛋白粉

1. 概述

血浆蛋白粉是猪血分离出红血球后经喷雾干燥而制成的粉状产品。其制作方法为：血液收集在加有抗凝剂柠檬酸钠的冷藏罐中，抗凝血经高速离心分离出血球。血浆部分在32℃条件下加热25 min，在207℃下喷雾干燥1～2 min，然后在93℃下脱水1～2 min，即得到微细粉末状的成品。

血浆蛋白粉是早期断奶仔猪日粮中的优质蛋白来源，可作为脱脂奶粉和干乳清的替代品，其适口性比脱脂奶粉高，大量研究表明，血浆蛋白粉是早期断奶仔猪日粮中的优质蛋白来源，可作为脱脂奶粉和干乳清的替代品，其适口性比脱脂奶粉高。早期断奶仔猪饲喂含血浆蛋白粉的日粮，日增重和日采食量均高于饲喂含脱脂奶粉和干乳清日粮的仔猪。

2. 营养指标

血浆蛋白粉的营养成分可参考表3.15。

3. 质量控制

主要检测指标有水分、粗蛋白、粗脂肪、粗纤维、粗灰分、钙、磷等。

4. 应用中应注意的问题

血浆蛋白粉蛋氨酸含量低，用量提高时，蛋氨酸就成为限制性因素。研究表明，按赖氨酸等量代替日粮中的脱脂奶粉时，血浆蛋白粉在日粮中的比例达6%时，仔猪生长性能最好，超过6%时必须补充蛋氨酸。

表 3. 15 喷雾干燥血浆蛋白粉营养成分 %

营养成分	比例	营养成分	比例
粗蛋白质	70.0	亮氨酸	5.54
干物质	92.5	赖氨酸	5.10
灰分	19.0	蛋氨酸	0.53
钙	0.14	苯丙氨酸	3.70
磷	0.13	苏氨酸	4.13
精氨酸	4.79	色氨酸	1.83
胱氨酸	2.24	酪氨酸	3.50
组氨酸	2.50	缬氨酸	4.12
异亮氨酸	1.96		

(三)乳制品

1. 概述

乳制品包括乳清粉、乳清蛋白粉、脱脂奶粉和全脂奶粉等,在动物饲养中常常用于幼龄哺乳动物的饲养。

(1)乳清粉是牛奶除去乳脂和酪蛋白后的液态物经干燥而成的粉状产品。所含蛋白质不低于 11%,乳糖不低于 61%。

乳清粉含有牛奶中的大部分水溶性成分,包括乳蛋白、乳糖、水溶性维生素及矿物质,其中,以乳糖含量高为其特点,是幼畜的最佳能量来源。

哺乳期仔猪消化道中乳糖酶活性高,可有效地消化利用乳糖。随着年龄增长,乳糖酶活性下降,而消化其他碳水化合物的消化酶在幼龄时活性很低,随年龄增长而提高。因此,乳清粉的主要作用是为幼龄动物提供易消化的碳水化合物。早期断奶日粮或人工乳中使用乳清粉可提高日粮适口性、促进采食、抑制病原微生物的繁殖、提高养分消化吸收率、降低腹泻,从而提高仔猪或犊牛的生长。幼畜日粮中,国外可用到 10%～30%,受价格的限制国内较少使用,用量限制在 5% 以下。随动物年龄增长,乳清粉的作用减弱,成年动物大量使用乳清粉可引起腹泻。

乳清粉因含乳糖及灰分较多,过多使用易产生下痢;乳糖能提高钙、磷的吸收率。猪对乳糖的耐受量较高,配合到 10% 效果较佳。

(2)乳清蛋白粉是以超滤过机,脱水或其他处理以除去乳清中的水分、乳糖或矿物质后的产品,除去部分乳糖、蛋白质或矿物质的乳清液,干燥后即得乳清再制粉,具情产品可分为脱乳糖乳清粉、脱矿物质乳清粉和脱乳糖及矿物质乳清粉。

(3)脱脂奶粉是全乳加热离心将乳脂分离后的部分经干燥制成的粉状产品,干燥方法有喷雾干燥法和圆筒干燥法 2 种,所得脱脂奶粉的规格略有不同。

脱脂奶粉的主要成分为乳蛋白及乳糖,乳脂含量低,灰分含量约 8%,其中含钙 1.56%,磷 1.01%,微量元素中铁、铜含量少,维生素含量丰富,主要为水溶性维生素。由于乳蛋白和乳糖的适口性好,消化利用率高,因而脱脂奶粉是幼龄哺乳动物的最佳饲料,是配制仔猪人工乳的必备原料。国外在早期断奶仔猪日粮中用量可达 20%~30%。由于价格昂贵,国内很少使用。

(4)全脂奶粉指全乳干燥后的奶粉,水分应在 8%以下,乳脂 26%以上,全脂奶粉适口性好,营养全面,养分消化利用率高,是生产人工乳的优良原料,由于价格昂贵一般饲粮中不使用。

(5)干乳白蛋白是乳清液中分离出的凝结蛋白经干燥所得产品,干物质中含 75%以上的蛋白质。

(6)水解乳清粉是经乳糖酶水解后的乳清液,再干燥所得产品,葡萄糖及半乳糖含量应在 30%以上。

2. 质量指标

(1)该类产品目前尚无国家标准,乳清粉、乳清蛋白粉、脱乳糖乳清粉、脱矿物质乳清粉和脱乳糖及矿物质乳清粉主要养分含量可参见表 3.16。

表 3.16　　乳清粉、乳清蛋白粉等主要养分含量表　　　　　　　　　%

营养指标	乳清粉		乳清蛋白粉	脱乳糖乳清粉	脱矿物质乳清粉	脱乳糖及矿物质乳清粉
	平均值	范围				
水分	7.3	4.4~10.2		6.0	4.5	3.7
粗蛋白质	13.5	8.4~18.6	16.0~26.0	16.7	13.0	23.4
粗脂肪	0.7	0.2~1.2		1.0	0.9	1.8
粗纤维	0	0				0
粗灰分	8.5	6.0~14.0	16.0~24.0	16.0	16.0	15.9
钙	0.9	0.65~1.1		1.5	1.5	1.0
磷	0.75	0.70~1.0		1.2	1.2	1.2
乳糖	69.0	67.0~71.0	35.0~58.0	50.0	50.0	50.7
盐	2.0	1.5~3.0				

(2)乳清粉的饲料成分及营养价值见表 3.17。

3. 质量控制

(1)感官控制。

颜色质地:乳清粉和乳清蛋白粉为白色或乳黄色细粉或细粒,流动性好,颜色越白品质越好,但有些产品在制造过程中添加有着色剂,应区别之,但应注意着色剂应对动物无害。干燥时过热将导致乳糖焦化及蛋白质变褐,色泽变深,品质下降,赖氨酸利用率降低。

味道:有温和之乳味,稍甜,由酸乳制成的产品稍酸。

潮解性:有高低不一的潮解性,潮解性强的产品不利于长期储存。

表 3.17　乳清粉的饲料成分及营养价值表

名　称		单　位	含　量
常规成分	干物质	%	94.0
	粗蛋白质	%	12.0
	粗脂肪	%	0.7
	粗纤维	%	0.0
	无氮浸出物	%	71.6
	粗灰分	%	9.7
有效能	消化能(猪)	MJ/kg	14.39
氨基酸	赖氨酸	%	1.10
	蛋氨酸	%	0.20
	胱氨酸	%	0.30
	苏氨酸	%	0.80
	异亮氨酸	%	0.90
	亮氨酸	%	1.20
	精氨酸	%	0.40
	缬氨酸	%	0.70
	组氨酸	%	0.20
	酪氨酸	%	—
	苯丙氨酸	%	0.40
	色氨酸	%	0.20
矿物质及微量元素	钙	%	0.87
	磷	%	0.79
	钠	%	2.50
	钾	%	1.20
	铁	mg/kg	160
	铜	mg/kg	—
	锰	mg/kg	4.6
	锌	mg/kg	—
	硒	mg/kg	0.06

注:检索自中国饲料数据库,乳清,脱水,中国饲料编号:4-06-0075。

(2)常用的检测项目。有粗蛋白质、粗脂肪、粗灰分、粗纤维、乳糖、氨基酸等。

4. 应用中应注意的事项

此类产品价格较高,所含成分变化大,品质不稳定,需小心选购,检测其各项营养物质含量后再算配方。乳清粉吸湿性极强,应用中应注意防潮。

(四)膨化大豆

1. 概述

膨化大豆是以大豆作原料,用挤压膨化的方法生产的产品。在膨化过程中,其物理、化学组成和性质都发生了不同程度的变化,其代谢能值及蛋白质和脂肪的消化率明显提高。据测定,膨化全脂大豆的能值(风干基础)为:总能 20.93 MJ/kg,消化能 17.17 MJ/kg,代谢能 14.65 MJ/kg。各种氨基酸消化率都在 90% 左右。

生产方法分湿法膨化和干法膨化。湿法膨化法(湿式挤压):先将大豆磨碎,调质机内注入蒸汽以提高水分及温度,然后通过挤压机的螺旋轴,旋转、摩擦产生高温高压,再由较尖的出口小孔喷出,大豆在挤压机内受到短时间热压处理(120~180℃)。挤出后再干燥冷却即得成品。

干法膨化法(干式挤压):大豆粗碎后,在不加水及蒸汽情况下,直接进入挤压机的螺旋轴内,经摩擦产生高温高压,然后由较尖的出口小孔喷出,大豆在挤压机内,温度由室温增加至140℃左右,大豆通过挤压机螺旋轴时间约 25 s,挤出后冷却即得成品。由于未加水湿润,故所需动力比湿式挤压法高,但因减少调质及干燥的过程,故操作简单,投资成本低。

膨化大豆具有高能高蛋白的特性,当饲料用谷物和液态油脂成本较高时,它更是配制高能高蛋白饲粮的最佳植物性蛋白质饲料。膨化大豆所含脂肪的热能比牛油、猪油高,且多属不饱和的必需脂肪酸。使用于饲料中,可以省却添加油脂的设备,而且颗粒饲料中减少油脂用量可得到较佳的粒料品质。

2. 质量指标

(1)目前膨化大豆尚无国家质量标准,质量指标可参考:水分含量为 12%~13%,粗蛋白质 35%~37%,粗脂肪 17%~19%,粗纤维 5%~6%,粗灰分 5%~6%,无氮浸出物 26%~32%。膨化大豆的氨基酸含量及消化率见表 3.18。

表 3.18　膨化大豆的氨基酸含量及消化率　　　　　　　　　　%

成分	赖氨酸	蛋氨酸	色氨酸	苏氨酸	亮氨酸	异亮氨酸	精氨酸	苯丙氨酸
氨基酸 (风干基础)	1.89	0.58	0.32	1.47	2.85	1.64	1.88	1.74
消化率	88.4	89.7	90.6	87.1	90.2	91.5	95.7	92.0

(2)膨化大豆营养成分与生大豆类似,中华人民共和国国家标准(GB 10384—89),饲料用大豆质量标准,按粗蛋白质、粗纤维、粗灰分为质量控制指标,各项质量指标含量均以87%干物质为基础,3项质量指标必须全部符合相应等级的规定,二级饲料用大豆为中等质量标准,低于三级者为等外品。质量指标及等级见表3.19。

表 3.19 饲料用大豆的质量指标及等级 %

质量指标	等 级		
	一级	二级	三级
粗蛋白质	≥36.0	≥35.0	≥34.0
粗纤维	<5.0	<5.5	<6.5
粗灰分	<5.0	<5.0	<5.0

3. 质量控制

(1)感官检测法。膨化大豆外观为浅黄色至金黄色的柔软松散状微粒,粒度均匀,有较强的油光感,有炒豆香味。膨化大豆脂肪含量高,且多属于不饱和脂肪酸,故应注意脂肪变质问题,脂肪劣化后降低适口性,且造成腹泻。

(2)主要检测指标。水分、粗蛋白、粗脂肪、氨基酸、胰蛋白酶抑制因子等。

大豆中含有胰蛋白酶抑制因子,影响动物对蛋白质的消化吸收,因此需检测胰蛋白酶抑制因子。生产过程中加热程度控制得当与否对蛋白质利用率影响很大,温度越高,胰蛋白酶抑制因子含量越低,但蛋白质品质越差,部分氨基酸被破坏。检测膨化大豆中胰蛋白酶抑制因子可以将样品送专业分析实验室测定其脲酶活性(GB 8622—88方法),结果可参考饲料用大豆的标准:脲酶活性不得超过0.4,此外,也可参考大豆粕中脲酶活性的简易测定法。此外水分含量也影响产品日后的保存性。

4. 生产中应注意的问题

膨化大豆含有天然的生育酚,可防止氧化。试验表明:储存9周其质量无变化,但储存到15周质量明显下降,特别是在无抗氧化剂、气温较高、湿度大的条件下,质量下降更明显。因此膨化大豆应储存在隔热、通风和遮光的场所,对含水量13%以上的全脂膨化大豆应添加防霉剂,因为油是霉菌和细菌首选的能量来源。最好是随加工随使用,保持产品新鲜,如要长期储存,必须使水分保持在10%以下。

(五)大豆粕(饼)

1. 概述

大豆压成碎粒,在70~75℃下加热20~30 s,再以滚筒压成薄片,在萃取机内,用有机溶剂(一般为正己烷)萃取油脂,至薄片含脂达1%左右为止,再进入脱溶剂烘炉内,一面蒸发溶剂,一面烘焙豆片,温度约110℃,最后经滚筒干燥机干燥冷却、粉碎即得大豆粕。

土法夯榨及机械压榨取油后的副产品称为大豆饼。

大豆粕是目前用于畜牧业最主要的蛋白质饲料原料。豆粕类产品有2种,脱壳大豆粕平均粗蛋白质含量为49%,未脱壳大豆粕粗蛋白质含量约44%,粗纤维含量高,有效能值低。后者更为常用。大豆粕为淡黄色直至深黄褐色,具有烤黄豆的香味,外形为碎片状。膨化豆粕为颗粒状,有团块。豆粕中油脂含量少,约1%,豆饼可达4%~6%。大豆饼为压榨大豆后所得的副产品,其粗蛋白含量较低,约为42%。

豆粕的代谢能值在饼粕类原料中较高,代谢能可达到10.03~10.45 MJ/kg,皮豆粕在10.45 MJ/kg以上,豆饼达10.87 MJ/kg以上。

大豆粕的氨基酸含量高且比例是常用饼粕原料中最好的。赖氨酸达2.5%~2.8%,且赖氨酸与精氨酸的比例较好,约1:1.3。蛋氨酸含量较低(约0.5%),成为配制玉米-豆粕型家禽日粮的第一限制性氨基酸。色氨酸(0.6%)和苏氨酸(1.8%)含量很高,可弥补玉米的不足。

去皮豆粕:豆皮占大豆重量的4%左右。去皮豆粕是先去皮,后浸提而得。大豆先经过适度加热(60℃下处理20~30 min),然后迅速加热至85℃,使种皮与子叶分开,将豆皮分开,子叶部分经保温、压片后进入溶剂浸提,豆油部分进一步处理以除去浸提溶剂,豆粕部分需进一步加热使其熟化。

2. 质量标准

(1)中华人民共和国国家标准(GB 10380—1989)规定,饲料用大豆粕按粗蛋白质、粗纤维、粗灰分为质量控制指标,各项质量指标含量均以87%干物质为基础,3项质量指标必须全部符合相应等级的规定,二级饲料用大豆粕为中等质量标准,低于三级者为等外品。质量指标及等级见表3.20。

表3.20　饲料用大豆粕的质量指标及等级　　　　　　　　　　　　　%

质量指标	等级		
	一级	二级	三级
粗蛋白质	≥44.0	≥42.0	≥40.0
粗纤维	<5.0	<6.0	<7.0
粗灰分	<6.0	<7.0	<8.0

(2)大豆粕、饼的饲料成分及营养价值见表3.21。

表 3.21 大豆粕的饲料成分及营养价值表

名　称	单位	大豆粕 GB1 级，浸提或预压浸提 中国饲料编号：5-10-0103	大豆粕 GB2 级，浸提或预压浸提 中国饲料编号：5-10-0102	大豆饼 GB2 级，机榨 中国饲料编号：5-10-0241
常规成分 干物质	％	87.0	87.0	87.0
粗蛋白质	％	46.8	43.0	40.9
粗脂肪	％	1.0	1.9	5.7
粗纤维	％	3.9	5.1	4.7
无氮浸出物	％	30.5	31.0	30.0
粗灰分	％	4.8	6.0	5.7
有效能 消化能（猪）	MJ/kg	13.74	13.18	13.51
氨基酸 赖氨酸	％	2.81	2.45	2.38
蛋氨酸	％	0.56	0.64	0.59
胱氨酸	％	0.60	0.66	0.61
苏氨酸	％	1.89	1.88	1.41
异亮氨酸	％	2.00	1.76	1.53
亮氨酸	％	3.66	3.20	2.69
精氨酸	％	3.59	3.12	2.47
缬氨酸	％	2.10	1.95	1.66
组氨酸	％	1.33	1.07	1.08
酪氨酸	％	1.65	1.53	1.50
苯丙氨酸	％	2.46	2.18	1.75
矿物质及微量元素 钙	％	0.31	0.32	0.30
磷	％	0.61	0.61	0.49
植酸磷	％	0.44	0.30	0.25
钠	％	0.03	—	—
钾	％	2.00	1.68	1.77
铁	mg/kg	181	181	187
铜	mg/kg	23.5	23.5	19.8
锰	mg/kg	37.3	27.4	32.0
锌	mg/kg	45.3	45.4	43.4
硒	mg/kg	0.10	0.06	0.04

注：检索自中国饲料数据库。

3. 质量控制

(1)感官检测法。大豆粕呈浅黄褐色或淡黄色的不成规则的碎片状,碎片应均匀一致。国产大豆粕,豆瓣分明。但豆粕中不应有结块,也不应有很多粉末,豆皮含量适当。应无发酵、霉变、虫蛀、结块及异味异臭。

大豆粕的色泽应该一致。用色度计测定粉碎样本的色度值可判断质量的优劣。红色色度值在 4.5～5.5 时,品质良好;大豆粕呈深黄色至棕色说明过热;呈浅黄色至乳白色说明加热不足。

豆粕应有豆香味,不应有焦化或生豆味,否则为加热过度或烘烤不足。

体视镜下观察:可见豆粕皮外表面光滑,有光泽,可看见明显凹痕和针状小孔。内表面为白色多孔海绵状组织,并可看到种脐。豆粕颗粒形状不规则,一般硬而脆,颗粒无光泽、不透明,奶油色或黄褐色。

(2)主要检测指标。有水分、粗蛋白、粗脂肪、粗纤维、灰分、氨基酸等。

一般情况下测定上述常规指标即可判断大豆粕质量的优劣。

特殊情况下还要送饲料分析实验室测定氨基酸的含量,根据粗蛋白质和氨基酸的含量,可进一步评定豆粕的质量,目前越来越多的生产厂家利用氨基酸测定的方法来判断豆粕的品质。

根据氨基酸结果判断豆粕中掺入玉米粉、玉米胚芽饼、玉米蛋白粉的方法:由于玉米粉、玉米胚芽饼的氨基酸总量较低,因此,当豆粕的氨基酸总量很低时,可认为是掺假。豆粕中蛋氨酸含量较低,在 0.5% 左右,赖氨酸含量较高,在 2.5% 左右,是蛋氨酸含量的 5 倍左右。玉米蛋白粉中赖氨酸较低,在 0.8% 左右,蛋氨酸较高,在 1.5% 左右,是赖氨酸的 1 倍。豆粕中亮氨酸在 2.5% 左右,玉米蛋白粉中的亮氨酸含量最高,达 7% 左右,是豆粕中含量的 2 倍,因此,当赖氨酸含量在 1.8% 以下,同时蛋氨酸含量高于 1%,亮氨酸高于 4% 以上时,可认为豆粕中掺有玉米蛋白粉。

(3)大豆粕脲酶活性及生熟度检验。豆粕生产过程中烘烤不足,不足以破坏生长抑制因子,蛋白质利用率差,加热过度导致赖氨酸、蛋氨酸及其他必需氨基酸的变性反应而利用率降低。因为豆粕中脲酶活性易于测定,是评价大豆粕质量的指标之一。脲酶活性(pH 值法)的许可范围是 0.05～0.2。脲酶活性过高,说明豆粕太生,饲喂动物易引起拉稀和软便等症状;脲酶活性太低,说明加工过度。也可用感官方法(根据颜色深浅)鉴别,也可利用快速测定尿素酶法进行鉴定。

①国标法测定大豆粕中脲酶活性。可以将样品送专业分析实验室测定(GB 8622—88 方法),GB 10380—89 规定饲料用大豆粕脲酶活性不得超过 0.4。

②用 pH 计检测豆饼(粕)脲酶活性。将待测样品粉碎至 0.35 mm 以下。分

别准确称取 0.4 g(±0.001 g)试样于 2 支试管中,1 支试管中 20 mL 尿素缓冲液,另一支试管内加入 20 mL 磷酸缓冲液(空白),塞紧摇匀后放入 30℃的恒温水浴锅中。每 5 min 摇匀一次。反应 30 min 后,在 5 min 内测定 pH 值。脲酶活化度＝试样的 pH 测定值—空白的 pH 测定值,脲酶活化度不得超过 0.4 个单位,最小值为 0.02 个单位。

试剂配置:磷酸缓冲液。取分析纯磷酸二氢钾(KH_2PO_4)3.403 g 溶于约 100 mL 蒸馏水中,再取分析纯磷酸氢二钾(K_2HPO_4)4.355 g 溶于约 100 mL 蒸馏水中。这两种溶液的混合液共配制 1 000 mL,调节 pH 值至 7.0(该缓冲液的有效期为 90 d)。

尿素缓冲液:取分析纯尿素 15 g,溶于 500 mL 磷酸缓冲液。为了防止霉菌发酵,5 mL 甲苯作为防腐剂,该溶液的 pH 值要调至 7.0。

③酚红法检测脲酶活性。取大豆饼(粕)样品研细,称取 0.2 g 试样,称准至 0.01 g,转入带塞试管中。0.02 g 分析纯结晶尿素及两滴酚红指示剂(0.1％的 20％乙醇溶液),加 20～30 mL 蒸馏水,迅速塞上塞子,摇动 10 s。观察溶液颜色,并记下呈粉红色的时间。1 min 内呈粉红色,脲酶活性很强;1～5 min 内呈粉红色,脲酶活性强;5～15 min 内呈粉红色,有点活性;15～30 min 内呈粉红色,没有活性。通常,10～15 min 显粉红色或红色者,即认为脲酶活性合格。

4. 有毒有害成分

(1)抗营养因子。豆粕中的有害成分有几种蛋白酶抑制素(统称为胰蛋白酶抑制因子)、植物血凝素、非淀粉多糖和雌激素。

①胰蛋白酶抑制因子是负面影响最大的抗营养因子,主要危害是抑制胰蛋白酶的活性而影响蛋白质的消化,引起鸡胰脏代偿性肥大(增加 50％～100％),降低生长速度和产蛋率。

②植物血凝素包含多种成分(可经热处理而失活),能与肠道细胞结合,非特异地干扰各种营养成分的吸收。

③脲酶。大豆中的脲酶不会抑制鸡的生长,能经热处理而失活。脲酶活性容易测定,可用作判断豆粕热处理程度的指标。

(2)若豆粕中水分太高在长期贮存易结块发霉产生毒素,接收时需认真检查。

(3)在加工过程中浸提油脂的有机溶剂(正己烷)必须全部去除,否则豆粕中残留的正己烷会引起家禽突发性的严重肝坏死。

(六)花生粕(饼)

1. 概述

花生粕一般是以脱壳后的花生仁为原料,经提取油脂后的副产品。花生取油的工艺可分浸提法、机械压榨法、预压浸提法及土法夯榨法4大类。土法夯榨及机械压榨取油后的副产品称为花生饼;经预压-有机溶剂浸提或直接有机溶剂浸提取油后的副产品称作花生粕。一般出油率为35%(27%～43%),出饼率为65%。生产中也有极少部分是以带壳后花生为原料,经提取油脂后的副产品,称为带壳花生粕。花生仁饼、粕的适口性极好,有香味。

花生粕中的粗蛋白质含量约为48%,高于豆粕中的含量约3%～5%,但65%为不溶于水的球蛋白。花生粕中蛋白质的质量不如豆饼,氨基酸组成不佳,赖氨酸含量(1.35%)和蛋氨酸含量(0.39%)都很低,仅为大豆粕含量的52%左右。另外,花生粕的精氨酸含量高达5.25,是所有动、植物饲料中的最高者。由于赖氨酸、精氨酸之比为100∶380以上,饲喂时必须与含精氨酸少的菜子饼粕、鱼粉、血粉等配伍。

花生粕中粗纤维的含量一般在4%～6%,但目前许多花生原料中均或多或少带壳。测定花生饼中的粗纤维含量可作为监测花生壳掺入量的手段。

花生仁粕的代谢能水平很高,可达到12.54 MJ/kg,是饼、粕类饲料中可利用能量水平最高的饼粕。

用土法压榨的花生饼中一般含有4%～6%的粗脂肪,高者可达11%～12%,脂肪溶点低,脂肪酸以油酸为主,约占53%～78%,容易发生酸败。花生饼中的残留脂肪可供作能源,残脂容易被氧化,不利保存。而残脂量少的花生饼一般多经过高温、高压处理,其蛋白质多发生梅拉德反应,引起蛋白质变性,利用率降低。

矿物质含量中钙少磷多,磷多属植酸磷,铁含量较高,而其他元素较少。生花生中抗胰蛋白酶约为生大豆的1/5,120℃左右的加热,能破坏抗胰酶物质,有利于消化。选购原料应特别注意检测黄曲霉毒素,符合标准者方可使用。

对猪的饲料价值:花生仁饼、粕对猪的适口性极好,所以可能吃多,致使体脂肪变软,使胴体品质下降,添加应该不超过15%。但其赖氨酸含量少,不管是对仔猪或育成猪,其饲料价值均低于大豆粕。在2周龄仔猪料中代替1/4大豆粕,5周龄时代替1/3大豆粕,则生长不受影响。生长猪以花生粕全部代替大豆粕,虽补足氨基酸,其饲料转换效率亦差。

2. 质量标准

中华人民共和国国家标准(GB 10382—1989)规定饲料用花生粕以粗蛋白质、粗纤维、粗灰分为质量控制指标,按含量分为3级,各项质量指标以88%干物质为基础计算,各项指标必须全部符合相应等级的规定,二级饲料用花生粕为中等质量标准,低于三级者为等外品。质量指标及等级见表3.22。

表 3.22　饲料用花生粕的质量指标及等级　　　　　　　　　　%

质量指标	等　　级		
	一级	二级	三级
粗蛋白质	≥51.0	≥42.0	≥37.0
粗纤维	<7.0	<9.0	<11.0
粗灰分	<6.0	<7.0	<8.0

3. 花生粕、饼的饲料成分及营养价值

花生粕、饼的饲料成分及营养价值见表 3.23。

表 3.23　花生粕、饼的饲料成分及营养价值表

名　　称		单位	花生仁饼 GB2 级，机榨 中国饲料编号:5-10-0116	花生仁粕 GB2 级， 浸提或预压浸提 中国饲料编号: 5-10-0115
常规成分	干物质	%	88.0	88.0
	粗蛋白质	%	44.7	47.8
	粗脂肪	%	7.2	1.4
	粗纤维	%	5.9	6.2
	无氮浸出物	%	25.1	27.2
	粗灰分	%	5.1	5.4
有效能	消化能(猪)	MJ/kg	12.89	12.43
氨基酸	赖氨酸	%	1.32	1.40
	蛋氨酸	%	0.39	0.41
	胱氨酸	%	0.38	0.40
	苏氨酸	%	1.05	1.11
	异亮氨酸	%	1.18	1.25
	亮氨酸	%	2.36	2.50
	精氨酸	%	4.60	4.88
	缬氨酸	%	1.28	1.36
	组氨酸	%	0.83	0.88
	酪氨酸	%	1.31	1.39
	苯丙氨酸	%	1.81	1.92
	色氨酸	%	0.42	0.45

续表 3.23

名 称		单位	花生仁饼 GB2 级,机榨 中国饲料编号:5-10-0116	花生仁粕 GB2 级, 浸提或预压浸提 中国饲料编号: 5-10-0115
矿物质及	钙	%	0.25	0.27
	磷	%	0.53	0.56
	植酸磷	%	0.22	0.23
	钠	%	—	0.07
	钾	%	1.15	1.23
微量元素	铁	mg/kg	347	368
	铜	mg/kg	23.7	25.1
	锰	mg/kg	36.7	38.9
	锌	mg/kg	52.5	55.7
	硒	mg/kg	0.06	0.06

注:检索自中国饲料数据库。

4. 质量控制

(1)感官检测法。花生粕呈碎屑状,色泽呈新鲜一致的黄褐色或浅褐色,无发酵、霉变、虫蛀、结块及异味异臭。压榨饼呈烤过的花生香,而浸提饼为淡淡的花生香。花生粕不能焦糊,否则会影响其赖氨酸等必须氨基酸的利用率。形状为块状或粉状,花生粕中含有少量的壳,花生壳的混入量对花生粕的饲养价值影响较大,所以可以依据花生壳的多少来鉴别其品质的好坏。有经验者以口尝的方法即可判断其生熟程度。不得掺入饲料用花生粕以外的物质,若加入抗氧化剂、防霉剂等添加剂时,应作相应的说明。

(2)主要检测指标。粗蛋白、粗纤维、粗灰分、氨基酸等。

花生粕的质量如何,粗蛋白质和粗脂肪的含量当为 2 项主要的判断指标。进货量大价高时可测定氨基酸的含量来进一步控制其质量。

5. 有毒有害成分

花生在生长的过程中,易被霉菌污染,尤其易感染黄曲霉菌,花生粕在制作和储存过程中也容易污染黄曲霉菌而产生黄曲霉毒素,会使禽类生长不良,严重者,发生充血,肝和肾肥大,以至于死亡。因此应注意检查其黄曲霉毒素 B_1 的含量。中华人民共和国国家标准(GB 13078—2001)规定黄曲霉毒素 B_1 的含量≤50 $\mu g/kg$。

花生粕高温时节不可久存。

花生饼(粕)中油脂含量高,要注意检查是否发生酸败。

(七)棉子粕(饼)

1. 概述

棉子(粕)饼是以棉子为原料经脱壳、去绒或部分脱壳、再取油后的副产品。

从棉子中取油有 3 种方式。大部分是机榨法,其次是预压浸提法,在不发达地区还有少量土法夯榨。机榨的油饼称为棉子饼,残脂率为 4%～6%;用有机溶剂提取油脂后的副产品或用预压浸提法取油后的副产品称为棉子粕,残脂率在 1%以下,前者风干物中粗蛋白质约含 38%,后者约含 40%。土法夯榨棉子饼的质量受含壳量的影响,养分含量差异很大,粗蛋白质含量为 20%～30%,其中粗纤维含量高达 18%以上者为粗饲料。

2. 质量标准

(1)中华人民共和国国家标准(GB 10378—1989)规定饲料用棉子饼以粗蛋白质、粗纤维、粗灰分为质量控制指标,按含量分为 3 级,各项质量指标含量均以88%干物质为基础计算,3 项质量指标必须全部符合相应等级的规定,二级为中等质量标准,低于三级者为等外品,质量指标及等级见表 3.24。

表 3.24　饲料用棉子饼的质量指标及等级　　　　　　　　　　　　　%

质量指标	等　　级		
	一级	二级	三级
粗蛋白质	≥40.0	≥36.0	≥32.0
粗纤维	<10.0	<12.0	<14.0
粗灰分	<6.0	<7.0	<8.0

(2)饲料用棉子粕的质量尚无统一的标准,其质量指标可参考表 3.25。

表 3.25　饲料用棉子粕的质量指标参考值　　　　　　　　　　　　　%

质量指标	含量	质量指标	含量
干物质	88.0	粗纤维	10.1
粗蛋白质	42.5	粗灰分	6.5
粗脂肪	0.7		

中华人民共和国国家标准(GB 13078—91)规定棉子饼、粕中游离棉酚的含量应≤1 200 mg/kg。

(3)棉子饼、棉子粕的饲料成分及营养价值见表 3.26。

表 3.26　棉子饼、棉子粕的饲料成分及营养价值表

	名　称	单位	棉子饼 GB2 级，机榨 中国饲料编号：5-10-0118	棉子粕 GB2 级， 浸提或预压浸提 中国饲料编号： 5-10-0117
常 规 成 分	干物质	%	88.0	88.0
	粗蛋白质	%	40.5	42.5
	粗脂肪	%	7.0	0.7
	粗纤维	%	9.7	10.1
	无氮浸出物	%	24.7	28.2
	粗灰分	%	6.1	6.5
有效能	消化能（猪）	MJ/kg	9.92	9.46
氨 基 酸	赖氨酸	%	1.56	1.59
	蛋氨酸	%	0.46	0.45
	胱氨酸	%	0.78	0.82
	苏氨酸	%	1.27	1.31
	异亮氨酸	%	1.29	1.30
	亮氨酸	%	2.31	2.35
	精氨酸	%	4.40	4.30
	缬氨酸	%	1.69	1.74
	组氨酸	%	1.00	1.06
	酪氨酸	%	1.06	1.19
	苯丙氨酸	%	2.10	2.18
	色氨酸	%	0.43	0.44
矿 物 质 及 微 量 元 素	钙	%	0.21	0.24
	磷	%	0.83	0.97
	植酸磷	%	0.55	0.64
	钠	%	0.04	0.04
	钾	%	1.20	1.16
	铁	mg/kg	266	263
	铜	mg/kg	11.6	14.0
	锰	mg/kg	17.8	18.7
	锌	mg/kg	44.9	55.5
	硒	mg/kg	0.11	0.15

注：检索自中国饲料数据库。

3. 质量控制

（1）感官检测法。棉子饼呈小瓦片装或碎块饼状，棉子粕一般为粉状，棉子饼粕一般为黄褐色、暗褐色至黑色，通常淡色者品质较佳。有坚果味，略带棉子油味道，但溶剂提油者无类似坚果的味道。色泽新鲜一致，无发酵、霉变、结块虫蛀及异味异臭。亦不可有过热的焦味，过热影响蛋白质品质，造成赖氨酸、蛋氨酸及其他必需氨基酸的破坏，利用率很差，必须认真鉴别之。棉酚是棉子饼（粕）中主要的抗营养因子，也是棉子饼（粕）呈现棕色的主要原因。夹杂物指标要求不得掺入饲料用棉子饼（粕）以外的物质，若加入抗氧化剂、防霉剂等添加剂时，应作相应的说明。

因棉子壳上存留有棉纤维，所以棉纤维及棉子壳的多少，直接影响其质量，所占比例多，营养价值相应降低，感官可大致估测。

棉子饼粕感染黄曲霉毒素的可能性高，应注意，必要时可做黄曲霉毒素 B_1 的检验。

（2）主要检测指标。粗蛋白、粗纤维，粗灰分、棉酚等。

①一般情况下，测定粗蛋白、粗纤维，粗灰分的含量，对照质量标准即可判断棉子饼粕的质量的优劣。特殊情况下还要送饲料分析实验室测定氨基酸的含量，根据粗蛋白质和氨基酸的含量，可进一步评定棉饼（粕）的质量。

②棉子饼粕中含有棉酚，棉酚含量是品质判断的重要指标，含量太高，则利用程度受到很大限制，生产过程中须以脱毒处理，测定残留的游离棉酚是否低于国家饲料卫生标准，以保证产品的安全性。

③游离棉酚的测定可通过将样品送饲料分析实验室测定。

4. 有毒有害成分

棉子饼粕中存在多种抗营养因子，最主要的是游离棉酚。

（1）棉酚是存在于棉子色素腺体中的一种毒素。加工方法对棉子饼（粕）品质影响很大，经过加热处理的棉子饼（粕）游离棉酚含量低，但蛋白质品质变差；经溶剂浸提的棉子粕蛋白质品质较佳，但游离棉酚含量较高。总的来说，预压萃取是最好的加工方法。饲料中添加亚铁盐（如硫酸亚铁）能提高动物对棉酚的耐受力。

棉酚中毒表现为生长受阻、生产能力下降、贫血、呼吸困难、繁殖能力下降甚至不育，严重时可死亡，剖检可见肺水肿、出血、心脏肿大、胸腔积水、肝脏充血、肠胃炎等。棉酚有损动物生殖系统的机能，特别是雄性动物的生殖机能。

（2）环丙烯脂肪酸。棉子饼残油中含有 2 种环丙烯脂肪酸，在棉子油中的含量为 1%～2%。它们可以改变单胃动物的脂类代谢，对肝微粒体中的脂肪酸脱氢酶（可使吸收的饱和脂肪酸脱氢成为不饱和脂肪酸）有抑制作用，从而改变组织和乳脂中的不饱和脂肪酸含量。

(3)单宁和植酸。棉子饼粕均含有一定量的单宁和植酸,对蛋白质、氨基酸和矿物元素利用及动物生产性能均有一定影响。

(八)菜子粕(饼)

1. 概述

菜子粕为油菜子取油后的副产物,用浸提法或经预压后再浸提取油后的副产品称为菜子粕,用压榨法榨取油后的副产品称为菜子饼。目前饲料市场上菜子粕较多。

菜子粕中含粗蛋白质 37%~39%,菜子饼中含 35%~36%。蛋白质消化率低于大豆粕。有些菜子饼粕的干物质中粗纤维含量高达 18%以上,按照国际饲料分类原则应属于粗饲料。但一般菜子饼粕中粗纤维含量为 12%~13%,影响其有效能值,属低能量蛋白质饲料。含硫氨基酸含量高是其突出特点,但赖氨酸含量低,精氨酸含量较低,精氨酸与赖氨酸之间较平衡。菜子饼粕中富含铁、锰、锌、硒,但缺铜,在其总磷含量中约有 60%以上是植酸磷,不利于吸收利用,研制配方时应采取补充措施(与棉子饼粕合用,许多成分可得到互补)。菜子饼粕所含的碳水化合物是不易消化的淀粉,代谢能较低。

菜子饼(粕)应限量使用。实验研究认为,生长肥育猪在不同阶段对菜子饼饲粮的利用能力不同。在饲粮粗蛋白质水平较高(15.5%)的饲粮中,菜子饼在前期用 6%、中期 9.5%~12%和后期 12%对日增重、采食量、饲料利用率无明显不良影响。前期不宜超过 9%,中期不宜超过 14%,后期不宜超过 18%。

2. 质量标准

中华人民共和国国家标准(GB 10375—1989)规定饲料用菜子粕以粗蛋白质、粗纤维、粗灰分为质量控制指标,按含量分为 3 级,其中各项质量指标含量均以 88%干物质为基础计算,3 项质量指标必须全部符合相应等级的规定,二级为中等标准,低于三级者为等外品,质量指标及等级见 3.27。

表 3.27　饲料用菜子粕的质量指标及等级　　　　　　　　%

质量指标	等　级		
	一级	二级	三级
粗蛋白质	≥40.0	≥37.0	≥33.0
粗纤维	<14.0	<14.0	<14.0
粗灰分	<8.0	<8.0	<8.0

菜子饼、菜子粕的饲料成分及营养价值见表 3.28。

表 3.28 菜子饼、菜子粕的饲料成分及营养价值表

	名 称	单位	菜子饼 GB2 级,机榨 中国饲料编号: 5-10-0083	菜子粕 GB2 级, 浸提或预压浸提 中国饲料编号: 5-10-0121
常规成分	干物质	%	88.0	88.0
	粗蛋白质	%	34.3	38.6
	粗脂肪	%	9.3	1.4
	粗纤维	%	11.6	11.8
	无氮浸出物	%	25.1	28.9
	粗灰分	%	7.7	7.3
有效能	消化能(猪)	MJ/kg	12.05	10.59
氨基酸	赖氨酸	%	1.28	1.30
	蛋氨酸	%	0.58	0.63
	胱氨酸	%	0.79	0.87
	苏氨酸	%	1.35	1.49
	异亮氨酸	%	1.19	1.29
	亮氨酸	%	2.17	2.34
	精氨酸	%	1.75	1.83
	缬氨酸	%	1.56	1.74
	组氨酸	%	0.80	0.86
	酪氨酸	%	0.88	0.97
	苯丙氨酸	%	1.30	1.45
	色氨酸	%	0.40	0.43
矿物质及微量元素	钙	%	0.62	0.65
	磷	%	0.96	1.07
	植酸磷	%	0.63	0.65
	钠	%	0.02	0.09
	钾	%	1.34	—
	铁	mg/kg	687	653
	铜	mg/kg	7.2	7.1
	锰	mg/kg	78.1	82.2
	锌	mg/kg	59.2	67.5
	硒	mg/kg	0.29	0.16

注:检索自中国饲料数据库。

3. 质量控制

（1）感观检查。菜子粕为黄色或浅褐色，碎片或粗粉状，具有菜子油的香味，无发酵、霉变、结块及异臭；原料具有一定的油光性，用手抓时，有疏松感觉。而掺假菜子粕油香味淡，颜色也暗淡无油光性，用手抓时感觉较沉。菜子饼粕质脆易碎。也可以直观地判断粗纤维的多少，纤维多者质量差。不得掺入饲料用菜子粕以外的物质，若加入抗氧化剂、防霉剂等添加剂时，应作相应说明。

（2）主要检测指标。有水分、粗蛋白、粗纤维、粗灰分、氨基酸等。

4. 有毒有害成分

油菜中的主要有害物质有：硫葡萄糖苷（GS）、芥子碱、单宁、植酸等。

硫葡萄糖苷（GS）本身无毒，但其 4 种降解产物（异硫氰酸酯、恶唑烷硫酮、硫氰酸酯、腈）均有毒。

芥子碱含量 1%～1.5%，能溶于水，不稳定，易发生水解生成芥子酸和胆碱。芥子碱具有苦味，导致菜子饼粕适口性不良。

植酸含量在 2%左右，对养分利用有一定影响。

单宁具有苦涩味，易在中性或碱性条件下产生氧化和聚合作用，使菜子饼粕颜色变黑，并有不良气味和干扰蛋白质的消化利用。

一般油菜的油中含芥子酸 20%～40%，一般低芥子酸品种亦含 5%以上，它是亚麻油酸族的长链不饱和脂肪酸，可使脂肪代谢异常并蓄积心脏而导致动物生长受阻。

三、矿物质饲料原料

矿物质饲料就是指猪的日粮中提供大宗矿物质来源的原料。猪饲料使用的主要矿物质有磷酸氢钙及磷酸二氢钙、石粉及轻质碳酸钙、食盐等。

（一）磷酸氢钙及磷酸二氢钙

1. 概述

生产上用工业磷酸与石灰乳或碳酸钙中和生成磷酸氢钙和磷酸二氢钙。磷酸氢钙为白色或灰白色粉末，通常含 2 个结晶水（$CaH_2PO_4 \cdot 2H_2O$），磷酸氢钙的钙磷利用率高，性质稳定，溶于稀盐酸、醋酸，微溶于水，不溶于乙醇，吸湿性小。在115～120℃时失去 2 个结晶水，加热至 400℃以上时形成焦磷酸钙，是优质的钙磷补充料，劣质产品氟含量超标倍 5～10 倍，如使用可致氟中毒。

磷酸二氢钙为白色结晶粉末，多为一水盐 $Ca(H_2PO_4)_2 \cdot H_2O$。市售品是经湿法或干法磷酸液作用于磷酸二钙或磷酸三钙所制造的，因此，常含有少量未反应的碳酸钙及游离磷酸，吸湿性强而呈酸性，易溶于水，磷酸二氢钙的钙利用率比磷酸氢钙好,尤其在水产动物饲料中更为显著。

2. 质量标准

(1)中华人民共和国化工行业标准(HG 2636—2000)饲料级磷酸氢钙应符合表 3.29 要求。

表 3.29 饲料级磷酸氢钙的技术指标 %

项 目	指 标	项 目	指 标
钙	≥21.0	重金属(以铅计)	≤0.003
磷	≥16.5	砷	≤0.003
氟	≤0.18	细度(粉末状通过孔径 500 μm 试验筛)	≥95

(2)中华人民共和国化工行业标准(HG 2861—1997)饲料级磷酸二氢钙应符合表 3.30 要求。

表 3.30 饲料级磷酸二氢钙的技术指标

项目	指标	项目	指标
钙/%	15.0～18.0	砷/%	≤0.004
磷/%	≥22.0	pH 值	≥3
水溶性磷/%	≥20.0	水分/%	≤3.0
氟/%	≤0.20	细度(粉末状通过孔径 500 μm 试验筛)/%	≥95.0
重金属(以铅计)/%	≤0.003		

3. 质量控制

(1)感官检测法。饲料级磷酸氢钙为白色、微黄色、微灰色粉末或颗粒,饲料级磷酸二氢钙为白色或略带微黄色粉末,无结块,无臭、无味,细度均匀,手感柔软。

(2)主要检测指标。为钙、磷、氟含量。饲料级磷酸氢钙的钙、磷正常含量范围应为:钙 21.0%～23.2%,磷 16.0%～18.0%。检测结果超出此范围,则为不合格产品;若钙磷比偏高,可能是磷酸三钙或磷矿粉含量高;若钙磷比在 2∶1 以上,则可能掺有石粉。

(3)掺假成分的鉴别。常见的磷酸氢钙掺假物或假冒物有细石粉、细骨粉、高氟磷酸三钙、农用过磷酸钙、磷矿石粉以及石粉和磷酸的混合物等。由于这些物质均为无机物,外观及物理特性相近。除石粉外,其他掺假物或假冒物都含有一定量的磷,有的磷含量还较高,蒙骗性较强,但这些伪劣产品中的钙、磷利用率低,或是含有大量的氟以及其他有毒有害物质,严重危害畜禽的健康。

掺入石粉或轻质碳酸钙鉴别方法:石粉粉碎至孔径 0.171 mm 以上,形态与磷酸氢钙相似,但相对密度大于磷酸氢钙,而轻质碳酸钙无论从感观到相对密度都与磷酸氢钙相似,可用稀盐酸鉴别:取样品 1～2 g,加入稀盐酸 5～10 mL,轻轻震摇即发生剧烈反应,有气泡产生,气泡产生得越多,说明石粉或轻质碳酸钙越多。

掺入滑石粉鉴别:滑石粉($3MgO \cdot SiO_2 \cdot H_2O$)的感观形态与优质磷酸氢钙相似,但稀盐酸不溶解,并有半透明薄膜浮于表面,可以此鉴别。

掺入磷酸三钙的鉴别:煅烧法生产的磷酸三钙感观状态类似磷酸氢钙,只是相对密度稍大,含钙量达 26%～32%,加入稀盐酸后,少部分溶解,溶液呈淡黄色,可以此鉴别。

掺入骨粉的鉴别:掺入骨粉目的是为降低氟含量,其色泽偏灰暗或偏黄褐色,掺入骨粉一半以上,即有骨粉的气味。

掺入磷矿粉的鉴别:磷矿粉是磷矿石磨成的细粉,呈灰白色、黄棕色或白色,氟含量达 2%左右,钙含量达 32%左右,不溶于稀盐酸,可以此鉴别。

掺入农用过磷酸钙的鉴别:农用过磷酸钙呈灰白色至深灰色,加入稀盐酸后溶液呈土灰色,底部有部分不溶物,可以此鉴别。

4. 有毒有害成分

由于天然磷矿石中一般含有较多的氟,饲料中的氟主要来源于磷补充物,而氟过多会引起畜禽中毒,所以氟含量是判断磷酸氢钙优劣的一个重要指标,饲料级磷酸氢钙必须检测氟含量。

氟超标动物会慢性中毒,首先表现为氟斑牙,即动物的恒齿(乳齿换掉后的牙齿)表面粗糙没有光泽(牙釉质发育不良),有斑点、斑纹或斑块,牙齿变脆易磨损,上述变化常左右对称。氟慢性中毒还造成骨质疏松、骨硬化或骨软化,关节僵硬、运动困难,家畜容易骨折,尤其是后部肋骨,常见两侧对称性骨折。

(二)石粉及轻质碳酸钙

1. 概述

石粉是天然的碳酸钙,用天然矿石经筛选后粉碎、筛分即得成品,优质矿石制取建材(如石末等)下脚筛分后也可用于饲料,而且成本低。

石粉含钙量很高,价格便宜,为饲料业应用最普遍、使用量最大的补钙原料,生物学利用率优良,成本低廉货源充足,可谓价廉物美。使用量一般为 1%～2%。

目前还有相当一部分厂家用石粉作微量元素载体,其特点是流散性好,不吸水,成本低,缺点是承载性能略次于沸石、麦饭石。

精选优质石灰石(呈纯白色,实际上即方解石)粉碎至 200 目以上细度时,工业上称作重质碳酸钙,优质的南京石粉即属此类。

工业上用碳化法将精选过的石灰石经煅烧、消化溶解制得石灰乳,再经过碳化可制得轻质碳酸钙,轻质碳酸钙呈白色粉末、无味、无臭。有无定型和结晶型2种形态,易溶于酸,放出二氧化碳,呈放热反应,在空气中稳定,有轻微的吸潮能力。

2. 质量指标

(1)石粉的质量控制可参考下述指标。

①外观:淡灰色至灰白色、白色粉末或颗粒,无味,无吸湿性,无明显杂质。

②碳酸钙($CaCO_3$)≥94.0%。

③钙(Ca)≥37.6%。

④镁(Mg)≤1.5%。

⑤铅(Pb)≤0.002%。

⑥砷(As)≤0.001%。

⑦汞(Hg)≤0.000 2%。

⑧水分(H_2O)≤0.5%。

⑨盐酸不溶物≤0.5%。

⑩粒度:80目。

(2)中华人民共和国化工行业标准(HG 2940—2000)规定饲料级轻质碳酸钙应符合表3.31要求。

表 3.31　饲料级轻质碳酸钙质量要求　　　　　　　　　　%

项目	指标	项目	指标
碳酸钙($CaCO_3$)(以干基计)	≥98.0	重金属(以 Pb 计)	≤0.003
钙(Ca)(以干基计)	≥39.2	砷(As)	≤0.000 2
水分	≤1.0	钡盐(以 Ba 计)	≤0.030
盐酸不溶物	≤0.2		

3. 质量控制

感官判断:石粉为白色、浅灰色直至灰白色,无味,无吸湿性,表面有光泽,呈半透明的颗粒状。

化学检定:取适量石粉于容器中,沿容器壁缓慢滴入稀盐酸少量,有气泡产生,继续加入稀盐酸适量,石粉能溶解完全,说明石粉质量可以。进一步鉴定,应测定其钙的含量,石粉含钙量不低于33%,一般的钙含量为33%~39%。

4. 应用中需注意的问题

目前用石粉补钙时容易忽视的问题是：①一般不测定含镁量，而镁含量过高（＞2％）往往会影响钙的吸收；②石粉价低，添加时往往偏高或处于理论上限，这样都容易造成钙磷比例不当，甚至影响其他微量元素的吸收利用，影响饲养效果；③有毒元素含量（如 Pb、As）很少有人测定，若遇含量高易造成危害。

（三）食盐

1. 概述

食盐的化学名称是氯化钠。地质学上叫做石盐，按开采方式应包括海盐、井盐和岩盐。海盐是将海水引入盐池自然晾晒，水分蒸发、浓缩结晶而得；井盐是在含盐水井中直接捞取盐结晶或晾晒井水而得；岩盐是开采含盐岩矿而得。我国石盐年产量 50 万～100 万 t。

食盐是石盐经加工净化后成为可食性的产品。石盐经简单去杂（如泥土）后叫做粗制盐或洗盐，颗粒大小不等；粗制盐经水溶、过滤、蒸发结晶所得即为精制盐，一般即符合食用或饲料用的粒度（过 30 目筛），颜色白且纯正均匀，流散性较好，可直接用于饲料加工。

加碘食盐通常是由精制食盐与碘酸钾、碘酸钙或碘化钾等均匀混合而制得，一般含碘量大于 0.007％，用本品作饲料用盐，对大鸡、大猪可不再加碘，但对于小鸡、小猪、奶牛，特别是种畜禽，还需再补加含碘化合物。加碘食盐贮存时要求阴凉、通风、干燥、避光，以免碘损失。加碘食盐价格偏高，故目前饲料业应用较少。

食盐水溶性好，生物利用率高，是优质饲料钠源和氯源，同时是最佳调味品。食盐的主要作用是刺激唾液分泌，促进消化，提供钠、氯离子以维持体液渗透压，胃酸形成等，不可缺少或过量，必需适量供给。食盐过于缺乏，食欲减退，影响生长发育，影响繁殖；食盐过剩，畜禽则可能发生中毒。

猪饲料中含盐应在 0.5％～1％，低于 0.5％时可见精神不振、食欲减退甚至异嗜（如咬尾）。限水条件下给猪饲以含盐 6％～8％的饲料，造成神经过敏、步行异常、麻痹、衰弱及死亡等中毒现象。

2. 质量指标

精制食盐含氯化钠 99％以上，饲料用氯化钠一般纯度 98％以上（允许加1％～1.5％的抗结块剂），相对湿度 75％以上时食盐开始潮解。

食盐质量控制可参考下述指标。

（1）外观。白色粉末或结晶粉末，无可见杂质。

（2）氯化钠（NaCl）。≥98％。

（3）钠（Na）。≥39％。

(4)氯(Cl)。$\geqslant 60\%$。

(5)水分(H_2O)。$\leqslant 0.5\%$。

(6)水不溶物。$\leqslant 1.6\%$。

(7)细度。全部通过 30 目标准筛。

3. 质量控制

(1)感官控制。外观为白色粉末或结晶粉末,无可见杂质,正常咸味,水溶液澄清透明。

(2)常用检测指标。氯化钠或氯离子、水分、铅、砷、氟。

我国食用盐国家标准要求:铅(以 Pb 计)$\leqslant 1.0$ mg/kg,砷(以 As 计)$\leqslant 0.5$ mg/kg,氟(以 F 计)$\leqslant 5.0$ mg/kg。加碘盐含碘(以 I 计)量 $20 \sim 50$ mg/kg。

4. 使用中应注意的问题

食盐很容易离解成离子状态(特别是潮湿状态下),故不宜直接与维生素或硫酸亚铁等接触,以免相互产生破坏作用,影响其效价。

本品在贮存过程中或受外力时易形成小团粒,故使用中尽量先过筛后添加,以免影响其在饲料中的混合均匀度。

四、饲料添加剂

在日粮中添加的少量或微量可饲物质称为饲料添加剂。主要包括氨基酸添加剂、微量元素添加剂、维生素添加剂等营养性添加剂及药物添加剂、香料剂、着色剂等非营养性添加剂。

(一)氨基酸添加剂

合成并作为添加剂使用的氨基酸主要有:赖氨酸、蛋氨酸、色氨酸和苏氨酸等。其中以赖氨酸和蛋氨酸应用普遍。

1. 蛋氨酸及其类似物

(1)概述。蛋氨酸在动物体内几乎都被用作体蛋白质的合成。也有少部分在体内分解代谢,转化成与动物发育有关的重要物质,如蛋氨酸可较快地转化成胱氨酸,对细胞的增殖起重要作用;蛋氨酸可提供活性甲基,以补充胆碱或维生素 B 的部分作用。在对这些生物化学转化过程的研究中,也进一步认识了蛋氨酸类似物在动物体内的作用,因而它们在世界上用量也在不断增加。

(2)蛋氨酸种类、性质及质量指标。目前世界上用于饲料添加的有 DL-蛋氨酸、羟基蛋氨酸、羟基蛋氨酸钙盐和 N-羟甲基蛋氨酸。它们均用化学法合成。

①DL-蛋氨酸。又名甲硫氨酸,分子式为 $C_5H_{11}NO_2S$,相对分子质量 149.22。蛋氨酸是有旋光性的化合物,分为 D 型和 L 型。在动物体内,L 型易被动物肠壁吸收,D 型须经酶转化成 L 型后才能参与蛋白质的合成,由于 D 型可以在动物体内转化成 L 型,故在饲料中可以使用 D 型和 L 型的混合物。用化学法合成的产物是 D 型、L 型混合的外消旋化合物,它是白色片状或粉末状晶体,具有微弱的含硫化合物的特殊气味。易溶于水、稀酸和稀碱,微溶于乙醇,不溶于乙醚。熔点为 281℃(分解),其 1% 的水溶液的 pH 值为 5.6～6.1。

我国制定的饲料添加剂 DL-蛋氨酸进口监测质量标准如下。

外观:白色-淡黄色结晶或结晶性粉末。

质量指标须符合表 3.32 要求。

表 3.32　DL-蛋氨酸质量指标

项目	$C_5H_{11}NO_2S$(干基)	砷(以 As 计)	重金属(以 Pb 计)	水分	氯化物
指标	≥98.5%	≤2 mg/kg	≤20 mg/kg	≤0.5%	≤0.2%

②蛋氨酸羟基类似物及其钙盐。蛋氨酸羟基类似物又名液态羟基蛋氨酸,MHB。分子式为 $C_5H_{10}O_3SN$,相对分子质量 150.2。羟基蛋氨酸是深褐色黏液,含水量约 12%。有硫化物特殊气味。其 pH 值 1～2。比重(20℃)1.23。凝固点−40℃。

羟基蛋氨酸是液态,在使用时喷入饲料后混合均匀的。这样的混合方式的优点是添加量准确,操作简便,无粉尘,节省人工及降低贮存费用等。

农业部制定的羟基蛋氨酸的质量标准是:褐色或棕色黏液,有含硫基团的特殊气味,易溶于水。比重(120℃)为 1.22～1.23。见表 3.33。

表 3.33　羟基蛋氨酸质量指标

项目	$C_5H_{10}O_3SN$	砷(以 As 计)	重金属(以 Pb 计)	铵盐	氰化物
指标	≥88.0%	≤2 mg/kg	≤20 mg/kg	≤1.5%	≤10 mg/kg

羟基蛋氨酸钙盐是用液体的羟基蛋氨酸与氢氧化钙或氧化钙中和,经干燥、粉碎和筛分后制得。分子式为 $(C_5H_9O_3SN)_2Ca$,相对分质子质量 338.4。

农业部制定的羟基蛋氨酸钙盐(CaMHB)的质量标准如下:

外观:浅褐色粉末或颗粒,有含硫基团的特殊气味,可溶于水;粒度为全部通过 18 目筛、40 目筛上物不超过 30%。

质量指标须符合表 3.34 要求。

表 3.34 羟基蛋氨酸钙盐质量指标

项目	$(C_5H_9O_3S)_2Ca$	砷(以 As 计)	重金属(以 Pb 计)	无机钙盐
指标	≥97.0%	≤2 mg/kg	≤20 mg/kg	≤1.5%

(3)质量控制。

①简易判别法。3 种蛋氨酸外观应符合上述质量要求。在生产中 DL-蛋氨酸应用最多。

DL-蛋氨酸为白色-淡黄色结晶或结晶性粉末,片状,在正常光线下有反射光发出。市场上的假蛋氨酸多呈粉末状,颜色多为纯白色或浅白色,在正常光线下没有反射光或只有零星的反射光发出。用铝制或塑料小勺插入蛋氨酸样品中转动几下,真蛋氨酸往往见到由于静电作用而吸附于小勺表面,假蛋氨酸无此现象。真蛋氨酸具有含硫基团的特殊刺鼻气味,假蛋氨酸气味较淡或有其他气味。取一点放于舌尖上品尝有微甜味,假的蛋氨酸有涩感或怪味而无甜味。取少量蛋氨酸放于瓷板上,用火点燃,真品蛋氨酸可以燃烧,并有烧焦的羽毛味,假蛋氨酸无此现象。

②化学分析法。

a. 凯氏定氮法。取少量蛋氨酸样品,用测定粗蛋白的方法进行测定。计算结果时,计算公式中不乘以 6.25,即为蛋氨酸中的氮含量。

DL-蛋氨酸的分子量为 149.22,一分子的蛋氨酸含有 1 个氮原子,纯品蛋氨酸的理论含氮量为 9.38%。以理论含氮量乘以商标上的纯度即得出样品应达到的含氮量。用实验测得的含氮量与样品应达到的含氮量进行比较,以判定样品的质量。

b. 含量测定法。简易判别法和凯氏定氮法只能粗略地进行判别,若需进一步判定,可将样品送到专业实验室检测蛋氨酸的含量及其他指标的含量,然后与质量标准进行对比判定。

(4)生产中应注意的问题。

前述各种蛋氨酸类似物,在使用中都应折算成等摩尔的蛋氨酸量来添加。计算时要考虑每种产品的浓度及所代表的化合物的分子量,如需要 149.2 g 纯蛋氨酸时,应添加饲料级 DL-蛋氨酸为 149.2/98.5%=151.5(g);添加羟基蛋氨酸应为 149.2×150.2/149.2/88%=170.7(g);添加羟基蛋氨酸钙盐应为 149.2×338.4/2/149.2/97%=174.4(g)。

由于蛋氨酸属微量成分,在饲料中添加量很少,生产中一定要保证均匀添加于饲料中。

2. L-赖氨酸盐酸盐

（1）概述。L-赖氨酸盐酸盐的化学名称是 L-2,6-二氨基已盐酸盐,是白色结晶,易溶于水,熔点为 263～264℃。分子式为 $C_6H_{14}N_2O_2 \cdot HCl$,相对分子质量 182.65。它是用淀粉、糖质为原料发酵后再提取精制而得。

（2）质量指标。我国制定的饲料添加剂 L-赖氨酸盐酸盐国家标准 GB 8345—87,其技术要求如下。

理化性质:本品为白色或淡褐色粉末,无味或稍有特殊气味。易溶于水,难溶于乙醇及乙醚,有旋光性;本品的水溶液（1＋10）的 pH 值为 5.0～6.0。见表 3.35。

表 3.35 L-赖氨酸盐酸盐质量指标

项目	指标	项目	指标
含量（以 $C_6H_{14}N_2O_2 \cdot HCl\%$ 干基计）	98.5%	铵盐	≤0.04%
比旋光度	＋18.0～＋21.5	重金属（以 Pb 计）	≤0.003%
干燥失重	≤1.0%	砷（以 As 计）	≤0.000 2%
灼烧残渣	≤0.3%		

（3）质量控制。

①简易判别法。

外观气味:赖氨酸为白色或淡黄色小颗粒或粉末,无气味或稍有特殊气味。假赖氨酸色泽异常,气味不正。

品尝:用嘴品尝赖氨酸带有酸味,无口涩感。

燃烧检验:纯品赖氨酸能迅速燃尽,基本无残渣,假赖氨酸则燃烧不完全,有明显燃烧残渣。赖氨酸燃烧产生的烟为碱性气体,可使湿的广泛 pH 试纸变蓝色。

溶解检验:用 100 mL 左右的水,加少量赖氨酸样品,搅拌 5～10 min,纯品赖氨酸能完全溶解,无沉淀,假赖氨酸则溶解不完全,有沉淀残渣。

②化学检验法。

a. 凯氏定氮法:取少量赖氨酸样品,用测定粗蛋白的方法进行测定,计算结果时,计算公式中不乘以 6.25,即为赖氨酸中的氮含量。

赖氨酸的相对分子质量为 146,一分子的赖氨酸含有 2 个氮原子,纯品赖氨酸的理论含氮量为 19.2%。以理论含氮量乘以商标上的纯度即得出样品应达到的含氮量。用实验测得的含氮量与样品应达到的含氮量进行比较,以判定样品的质量。

b. 赖氨酸含量的测定:若需进一步判定,可将样品送到专业实验室用国标法或高压液相色谱仪检测赖氨酸的含量,同时检测其他指标的含量,然后与质量标准进行对比判定。

(4)生产中应注意的问题。

①由于赖氨酸属微量成分,在饲料中添加量很少,生产中一定要保证均匀添加于饲料中。

②饲料中添加赖氨酸时,添加的是赖氨酸盐酸盐,计算时应为赖氨酸=需要量/L-赖氨酸盐酸盐的含量(78%)

(二)维生素添加剂

1. 概述

维生素饲料指人工合成的各种维生素化合物商品,不包括某种维生素含量高的青绿多汁饲料。由于动物对维生素需要量低,维生素饲料常作为饲料添加剂使用。

维生素种类很多,按其溶解性分为脂溶性维生素和水溶性维生素。维生素饲料或叫维生素添加剂,包括脂溶性维生素添加剂和水溶性维生素添加剂 2 种。它们分别以脂溶性和水溶性维生素为活性成分,加上载体、稀释剂、吸收剂或其他化合物混合而成。

2. 质量指标

各种维生素添加剂的规格要求见表 3.36。

3. 质量控制

上述各种维生素应符合其外观要求和溶解特征。

若需进一步判定,可将样品送到专业实验室用高压液相色谱仪或紫外分光光度计检测维生素的含量,同时检测其他指标的含量,然后与质量标准进行对比判定。

4. 生产中应注意的问题

维生素添加剂的稳定性较差,商品维生素制剂对氧化、还原、水分、热、光、金属离子、酸碱度等因素具有不同程度的敏感性。维生素添加剂在没有氯化胆碱的维生素预混料中的稳定性比在维生素—矿物元素预混料中的稳定性高。有高剂量矿物元素、氯化胆碱及高水分存在时,维生素添加剂易破坏。在全价配合饲料中的稳定性取决于贮藏条件(表 3.37)

表 3.36　维生素添加剂的规格要求

种类	外观	粒度/(个/g)	含量	容重/(g/mL)	水溶性	重金属/(mg/kg)	砷盐/(mg/kg)	水分/%
维生素 A 乙酸酯	淡黄到红褐色球状颗粒	10万~100万	50万 IU/g	0.6~0.8	在温水中弥散	<50	<4	<5.0
维生素 D₃	奶油色细粉	10万~100万	10万~50万 IU/g	0.4~0.7	可在温水中弥散	<50	<4	<7.0
维生素 E 乙酸酯	白色或淡黄色细粉或球状颗粒	100万	50%	0.4~0.5	吸附制剂不能在水中弥散	<50	<4	<7.0
维生素 K₃ (MSB)	淡黄色粉末	100万	50%甲萘醌	0.55	溶于水	<20	<4	—
维生素 K₃ (MSBC)	白色粉末	100万	25%甲萘醌	0.65	可在温水中弥散	<20	<4	—
维生素 K₃ (MPB)	灰色到浅褐色粉末	100万	22.5%甲萘醌	0.45	溶于水的性能差	<20	<4	—
盐酸 B₁	白色粉末	100万	98%	0.35~0.4	易溶于水,有杂水性	<20	<4	<1.0
硝酸 B₁	白色粉末	100万	98%	0.35~0.4	易溶于水,有杂水性	<20	<4	—
维生素 B₂	橘黄色到褐色细粉	100万	96%	0.2	很少溶于水	—	—	<1.5
维生素 B₆	白色粉末	100万	98%	0.6	溶于水	<30	—	<0.3

续表 3.36

种类	外观	粒度/(个/g)	含量	容重/(g/mL)	水溶性	重金属/(mg/kg)	砷盐/(mg/kg)	水分/%
维生素 B$_{12}$	浅红色到浅黄色粉末	100 万	0.1%~1%	因载体不同而异	溶于水	—	—	—
泛酸钙	白色到浅黄色粉末	100 万	98%	0.6	易溶于水	—	—	<20(mg/kg)
叶酸	黄色到橘黄色粉末	100 万	97%	0.2	水溶性差	—	—	<8.5
烟酸	白色到浅黄色粉末	100 万	99%	0.5~0.7	水溶性差	<20	—	<0.5
生物素	白色到浅褐色	100 万	2%	因载体不同而异	溶于水或在水中弥散	—	—	—
氯化胆碱(液态制剂)	无色液体	—	70%、75%、78%	含70%者为1.1	易溶于水	<20	—	—
氯化胆碱(固态)	白色到褐色粉末	因载体不同而异	50%	因载体不同而异	氯化胆碱部分易溶于水	<20	—	<30
维生素 C	无色结晶、白色到浅黄色粉末	因粒度不同而异	99%	0.5~0.9	溶于水	—	—	—

表 3.37　维生素添加剂在全价料的稳定性

维生素名称	稳定性
维生素 A(乙酸酯、棕榈酸酯)	与饲料贮藏条件有关,在高温、潮湿以及有微量元素和脂肪酸败情况下,维生素 A 受破坏加速
维生素 D_3	与维生素 A 类似
维生素 E	在 45℃条件下可保存 3~4 个月,在全价配合饲料中可保存 6 个月
维生素 K_3	与饲料贮藏条件有关,在粉状料中较稳定,对潮湿、高温及微量元素的存在较敏感;饲料制粒过程中有损失
维生素 B_1	在饲料中每月损失约 1%~2%;对热、氧化剂和还原剂敏感;pH 值 3.5 时最适宜
维生素 B_2	一般每年损失 1%~2%,但有还原剂和碱存在时稳定性降低
维生素 B_6	正常情况下每月损失不到 1%,对热、碱和光较敏感
维生素 B_{12}	正常情况下每月损失 1%~2%,但在高浓度氯化胆碱、还原剂及强酸条件下,损失加快,在粉料中很稳定
泛酸	正常情况下每月损失 1%,在高湿、热和酸性条件下损失加快
烟酸	正常情况下每月损失不到 1%
生物素	正常情况下每月损失不到 1%
叶酸	在粉料中稳定,对光敏感;pH<5 时稳定性差
维生素 C	对制粒和微量元素敏感,室温下贮藏 4~8 周损失 10%

由上可知,维生素添加剂应在避光、干燥、阴凉、低温环境条件下分类贮藏。在使用维生素添加剂时,不但应按其活性成分的含量进行折算,而且应考虑加工贮藏过程中的损失程度适当超量添加。

(三)微量元素添加剂

1. 概述

动物所需的必需矿物元素有 16 种,其中 7 种为常量元素,余下的 9 种为微量元素,它们是铁、铜、锌、锰、钴、碘、硒、钼、氟。其中前 6 种在动物营养中的作用最大。能提供这些微量元素的矿物质饲料叫微量元素补充料。由于动物对微量元素的需要量少,微量元素补充料通常是作为添加剂加入饲粮中的。

2. 质量指标

微量元素补充料主要是化学产品(一般以饲料级规格出售)。由于在化学形式、产品类型、规格以及原料细度不同,其生物学利用率差异较大,销售价格也不一样。各种微量元素补充料及其元素含量见表 3.38。

表 3.38　微量元素化合物及其元素含量

名　称		化学式	微量元素含量/%
铁	硫酸亚铁(7 结晶水)	$FeSO_4 \cdot 7H_2O$	20.1(Fe)
	硫酸亚铁(1 结晶水)	$FeSO_4 \cdot H_2O$	32.9(Fe)
	碳酸亚铁(1 结晶水)	$FeCO_3 \cdot H_2O$	41.7(Fe)
	碳酸亚铁	$FeCO_3$	48.2(Fe)
	氯化亚铁(4 结晶水)	$FeCl_2 \cdot 4H_2O$	28.1(Fe)
	氯化铁(6 结晶水)	$FeCl_3 \cdot 6H_2O$	20.7(Fe)
	氯化铁	$FeCl_3$	34.4(Fe)
	柠檬酸铁	$Fe(NH_3)C_6H_8O_7$	21.1(Fe)
	葡萄糖酸铁	$C_{12}H_{22}FeO_{14}$	12.5(Fe)
	磷酸铁	$FePO_4$	37.0(Fe)
	焦磷酸铁	$Fe_4(P_2O_7)_3$	30.0(Fe)
	硫酸亚铁	$FeSO_4$	36.7(Fe)
	醋酸亚铁(4 结晶水)	$Fe(C_2H_3O_2)_2 \cdot 4H_2O$	22.7(Fe)
	氧化铁	Fe_2O_3	69.9(Fe)
	氧化亚铁	FeO	77.8(Fe)
铜	硫酸铜	$CuSO_4$	39.8(Cu)
	硫酸铜(5 结晶水)	$CuSO_4 \cdot 5H_2O$	25.5(Cu)
	碳酸铜(碱式,1 结晶水)	$CuCO_3,Cu(OH)_2 \cdot H_2O$	53.2(Cu)
	碳酸铜(碱式)	$CuCO_3 Cu(OH)_2$	57.5(Cu)
	氢氧化铜	$Cu(OH)_2$	65.2(Cu)
	氯化铜(绿色)	$CuCl_2 \cdot 2H_2O$	37.3(Cu)
	氯化铜(白色)	$CuCl_2$	64.2(Cu)
	氯化亚铜	$CuCl$	64.1(Cu)
	葡萄糖酸铜	$C_{12}H_{22}CuO_4$	1.4(Cu)
	正磷酸铜	$Cu_3(PO_4)_2$	50.1(Cu)
	氧化亚铜	Cu_2O	79.9(Cu)
	氧化铜	CuO	66.5(Cu)
	碘化亚铜	CuI	33.4(Cu)
锌	碳酸锌	$ZnCO_3$	52.1(Zn)
	硫酸锌(7 结晶水)	$ZnSO_4 \cdot 7H_2O$	22.7(Zn)

续表 3.38

	名 称		微量元素含量/%
锌	氧化锌	Zn	80.3(Zn)
	氯化锌	$ZnCl_2$	48.0(Zn)
	醋酸锌	$Zn(C_2H_3O_2)_2$	36.1(Zn)
	硫酸锌(1 结晶水)	$ZnSO_4 \cdot H_2O$	36.4(Zn)
	硫酸锌	$ZnSO_4$	40.5(Zn)
硒	亚硒酸钠(5 结晶水)	$NaSeO_3 \cdot 5H_2O$	30.0(Se)
	硒酸钠(10 结晶水)	$Na_2SeO_4 \cdot 10H_2O$	21.4(Se)
	硒酸钠	Na_2SeO_4	41.8(Se)
	亚硒酸钠	Na_2SeO_3	45.7(Se)
碘	碘化钾	KI	76.5(I)
	碘化钠	NaI	84.7(I)
	碘酸钾	KIO_3	59.3(I)
	碘酸钠	$NaIO_3$	64.1(I)
	碘化亚铜	CuI	66.7(I)
	碘酸钙	$Ca(IO_3)_2$	65.1(I)
	高碘酸钙	$Ca(IO_4)_2$	60.1(I)
	二碘水杨酸	$C_7H_4I_2O_3$	65.1(I)
	二氢碘化乙二胺	$C_2H_3N_2 \cdot 2HI$	80.3(I)
	百里碘酚	$C_{20}H_{24}I_2O_2$	46.1(I)
钴	醋酸钴	$Co(C_2H_3O_2)_2$	33.3(Co)
	碳酸钴	$CoCO_3$	49.6(Co)
	氯化钴	$CoCl_2$	45.3(Co)
	氯化钴(5 结晶水)	$CoCl_2 \cdot 5H_2O$	26.8(Co)
	硫酸钴	$CoSO_4$	38.0(Co)
	氧化钴	CoO	78.7(Co)
	硫酸钴(7 结晶水)	$CoSO_4 \cdot 7H_2O$	21.0(Co)
锰	硫酸锰(5 结晶水)	$MnSO_4 \cdot 5H_2O$	22.8(Mn)
	硫酸锰	$MnSO_4$	36.4(Mn)
	碳酸锰	$MnCO_3$	47.8(Mn)
	氧化锰	MnO	77.4(Mn)
	二氧化锰	MnO_2	63.2(Mn)
	氯化锰(4 结晶水)	$MnCl_2 \cdot 4H_2O$	27.8(Mn)

续表 3.38

名称		化学式	微量元素含量/%
锰	氯化锰	$MnCl_2$	43.6(Mn)
	醋酸锰	$Mn(C_2H_3O_2)_2$	31.8(Mn)
	柠檬酸锰	$Mn_3(C_6H_5O_7)_2$	30.4(Mn)
	葡萄糖酸锰	$C_{12}H_{22}MnO_{14}$	12.3(Mn)
	正磷酸锰	$Mn_3(PO_4)_2$	46.4(Mn)
	磷酸锰	$MnHPO_4$	36.4(Mn)
	硫酸锰(1结晶水)	$MnSO_4 \cdot H_2O$	32.5(Mn)
	硫酸锰(4结晶水)	$MnSO_4 \cdot 4H_2O$	21.6(Mn)

3. 质量控制及生产中应注意的事宜

(1)铜补充料。主要有硫酸铜、碳酸铜、氧化铜等。硫酸铜常用五水硫酸铜,为蓝色晶体,含铜 25.5%,易溶于水,利用率高。五水硫酸铜易潮解,长期贮藏易结块。

硫酸铜对眼、皮肤有刺激作用,使用时应戴上防护罩(套)。高剂量的铜可促使脂肪氧化酸败;并破坏维生素,应用时要注意。

(2)铁补充料。种类较多,分为无机铁盐与有机铁盐,目前主要用前者,常用有硫酸亚铁、碳酸亚铁、氯化铁和氧化铁等。

硫酸亚铁通常为七水盐和一水盐,为绿色结晶颗粒,溶解性强,利用率高,含铁 20.1%。本品长期暴露于空气中时,部分二价铁会氧化成三价铁,颜色由绿色变成黄褐色,降低铁的利用率,黄褐色越多越深,表示三价铁越多,利用率就越低。

七水硫酸亚铁易潮解,贮藏太久或在高温高湿下易结块。

(3)锌补充料。无机锌补充料主要有硫酸锌、碳酸锌和氧化锌。

硫酸锌有七水和一水盐 2 种。七水盐为无色结晶,易溶于水,易潮解,含锌 22.7%,一水盐为乳黄色直至白色粉末,易溶于水,但潮解性比七水盐差,含锌 36.1%。

硫酸锌利用率高,但锌可加速脂肪酸败,使用时应注意。

氧化锌为白色粉末,稳定性好,不潮解,不溶于水,含锌 80.3%。近年研究表明,本品以 2 000～3 000 mg/kg 加入仔猪饲粮中可有效降低腹泻发生率,促进增重。

(4)锰补充料。使用较多的品种是硫酸锰、碳酸锰和氧化锰。

硫酸锰以一水盐为主,为白色或淡粉红色粉末,易溶于水,中等潮解性,稳定性高,含锰 32.5%。

本品在高温高湿情况下贮藏过久可能结块。硫酸锰对皮肤、眼及呼吸道黏膜有损伤作用,直接接触或吸入粉尘可引起炎症,使用时应戴防护用具。

(5)硒补充料。常用的硒补充料有亚硒酸钠和硒酸钠 2 种。

亚硒酸钠为白色到粉红色结晶粉末,易溶于水。五水盐含硒 30%,无水盐含硒 45.7%。

硒酸钠为白色结晶粉末,无水盐含硒 41.8%。

亚硒酸钠和硒酸钠为剧毒物质,操作人员必须戴防护用具,严格避免接触皮肤或吸入粉尘,加入饲料中应注意用量和混合均匀度。

(6)碘补充料。包括碘化钾和碘酸钾。

碘化钾为白色结晶粉末,易潮解,易溶于水,稳定性差,长期暴露在空气中会释出碘而呈黄色,在高温多湿条件下,部分碘会形成碘酸盐。碘化钾含碘 76.5%。

碘酸钾含碘 59.3%,稳定性比碘化钾好。

(7)钴补充料。常用硫酸钴、碳酸钴和氯化钴,含钴分别为 38.0%、49.6%、45.3%,3 者的生物利用率均好,但硫酸钴、氯化钴贮藏太久易结块,碳酸钴可长期贮存。

(四)常用饲料药物添加剂

饲料药物添加剂一方面可以促进猪的生长,改善饲料转化效率,提高养猪效益。但另一方面也会导致药物在猪体内的残留和病原微生物的耐药性问题。所以要严格控制药物添加剂的使用对象、剂量、期限。以下列出了猪常用饲料药物添加剂,供参考选用。

1. 氨苯砷酸预混剂

[有效成分]氨苯砷酸。

[含量规格]每 1 000 g 中含氨苯砷酸 100 g。

[作用与用途]用于促进猪生长。

[用法与用量]混饲。每 1 000 kg 饲料添加本品 1 000 g。

2. 洛克沙胂预混剂

[有效成分]洛克沙胂。

[含量规格]每 1 000 g 中含洛克沙胂 50 g 或 100 g。

[作用与用途]用于促进猪生长。

[用法与用量]混饲。每 1 000 kg 饲料添加本品 50 g(以有效成分计)。

3. 杆菌肽锌预混剂

[有效成分]杆菌肽锌。

[含量规格]每 1 000 g 中含杆菌肽 100 g 或 150 g。

[作用与用途]用于促进猪生长。

[用法与用量]混饲。每 1 000 kg 饲料添加本品,猪 4～40 g(4 月龄以下)。以上以有效成分计。

4. 黄霉素预混剂

[有效成分]黄霉素。

[含量规格]含 1 000 g 中含黄霉素 40 g 或 80 g。

[作用与用途]用于促进猪生长。

[用法与用量]混饲。每 1 000 kg 饲料中本品添加量为:仔猪 10～25 g,生长、育肥猪 5 g。以上均以有效成分计。

5. 维吉尼亚霉素预混剂

[有效成分]维吉尼亚霉素。

[含量规格]每 1 000 g 中含维吉尼亚霉素 500 g。

[作用与用途]用于促进猪生长。

[用法与用量]混饲。每 1 000 kg 饲料添加 20～50 g。

[注意]休药期 1 d。

6. 喹乙醇预混剂

[有效成分]喹乙醇。

[含量规格]每 1 000 g 中含喹乙醇 50 g。

[作用与用途]用于促进猪生长。

[用法与用量]混饲。每 1 000 kg 饲料添加 1 000～2 000 g。

[注意]禁用于体重超过 35 kg 的猪,休药期 35 天。

7. 阿美拉霉素预混剂

[有效成分]阿美拉霉素。

[含量规格]每 1 000 g 中含阿美拉霉素 100 g。

[作用与用途]用于促进猪生长。

[用法与用量]混饲。每 1 000 kg 饲料添加 200～400 g(4 月龄以内),100～200 g(4～6 月龄)。

8. 盐霉素钠预混剂

[有效成分]盐霉素钠。

[含量规格]每 1 000 g 中含盐霉素 50 g 或 60 g 或 100 g 或 120 g 或 450 g 或 500 g。

[作用与用途]用于促进猪生长。

［用法与用量］混饲。每 1 000 kg 饲料添加 25～75 g;以上以有效成分计。

［注意］禁止与泰妙菌素、竹桃霉素并用;休药期 5 d。

9. 硫酸黏杆菌素预混剂

［有效成分］硫酸黏杆菌素。

［含量规格］每 100 g 中含黏杆菌素 20 g 或 40 g 或 100 g。

［作用与用途］用于抗革兰氏阴性杆菌引起的肠道感染,并有一定的促生长作用。

［用法与用量］混饲。每 1 000 kg 饲料添加 2～20 g。以上以有效成分计。

10. 牛至油预混剂

［有效成分］5-甲基-2-异丙基苯酚和 2-甲基-5-异丙基苯酚。

［含量规格］每 1 000 g 中含 5-甲基-2-异丙基苯酚和 2-甲基-5-异丙基苯酚 25 g。

［作用与用途］用于预防及治疗猪的大肠杆菌、沙门氏菌所致的下痢,促进猪生长。

［用法与用量］混饲。每 1 000 kg 饲料添加本品 500～700 g,用于预防疾病;1 000～1 300 g 用于治疗疾病,连用 7 d;50～500 g 用于促进生长。

11. 杆菌肽锌、硫酸黏杆菌素预混剂

［有效成分］杆菌肽锌和硫酸黏杆菌素。

［含量规格］每 1 000 g 中含杆菌肽 50 g 和黏杆菌素 10 g。

［作用与用途］用于抗革兰氏阳性菌和阴性菌感染,并具有一定的促进生长作用。

［用法与用量］混饲。每 1 000 kg 饲料添加本品 2～40 g(2 月龄以下)、2～20 g(4 月龄以下)。以上均以有效成分计。

12. 土霉素钙

［有效成分］土霉素钙。

［含量规格］每 1 000 g 中含土霉素 50 g 或 100 g 或 200 g。

［作用与用途］抗生素类药。对革兰氏阳性菌和阴性菌均有抑制作用,用于促进猪生长。

［用法与用量］混饲。每 1 000 kg 饲料添加 10～50 g(4 月龄以内)。以上以有效成分计。

［注意］添加于低钙饲料(饲料含钙量 0.18%～0.55%)时,连续用药不超过 5 d。

13. 吉他霉素预混剂

［有效成分］吉他霉素。

[含量规格]每 1 000 g 中含吉他霉素 22 g 或 110 g 或 550 g 或 950 g。

[作用与用途]用于防治慢性呼吸系统疾病,也用于促进猪生长。

[用法与用量]混饲。每 1 000 kg 饲料添加 5～55 g,用于促生长;80～330 g 用于防治疾病,连用 5～7 d。以上均以有效成分计。

14. 金霉素(饲料级)预混剂

[有效成分]金霉素。

[含量规格]每 1 000 g 中含金霉素 100 g 或 150 g。

[作用与用途]对革兰氏阳性菌和阴性菌均有抑制作用,用于促进猪生长。

[用法与用量]混饲。每 1 000 kg 饲料添加 25～75 g(4 月龄以内)。以上以有效成分计。

15. 恩拉霉素预混剂

[有效成分]恩拉霉素。

[含量规格]每 1 000 g 中含恩拉霉素 40 g 或 80 g。

[作用与用途]对革兰氏阳性菌有抑制作用,用于促进猪生长。

[用法与用量]混饲。每 1 000 kg 饲料添加 2.5～20 g。以上以有效成分计。

16. 越霉素 A 预混剂

[有效成分]越霉素 A。

[含量规格]每 1 000 g 中含越霉素 A 20 g 或 50 g 或 500 g。

[作用与用途]主用于驱除猪蛔虫病、鞭虫病。

[用法与用量]混饲。每 1 000 kg 饲料添加 5～10 g(以有效成分计),连用 8 周。

[注意]休药期 15 d。

17. 潮霉素 B 预混剂

[有效成分]潮霉素 B。

[含量规格]每 1 000 g 中含潮霉素 B 17.6 g。

[作用与用途]用于驱除猪蛔虫、鞭虫。

[用法与用量]混饲。每 1 000 g 饲料添加 10～13 g,育成猪连用 8 周,母猪产前 8 周至分娩,鸡 8～12 g,连用 8 周。以上均以有效成分计。

[注意]避免与人皮肤、眼睛接触;休药期 15 d。

18. 地美硝唑预混剂

[有效成分]地美硝唑。

[含量规格]每 1 000 g 中含地美硝唑 200 g。

[作用与用途]用于猪密螺旋体性痢疾的预防。

［用法与用量］混饲。每 1 000 kg 饲料添加 1 000～2 500 g。

［注意］休药期 3 d。

19. 磷酸泰乐菌素预混剂

［有效成分］磷酸泰乐菌素。

［含量规格］每 1 000 g 中含泰乐菌素 20 g 或 88 g 或 100 g 或 220 g。

［作用与用途］主要用于细菌及支原体感染的预防。

［用法与用量］混饲。每 1 000 kg 饲料添加 10～100 g。以上以有效成分计，连用 5～7 d。

［注意］休药期 5 d。

20. 硫酸安普霉素预混剂

［有效成分］硫酸安普霉素。

［含量规格］每 1 000 g 中含安普霉素 20 g 或 30 g 或 100 g 或 165 g。

［作用与用途］用于抗肠道革兰氏阴性菌感染。

［用法与用量］混饲。每 1 000 kg 饲料添加 80～100 g（以有效成分计），连用 7 d。

［注意］接触本品时，需戴手套及防尘面罩；休药期 21 d。

21. 盐酸林可霉素预混剂

［有效成分］盐酸林可霉素。

［含量规格］每 1 000 g 中含林可霉素 8.8 g 和 110 g。

［作用与用途］用于抗革兰氏阳性菌感染，也可用于抗猪密螺旋体、弓形虫感染。

［用法与用量］混饲。每 1 000 kg 饲料添加 44～77 g，连用 7～21 d。以上以有效成分计。

［注意］休药期 5 d。

22. 塞地卡霉素预混剂

［有效成分］赛地卡霉素。

［含量规格］每 1 000 g 中赛地卡霉素 10 g 或 20 g 或 50 g。

［作用与用途］主用于治疗猪密螺旋体引起的血痢。

［用法与用量］混饲。每 1 000 kg 饲料添加 75 g（以有效成分计），连用 15 d。

［注意］休药期 1 d。

23. 伊维菌素预混剂

［有效成分］伊维菌素。

［含量规格］每 1 000 g 中含伊维菌素 6 g。

［作用与用途］对线虫、昆虫和螨均有驱杀活性，主要用于治疗猪的胃肠道线虫

病和疥螨病。

[用法与用量]混饲。每 1 000 kg 饲料添加 330 g,连用 7 d。

[注意]休药期 5 d。

24. 延胡索酸泰妙菌素预混剂

[有效成分]延胡索酸泰妙菌素。

[含量规格]每 1 000 g 中含泰妙菌素 100 g 或 800 g。

[作用与用途]用于猪支原体肺炎和嗜血杆菌胸膜性肺炎的预防,也可用于猪密螺旋体引起的痢疾的治疗。

[用法与用量]混饲。每 1 000 kg 饲料添加 40~100 g(以有效成分计),连用 5~10 d。

[注意]避免接触眼及皮肤;禁止与莫能菌素、盐霉素等聚醚类抗生素混合使用;休药期 5 d。

25. 氟苯咪唑预混剂

[有效成分]氟苯咪唑。

[含量规格]每 1 000 g 中含氟苯咪唑 50 g 或 500 g。

[作用与用途]用于驱除胃肠道线虫及绦虫。

[用法与用量]混饲。每 1 000 kg 饲料添加 30 g,连用 5~10 d;以上以有效成分计。

[注意]休药期 14 d。

26. 复方磺胺嘧啶预混剂

[有效成分]磺胺嘧啶和甲氧苄啶。

[含量规格]每 1 000 g 中含磺胺嘧啶 125 g 和甲氧苄啶 25 g。

[作用与用途]用于链球菌、葡萄球菌、肺炎球菌、巴氏杆菌、大肠杆菌和李氏杆菌等感染的防治。

[用法与用量]混饲。每 1 kg 体重,每日添加本品 0.1~0.2 g,连用 5 d。

[注意]休药期 5 d。

27. 盐酸林可霉素、硫酸大观霉素预混剂

[有效成分]盐酸林可霉素和硫酸大观霉素。

[含量规格]每 1 000 g 中含林可霉素 22 g 和大观霉素 22 g。

[作用与用途]用于防治猪赤痢、沙门氏菌病、大肠杆菌肠炎及支原体肺炎。

[用法与用量]混饲。每 1 000 kg 饲料添加本品 1 000 g,连用 7~21 d。

[注意]休药期 5 d。

28. 硫酸新霉素预混剂

[有效成分]硫酸新霉素。

[含量规格]每 1 000 g 中含新霉素 154 g。

[作用与用途]用于治疗畜禽的葡萄球菌、痢疾杆菌、大肠杆菌、变形杆菌感染引起的肠炎。

[用法与用量]混饲。每 1 000 kg 饲料添加本品 500～1 000 g,连用 3～5 d。

[注意]休药期 3 d。

29. 磷酸替米考星预混剂

[有效成分]磷酸替米考星。

[含量规格]每 1 000 g 中含替米考星 200 g。

[作用与用途]主用于治疗猪胸膜肺炎放线杆菌、巴氏杆菌及支原体引起的感染。

[用法与用量]混饲。每 1 000 kg 饲料添加本品 2 000 g,连用 15 d。

[注意]休药期 14 d。

30. 磷酸泰乐菌素、磺胺二甲嘧啶预混剂

[有效成分]磷酸泰乐菌素和磺胺二甲嘧啶。

[含量规格]每 1 000 g 中含泰乐菌素 22 g 和磺胺二甲嘧啶 22 g、泰乐菌素 88 g 和磺胺二甲嘧啶 88 g 或泰乐菌素 100 g 和磺胺二甲嘧啶 100 g。

[作用与用途]用于预防猪痢疾,用于畜禽细菌及支原体感染。

[用法与用量]混饲。每 1 000 kg 饲料添加本品 200g(100 g 泰乐菌素＋100 g 磺胺二甲嘧啶),连用 5～7 d。

[注意]休药期 15 d。

(五)酶制剂

由于生物技术的快速发展,利用发酵工艺来获得不同功能的有益活菌或菌体应用于猪的饲料中,起到改善肠道的生态功能,提升饲料消化吸收效率的作用。

1. 饲料中添加酶制剂可以起到的作用

(1)弥补幼畜和幼禽消化酶的不足。畜禽对营养物质的消化是靠自身的消化酶和肠道中微生物的酶共同来实现的。畜禽在出生后的相当长的一段时间内,分泌消化酶的功能不完全。各种应激,尤其是越来越早的断奶应激,造成消化酶活性的普遍下降。因此,在雏鸡、仔猪和犊牛日粮(尤其是代乳料)中加入一定量的外源性酶,可使消化道较早地获得消化功能,并对内源性酶进行调整,使之适应饲料的要求。

（2）提高饲料的利用率。畜禽以谷物为主要的饲料来源，谷物中含有相当数量的非淀粉性多糖，而猪和家禽不能分泌消化这类多糖的酶。因此，在饲料中加入一定量的酶，可强化非淀粉多糖的降解，从而提高饲料的利用效率。一般来说，提高幅度可达 6％～8％，幼年动物比成年动物提高的幅度大。

（3）减少动物体内矿物质的排泄量，从而减轻对环境的污染。

（4）增强幼畜对营养物质的吸收。在仔猪的饲料中加入淀粉酶、蛋白酶可促进对葡萄糖和蛋白质的吸收。

2. 酶制剂种类

目前，饲用酶已近 20 种，比较主要的有木聚糖酶、β-葡聚糖酶、α-淀粉酶、蛋白质酶、纤维素酶、脂肪酶、果胶酶、混合酶和植酸酶。

（1）木聚糖酶和 β-葡聚糖酶。是最重要的两种酶制剂，其中木聚糖酶主要添加于以小麦为主的饲料中，β-葡聚糖酶主要添加于以大麦为主的饲料中。

（2）α-淀粉酶和蛋白质酶。应用最广泛的中型蛋白酶是由米曲霉产生的，用麦麸培养的微生物生产的酶制剂，除蛋白酶外，还同时产生几种淀粉酶和作用于植物细胞壁及脂肪的酶，而通过制造豆浆培养的微生物生产的酶制剂主要是碱性蛋白酶，但也含有中性蛋白酶和 α-淀粉酶。

这两种酶制剂常常添加到幼龄动物饲料中，哺乳仔猪饲料中添加 α-淀粉酶可提高淀粉的利用率；添加蛋白酶可提高植物性蛋白质（玉米、大豆粕中的蛋白质）的消化率。

（3）纤维素酶。饲料添加用的纤维素酶制剂主要为 C1 酶，是由米霉或曲霉生产的。C1 纤维素酶可破坏纤维素的结构，使其易于水化，并能将水化纤维素分解成低聚糖，然后在 β-葡聚糖苷酶的作用下生成葡萄糖。纤维素酶主要用于以大麦、小麦为主的饲料中。

（4）果胶酶。常添加于以大豆饼粕为主的饲料中。

（5）复合酶。是将淀粉酶、蛋白酶和脂肪酶按效价配合而成的混合酶制剂，随着单种酶制剂的发展及价格的降低，混合酶制剂的使用越来越少。

（6）植酸酶。磷是非常昂贵的资源，而谷物子实中的磷绝大部分以植酸磷的形式存在，猪对植酸磷中磷的利用仅为 10％～20％，其余的以植酸磷的形式排出体外，这不仅浪费了有限的磷资源，而且随粪便排出的植酸磷造成环境的污染，后者更为重要，已引起了许多国家的极大关注。

植酸酶的主要作用是分解饲料中的植酸及植酸盐类，促使单胃动物充分利用磷、钙、锌、镁等矿物元素及蛋白质和氨基酸等营养元素，减少排泄磷等矿物质对环境造成的污染。

3. 酶制剂的使用

酶制剂的用量视酶的活性大小而定，难以像其他添加物用百分比来表示。所谓酶的活性，是指在一定的条件下，1 min 分解有关物质的能力。不同厂家生产的酶活性不同，所以，添加量应以实际情况而定。

（六）益生素

1. 概述

益生素的主要作用是通过消化道微生物的竞争性排斥作用，帮助动物建立有利于畜主的肠道微生物区系，预防腹泻和促进生长。虽然应用抗生素也能达到同样目的，但由于动物对抗生素的耐药性及其在产品中的残留问题，使益生素越来越受到人们的重视。虽然对益生素已有许多认识，但至今还没有确切定义。目前比较公认的定义为：通过改善小肠微生物平衡而产生有利于畜主动物的活的微生物饲料添加剂。

目前，已开发出许多益生素，商业应用也很多。应用时应注意选择，一般来说，选择益生素时，应注意 5 个特点：

（1）具有良好的附着于肠道上皮细胞的特性。

（2）生长繁殖速度快。

（3）对肠道内的抑制素具有抵抗力。

（4）能产生抗菌性物质。

（5）适合相应的生产方法，以保证具有较强的活力。

2. 商业用益生素简介

目前，配合饲料中使用的活性微生物制剂主要有：乳酸菌（尤指嗜酸性乳酸菌）、粪链球菌、芽孢属杆菌、酵母（尤其是酿酒酵母）。其中乳酸菌和粪链球菌是肠道中原来就大量生存的，而芽孢属杆菌和酵母在肠道微生物群落中是散在分布的。传统的饲用活性益生素制剂乳酸菌比较脆弱，常常经不起常规饲料加工过程中的温度和压力，而某些芽孢属杆菌孢子的耐受性则强得多。但对于芽孢属杆菌饲料添加剂的作用机理至今还不十分清楚。据现有的资料可以认为，芽孢属杆菌可引起一系列的生化变化以及肠道微生物区系组成的变化，包括乳酸菌数量的增加、大肠杆菌数量的减少和有机酸含量的增加。这些变化对加强肠道微生物区系的抗感染能力很有益。许多研究还表明，芽孢属杆菌具备很多酶的活性，可以使一些饲粮成分，如蛋白质、脂肪及植物性碳水化合物的消化率升高。

一些研究证明，芽孢杆菌类添加剂可使体内氨含量下降。大多数情况下，添加芽孢属杆菌制剂（单独或与其他添加剂同时使用）可使猪的增重速度明显提高，饲料转化效率也有改善。还有一些证据认为，芽孢属杆菌能降低仔猪腹泻的发生率。

迄今为止,还没有日粮中添加芽孢属杆菌会导致有害作用的报道。

(七)饲用香料剂

香料剂是为增进动物食欲,掩盖饲料组分中的某些不愉快气味,增加动物喜爱的气味而在饲料中加入香料或调味诱食剂。

近年来,香料剂在我国饲料生产中已广泛使用,主要用于仔猪。仔猪宜尽早开始应用人工乳进行饲养,最好能从生后 20 d 开始人工乳饲养。猪的嗅觉敏锐,要用人工乳替代母乳需添加有母乳香味的饲用香料。现用的仔猪人工乳几乎都添加饲用香料,断奶后 3 周间随人工乳成分的改变,要逐步改变饲用香料,主要饲用香料是类似于母乳香味的乳味香料,随采食量增加应增添橘味或甜味香料剂。

(八)防腐防霉剂

饲料中含有大量的微生物,同时又含有微生物繁殖所需要的丰富的营养素,在高温高湿的条件下,这些微生物易于繁殖而发生霉变。霉变的饲料不仅影响适口性,降低采食量,降低饲料的营养价值,而且霉变分泌的毒素会引起畜禽,尤其是幼畜和幼禽的腹泻、呕吐、生长停滞,甚至死亡。因此,在多雨地区的夏季,应向饲料中添加防霉防腐剂。

现有商品化的防霉防腐剂,根据其性质和用途分为以下几类。

1. 丙酸及其盐

主要包括丙酸、丙酸钠和丙酸钙 3 种。丙酸主要用作青贮饲料的防腐剂,因其有强烈的臭味,影响饲料的适口性,所以,一般不用作配合饲料的防腐剂。丙酸钠没有臭味,没有挥发性,防腐的持久性比丙酸要好,小部分用于青贮饲料,大部分用于配合饲料。丙酸钙也用作配合饲料的防腐剂,但效果不如丙酸钠。

丙酸及其盐类的防腐添加量,丙酸在青贮饲料中要求在 3% 以下,在配合饲料中要求在 0.3% 以下。实际添加量往往要视具体情况而定。

2. 山梨酸和山梨酸钾

美国早期主要用山梨酸作配合饲料的防霉剂,将 0.6%～10% 的山梨酸溶解于 2～4 个碳原子的脂肪酸或其混合物中,用这样的溶液处理各种含水量高的谷物种子,包括高粱、亚麻、玉米、小麦及饲用鱼粉、骨粉、干血粉、羽毛粉、油菜子等都取得了良好的抗真菌效果。由于山梨酸与山梨酸钾的价格较高,现在的美国只将其用作观赏动物饲料的防霉防腐剂。而很少用在其他饲料中。

3. 苯甲酸和苯甲酸钠

苯甲酸又名安息香酸,可用作防霉防腐剂,但有一定的毒性,在饲料中的使用较少,用量要求不超过饲料总量的 0.1%。

4. 甲酸及其盐类

包括甲酸、甲酸钠和甲酸钙 3 种。甲酸又名蚁酸,有刺激性和腐蚀性。可用作青贮饲料的防霉防腐剂。但目前还没有制定关于甲酸及其盐类用作饲料防霉防腐剂的标准。

5. 对羟基苯甲酸酯类

包括对羟基苯甲酸乙酯、对羟基苯甲酸丙酯和对羟基苯甲酸丁酯 3 种,其对霉菌、酵母和细菌有广泛的抗菌作用。对霉菌和酵母的作用较强,但对细菌,特别是革兰氏阴性杆菌及乳酸菌的作用较差。总的来说,对羟基苯甲酸酯类的抗菌作用比苯甲酸和山梨酸强,毒性比苯甲酸低。

6. 柠檬酸和柠檬酸钠

柠檬酸是最重要的食品酸味剂,也是重要的饲用有机酸。在饲料中添加柠檬酸一方面可调节饲料及胃中的 pH 值,起饲料防腐、杀伤饲料及肠道微生物及改善幼畜生产性能的作用;另一方面它还是抗氧化剂的增效剂。

7. 乳酸及其盐类

包括乳酸、乳酸钙和乳酸亚铁。乳酸是最重要的食品酸味剂和防腐剂之一,同时也是重要的饲用酸味剂。在饲料中添加乳酸、乳酸钙和乳酸亚铁作为防腐剂时,还有营养强化作用,因而也将乳酸盐列为矿物质添加剂。

8. 富马酸和富马酸二甲酯

富马酸又称延胡索酸,在饲料工业中主要用作酸化剂,对仔猪有很好的促生长作用,同时对饲料也有防霉防腐作用。富马酸二甲酯对微生物有广泛、高效的抑菌和杀菌作用,其特点是抗菌作用不受 pH 值的影响,并兼有杀虫活性,是国外近来开发的食品饲料防霉防腐剂。

除上述添加剂外,在预混料生产过程中,为了保护所添加的高含量的维生素不被氧化破坏,需要添加抗氧化剂。目前可以用作饲料中添加的抗氧化剂主要有乙氧基喹啉等。

第二节 实用饲料配方推荐及饲料加工技术

猪生产过程中,饲料生产及供应机制在不同类型和规模的猪场有不小的差别;对饲料的品质要求及质量控制不仅是饲料企业的生存法宝,也是猪场经营者必须重视的一环。

一、猪场的饲料供应

目前，一些集团公司及大型养猪企业已实现饲料配套生产并给猪场提供全价饲料，达到专业分工明确的水准；而一些规模不等的猪场为减少麻烦、控制饲料品质风险开始选用饲料生产商提供的全价饲料（今后有成为趋势化选择的可能）；但更多的猪场仍是采购部分全价料（乳猪料）及预混料进行自行加工成全价料。

(一)使用适当类型的配合饲料

按照配合饲料所含的营养成分，可将配合饲料分成全价配合饲料、浓缩料、添加剂混合料等类型。规模化猪场由于现有加工设备和技术力量的不同，有些猪场从市场购入全价料，也有的从市场上选购预混料或浓缩料，再配以本场自行加工的能量饲料和蛋白饲料。自配料养猪企业期望通过自己采购原料、配方设计及加工来获得饲料生产环节的利润，进而扩大自己的盈利空间。究竟哪种方式能够给自己带来最好的经济效益，猪场应综合考虑外购料的特点和审视自己的条件进行合理的判断。猪用配合饲料的类型及成分见表 3.39。

表 3.39　猪用配合饲料的类型及成分

成分	全价料	浓缩料	3%～4%预混料	1%预混料	微量元素预混料	维生素预混料
能量饲料	√	—	—	—	—	—
蛋白质饲料	√	√	—	—	—	—
钙磷、食盐	√	√	√	—	—	—
维生素	√	√	√	√	—	√
微量元素	√	√	√	√	—	√
氨基酸	√	√	√	√	—	—
药物	√	√	√	√	—	—
其他	√	√	√	√	—	—

1. 综合考虑外购料的特点

(1)正确认识全价料。选用全价料优点是使用方便。能够解决部分养殖户原料短缺不易采购的麻烦。但是"自购原料贵，买全价料便宜"的说法从商业角度是很难说得通的。饲料企业主要通过选择非常规原料替代常规原料来降低成本，但非常规原料一般来说营养价值相对比较低。

(2)正确认识浓缩料。使用浓缩饲料可以减少养殖户采购蛋白质饲料的麻烦。

　　浓缩料是一种通用料。表 3.40 是某饲料公司提供的小猪、中猪、大猪通用浓缩料使用配方。按照推荐的比例配成各阶段猪的全价料后,满足需要量是有一定误差的,是近似的满足。不能很好地适应精细化饲养的需要,与用预混料调配全价饲料相比,全价性相对差些。

表 3.40　　小猪、中猪、大猪通用浓缩料使用推荐配方表　　　　　　　　　　　　%

适用阶段	成　　分		
	浓缩料	玉米	麸皮
15～30 kg	25	63	12
30～60 kg	20	65	15
60 kg 至出栏	15	67	18

　　标识含量与内在质量可能具有较大的误差。某饲料公司提供的生长育肥猪浓缩料产品成分保证值如表 3.41 所示。

表 3.41　　某浓缩料产品成分分析保证值　　　　　　　　　　　　%

编号	粗蛋白质≥	粗纤维≤	粗灰份≤	钙	总磷≥	水分≤	食盐	赖氨酸≥
Ⅰ	42.0	15.0	24.0	2.5～4.5	1.0	14.0	1.5～3.0	3.2
Ⅱ	40.0	15.0	24.0	2.5～4.5	1.0	14.0	1.5～3.0	3.0
Ⅲ	38.0	15.0	24.0	2.5～4.5	1.0	14.0	1.5～3.0	2.6

　　仅凭蛋白质含量保证值不能确定或判断其内在质量的优劣,因为蛋白质原料的组成很关键,蛋白质饲料的营养价值存在很大的差异(表 3.42)。浓缩料常使用杂粕等非常规蛋白质饲料原料,而杂粕的消化率远低于豆粕和鱼粉。

表 3.42　　主要蛋白质饲料的营养指标

名称	消化能 /(MJ/kg)	粗蛋白 /%	赖氨酸 含量/%	赖氨酸 消化率/%	蛋氨酸 含量/%	蛋氨酸 消化率/%
豆粕	14.26	44	2.66	91	0.62	92
棉粕	9.41	43.5	1.97	68	0.58	74
菜粕	10.59	38.6	1.3	75	0.63	86
花生粕	12.89	44.7	1.32	87	0.39	88
鱼粉	12.97	62.5	5.12	93	1.66	94
肉粉	11.30	54	3.07	77	0.8	84

（3）生长育肥猪采用全价颗粒料的优势。

①用户使用方便。全价饲料制粒过程经过 85℃ 高温制粒，熟化程度高，有利于动物消化吸收，产生糊香的味道，所以采食量高，而且生长育肥猪饲喂完全颗粒会使日增重提高 2％～5％，饲料效率改善 5％～10％。

②对疾病方面的控制应比粉料好。全价饲料经过熟化微粉、高温灭菌，一般的细菌都被杀死；而且解决了玉米的霉变问题。此外颗粒料不会像粉料那样容易被风吹走，颗粒料粉尘少，减少猪呼吸道疾病。

③生长育肥猪采用全价颗粒料可以减少浪费。

毫无疑问，外购全价颗粒料会增加成本，应进行综合效益的评判。

2. 自配料应审视自己的条件进行合理的判断

（1）目前猪场的一般选择。养猪场使用何种类型的配合饲料，要根据养猪场规模大小、经济条件和技术条件等来确定。一般来说，购买全价配合饲料养猪成本高，除哺乳仔猪补料外，一般养猪场不购买全价颗粒料养猪；其次是使用浓缩料；再次是使用预混料。

（2）自用量。自用量决定采购量，采购量大则价格低。

（3）养猪场的技术力量。检测原料质量的技术水平：养猪场应具有通过肉眼和化验室的严格化验辨别劣质饲料的能力，如豆粕的蛋白的实际含量可能与标识含量存在较大差异，甚至有极少数原料供应商，有意或无意挑选一些超水分或发霉变质的玉米打粉或掺低价值的原料，如麸皮掺石粉、沸石粉、统糠等。

专业的营养知识和专门的饲料配方设计能力：不懂动物营养学等方面的知识和相关的营养标准，又缺乏必要的调制检验设备，将导致所配制的饲料与猪的营养需要不相符。

饲料加工工艺：饲料加工要经过原料粉碎、配料、混合、膨化、液体添加等工艺流程，每个步骤均需专门的设备，高性能的常压液体喷涂设备、真空喷涂设备是液体饲料添加的技术保证，膨化和制粒需要专门的设备。此外饲料加工涉及饲料交叉污染的控制、清洁卫生饲料质量控制，因此需要采用无残留的运输设备、料仓、加工设备和正确的清理、排序、冲洗等技术和独立的生产线等来满足日益高涨的饲料安全卫生要求。

（二）猪场饲料供应计划的编制

做好饲料供应计划是保障饲料供应的前提，是养猪生产均衡发展的需要。

1. 全价饲料消耗指标

全价饲料消耗指标是根据猪的品种和营养需要以及饲养管理环境条件总结出来的，适宜目前瘦肉型猪的喂料推荐量，见表 3.43。

表 3.43　瘦肉型良种猪用料类别及用量推荐表

猪只类别		体重或日龄	料　别	日均给料量 /(kg/头)	日喂次数
种公猪		125 kg 以上	公猪料	非交配期 2.5,交配期 3	2
种母猪	怀孕阶段	1~21 d	妊娠料	1.6~1.8	2
		22~84 d	妊娠料	2~2.2	2
		85~111 d	后期妊娠料或哺乳料	2.5~3.5	2
		112 d	后期妊娠料或哺乳料	1.8~2.2	2
		113 d	后期妊娠料或哺乳料	1.2~1.7	2
		114 d	后期妊娠料或哺乳料	0.8~1.2	2
	哺乳阶段	产仔当天		停料	
		第 2 天	哺乳料	1	3
		第 3 天	哺乳料	1.5	3
		第 4 天	哺乳料	2	3
		第 5 天	哺乳料	自由采食	3
		第 6 天	哺乳料	自由采食	3
		第 7 天	哺乳料	自由采食	3
		第 8 天至断乳	哺乳料	自由采食	3
	空怀待配阶段	断乳至干乳	哺乳料	1.8~2	2
		干乳至发情	哺乳料	2.5~3	3
哺乳仔猪		断乳前	乳猪料	自由采食 2,分餐给料	5~7
保育生长肥育猪		断乳至 15 kg 体重	乳猪料	自由采食 2,0.5~1	4~7 或自动下料
		15~30 kg 体重	小猪料	自由采食 2,1~1.5	3~4 或自动下料
		30~70 kg 体重	中猪料	自由采食 2,1.6~2.5	2~3 或自动下料
		80~100 kg	大猪料	2.5~3	2~3
后备公猪		75 kg 以前	按生长育肥猪饲喂公猪料	2	2
		75 kg 以后			
后备母猪		75 kg 以前	按生长育肥猪饲养	2.5	2
		75 kg 以后	按怀孕母猪饲养		

　　注:有条件的猪场,应该专门生产后备猪料(至配种使用前),在料中使用种猪多维及有机微量元素,严格控制其他添加剂的使用。

2. 饲料供应计划编制

　　(1)全价日粮需求量。根据全价饲料消耗指标和各类猪的存栏量,可以计算各类猪的饲料需求量。计算公式：全价日粮需求量＝猪群头数×日粮定额×饲养天数，计算出各类猪群的每天、每周、每季（计 13 周）、每年（计 52 周）的饲料需要量，并填入表 3.44 中。

表 3.44　万头商品猪场全价日粮需要量计算结果　　　　kg

猪　群	时　段			
	每天	每周	每季	全年
种公猪				
后备公猪				
青年母猪				
空怀配种母猪				
妊娠前期母猪				
妊娠后期母猪				
哺乳期母猪				
哺乳期仔猪				
断乳保育仔猪				
生长猪				
育肥猪				

（2）全价日粮供应量。根据计算结果，按饲料损耗率 0.5％计，安排各种全价日粮供应量计划，并填入表 3.45 中。

表 3.45　全价日粮损耗量与供应量

饲料名称	日均用量/kg	日供应量/kg	周需要量/kg	周供应量/kg
种公猪				
后备公猪				
青年母猪				
空怀配种母猪				
妊娠前期母猪				
妊娠后期母猪				
哺乳期母猪				
哺乳期仔猪				
断乳保育仔猪				
生长猪				
育肥猪				

(3)各类的饲料和原料采购量的计算。明确猪场采用配合饲料的类型是确定采购何种饲料和原料及数量的前提。按照配合饲料所含的营养成分,可将配合饲料分成全价配合饲料、浓缩料、添加剂混合料等类型。规模化猪场由于现有加工设备和技术力量的不同,有些猪场养猪饲料全部从市场购入全价料,也有的从市场上选购预混料或浓缩料,再配以本场自行加工的能量饲料和蛋白饲料。

如果购买全价配合饲料,根据全价日粮供应量即可。如果使用浓缩料,则根据浓缩料在全价料中的使用方法计算出浓缩料采购量及能量饲料。如果使用预混料要根据全价料供应量、饲料配方中各种原料的使用比例,计算各类饲料中玉米、大豆粕、麸皮等大宗原料及食盐、钙磷饲料和预混料的用量,然后将各类饲料中同类原料合并,即为该类原料的采购量。以玉米和豆粕为例说明计算方法,见表3.46。

表 3.46 各类的饲料和原料采购计划

饲料名称	全价料供应量/kg	配方中玉米比例/%	玉米使用量/kg	配方中豆粕比例/%	豆粕使用量/kg
种公猪					
后备公猪					
青年母猪					
空怀配种母猪					
妊娠前期母猪					
妊娠后期母猪					
哺乳期母猪					
哺乳期仔猪					
断乳保育仔猪					
生长猪					
育肥猪					
合计					

二、猪的营养特点与饲料配方实例

(一)各阶段猪的营养特点及配方实例

1. 后备母猪的营养特点

后备母猪的主要任务是培养生殖机能和健壮的体况,其营养要求既不同于育肥猪,也不同于哺乳母猪,应该有专门的后备母猪料。

(1)后备母猪营养需要。适宜的能量水平:后备母猪的生理特点是体况尚未成熟,能量摄入一方面要满足自身生长发育需要,同时要为保持良好的体况打下基础,另一方面又不能过肥,以免影响生殖系统发育和造成肢蹄负担。

适当的蛋白水平是保证初情期的需要:后备猪 6～8 月龄前应适当提高蛋白质水平,尤其是 3～5 月龄前要特别注意保持较高的蛋白质水平和较好的蛋白质品质,给予较优厚的饲养,使骨骼和肌肉都能得到充分的发育,缺乏蛋白质会推迟性成熟。

充足的钙磷保证骨骼的充分发育:后备母猪在培育初期,多是采食生长猪料,而生长猪料中钙磷的含量较低,使后备母猪一直处于缺钙磷的状况,再加上后备母猪后期多采用限制饲喂的方式,所以必须供给其钙磷含量较高的饲料。

生物素对后备猪的肢蹄具有特殊的意义:生物素缺乏,会导致猪出现蹄裂,增加母猪的淘汰比例,但生物素缺乏在当时不易显现,往往引不起人们注意。

大量的维生素 A 和维生素 E:这两种维生素对生殖器官的发育成熟有利,其需要量不但远大于育肥猪,还大于妊娠和哺乳母猪。

后备母猪的日粮营养尤其是能量水平不宜过高:用过高营养标准培育出来的后备猪,体质较差,以后的繁殖力也会受到影响。采取中等偏上的营养水平来培育后备猪,虽然增重速度稍慢一些,但发育良好,体质健壮结实,在繁殖力和利用年限上具有一定的优越性。

(2)后备母猪的适宜营养水平。见表 3.47。

表 3.47　后备母猪的营养推荐表　　　　　　　　　　　%

指标	培育阶段体重/kg			
	20～50	51～67	68～114	115 以上
粗蛋白	18	17	16	15
赖氨酸	1.0	0.9	0.8	0.7
钙	0.85	0.8	0.75	0.75
总磷	0.75	0.7	0.65	0.65
有效磷	0.49	0.45	0.4	0.4

在生产实践中,规模较大的猪场应该专门为后备种猪设计配方来生产后备猪料,配方的基本营养指标可以使用生长育肥猪对应体重的标准,只是将维生素改为种用多维,尽量使用有机微量元素,控制铜、锌元素的添加量,严格把握促生长药物

的添加。这样有针对性地来设计和生产后备种猪的前、后期饲料,有效地解决种猪当商品猪养、借用料型饲养的不良习惯,改变营养不平衡给种猪带来的高淘汰率损失。

2. 怀孕母猪的营养特点及配方实例

(1)怀孕母猪宜采用大容积、高质量、低水平饲料。母猪妊娠后新陈代谢旺盛,饲料利用率提高,蛋白质的合成增强,母猪自身的生长加快,营养过剩,腹腔沉积脂肪过多,容易发生死胎或产出弱仔,适宜采用大容积、高质量、低水平饲料。同时低水平的饲料也使母猪在哺乳期时有很好的食欲,太肥的母猪哺乳期时就没有很好的食欲,哺乳期时没有很好的食欲将会导致母猪体重下降,延长断乳到发情的间隔,减少怀孕率,减少胚胎成活率。

适当增加粗饲料的用量:高纤维日粮提高繁殖性能,减少母猪疾病,低纤维日粮促进革兰氏阴性菌繁殖,增加内毒素,内毒素抑制催乳素分泌,导致产后无乳或泌乳减少。

多用微量因子丰富的饲料如啤酒糟、发酵饲料等:充分补充维生素 A、维生素 E、叶酸、生物素,但是不要使用含酒精度很高的酒糟,以免造成妊娠失败。适宜补充常用矿物元素铁、锌、碘、硒。保证维生素 A、叶酸、铁,有利于保证产仔数。

脂肪的利用在怀孕后期,饲喂母猪较高水平的脂肪会增加泌乳母猪乳汁中乳脂的含量,从而会帮助仔猪的成活。

(2)妊娠后期便秘问题。妊娠期限位栏饲养导致的活动减少,肠道蠕动迟缓,加剧了便秘的发生。妊娠期饲料使用阴离子盐,是目前较好的解决便秘问题方法,目前生产上最常用的,就是使用硫酸钾镁(3～5 kg/t 全价饲料),这样增加了肠道内的渗透压,从而增加了食糜通过肠道的速度,另外足够量的血液钾离子浓度,有抑制血液过高钠离子浓度的效果,血钠浓度降低,相应地也会提高血钙浓度,确保围产期母猪健康。

(3)细分阶段饲喂使日粮更符合猪的营养需要。妊娠前中期与后期分开饲喂可以改善饲料效率:母猪在怀孕的前 70 d,每天需要可消化赖氨酸 6.83 g,后 40 天需要可消化赖氨酸 15.3 g;如果用一种日粮喂怀孕母猪,后期可能氨基酸缺乏,母猪动员体内的储备满足胎儿的氨基酸需要。

初产母猪日粮蛋白水平比经产母猪高 2%,初产母猪的孕期体重增长任务高于经产母猪,而采食量偏低。第一、二胎妊娠母猪的氨基酸需要高于经产母猪,如果有条件,将初产母猪单独饲喂,适当提高日粮氨基酸的水平,更加合理。

(4)妊娠母猪的营养需要量建议。见表 3.48。

表 3.48 妊娠母猪的营养需要建议

营养素	营养指标	营养素	营养指标
消化能	12.96 MJ/kg	尼克酸	25 mg/kg
粗蛋白	13.0%	核黄素	6 mg/kg
赖氨酸	0.55%	胆碱	300 mg/kg
钙	0.85%	泛酸	30 mg/kg
磷	0.70%	叶酸	1 mg/kg
盐	0.50%	生物素	300 mg/kg
维生素 A	10 000 IU/kg	锌	125 mg/kg
维生素 D	1 500 IU/kg	铁	100 mg/kg
维生素 E	35 IU/kg	镁	25 mg/kg
维生素 B_{12}	25 mg/g	碘	0.5 mg/kg

(5)妊娠母猪日粮配方实例,见表 3.49。

表 3.49 妊娠母猪日粮配方示例 %

原料	麸皮配方	青糠配方	原料	麸皮配方	青糠配方
玉米	56	66	膨化大豆	—	
豆粕	10	10	青糠	—	20
麦麸	30	—	4%预混料	4	4

3. 泌乳母猪的营养特点及配方实例

(1)现代泌乳母猪必须饲喂高营养水平的日粮。现代高产母猪每天泌乳量已达 8~14 kg,180 kg 左右的母猪在 20 d 左右分泌了相当于它自身体重的乳汁。哺乳期母猪营养排出量比其他任何生命阶段都要高得多。母猪泌乳性能对乳猪的生长至关重要。乳汁量每提高 4 kg 相当于哺乳仔猪体重提高 1 kg。用优质的哺乳母猪饲料转换成充足、优质的母猪乳水喂养小猪,综合成本是最便宜、最合算的,小猪的生长速度也是最快的,带来的负面作用也是最少的。

能量:能量是哺乳母猪日粮中最难满足的因素,多数情况下母猪的能量供给或摄入不足,结果是母猪动用自身脂肪储存,失重严重时导致断乳到再发情间隔延长。添加脂肪可改善饲料适口性,提高采食量,为泌乳提供更多的能量,同时可提高乳汁的脂肪含量。

蛋白质:初产母猪粗蛋白质控制在 17.0%,经产母猪为 16.0%,赖氨酸是哺乳母猪重要的氨基酸,在能量满足泌乳需要的情况下,赖氨酸是限制泌乳的第一要素,NRC 推荐的赖氨酸需要量为 0.97%。应根据仔猪断乳窝重和母猪采食量,确定泌乳母猪日粮的赖氨酸含量。

维生素:维生素对于发挥哺乳母猪的繁殖性能和泌乳性能十分重要,维生素缺乏可影响母猪断乳后再次发情和配种。维生素 B₂ 缺乏后引产后泌乳下降,叶酸缺乏可引起泌乳机能紊乱,母猪日粮中添加维生素 E 可提高母猪和仔猪的免疫力,提高断乳仔猪数。

矿物质:钙 0.85%~0.9%,总磷 0.6%,有效磷 0.35%。母乳中矿物质含量最高的是钾,占矿物质总成分的 29%,所以哺乳饲料中要及时补充钾离子,确保母、仔猪最佳生理需求。母猪日粮中微量元素缺乏将导致母乳中微量元素的缺乏,仔猪将无法通过母乳获取所需的营养物质。

(2)现代哺乳母猪的日粮营养水平建议。见表 3.50。

表 3.50　现代哺乳母猪的日粮营养水平建议　　　　　　　　　　%

类型	能量/(MJ/kg)	粗蛋白	赖氨酸	钙	磷
哺乳母猪(低采食量)	13.8	18	1.0~1.1	0.9	0.8
哺乳母猪(高采食量)	12.96	16	0.9	0.8	0.7

(3)哺乳母猪日粮配方实例。见表 3.51,表 3.52。

表 3.51　哺乳母猪日粮配方示例　　　　　　　　　　%

配方类型	成分					
	玉米	豆粕	麸皮	鱼粉	蚕蛹粉	预混料
豆粕配方	64	26	6			4
蚕蛹粉配方	65	20	6		5	4
鱼粉配方	65	20	8	3		4

4. 仔猪的消化生理、营养特点及配方实例

(1)仔猪的消化生理特点。初生仔猪即有唾液分泌,但唾液淀粉酶活性较低。仔猪的唾液分泌量、干物质和含氮量均随年龄的增长而增长,尤以断乳转为采食植物性饲料时更为显著。不过由于哺乳期仔猪胃内酸性较弱,唾液淀粉酶在胃内仍能进行作用。

表 3.52　哺乳母猪日粮配方示例及主要营养指标　　　　　　%

原料添加量(含量)	经产	初产	原料添加量(含量)	经产	初产
玉米	61.5	66	油脂	1.5	
豆粕	15	28	4%预混料	4	4
麦麸	10	2	营养指标		
膨化大豆	5		消化能/(MJ/kg)	14.00	14.00
鱼粉	3		粗蛋白	16.8	18.1
乳多灵	5		赖氨酸	0.90	0.98

胃的分泌机能弱:仔猪的胃体中,壁细胞的分泌功能很弱,分泌的盐酸很少,哺乳仔猪的胃液酸度主要由乳糖发酵产生的乳酸来维持。壁细胞分泌游离盐酸的能力到 40~50 日龄才能显著提高。仔猪胃液中的消化酶主要是胃蛋白酶和凝乳酶,凝乳酶在仔猪哺乳期作用明显。而胃蛋白酶,虽然 1 日龄仔猪胃液中就含有胃蛋白酶原,并且在 3~6 周内不断增加,但是由于缺乏盐酸,不能被激活。至 40~50 日龄时随盐酸分泌量增加,消化能力逐渐增强。

肠内消化特点:在胃液缺乏盐酸时期,仔猪胃内的消化作用很小,食物主要在小肠内靠胰液和肠液消化。仔猪胰腺在出生时已发育完全,并能分泌足够数量的碱性胰液,其中的消化酶也具有很高的活性。且随年龄的增长分泌量不断增长。胰液中的消化酶主要有胰蛋白酶、胰凝乳蛋白酶、糜蛋白酶、胰淀粉酶、胰脂肪酶。初生仔猪胰液中胰脂肪酶已有很高含量,但它的活性在 30 d 前并不充分,30 d 后活性渐增。初生仔猪肠腺中已能旺盛地分泌肠液。乳糖酶的活性幼期较高,最初 1~2 周可能增加,以后逐步下降。仔猪断乳后,由于停止摄取母乳,乳糖酶分泌迅速下降。蔗糖酶和麦芽糖酶幼期活性很低,因此仔猪 10 日龄内难于利用蔗糖,以后随年龄增长,活性逐渐增加。初生仔猪虽有胆汁分泌,但分泌量很少。3 周龄内胆汁分泌缓慢增加,随后在仔猪体重 7 kg 左右时,胆汁分泌量迅速增加。由于胆汁中的胆酸盐是胰脂肪酶的激活剂并能乳化脂肪,促进食物中脂肪的分解和吸收。因此幼龄仔猪分泌胆汁量很少,可能是胰脂肪酶不能充分表现活性的原因,同时也使脂肪的消化和吸收受到一定的限制。

肠道微生物区系:仔猪肠道微生物繁殖迅速,出生后 2 h 粪便中已可检出大肠杆菌和链球菌。乳酸杆菌出现较慢,出生 48 h 构成优势菌群。仔猪胃肠道内 pH 值在 4.5 以下时,适于乳酸杆菌生存,乳酸杆菌为优势菌群。但由于断乳或其他因素引起 pH 值上升时,大肠杆菌迅速增殖,引起仔猪腹泻,同时胃肠道内产酸的乳酸杆菌数量减少,又会导致 pH 值上升。

小肠的过敏反应:小肠的功能单位是绒毛,如果绒毛顶端被损害,会导致成熟的吸收细胞丢失,不成熟的隐窝细胞产生净分泌的后果,造成严重的绒毛细胞更新和消化吸收紊乱,黏膜功能性表面积减少,吸收能力下降。断乳后微生物和饲料抗原成分(大豆球蛋白、β-球聚蛋白)都可以造成绒毛高度减少(绒毛萎缩)和隐窝深度增加(隐窝增生),产生过敏反应。绒毛萎缩、吸收细胞减少、隐窝增生、分泌细胞增多,从而造成吸收减少而分泌增加,引起渗透性腹泻。

(2)教槽料的营养特点及配方实例。

第一,教槽料的概念。

俗称补料或者开口料,是给初生 7 d 到断乳后 14 d 左右的小猪饲喂的一种含有高营养成分的专用饲料。教槽料不仅仅是给乳猪补充营养,促进乳猪生长发育,提高乳猪断乳体重,而更重要的是让乳猪逐步适应植物性饲料,最大限度地减少乳猪断乳后面临的饲料品种、饲喂方式、生存环境、营养代谢等变化所产生的各种应激,保证小猪继续多吃快长,在最短的时间内出栏。

第二,教槽料配制技术。

教槽料建议营养指标:仔猪生长代谢旺盛,对营养处于高度依赖状态,教槽料的营养水平很高。消化能 15.4 MJ/kg、粗蛋白 20%～22%、赖氨酸 1.38%～1.50%、钙 0.9%、总磷 0.75%、有效磷 0.55%。

蛋白原料的选择:注意仔猪对豆粕的消化能力与承受能力,考虑去皮豆粕的使用,在经济允许的条件下应尽可能提高早期断乳仔猪日粮中的容易消化的动物蛋白的比例。教槽料适宜蛋白质原料包括乳制品、血制品、鱼粉、肠膜蛋白粉、大豆制品等。

乳清粉和乳糖的应用:仔猪哺乳期母乳中的糖类主要为乳糖,且胃内乳糖酶活性很高。而蔗糖酶和麦芽糖酶的活性还很弱。故断乳仔猪日粮中添加乳糖,给仔猪从母乳向以淀粉为主的饲料一个逐渐过渡过程。且乳糖还是乳酸杆菌的最佳营养源,可以增加肠道乳酸杆菌(有益菌)的数量。据报道:在断乳仔猪饲料中添加5%左右的乳清粉可以提高仔猪的生产性能。

油脂:幼龄乳仔猪对外源油脂利用能力较差,教槽料中宜采用低水平油脂,一方面可适当提高教槽料能量浓度和提供必需脂肪酸,另一方面可提高制粒效果,控制粉尘及改善适口性。对于乳仔猪日粮中所用脂肪类型需加以仔细考虑。

酸化剂的应用:在仔猪饲料中添加酸化剂,既可以激活胃蛋白酶原提高消化率,又可降低胃内的 pH 值,促进乳酸菌、酵母菌等有益微生物的繁殖,抑制大肠杆菌、梭菌、沙门氏菌等病原菌的繁殖。酸化剂的选择,一般以磷酸、偏磷酸、柠檬酸、延胡索酸等复合酸添加效果比较好。

外源酶制剂的添加:考虑在饲粮中添加外源酶制剂以补充内源酶的不足。饲料中添加含 α-淀粉酶、β-葡聚糖酶、蛋白酶、脂肪酶的复合酶可以大大提高饲料的消化率。

L-谷氨酰胺:肠细胞的主要燃料,是断乳仔猪的条件必需氨基酸。在仔猪日粮中添加 L-谷氨酰胺,可以促进谷氨酰胺的净吸收,但谷氨酰胺自身不稳定,水溶解度和吸收率低,限制了其在仔猪饲料中应用。而谷氨酰胺二肽稳定性好,以肽形式吸收时,吸收率较高,可克服游离谷氨酰胺的缺陷,但其价格昂贵。

饲料药物添加剂的应用:因早期断乳仔猪胃肠道抗病力弱,有大量的有害菌繁殖,适量添加抗生素是必要的,对饲料药物添加剂的要求是:第一,符合国家农业部颁发的《饲料药物添加剂使用规范》;第二,选择对仔猪毒性低、副作用小的药物品种;第三,添加的药物抗菌谱广,在肠道吸收低;第四,最好以两种药物配伍使用。

第三,教槽料配方实例。见表 3.53。

表 3.53　教槽料配方　　　　　　　　　　%

原料	配比	原料	配比
玉米（CP 8.0%）	51.28	磷酸氢钙	1.08
大豆粕（CP 43%）	27.62	石粉	0.46
进口鱼粉（CP 60%）	6.00	盐	0.26
乳清粉（CP 4%）	6.00	植酸酶 5 000	0.01
维乐妥酸化剂	5.00	1%乳猪预混料	1.00
豆油	1.29		

第四,教槽料的选择。

评价教槽料一般看使用后,乳猪采食量、生长速度是否持续增加,腹泻率是否降低。采食教槽料后乳猪表现为“喜欢吃、消化好、采食量大”,尤其是教槽料结束过渡到下一产品后的 1 周内,营养性腹泻率低于 20%,饲料转化率为 1.2∶1 左右,日均增重 250 g 以上,采食量日均为 300 g 以上。

5. 生长育肥猪的营养特点及配方实例

(1)日粮设计基本思路。合适的能量设计,严格强调氨基酸平衡:氨基酸和能量是生长育肥猪最重要的营养素。猪生长育肥阶段的增长率和增重对氨基酸和能量需要量的影响可能比对其他营养素的影响更大。瘦肉的快速增长需要更多的氨基酸用于肌肉组织的蛋白质合成,另一方面,瘦肉的沉积对能量的需求比沉积脂肪所需的能量要低。

育肥饲料采用低钙、高有效磷,适度粗饲料,尽量减少对适口性有影响的因素,如霉变、杂质等,充足有效的维生素、微量元素供应。

　　(2)建议的猪营养水平。肥育前期，日粮消化能常用范围为 12.6 MJ/kg,粗蛋白 15％,能氮比(19～20)∶1;后期消化能为 11.76 MJ/kg,粗蛋白 13％,能氮比(20～21)∶1。营养水平的高低,直接影响增重速率,并导致胴体形态结构和饲料利用率的差异。

　　(3)生长育肥猪日粮配方实例。见表 3.54。

表 3.54　　小猪、中猪、大猪日粮配方实例　　　　　　　　　%

阶段	配方类型	组成成分							
		玉米	豆粕	麸皮	蚕蛹粉	花生粕	棉粕	菜粕	预混料
15～30 kg	良种猪配方	65	26	5					4
	普通猪配方	60	21	15					4
	其他原料配方	67	20	5	4				4
		65	20	5		3	3		4
31～60 kg	良种猪配方	65	21	10					4
	普通猪配方	60	16	20					4
	其他原料配方	67	15	10					4
		65	13	10			4	4	4
		66	13	10		3		4	4
61～100 kg	良种猪配方	65	16	15					4
	普通猪配方	60	11	25					4
	限饲瘦肉猪	58	18	20					4
		67	10	15	4				4
	其他原料配方	66	7	15			4	4	4
		65	6	15	5		5		4
		67	8	15		6			4

6. 种公猪的营养特点及配方实例

　　体重 75 kg 以下的后备公猪饲养管理与生长猪相同,体重 75 kg 以上的后备公猪逐步改喂公猪料。

　　在良好的环境条件下,种公猪日粮的安全临界为:消化能 12.55 MJ、蛋白质 13％、赖氨酸 0.5％、钙 0.95％和磷 0.80％。

　　要根据品种、体重大小、配种强度、圈舍、环境条件等进行适当的调整。

　　饲养种公猪保持其生长和原有体况即可,不能过肥。过于肥胖的体况会使公猪性欲下降,还会产生肢蹄病。每天单独喂 2～3 次,日饲喂量为 2.3～3.0 kg。种公猪日粮配方见表 3.55。

表 3.55　种公猪日粮配方实例　　　　　　　　　　　　　％

配方类型	组成成分					
	玉米	豆粕	麸皮	鱼粉	蚕蛹粉	预混料
豆粕配方	66	20	10			4
蚕蛹粉配方	67	14	10		5	4
鱼粉配方	68.5	16	10	1.5		4

(二)应用最新猪的营养研究成果设计饲料配方

1. 采用最新饲养标准

最新饲养标准的发展趋势是:提供更为确切的能量指标并与生产目标相对应;提供理想蛋白质模式或理想氨基酸模式;提供总氨基酸、表观回肠末端可消化氨基酸、真回肠末端可消化氨基酸需要量;提供有效磷需要量、最新维生素、微量元素需要量;提供必需脂肪酸、胆碱的需要量;提供动物生长模型,用于预测和控制动物的生长过程。

猪的营养标准比较权威的有美国 NRC 标准和中国瘦肉型猪饲养标准,也可以制定本场的饲养标准。

2. 利用净能体系

猪的饲料成本中约 50％的饲料花费用于给猪提供能量,因此从效益的角度来看,能量是最重要的营养素。筛选可用的能量体系以充分满足猪的需求就是情理之中的事了。

净能体系则是一种更好的能量体系,因为它表示出可从饲料中获得的实际能量,即表示可被动物利用和代谢的能量,比消化能和代谢能更好地反应了饲料尤其是农副产品和高纤维含量原料的营养价值。观察净能值就会发现,作为能量来源,不同原料的供能能力确实大不相同,见表 3.56。

表 3.56　营养物质的能量价值　　　　　　　　　MJ/kg

饲料原料	消化能	代谢能	净能	净能、代谢能之比
玉米	14.74	14.30	10.01	0.70
高粱	14.13	13.96	9.43	0.68
大豆粕	15.40	14.13	8.44	0.60
菜子粕	12.06	11.04	6.73	0.61
小麦麸	12.85	12.65	6.52	0.52
苜蓿草粉,脱水,17％蛋白质	7.65	6.90	3.80	0.55

　　净能体系考虑了不同养分间 ME 代谢利用的差异。不同饲料营养成分的热增耗差异很大,热增耗的数量:粗蛋白>日粮纤维>淀粉>脂肪。

　　采用净能设计的饲粮粗蛋白质水平一般低于采用消化能或代谢能设计的饲粮,这是因为净能体系考虑了过量氮的分解与排泄损耗的能量,见表 3.57。

表 3.57　25～50 kg 阶段分别采用净能和代谢能设计的饲料配方比较　　　　　　%

原料组成	代谢能体系	净能体系	主要营养指标	代谢能体系配方	净能体系配方
小麦	58.44	69.78	代谢能(MJ/kg)	14.1	14.03
野豌豆	20.0	6.44	净能(MJ/kg)	10.78	10.78
大豆粕(48%)	11.17	9.33	粗蛋白%	18.8	18.14
肉骨粉(42%)	2.70	2.73			
双低菜子粕(37%)	0.22	4.03			
牛油	5.00	5.00			
赖氨酸	0.53	0.77			
苏氨酸	0.12	0.15			
DL～蛋氨酸	0.10	0.07			
其他	1.72	1.70			

　　采用净能体系在经济上也划得来,尤其在高成本背景下特别适合。采用净能体系后,无论是以吨成本为基础还是以猪单位生产成本为基础的饲料成本都下降了。当然,饲料成本方面的优势还取决于一定时间内每种饲料原料的价格,不过即便将这一成本优势打对折,节省成本也是很受欢迎的。

　　虽然目前净能体系的应用,由于缺乏饲料原料净能含量方面的足够数据而受到局限,但营养研究者一直在进行饲料原料净能值的积累工作,相信不久净能体系将会在生产中得到应用和普及。

　　3. 理想蛋白质体系

　　过去猪的日粮配合是在粗蛋白质基础上进行的,粗蛋白质体系多用于以玉米和豆粕为主要组分的日粮,但当日粮中存在其他原料组分时,这一体系则不再适用。目前正为生产者所接受和采用的是氨基酸基础上的"理想蛋白质体系",因为以氨基酸为基础进行日粮配合时,赖氨酸与其他氨基酸之间的比例可与猪肌肉组织中的比例相同,与猪的实际需要量十分吻合,从而更有利于日粮营养物质的利用。随着营养学对不同时期的生长猪、不同阶段的妊娠母猪以及不同泌乳量的哺乳母猪理想氨基酸需要量的研究,结合对不同饲料原料中氨基酸生物学利用率的深入了解,人们已经充分确立并广泛接受了按理想蛋白质的概念来提供氨基酸的方法。此外,合成氨基酸的利用,也为理想蛋白质体系的应用提供了条件,使日粮配合更具可操作性。

4. 以生长育肥猪胴体无脂瘦肉增重为重要输入变量给出营养需要量

为不同基因型的猪进行日粮配制时,必须知道其瘦肉沉积率、瘦肉沉积模式和采食量。如果猪场没有此类资料,就需要收集 2～3 周的采食量资料,以及上市猪的屠宰资料,这有助于为特定猪群配制更合适的日粮。当前,评估瘦肉沉积的最有效的方法是,待猪屠宰后,分别测量和计算背膘厚度以及里脊面积,当测定完胴体的有关数据后,就可以利用相应的公式计算日瘦肉沉积量。

三、猪场饲料储存和加工设备的选用

1. 原料的储存设备

应根据各类原料的特性配备相应的储存设备。玉米、小麦等谷物原料流动性好、易处理,量大的情况下一般存放于立筒仓内。饼粕类、鱼粉等有机类流动性差,品种多,一般存放于库房内。油脂、氨基酸等液体原料存放于储罐内。药物、微量组分等需特殊处理和储放设施,用时按配比直接投入混合机内。

2. 初清设备

筛选设备:小于筛孔的物料穿过筛孔为筛下物,大于筛孔的物料不能过筛而被清理出来。常用的除清筛分振动式和离心式 2 种。常见的有圆筒(锥)除清筛、圆筒粉料离心筛和回转分级筛。磁选设备:清除原料中的铁钉、螺丝、垫圈、铁块等磁性杂质。

3. 饲料粉碎机的选择

猪场宜选用普通线速度的锤片式粉碎机:锤片式粉碎机分立式锤片式粉碎机和卧式锤片式粉碎机。原理是原料因重力作用从粉碎机顶部落入粉碎室,原料在破碎区与锤片的顶端接触,由于两者之间巨大的速度差,形成锤片对物料的快速打击,造成原料破碎。因为猪饲料颗粒不宜太细,猪场宜选用普通线速度的锤片式粉碎机。

选择粉碎机应考虑猪场饲料生产量:粉碎机型号的大小决定了产量的大小,根据粉碎工艺的配置,选定的粉碎机产量应大于设计产量的 10%。

根据节能情况选择:猪场饲料粉碎能耗占到饲料加工总能耗的 40% 以上。根据有关部门的标准规定,锤片式粉碎机在粉碎玉米用直径 1.2 mm 筛孔的筛片时,每度电的产量不得低于 48 kg。目前,国产锤片式粉碎机的每千瓦小时产量已大大超过上述规定,优质的已达每千瓦小时 70～75 kg。

根据粉尘与噪声选择:饲料加工中的粉尘和噪声主要来自粉碎机。选型时应对此两项环卫指标予以充分考虑。如果不得已而选用了噪声和粉尘高的粉碎机应采取消音及防尘措施,改善工作环境,有利于操作人员的身体健康。

4. 饲料混合机

一般多使用卧式螺旋混合机:目前国内饲料生产仍以常规的叶带卧式螺旋混合机为主,这种混合机混合周期较长,混合均匀度要达到 93%,混合时间至少需要 3~6 min。近年来,随着高性能电脑配料秤电子技术的迅速发展,配料周期已逐渐缩短为 2 min 左右,且有继续缩短的趋势。从这一点看,目前常规使用的叶带卧式螺旋混合机已无法与越来越先进的电脑配料秤配合使用。

双轴桨叶混合机:有强烈、高效的特点,混合时间短,设计混合时间 1~3 min,1:1 000 投放比例均匀度大于 95%。卧式筒体内两根搅拌轴等速反向旋转,轴上特殊角度布置的叶确保物料径向、环向、轴向三向抛洒运动,形成复合循环,在极短的时间内达到均匀混合。

选择混合机应考虑如下指标:混合机均匀度、混合时间、混合机残留问题、混合机是否漏料、混合机的故障率等。混合机均匀度是混合机性能重要指标。

混合均匀度用变异系数 C. V. 值表示,变异系数越小,混合均匀度越好。

5. 饲料加工成套生产线

根据猪场的具体情况如饲料加工量、当地资源等针对性地选用成套生产线。

饲料加工设备生产率的确定:应当根据饲养量、对饲料的需求量,按年生产日 300 d 单班计,确定设备的生产率。若以后对饲料的需求量增加,可通过增加生产班次、添置设备来满足。

对设备适应性的要求:所谓设备的适应性,系指对饲料资源、饲料品种、生产批量、厂房及人员的适应程度。要考察设备的主要技术参数,见表 3.58。

表 3.58　某饲料加工成套生产线的主要技术参数

型号	生产率 /(t/h)	年单班产量 /(t/y)	装机容量 /kW	配料形式	配料仓数 /个	主车间尺寸 (长×宽×高/ m)
PSJ2500A	2.5	5 千	113.2	人工	1	10×8×12
PSJ2500B	2.5	5 千	123.07	计算机	8	15×9×12
PSJ5000A	5	1 万	168.75	人工	2	10×9×12
PSJ5000B	5	1 万	214.29	计算机	8	15×10×12
PSJ10000	10	2 万	386.05	计算机	12	20×12×18

续表 3.58

型号	生产率 /(t/h)	年单班产量 /(t/y)	装机容量 /kW	配料形式	配料仓数 /个	主车间尺寸 （长×宽×高/ m）
PSJ15000	15	3 万	557.6	计算机	16	25×12×20
PSJ20000	20	4 万	630	计算机	24	32×14×21
PSJ20000	20	4 万	705.95	计算机	20	30×15×25
PSJ30000	30	6 万	1 056.9	计算机	20	40×20×30
专用生产线	≥30	≥6 万		计算机	11～15	25×18×23

图 3.1 的工艺特别适合于农村或饲养场配套的小型加工厂使用,可以生产各种猪用粉状饲料。

粉状饲料加工机组的生产能力,一般有时产 2 t、2.5 t、3 t、5 t。国内有多家企业制造这类设备,如北京燕京牧机公司、江苏正昌集团、江苏牧羊集团。各厂家的产品工艺略有差别,可以生产各种粉状饲料产品。

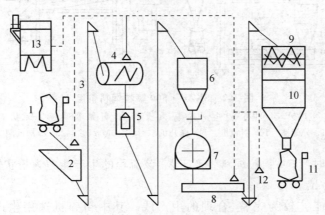

图 3.1　时产 3～4 t 粉料生产线

1. 台秤　2. 粒料下料斗　3. 斗提机　4. 初清筛　5. 永磁筒　6. 料仓
7. 粉碎机　8. 螺旋输送机　9. 混合机　10. 成品仓　11. 打包台秤
12. 粉料下料斗　13. 单级除尘器

图 3.2 为 SKZH·500 颗粒饲料机组:该机组工艺过程为:颗粒原料经粉碎机粉碎后,由气力输送管路卸到卸料斗,经螺旋输送机送至斗提机,然后被提升到混合机中。粉状原料从添加口加入螺旋输送机,送入混合机,与主原料混合。混合均匀后的粉料可送至粉料成品仓库或去待制粒仓。要制粒的粉料经制粒机制粒后提

升至冷却器冷却,再经分级筛筛出合格产品。

该套系统采用小型电锅炉产生热蒸汽。机组可生产各种猪用饲料。颗粒饲料产量为每小时 0.5 t(加蒸汽),粉状饲料产量为 1 t/h。颗粒直径为 φ3.5 mm,φ4.5mm,φ6 mm;机组功率为 37.38 kW 或电锅炉功率为 30 kW。外形尺寸为:6 000 mm×2 000 mm×5 100 mm;机重 5 500 kg。

该套设备由江苏正昌集团制造。郑州粮机股份有限公司、阜新牧机总厂等厂家也有这类产品。

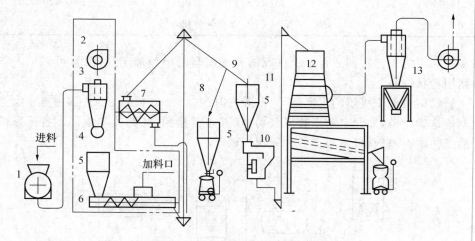

图 3.2　SKZH·500 颗粒饲料机组

1. 粉碎机　2. 风机　3. 卸料器　4. 闭风器　5. 贮料斗　6. 输送机　7. 混合机　8. 提升机
9. 分配器　10. 制粒机　11. 提升机　12. 冷却分级筛　13. 冷却风网

图 3.3 为时产 5 t 颗粒饲料生产工艺:该流程的生产能力为粉状饲料 5 t/h,颗粒饲料 3~5 t/h。

这是一个工艺较为完整、合理的生产线。其中粉碎机选用生产能力为 7~10 t/h,主配料秤为每批 500 kg,小配料秤为每批 100 kg。主混合机生产能力为每批 500 kg。制粒生产线的生产能力依据产品粒径、配方的不同为 3~5 t/h。

在整个工艺中设有主、副原料清理,碎饼机,粉碎机,添加剂添加、油脂添加机,添加剂预混合等工艺。为了适应配方多变的要求,设立了 18 个配料仓,其中 10 个大仓,8 个小仓。整个生产线采用自动控制,配料混合部分为计算机控制。

时产 10 t 颗粒饲料生产线工艺流程:该工艺采用先粉碎后配料方式。对主原料设有立筒库接收线,包括有初清筛、自动计量秤,设有 4 个立筒库,总仓容可达 3 000 t,对主、副原料都设有清理设备,粉碎机选用 2 台,时产可达 15 t,以保证配

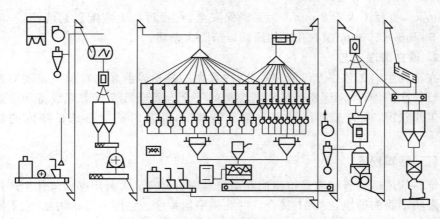

图 3.3　时产 5 t 颗粒料厂流程

料作业的连续性。对副料设有两条接收线。配料仓采用 10 个大仓、8 个小仓,可以满足一般配方的生产要求。添加剂部分为人工计量添加于混合机中。主配料秤为每批 1 t,小配料秤每批 200 kg。主混合机产量为每批 1 t。混合机下设有缓冲斗,来保证混合机及时关门和后续刮板稳定送料。制粒工段选用一台时产 10～12 t 的制粒机及配套的冷却器、颗粒破碎机、分级筛,并预留有油脂喷涂机的位置。成品打包部分根据厂家要求全部为包装。选用一台时产 12 t 的电子打包机,可以满足生产要求。

四、饲料加工技术

配合饲料的加工是保证产品性能和降低成本的关键所在。一套先进的加工设备和优良的加工工艺,不仅可以省去大量的人力和物力,而且能获得质量优良的产品。配合饲料的加工与动物营养有着密切关系,优质的饲料产品要靠科学的配方设计和科学的加工制造共同实现,而监控加工过程中各个工艺环节的质量,对配合饲料产品质量具有举足轻重的作用。

(一)原料的清理

此项工序的设置是为了保证饲料厂安全生产和产品质量。饲料原料清理的目的不同于食品行业或粮油加工行业,除了保证产品纯度外,饲料清理更重要的作用在于保证加工设备的正常运转,通过降低能耗来降低饲料成本。清理主要是将原料或副料中的大杂及铁质除去。

1. 原料清理的标准

有机物杂质不得超过 0.2 g/kg,直径不大于 10 mm;磁性杂质不得超过

50 mg/kg,直径不大于 2 mm。为了确保安全,在投料口上应配置初清筛,一般是配置 50 mm×50 mm 左右孔眼的栅筛以清除大杂质。

2. 设立清理工艺

在车间生产工艺中专设清理工艺,注意在原料粉碎前和制粒前一定要对铁杂质进行一次清理,以保证粉碎机和制粒机的安全。要经常检查清理设备和磁选设备的工作状况,看有无筛网破损及堵孔等情况,并及时清除磁选设备内的磁性杂质。

(二)原料粉碎

饲料的最适粉碎粒度是指使饲养动物对饲料具有最大利用率或最佳生产性能且不影响动物的健康,经济上又合算的几何平均粒度。它因不同动物品种、不同的饲养阶段、不同的原料组成、不同的调质熟化和成型方式而不同。

粉碎过程主要控制原料粉碎粒度,以达到提高饲料消化吸收率、保证混合均匀度的目的。仔猪、生长育肥猪(20～100 kg)配合饲料粉碎粒度要求全部通过孔径为 2.5 mm 的圆孔筛,孔径 1.5 mm 圆孔筛的筛上物留存率不得高于 15%。

粉碎工段在饲料厂内属于动力消耗最大的设备之一,粉碎成本占饲料加工成本的很大部分,因此降低本项成本可明显提高经济效益。

操作规程要求:生产中粉碎机只宜空载起动,以免起动电流过大,烧毁电机;生产前检查筛网有无漏洞、漏缝、错位等,检查喂料器上方磁板上的金属杂质是否去除干净,防止落入粉碎机;进入粉碎机的物料要求均匀,防止冲料,设喂料器;定期检查锤片是否磨损;随时注意观察粉碎机的粉碎能力和粉碎机排出的物料粒度。

(三)配料

配料的准确与否,对饲料质量关系重大,操作人员必须严格按配方执行。目前大中型饲料厂基本上都采用微机控制的电子秤配料,可完全满足生产配合饲料的要求。

该项工序是饲料生产的核心,配料精度的高低直接影响到饲料产品中各组分的含量,对畜禽的生长和生产影响极大,其控制要点如下:

1. 选派责任心强的专职人员把关

每次配料要有记录,严格操作规程,搞好交接班。

2. 保证配料设备的精确性

配合饲料的配料秤精度应达到:$\frac{1}{1\,000}$～$\frac{1}{500}$(静态),预混料中的微量成分配料秤精度应达到$\frac{1}{1\,000}$～$\frac{3}{1\,000}$(静态)。对配料秤要定期校验,称药物的秤每天要检查一次。操作时一旦发现问题,应及时检查。

3. 对配料量大、小不一的各种组分要分别选用大、中、小各宜的配料秤

用相宜的配料秤,以确保配料准确性。配料时为了减少"空中量"对配料精度的影响,容重比较大的应该用小直径(或低转速)的配料搅龙给料;配料顺序上应先配大料,后配小料;配料时要尽量考虑到对秤斗对称下料,以免过分偏载影响电子秤的精度;电子秤的精度要定期校验。

4. 做好对配料设备的维修和保养

换料时,要对配料设备进行认真清洗,防止交叉污染。

5. 加强对微量添加剂、预混料,尤其是药物添加剂的管理

上述产品要明确标记,单独存放。

6. 人工称量配料时,尤其是预混料的配料,要有正确地称量顺序,并进行必要的投料前复核称量

在工艺设计和设备选用上,进配料仓的料最好用旋转式分配器输送,因为搅龙中会有残留,甚至会发生窜仓,而影响进仓的实际量,增加配料误差。

(四)混合

混合是饲料生产中将配合后的各种物料混合均匀的一道工序,它是确保饲料质量和提高饲料效果的重要环节。国家标准规定:混合质量的标准以混合均匀度变异系数(C. V.)衡量;一般配合饲料、浓缩料 C. V. ≤10%,预混合料 C. V. ≤5%。混合生产工艺要求如下:

1. 适宜的装料

不论对于哪种类型的混合机,适宜的装料对保证混合机正常工作,达到较高的混合质量尤为重要,如卧式螺带混合机的充满系数一般 0.6～0.8 较为适宜。

2. 混合时间

混合时间不宜过短,但也不宜过长。时间过短,物料在混合机中没有得到充分混合,影响混合质量,时间过长,会使物料过度混合而造成分离,同样影响质量,一般配合饲料卧式混合机混合周期为 6 min。

3. 投料顺序

一般量大的组分先加入或大部分(80%)加入机内后,再将少量(20%)或微量组分置于物料上面;粒度大的物料先加,粒度小的后加;比重小的物料先加,比重大的后加。

4. 避免分离

采用添加油脂或糖蜜,保持粒度尽量一致,混合均匀后的成品饲料尽量减少装卸、缩短输送距离,或立即制粒。

(五)制粒

颗粒饲料生产率的高低和质量的好坏,除与成形设备性能有关外,很大程度上取决于原料成形性能和调质工艺。

混合后的粉状饲料经过制粒以后,饲料的营养及食用品质等各方面都得到了不同程度的改善和提高,因此引起了广大养殖户的青睐。制粒不仅适用于畜禽饲料,更适合于水产及特种饲料。传统的制粒工序可分为制粒、冷却、破碎和筛分4道工序。

1. 调质制粒工序

调质是制粒过程中最重要的环节,调质的好坏直接决定着颗粒饲料的质量。调质促进了淀粉的糊化、蛋白质变性,既提高了饲料的营养价值,又改良了物料的制粒性能,从而改进了颗粒产品的加工质量。水分、温度和时间是淀粉糊化的3要素。调质使原料和蒸汽接触,从而随着调质条件的增强,淀粉糊化的程度增加,淀粉糊化后,从原有的粉粒状变为凝胶状。未糊化的生淀粉像砂粒一样在通过模孔时产生较大的阻力,减少了压粒产量,消耗较多制粒能量,并影响压模的工作寿命。调质后的淀粉得到了较充分的糊化,凝胶状的糊化淀粉在通过模孔时起着润滑作用,将各组分黏结在一起,使产品紧密结实。要求提供干饱和蒸汽,锅炉蒸汽压力应达到 0.8 MPa,输送到调质器之前,蒸汽压力调节到 0.21～0.4 MPa。调质后饲料的水分在 15.5%～17%,温度 80～85℃。

2. 调质时间

调质时间直接影响物料的调质效果,一般不应低于 20 s,适当延长时间可提高调质效果。

3. 压粒

配方原料不同,选用不同厚度的压模,对热敏度高的原料(如乳清粉)、淀粉及无机盐含量高的饲料,应选用较薄型压模,而油脂、纤维物质含量高的饲料,宜选用较厚型的压模。压模与压辊的间隙在 0.2～0.5 mm 之间,并注意随时调整,不同产品需要不同的间隙。更换新环模时,必须对内孔进行研磨后方可使用。

4. 冷却工艺

刚出压模的颗粒为高温、高湿的可塑体,容易变形、破碎,应立即进行干燥冷却,降低温度、水分,使其硬化,以便于贮藏、运输。目前饲料厂常用的冷却器是逆流式冷却器,该机具有良好的冷却效果,能提高冷却质量,降低成本。

5. 破碎工艺

颗粒饲料的破碎可节约动力消耗,增加产量,降低成本;提高畜禽的消化吸收率。

6. 筛分工艺

颗粒饲料经破碎工艺处理后,会产生一部分粉末等不符合要求的物料,因此破碎后的颗粒饲料需要筛分成颗粒整齐、大小均匀的产品。对于不符合产品质量的物料或是重新制粒或是重新破碎,以保证最终产品质量。相关加工参数见表 3.59。

表 3.59 猪饲料制粒相关工艺参数

饲料品种	料　　　型	环模压缩比	制粒调质温度/℃
教槽料	<2.5 mm 颗粒或破碎	(6~8)∶1	60~65
保育料	<3.0 mm 颗粒或破碎	(7~8)∶1	70~75
小猪料	3.0 mm 颗粒	(7~8)∶1	70~75
中\大猪料	3.5~4.0 mm 颗粒	(7~8)∶1	70~75
母猪料	3.5~4.0 mm 颗粒	(7~8)∶1	70~75

(六)液体添加技术

液体添加的质量控制技术:随着饲料加工技术的不断发展,许多添加剂都会以液体的形式加入粉状、颗粒状和膨化饲料中,以最大限度地保留这些添加剂的活性,降低饲料成本。这方面,一是要实现液体添加量的精确控制,二是要实现液体在饲料中的均匀分布或涂敷,三是要确保液体添加剂喷涂之后的稳定性或效价期。这方面高性能的常压液体喷涂设备、真空喷涂设备及控制技术的采用是保证。

油脂添加:油脂含有很高的热量,比碳水化合物和蛋白质的热量高 2 倍。将油脂添加到饲料中不仅可以降低粉尘,改善适口性,而且也能延长食糜通过消化道的时间,使能量充分吸收,提高饲料利用率,还能给猪提供必需脂肪酸和能量,产生额外热效应,改善饲料的营养价值。猪饲料脂肪的添加比例为 3%～5%。

(七)防止饲料的污染

1. 防止虫害

由于饲料原料在贮藏时常常受到微生物污染,使原料质量下降,严重影响了后续的加工生产。因此,饲料原料贮藏关键点的检测与控制应给予足够的重视。为了防止饲料原料的微生物污染,原料入库必须按规定的要求进行堆放,做好防潮、防霉变、通风等措施。同时,在储存过程中,由品管部门定期有步骤地对原料进行质量检查,发现问题及时解决,不留质量隐患。成品仓库可配除湿机,配合饲料比其他原料都易感染虫害、菌类。

表 3.60 列举了平衡水分、相对湿度与虫害滋生的关系。

表 3.60　平衡水分、相对湿度与虫害滋生的关系　　　　　　　%

物料平衡水分	空气相对湿度	虫害生长情况
低于 8	小于 30	难易生长
8～14	30～70	可感染害虫、螨类
14～20	70～90	较易感染害虫、霉菌
20～25	90～95	易感染害虫、霉菌、细菌
大于 25	大于 95	极易感染各种虫菌

2. 防止饲料的沙门氏菌污染

饲料的致病性细菌污染主要是沙门氏菌污染和肉毒梭菌污染,特别是沙门氏菌污染最为常见。易受沙门氏菌污染的饲料是动物源性饲料,应从原料选择、生产加工、运输贮藏乃至销售饲喂各个环节加以控制,并正确使用防腐抗氧化剂。

3. 霉菌毒素的控制

霉菌毒素的危害:谷物和长期贮存的饲料中有多种霉菌毒素,影响养猪生产的霉菌毒素主要有 5 种。黄曲霉毒素是对猪威胁最大的霉菌毒素。黄曲霉毒素由土壤中的一种微生物——黄曲霉产生。它是花生及其加工副产品中的主要有毒物质。当玉米和其他谷物生长在干燥、炎热气候下时,也会产生黄曲霉毒素。黄曲霉毒素是一种有毒物质,当其含量大于 100 $\mu g/kg$ 时,可以造成肝脏损伤、减慢生长、使饲料转化率变差。黄曲霉毒素还能致癌。喂给低日龄猪只的玉米中黄曲霉毒素含量不应超过 20 $\mu g/kg$。种猪的全价日粮当中黄曲霉毒素不应超过 100 $\mu g/kg$。体重大于 45 kg 的育肥猪全价日粮中黄曲霉毒素不应超过 200 $\mu g/kg$。

玉米赤霉烯酮:由粉红镰刀菌生成。猪采食含有玉米赤霉烯酮的饲料后,会发生外阴肿胀、直肠和子宫等器官的脱垂、假妊娠、伪热症以及其他雌激素样症状。

4. 饲料的防霉技术

严把饲料采购关:防止买入霉变玉米,严格储存条件,防止饲料霉变。

建议养猪场安装一个初清设备,即在玉米投入粉碎前过筛一下,将玉米中粉尘、小霉粒、杂质,大部分的霉变部分过筛出去,减少霉菌毒素的危害。这是去除霉菌毒素最重要也最经济的方法。

使用霉菌毒素吸附剂:常见的霉菌毒素吸附剂种类有铝硅酸盐、酵母或酵母的细胞壁、葡甘露聚糖等。因为霉菌毒素是一大类具有不同的功能基团的复杂的有机化合物,不同的霉菌毒素具有完全不同的理化性质。任何一种单一的吸附剂都不能将所有霉菌毒素都吸附(因为不同霉菌毒素分子有不同的理化性质),但是,通过将不同类型的吸附剂进行适当配比或对吸附剂进行改性将是一个很好的方向。

5. 重金属铅、砷、汞、镉超标

重金属是造成猪饲料污染的常见物质。市场所售微量元素添加剂中的铅、砷、汞、镉含量常高于国家的控制标准。

第四章 猪的繁殖技术

猪生产过程中,猪的繁殖性能发挥水平直接决定猪场的主要生产技术指标。所以,抓好猪的繁殖技术是实现猪场生产效率上台阶、取得显著效益的根本保证。本章将介绍猪繁殖的基本知识和重要的应用技能。

第一节 母猪生殖系统的构造、功能及发情机理

一、母猪生殖系统的构造及功能

母猪的生殖系统是母猪保持正常繁殖能力的基础。母猪的生殖器官主要由性腺——卵巢、生殖道,主要包括输卵管、子宫、阴道,外生殖器包括尿生殖前庭、阴唇和阴蒂。

(一)卵巢

卵巢是母猪的性腺。性成熟前的卵巢位于第一荐椎岬部两旁稍后方,或骨盆腔入口两侧的上部。卵巢随着胎次的增加由岬部逐渐向前方移动。卵巢的主要功能是产生卵子和分泌雌性激素、孕激素。母猪性成熟后,每个发情周期的开始阶段都会有大批的卵泡发育。成熟的卵泡分泌大量的雌激素,从而使母猪表现发情行为和生殖系统一系列的变化;成熟卵泡排卵后,卵子被输卵管的伞部承接;卵泡排卵后血液流入腔内,凝成血块,称为红体。之后,卵泡中的血块逐步被吸收,为黄体细胞所代替,称之为黄体。如果母猪没有怀孕,形成的黄体叫周期黄体或假黄体,周期黄体大约存在到发情周期的 $15\sim16$ d,在前列腺素 F 的作用下,会退化成结缔组织瘢痕,称为白体。如果母猪怀孕了,则周期黄体会发育成妊娠黄体或称作真黄体,黄体存在的时间可保持整个妊娠期。周期黄体和妊娠黄体均可分泌孕激素,对子宫为怀孕做准备和维持怀孕有重要作用。

与大多数哺乳动物不同的是,小母猪在出生时在其卵巢中仍可见到原始卵泡,且在出生后最初几周内继续形成卵泡,这样,在出生后的一段时间内,卵巢中卵泡的数量会受到有利的或不利的影响。

因此,对母猪来说,出生后,其发育的状况对其今后的繁殖能力影响很大,出生

后的最初两个月尤为重要。所以欲留作种母猪的仔猪一定要保证哺乳期和保育期的发育，才能保证在性成熟后，每个情期有更多的卵泡发育和卵子的排出。才有利于形成更多受精卵，继而发育成胚胎，从而在分娩时产出更多仔猪。

母猪的生殖器官见图 4.1。生殖系统见图 4.2。

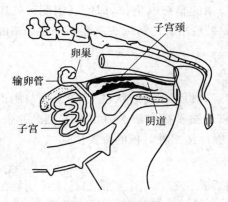

图 4.1 母猪的生殖器官

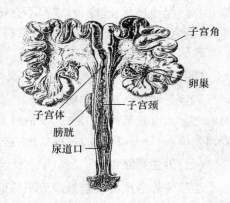

图 4.2 母猪的生殖系统

(二)输卵管

性成熟的母猪的输卵管长度为 15～30 cm，位于输卵管系膜内，是卵子受精和卵子进入子宫的必经通道。输卵管前 1/3 段较粗称为壶腹，是精子和卵子结合受精处。精子在输卵管内获得受精能力。输卵管的主要功能是承接并运送卵子，同时也是精子获能、精卵结合和早期卵裂的场所。

(三)子宫

猪的子宫由子宫角(左右两个)、子宫体和子宫颈 3 部分组成。

母猪的子宫角长度为 1～1.5 m，宽度为 1.5～3 cm，子宫角长而弯曲，形似小肠，与肠道形态明显的不同是子宫角表面有许多纵向纹，且管壁厚实。

子宫体位于子宫角与子宫颈之间，长 3～5 cm，黏膜上有许多皱襞。

子宫颈长达 10～18 cm，其内壁呈半月形突起，前后两端突起较小，中间较大，并彼此交错排列，因此在两排突起之间形成一个弯曲的通道。此通道恰好与公猪的阴茎前端螺旋状扭曲相适应。子宫颈与阴道之间没有明显界限，而是由子宫颈逐步过渡到阴道。当母猪发情时，在雌激素的作用下，子宫颈口括约肌松弛、开放，所以无论本交时的阴茎，或者给母猪输精时的输精管海绵头都很容易通过阴道直接到达子宫颈管内。

母猪的子宫颈是子宫的门户，只有在发情交配、分娩时才会开放。子宫颈管也是其交配器官的一部分。子宫体和子宫角是胚胎和胎儿发育的场所,在胚胎附植前,子宫分泌的子宫液有利于早期的胚胎发育,随着胚泡的发育,子宫黏膜会逐步发育成母体胎盘从而和胎儿胎盘发生物质交换。

　　由于母猪只有达到发情盛期,在大量雌激素的作用下,子宫颈口才会充分开张,因此,配种过早、过晚,母猪都不会接受公猪的爬跨或输精,即使强制配种或输精,精液也不能进入子宫。在人工授精中,如果输精管的海绵头不能锁定在母猪的子宫颈管内,则可能配种过早或过晚。

(四)阴道

　　阴道是雌性动物的交配器官和产道,母猪的阴道呈扁管状,位于子宫颈与阴道前庭之间。有较厚的肌肉壁。发情时母猪阴道黏膜在雌激素的作用下充血肿胀,表面光滑,并且分泌增加,呈潮红色,这是掌握母猪配种时机的重要依据。

(五)外生殖器官

　　母猪的外生殖器官包括尿生殖前庭、阴唇和阴蒂。尿生殖前庭是雌性动物泌尿生殖道的末端,是雌性动物的外生殖器。阴门为雌性动物的尿生道外口,由阴唇、阴门裂、阴蒂组成。通入前庭的入口,由左右 2 片阴唇构成,上连合处较圆,下连合处较尖,下连合后下方汇合成一尖状的突出物。阴唇的外面皮肤上有稀疏的细毛,皮肤的深处有阴门缩骨,上方连肛门外括约肌。阴蒂位于下连合前方,由海绵体及包皮组成。猪的阴蒂特别发达,较长,靠近前庭,稍弯曲,并消失在包皮套中。阴蒂头突出于阴蒂窝的表面。

　　外生殖器是母猪生殖系统的一部分,外生殖器的大小和形状,很大程度代表了母猪的生殖系统发育状况。因此,在选择母猪时,一定要重视外生殖器的发育状况,对外阴狭小、形状异常的母猪绝不可留作种用。阴道和外生殖器是母猪发情鉴定的重要观察器官,外生殖器官形态上的变化;流出的黏液的多少与黏稠度、色泽;以及母猪对外生殖器官的刺激的敏感性很大程度上代表了母猪所处的发情周期和发情期的阶段,对母猪的发情鉴定及配种时机的掌握具有重要的参考意义。

二、母猪的发情生理

(一)母猪生殖机能发育

　　母猪的生殖机能发育可分为初情期前发育、初情期、性成熟等阶段。

1. 母猪初情期前的卵泡发育

　　仔猪刚出生时,卵巢上 80% 为原始卵泡和初级卵泡。大约 70 日龄时,母猪的卵巢中出现次级卵泡,并对促性腺激素敏感。

（1）卵泡发育的品种间差异。卵泡的正常发育模式随猪的品种不同而有所差异。来源于西方品种的猪,70～90日龄时会出现一段次级卵泡发育期,随后出现一段卵巢休眠期;我国一些地方品种,如梅山猪,在60～80日龄时会出现相似的卵泡发育现象,但许多猪会出现自发排卵并继而进入规律性的发情周期。对于所有品种的无发情周期的母猪在70日龄后,应用促性腺激素可以促其卵泡发育和排卵。

（2）卵泡发育所需要的时间。一旦原始卵泡开始生长,它既可能闭锁、退化,也可能达到完全成熟并且排卵。多数卵泡都闭锁了,只有那些最终达到成熟的时间与发情期开始的时间相吻合的卵泡才会排卵。在青年母猪和经产母猪的整个生命过程中,原始卵泡都在不间断地变化、生长,因为卵泡的生长发育需要很长的时间,一个卵泡从原始卵泡发育到排卵期约需100 d。这样,在母猪180日龄达到初情期时能够排卵的卵泡实际上早在3个多月前就已经开始生长了。同样,在经产母猪断奶后排卵的卵泡在前一妊娠期中前期就已经开始发育了。卵泡发育周期长,在繁殖管理中意义重大。研究发现2～3周前限饲的母猪的卵泡卵母细胞的体外发育不如正常饲喂母猪的卵母细胞那样正常。限饲母猪的卵泡液不能像正常饲喂的母猪的卵泡液那样有效地支持卵母细胞的发育。由此可知,卵泡发育和卵子发育会受到饲养与环境的影响,从而影响到母猪的繁殖力。

由此可知,母猪的繁殖能力绝不是受近期饲养管理的影响,当我们发现母猪发情时,这个时候卵巢上的卵泡早在3个月前就开始发育了。

2. 母猪的性成熟

（1）初情期。是指正常的青年母猪达到第一次发情排卵时的月龄。这个时期的最大特点是母猪下丘脑—垂体—性腺轴的正、负反馈机制基本建立。在接近初情期时,卵泡生长加剧,卵泡内膜细胞合成并分泌大量的雌激素。其水平不断提高,并最终达到引起LH排卵峰所需要的阈值,使下丘脑对雌激素产生正反馈,引起下丘脑大量分泌GnRH并作用于垂体前叶,导致LH水平升高,形成排卵所需要的LH峰。与此同时大量雌激素与少量由肾上腺所分泌的孕酮协同,使母猪表现出发情行为。当母猪排卵后下丘脑对雌激素的反馈重新转为负反馈调节。从而保证了体内生殖激素的变化与行为学上的变化协调一致。

从小母猪的外部变化上看,母猪在生后4～5月龄时,外阴部出现潮红、肿胀,但母猪的行为表现还达不到接受公猪爬跨的程度。但可以看出小母猪已经接近初情期。这个时期卵泡可发育到相当大,但达不到发育到排卵的程度,试情时小母猪也不接受公猪的爬跨。母猪外阴部的发情征候在不规则的周期反复出现之后,外阴部特别肿大,潮红增强,从阴门流出黏液,开始允许公猪爬跨。与此同时也开始排卵,这个时期可认为母猪进入初情期。

大多数引进品种母猪的初情期一般为 5～8 月龄,平均为 7 月龄,杂种母猪初情期略早于纯种母猪。我国的一些地方品种可以早到 3～4 月龄。

影响母猪初情期到来的因素有很多,但最主要的有 2 个:第一个是遗传因素,不同品种初情期到来的时间差异很大,一般体形较小的品种较体形大的品种到达初情期的年龄早,如我国地方品种,特别是南方地方品种的初情期较早;近交会推迟初情期,而杂交则提早初情期。第二个是管理方式,后备母猪群每天用成年公猪隔栏试情,则有利于提早小母猪的初情期。营养状况好、群养舍饲的小母猪比单养的小母猪初情期早。温和季节出生的小母猪较冬季出生的小母猪的初情期早。

(2)性成熟。母猪初情期后,促性腺激素分泌水平进一步提高,其周期性释放脉冲的幅度和频率都增加,足以使生殖器官及生殖机能达到成熟阶段,生殖器官发育基本完善,具有协调的生殖内分泌,表现完全的发情征状、排出能受精的卵母细胞,并出现有规律的发情周期,具有繁衍后代的能力,这个时期我们称之为性成熟。但此时母猪身体发育还未成熟,往往不及成熟体重的 60%,如果此时配种,可能会导致母猪生理负担加重。小母猪如果配种过早,会造成头胎窝产仔少,初生重低,仔猪体形较短,商品猪等级下降,同时还可能影响母猪今后的繁殖。母猪的性成熟可看作是一个过程,即母猪生殖机能的成熟过程。

母猪的生殖机能发育有其内在的规律性,母猪只有发育到一定的年龄、生理阶段配种,才能保证母猪的繁殖年限,充分发挥母猪的繁殖性能,并保证仔猪的质量,确保养猪场达到最佳效益。

(二)母猪的初配适龄

母猪的初配适龄是一个畜牧学上的概念,也就是畜牧生产角度上考虑母猪初次配种的最佳年龄。既不能在母猪一旦有生育能力就配种,也不能在母猪体格发育完全成熟时配种。应从初配怀孕对产仔数、仔猪成活率、对母猪今后繁殖力的影响上考虑。不同品种母猪初次配种的年龄与体重有所不同。总体来说,除了考虑初配时的年龄外,一般应在母猪第二或第三个情期时初配,同时更应该要参考该品种母猪初配时的体重。以下建议可作为猪场考虑母猪的初配年龄的参考。

我国地方品种母猪:6～7 月龄,体重 80 kg 左右,第二个情期时为初配年龄。

杜洛克、长白、大约克夏等引进纯种母猪:8～9 月龄,体重 120～140 kg,第 3～4 个情期时为初配年龄。

本地品种与引进品种的杂种母猪(内二元):6 月龄,体重 90～100 kg,第 2～3 个情期时为初配年龄。

引进品种二元杂种母猪(外二元或洋二元):7～8 月龄,体重 120 kg 以上,第

2～3情期时为初配年龄。

（三）母猪的繁殖利用年限

现代养猪生产中,种母猪群采用高频繁殖。由于品种和繁殖管理的原因,母猪的繁殖利用年限有所缩短。母猪的最佳繁殖年龄在 3～4 岁和第 4～6 胎,随着胎次的增多,初生窝重、断奶窝重、断奶仔猪整齐度、断奶成活率都会明显下降。在大型商品生产场中,母猪平均的利用年限在 4 岁左右,6～8 胎。每年有 1/4～1/3 的繁殖母猪被淘汰,平均 3～4 年全场的繁殖母猪全部更新一遍。而育种场可能平均年更新率达 50%,其目的是加快更新换代,提高育种步伐。种猪群中每头母猪的利用年限差异很大,约 15% 的母猪在第 1～3 胎就被淘汰了。有些母猪可能会利用到 5 岁,第 8～10 胎后才淘汰。

（四）发情周期

母猪自初情期开始,正常情况下,只要没有怀孕、哺乳,每隔一定时间就会有一次发情,这种过程周而复始,直到完全不能发情(绝情期)。母猪的发情表现以在公猪前出现静立反射或接受公猪爬跨为特征。相邻 2 次发情开始的间隔时间被称为母猪的发情周期。

1. 母猪的发情周期的长短

母猪的发情周期存在个体上的差别,但品种间的差别似乎并不明显。发情周期一般为 19 ～22 d,平均 21 d。另外,小母猪在最初的几个发情周期较不稳定,这是由于此时内分泌的调控机制尚不完善造成的。

2. 发情周期开始的时间

在猪场中要记录母猪所处的发情周期的阶段,以便进行母猪的繁殖管理。母猪发情周期的开始,就是母猪接受公猪爬跨的开始时间,这个时间可作为发情周期的第 0 天,在发情开始后的第 12 天 ,即是发情周期的第 12 天。依此类推。

3. 发情周期的阶段划分

发情周期可根据生殖系统的变化和母猪的行为变化,分为 4 个阶段。

(1)发情前期(又叫前情期或准备期)。这个阶段由于卵巢上卵泡发育和雌激素的分泌增加,使母猪的生殖系统充血肿胀和分泌增强。从外部可以看到母猪阴门逐渐充血肿胀,前庭变得充血(变红),外阴流出水样的、稀薄的分泌物,尤其是后备母猪较为明显。发情前期大约持续 2 d,后备母猪发情前期会持续时间长些。在此阶段,母猪变得烦躁不安,鸣叫、食欲减退甚至完全绝食,喜接近公猪,但不接受公猪的爬跨。这个阶段以外阴开始肿胀为开始时间,以母猪接受公猪爬跨为结束时间。

(2)发情期(又叫兴奋期或发情持续期)。母猪发情期的主要特征是在公猪前出现静立反射。同时外阴部高度肿胀，分泌物增多，黏液变得黏稠、混浊，可牵拉成丝。这个阶段一般持续 40～70 h，排卵发生在发情期进行到 2/3 左右时。排卵过程大约持续 2～6 h。本交配种的母猪比未交配的母猪排卵大约要早 4 h。这个阶段以母猪不再接受公猪爬跨为结束时间。

（3）发情后期（又叫后情期或恢复期）。紧跟在"静立发情"之后便是发情后期，母猪不再接受公猪爬跨。生殖道的充血消退，分泌物黏性进一步增强，但数量减少。发情后期大约持续 2 d。在发情后期，排出的卵不管受精与否都会从输卵管向子宫角移动。

（4）休情期。随着生殖系统的恢复，母猪的行为和外部表现逐渐恢复到平常状态，一直到下一个发情前期开始这段时间叫休情期。这个阶段不管母猪是否怀孕，母猪的生殖系统都要为怀孕做准备。休情期大约持续 14 d。

在发情周期中，母猪卵巢上的变化具有典型的特点。从发情前期到发情期的中后期排卵，是卵泡发育和成熟阶段，这个阶段由于有卵泡的发育，可称之为卵泡期；随着卵泡的排卵，卵泡细胞逐渐变性为黄体细胞，孕激素分泌逐渐增加，直到下个发情前期前的黄体退化，卵巢上一直存在黄体，因此称此阶段叫黄体期。这样发情周期也可分为 2 个阶段，即卵泡期和黄体期。从卵泡期到黄体期以排卵为分界，从黄体期到卵泡期以黄体退化为分界。

4. 发情周期对母猪繁殖管理的意义

观察和记录母猪的发情周期规律，有利于我们判断母猪的生殖健康状况、进行妊娠诊断、发情鉴定和营养调控。

（1）初步判断母猪的生殖健康状况。正常情况下空怀母猪每隔 19～22 d 就会有一次发情，如果发情周期不规律，或过长过短，或不再有发情周期，都可认为母猪出现繁殖障碍。

（2）进行妊娠诊断。母猪一旦妊娠，一个重要的特征就是在下个发情期时间不表现发情征状，并在 100 多天的时间内没有发情周期（同时母猪分娩后的哺乳期一般也不会表现发情）。一般配种后 28 d 不表现发情的母猪数占总配种母猪的百分比叫 28 d 不返情率，不返情率很大程度代表母猪的受胎率。

（3）优饲。在配种前一般要进行 10～14 d 的优饲，以提高初配母猪的窝产仔数。因此优饲开始的时间应在上次发情开始的第 7～10 天后。这是依据母猪的发情周期规律推算的。

（五）母猪的发情

1. 母猪的发情表现

母猪从前情期到发情结束，身体、行为、食欲、外阴会出现一系列的变化，这些变化有一个渐强和消退的过程。一般情况下,只有出现下列征状的大部分甚至全部才能认为母猪已经发情。

(1)爬跨其他母猪。说明该母猪即将开始发情。

(2)食欲减退,甚至完全停食。

(3)烦躁不安。当其他母猪在休息时,这头母猪可能还会表现得不安生。

(4)有渴望的表情,眼睛无神,呆滞。

(5)当查情员接近或有公猪接近时,表现为耳朵向上竖起,身体颤抖。

(6)当查情员按压其背部时,母猪站立不动,甚至有向后"坐"的姿势,尾巴上下起伏。

(7)阴户红肿,从肿胀到发亮,到开始起皱和渐渐消退。

(8)外阴流出黏液,从量多而清亮,到混浊量少,黏性增强。

(9)阴道黏膜红肿、发亮,至逐渐呈深红色。

(10)把手指放在阴唇间,有潮湿、温暖的感觉。

2. 断奶后发情

泌乳抑制母猪的发情,因此一般母猪在哺乳期不能正常发情,有些母猪可能分娩后1周左右会有一次发情,但与正常发情相比,其发情不明显,不接受公猪的爬跨,因此不能作为真正的发情。从内部变化看,母猪有卵泡发育,但一般不排卵。正常分娩哺乳的母猪,在断奶后3~14 d正常发情。头胎母猪断奶后到发情的天数会超过12 d,二胎约间隔9 d,三胎以后3~7 d。经产母猪超过80%的母猪在断奶后4~6 d发情。

3. 母猪的发情期

母猪的发情期是指母猪从接受公猪爬跨到不接受公猪的时间区间,或称为发情持续期。母猪的发情持续期长短受很多因素的影响。

(1)年龄与胎次。一般后备母猪和第一胎、第二胎的母猪发情持续期较短,1~2 d,而经产母猪发情持续期较长,2~3 d。经产母猪约有80%发情持续期在32~64 h。

(2)断奶到发情的间隔时间。一般情况下,断奶到发情的间隔越短,发情持续期越长,间隔越长,则发情持续期越短。

经产母猪断奶至发情的间隔与发情的天数见表4.1。

表 4.1　断奶至发情的间隔与发情的持续期的关系

断奶至发情/d	3	4	5	6
发情持续期/h	63	54	48	36

4. 排卵时间

排卵是卵巢内成熟的卵细胞从破裂卵泡中排出来的过程。

母猪的排卵时间一般在发情开始后的第 16～42 h，排卵有一个过程，大约持续 4～6 h。发情期内如果母猪不交配，则排卵时间会较晚，在发情开始后 48～60 h后排卵。如果配种，不仅排卵会比不配种早，而且排卵持续期也会短些。

在一个情期内母猪排卵数一般为 10～30 枚，引进品种中，经产母猪平均排卵数为 26 枚。母猪的排卵数受品种、年龄、胎次影响。我国本地猪排卵数较多，引进品种排卵数少；青年母猪排卵数较少，首次发情排卵数比第二次发情的排卵数少；母猪在 4～6 胎排卵数为最多；营养水平高的母猪排卵数高于营养差的母猪。

在排卵时间上，发情期越长，排卵越晚，基本上处在发情持续期进行到 70% 左右时。不同发情持续期的母猪平均排卵时间见表 4.2。

表 4.2　不同发情持续期与排卵时间的关系　　　　　　　　　　　　　　　　h

发情持续期	63	54	48	36
排卵时间（发情开始后）	41	37	34	27

(六)受精

卵泡排卵后，卵子被输卵管的伞部承接，并沿输卵管向子宫方向运行，当达到输卵管壶腹部时，会作暂时停留。

母猪交配后或人工授精后，精子会沿子宫向输卵管方向运行，并在子宫和输卵管内完成精子获能过程，即精子只有与子宫和输卵管中的液体相互作用后，才能获得受精能力。精子到达受精部位（输卵管壶腹部）后，与卵子相遇，精子穿透卵子的放射冠，穿过透明带，进入卵黄膜内（通常只有一个精子能进入卵黄膜内），卵子很快完成减数分裂Ⅱ，分裂出一个极体和卵母细胞。然后精子的头形成雄性原核，卵子的核形成雌性原核，两核相向运动融合，就完成了受精过程。受精卵进一步发育为胚胎，见图 4.3。

精子在输卵管内保持受精能力的时间可达 24 h 以上，所以繁殖专家怀疑在一个情期中第一次配种（即主配）后，间隔 12 h 进行第二次配种（即

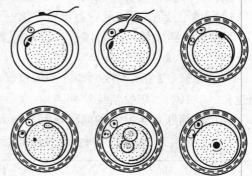

图 4.3　猪卵子受精的模式图

辅配)的必要性。但生产上一直采用的方法是:一个情期两次配种的间隔为12～18 h。实践证明,一个情期一次配种的受胎率和窝产仔数确实比一个情期两次配种要略低。但这并不说明母猪一个情期配种2次有多么必要,只能说明,发情鉴定、配种时机掌握可能会受各种因素的影响而判断不准,事实上不少养猪者往往因害怕错过情期而使第一次配种时间过早。因此,增加以一次辅配,可以弥补配种时间过早造成的损失。

由于配种后精子向输卵管运行、获能需要一定的时间,因此,输精或交配的时间应比排卵时间早。一般应在排卵前6～12 h配种,才有利于卵子的受精。即使有手段检测到母猪是否已经开始排卵,但对于配种时间的掌握似乎并没有多大意义。因为,当知道母猪排卵时,配种为时已晚。而能够预测母猪的排卵时间则有实际意义,因为这样可以推测出母猪配种的最佳时机。

第二节　公猪的生殖系统构造、功能及生殖机能发育

一、公猪的生殖系统构造及功能

公猪的生殖系统包括大脑(下丘脑、垂体)、性腺(即睾丸)、附睾、输精管、尿生殖道、副性腺、包皮与包皮憩室等。

(一)大脑(下丘脑和垂体)

1. 下丘脑

下丘脑是公猪生殖腺轴的高级器官,调节着垂体前叶促性腺激素的分泌。

大脑作为公猪生殖系统的组成部分,负责接收来自体内的信号和来自外部环境的刺激,并对它们进行整合,进而调节与繁殖有关的生理变化和行为机能。它控制公猪对外界环境刺激的反应、行为和繁殖过程,同时对公猪的学习过程(动力定型或条件反射)起重要作用。外部刺激对公猪产生的影响可分为良性刺激和不良刺激。良性的刺激,比如发情母猪的叫声、气味、正常的交配过程对公猪产生的愉快感,容易使公猪建立良好的条件反射;不良的刺激,如呵斥、鞭打、不正确的采精手法及用力方法,由于母猪不接受爬跨而使公猪跌倒,都会使公猪产生挫折感,这样则会削弱已经建立的条件反射,甚至使公猪从此丧失配种能力。因此,后备公猪的前几次配种,应选择发情良好的经产母猪与之交配,以确保公猪前几次配种成功,从而建立公猪良好的条件反射。进行采精的公猪,前几次采精应由技术熟练的采精员操作。

下丘脑分泌的 GnRH（促性腺释放激素）能控制垂体前叶产生和分泌 LH 和 FSH。

2. 垂体前叶

垂体前叶分泌促性腺激素，调节睾丸激素分泌和精子发生及成熟。

垂体前叶可分泌多种促性腺激素，其中包括促卵泡素（FSH）和促黄体素（LH）。这 2 种激素负责调节睾丸机能。

（二）睾丸

睾丸是公畜的性腺，主要功能是产生精子和分泌雄性激素。精子是公畜的配子，雄性激素对性行为和第二性征发育及维持起关键性作用。

1. 睾丸的形态、结构

与许多雄性动物一样，公猪的睾丸成对存在，呈卵圆形，位于由腹膜从腹股沟管延伸到阴囊内的固有鞘膜内，而阴囊位于公猪体壁外的会阴部。睾丸在胎儿发育到怀孕 90 d 左右时，由腹股沟管下降到阴囊内。

睾丸的表面被以浆膜，其下为致密的结缔组织构成的白膜，从睾丸和附睾头相连接的一端，有一结缔组织索伸向睾丸实质，构成睾丸纵隔，由纵隔向四周发出许多放射状结缔组织直达白膜，它将睾丸实质分成许多小叶。小叶尖端朝向睾丸的中央，每个小叶中有 2～3 条非常细而弯曲的细管构成，称之为曲精细管。曲精细管管腔内充满液体。曲精细管在各个小叶的尖端先后各自汇合成直精细管穿入睾丸纵隔结缔组织内，形成弯曲的导管网，称之为睾丸网。由睾丸网最后合并成20～30条睾丸输出管形成附睾的头。

精细管的管壁由结缔组织、基膜和复层的生殖上皮等构成。上皮生殖细胞因发生时期和形态不同而各有差异，支持细胞位于密集的生殖细胞中，支持和营养生殖细胞。睾丸间质细胞、血管、淋巴管和神经分布于精细管之间。

2. 睾丸的功能

（1）睾丸曲精细管具有产生精子功能。曲精细管的生殖细胞经过多次的增殖、分裂、变形，最后形成雄性动物的配子——精子。精子随着精细管的液体流经直精细管、睾丸网和输出管到达附睾。

（2）睾丸间质细胞分泌雄性激素——睾酮。位于睾丸间质的睾丸间质细胞和位于精细管的睾丸足细胞是睾丸内的两种重要内分泌细胞。垂体前叶释放的 LH 刺激睾丸间质细胞分泌雄激素。产生的主要雄激素是睾酮。睾酮对于精子产生和公畜性行为具有重要作用。FSH 刺激睾丸足细胞产生雄激素结合蛋白、将睾酮转化成二氢睾酮和雌激素，并分泌抑制素。雄激素结合蛋白与雄激素形成复合物，并随精子进入附睾。局部高浓度的雄激素对于维持附睾上皮的正常功能十分必要。

（3）睾丸需要在低于体温的温度下才能发挥其生精功能。

①公猪依靠阴囊、睾丸蔓状丛和提睾肌来维持生精所需要的温度。睾丸需要在低于体温 3～5℃的条件下，曲精细管才具有正常的生精功能。由于睾丸位于体外的阴囊内，因此就需要有一种特殊的解剖结构来进行温度调节。进行温度调节的最重要的结构是睾丸蔓状丛，它是由睾丸动脉和静脉在精索内形成的复杂的血管网，睾丸动脉形成一种锥形螺旋结构，在此结构中睾丸动脉和睾丸静脉相互缠绕在一起。从功能方面来讲，这种逆流热交换机制使得动脉血在进入睾丸时被从睾丸流出的静脉血冷却。大多数动物动脉血在进入睾丸前其温度会下降 2～4℃。另外，有 2 组肌群：阴囊肉膜和提睾肌对温度调节也发挥着重要作用。肉膜位于阴囊内部，使阴囊与睾丸接近。天气变冷时，肉膜收缩将阴囊向睾丸拉近以防睾丸受凉；天气较热时肉膜放松使阴囊重新回到较远的位置。提睾肌位于精索内，附着于围绕睾丸的厚厚的包膜上。天气变冷时提睾肌收缩，将阴囊和睾丸拉向体壁；天气变热时提睾肌松弛使睾丸恢复正常位置。这 2 组肌群都含有丰富的肾上腺素能神经纤维，能对位于中枢神经系统的温度感觉中枢做出反应。对公猪来说，根据睾丸和体壁的解剖关系，在睾丸温度调节中阴囊肉膜比提睾肌更重要。见图 4.4。

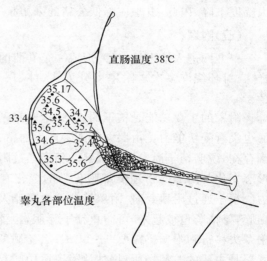

图 4.4　睾丸各部位温度示意图

②双侧隐睾的公猪因睾丸温度与体温一致而不能产生精子，导致不育。公猪出生后睾丸仍未下降到阴囊内的现象称之为隐睾。隐睾分单侧隐睾和双侧隐睾，单侧隐睾因为另一侧睾丸具有正常的生精功能，因此单侧隐睾的公猪仍然具备生育力。而双侧隐睾的公猪，因为两侧睾丸都与体温一致，影响睾丸的生精能力，因而没有生育力。成年隐睾的公猪具备第二性征和性欲，能与发情母猪交配，并能射出精液，但双侧隐睾的公猪精液中没有精子。单侧隐睾的公猪由于这种损征能够遗传，因此单侧隐睾的公猪不能留作种公种猪使用。商品代隐睾的小公猪由于睾丸在腹腔内，因而去势的难度要比正常公猪大。

由于睾丸需要在低于体温 3～5℃的条件下才能产生精子，而睾丸产生雄激素的能力则受到温度的影响较小。寒冷的天气会对公猪的生精能力产生一定的影响,但炎热对公猪的生精能力不良影响要大得多。一般情况下,环境温度超过28℃就会对生精能力产生明显影响,温度越高影响越大。而公猪发烧、受到热应激,则会使生精能力发生暂时或永久性影响,同时已经形成的精子也会发生畸变而失去受精能力,从而导致公猪暂时或永久性不育。因此,公猪舍夏季的降温,以及保持公猪的健康对保证公猪的生精能力非常重要。一旦公猪出现发烧性疾病,一方面应及时使用退热药物,使体温尽快降到正常温度,另一方面应对阴囊进行冷敷,防止睾丸升温。另外夏季公猪睾丸的生精周期为增长,而使睾丸实质生精能力大幅度下降,因此,夏季应降低公猪的采精频率,以确保精液质量。

(三)附睾

睾丸网进入输出管,最终形成一个卷曲的管道,称为附睾。附睾管与精细管一样,自身环绕许多次。附睾可分为头、体、尾 3 部分。在附睾腔中常见有大量的精子。

附睾的主要功能是精子的成熟、运输和贮存。刚进入附睾的精子没有活力,因而也没有受精能力。由睾丸精细管产生的精子,刚进入附睾头时,颈部常有原生质滴存在,说明精子尚未发育成熟。精子通过附睾过程中,原生质滴向后移行。这种形态变化与附睾的物理及细胞化学的变化有关。它能增强精子的运动和受精能力。精子通过附睾管时,附睾管分泌物磷脂及蛋白质,裹在精子的表面,形成脂蛋白膜,将精子包被起来,可防止精子膨胀,也能抵抗外界环境的不良影响。精子从附睾头移行到附睾尾需要 9~14 d。公猪附睾可贮存的精子数可达 2 000 亿个,附睾尾是主要的贮精场所,据估计附睾尾中贮存的精子总数约占附睾内总贮精子数的 75%。精子在附睾体中受到本部位细胞分泌因子的作用开始具有活力并具有受精能力。精子在附睾内缺乏主动运动,据推测,精子在附睾内的运动与睾丸网液的流动、纤毛上皮的运动和环肌收缩有关。

公猪的精子在附睾内需要大约半个月时间的成熟过程,由于公猪附睾内贮存有大量的成熟精子,而每次射出的精子数 500 亿~600 亿个,所以如果连续 1 周没有交配或采精,之后再连续 3 d 每天配种 1 次或采精 1 次,通常不会对精液的质量产生明显影响。而长期高频率交配或采精,则会使公猪射出的精液内含有大量的未成熟的精子,其特点是大量精子的尾部上有原生质滴,这种精子没有受精能力。因此,公猪的射精频率是否过高,一个重要的特征就是带原生质滴的精子所占的比例。而长期未配种或采精的公猪之后射出的精液中则衰老畸形精子较多。

长时间未射精,精子在附睾内会慢慢衰老退化、崩解并被清除,所以,长时间间隔后采精,公猪射出的精液中会含有大量退化精子。

应该注意的是,从睾丸进入附睾头的精子似乎并不是完全按先后次序逐步向附睾尾部移动,而是总有一些精子很快到达附睾尾部,这些精子在射出时往往没有成熟。同样,衰老精子也不都是优先射出体外。所以不管采精频率高低,精液中总有不成熟的精子和衰老的精子。所以不能以是否有不成熟精子或衰老精子作为判断采精频率高低的依据。而应根据不成熟精子在总精子数的比例来判断。如果一定要制定一个标准作为参考,不成熟精子超过 5％ 就可认为是采精频率过高。

(四)输精管

附睾管在附睾尾端延续为输精管。输精管是公猪生殖管的一部分,射精时,在催产素和神经系统的支配下,输精管肌层发生规律性收缩,使管内和附睾尾部贮存的精子排入尿生殖道。

(五)副性腺

骨盆尿道附近有 3 对副性腺:精囊腺或称精囊、前列腺和尿道球腺。

1. 精囊腺

公猪的精囊腺发达,通常为橘黄色,是精液中精清的主要成分,其分泌物含有刺激精子代谢和给精子提供能源的成分。

2. 前列腺

前列腺的分泌物为碱性,并含有钙、酸性磷酸酯酶和纤维蛋白溶解酶等。前列腺分泌的碱性液体的主要功能是中和阴道酸性分泌物,也可能是精液的特征性的气味来源。

3. 尿道球腺

射精时尿道球腺会分泌一些黏稠胶状物并随精液排出。

(六)尿生殖道

公猪泌尿生殖系统的末端部分是尿道阴茎部,它是阴茎内的中心管道。尿道阴茎部开口于阴茎龟头部。

(七)阴茎、龟头、包皮、包皮憩室

公猪的龟头呈逆时针螺旋状。龟头受到高度的神经支配,必须给以适当刺激才能保证正常勃起。猪的阴茎有 3 个海绵体包围于尿道阴茎部周围。阴茎勃起时,血液被"泵"入这些部位。不勃起时,阴茎回缩。猪的阴茎形成典型的"S"状折叠。

在回缩状态时,阴茎游离端位于包皮内。未成熟的小公猪的龟头由于与包皮边缘连在一起而无法完全伸展。当公猪达到性成熟时,由睾丸分泌的雄激素导致包皮内缘发生角化从而使阴茎完全脱离包皮。包皮系带坚韧时,组织边缘不能完全角化而仍与阴茎连在一起。在这种情况下,在勃起和射精时,阴茎头会向包皮内

弯曲。这种情况下,可用产科剪将其剪开进行矫正。包皮的末端有一个腔称为包皮囊,尿液、精液和一些分泌液聚集在其中,这种液体具有成熟公猪所特有的气味。

二、公猪的生殖机能发育

(一)睾丸的下降

公猪在胚胎时期,睾丸位于腹腔内,出生前睾丸从腹腔内沿腹股沟管进入阴囊内。如果在出生后一侧或两侧睾丸未进入阴囊内称之为单侧或双侧隐睾。

(二)公猪的生殖机能发育

1. 性成熟前发育

受精后第 19～20 天开始形成睾丸,到妊娠约 90 d,睾丸降入阴囊;仔猪出生后,早期发育阶段包括从临近分娩到出生后 1 个月的时间,此发育阶段的特征为随着睾丸间质细胞的分化增殖,睾丸/体重比增加,为公猪以后产生精子的能力奠定了基础。性成熟前发育阶段开始于 30 日龄并一直持续到公猪达到性成熟。在此成熟阶段,生成精子的细胞基础逐步完成。

2. 初情期和性成熟

(1)初情期。初情期是公猪第一次交配并能射出精液的阶段。不同品种受其遗传和环境条件影响而有所差异,我国地方品种的初情期一般较早,在 4～5 月龄。引进的品种在 5～6 月龄时,阴茎能够勃起,并射出精液。由于此时公猪的生殖机能还很不完善,射出的精液中的含精量小,而且不成熟精子较多,所以一般公猪可能还不具备真正的生育力,即不能保证射出的精子具有受精能力。

(2)性成熟。小公猪发育到一定年龄后,能够产生成熟的具有受精能力的精子,同时,表现出第二性征,这个时期可称为性成熟。引进品种的性成熟年龄在 6～7 月龄,我国地方品种一般稍早于引进品种,在 5～6 月龄。

(3)配种年龄。进入性成熟的公猪,虽然已经具备生育能力,即能产生出具有受精能力的精子,但此时公猪的体格还很小,而且由于性机能不完善,配种的受胎率还不能保证。同时过度使用青年公猪,会影响到公猪自身的发育和今后繁殖能力维持。因此,应规定一个青年公猪用于生产性配种的年龄。引进品种一般在 8～9 月龄开始配种,这时公猪的体重大约相当于成年体重的 60%～70%。

(4)公猪的利用和利用年限。公猪达到配种年龄后,最初的几个月尽管其生殖机能的发育十分迅速,但其实际繁殖能力并没有达到最佳状态。所以种公猪利用的最初的 6 个月,每周配种次数最多 2 次。而采精的公猪,最好每周采精 1 次。以后可根据公猪的性欲、生精能力安排公猪的配种或采精频率。公猪从开始配种起,可利用年限为 3 年,但很多猪场实际利用年限要短些。其原因一是为了加快公猪的更新,以便及时将更好的公猪用于配种,以提高猪群质量和遗传改进的速度;二是由于公猪利用强度过大,而使其性机能过早退化而被淘汰;三是公猪达到 2.5 岁时,体格可能已经很大,公母猪体重悬殊,加上笨重,配种有困难,用于采精的公猪,则因体重过大,对人的危险性增大。因此,猪场应保证有相当于种公猪 1/3~1/2 的后备公猪,以替补淘汰的种公猪。从猪群质量上考虑,不断选育更好的种公猪来代替正在使用的种公猪,是最有效的提高猪群品质的措施。尽管种公猪饲养量不大,但其对后代的影响与种母猪并没有太大的差别。西方有一句养猪农谚说“公猪是种猪群的一半”,就是这个道理。

(三)公猪的性行为

公猪的性行为与自身雄激素水平、性机能发育阶段和异性刺激因素有密切的关系。了解公猪性行为的发展及状况,可以用于判断公猪的配种能力变化及公猪的培育水平。

1. 性行为发展过程

(1)性行为最早出现于 1 月龄左右。由于 1 月龄小公猪的雄激素水平已经很高,所以受雄激素的支配,小公猪在此时已经出现了爬跨行为,爬跨同窝的小母猪或小公猪。此时公猪的体重只有 7~9 kg。随着年龄的增长,爬跨次数越来越多,爬跨时间也逐渐延长。

(2)4.5~5.5 月龄,公猪的阴茎能够伸出。这个年龄的公猪体重在 75~95 kg。开始阴茎伸出的长度短,2~3 cm;伸出的时间也只有几秒钟,并且不能排出分泌物。之后不久,公猪在阴茎伸出时,持续时间增长,并能排出白色胶状的分泌物。

(3)6~7 月龄,公猪能够射出具有受精能力的精子。产生具有受精能力的精子是公猪进入性成熟的标志,此时公猪有较高的性欲和相对完整的性行为。

2. 性欲强度

公猪的性欲强度既受其自身雄激素水平的影响,也受交配经验和利用频率的影响。刚刚性成熟的公猪的性欲往往不强,但随着几次成功的交配之后,公猪的性欲会逐渐增强。2~3 岁时,公猪的性欲强度达到最高,以后开始逐渐下降。

较高的配种频率似乎对公猪的性欲影响并不大,一些公猪每天配种一次,其性欲始终十分旺盛。应该注意的是,性欲的高低与其生殖机能高低并不是一回事。较高的配种频率,尽管公猪的性欲很旺盛,但其每次射出的精液量和总的有效精子数会逐渐降低,直到完全丧失受精能力。如果配种频率过高,则会使其性机能过早衰退,性欲下降。

3. 公猪的性行为

（1）性行为过程。当公猪接近发情母猪后，会发出哼哼的叫声，嘴巴不停地开合，并分泌出大量的白色泡沫。频频排尿，嗅闻母猪的外阴，拱母猪的侧腹部、头部，并拱挑母猪的乳房部位。如果母猪站立不动，公猪就会绕到母猪的后部，爬跨母猪，并用前肢夹着母猪的侧腹部，接着阴茎伸出，并试图插入母猪的阴道内。相当多的公猪一次爬跨往往不能成功，一般都会经过 2 次左右的爬跨，才能将阴茎插入母猪的阴道内。阴茎插入后开始抽动并来回旋转，当其阴茎的螺旋部分（龟头）插入母猪的螺旋形的子宫颈皱褶时，子宫颈会收缩，将公猪的阴茎锁定，使其不能转动，这样就会刺激公猪的性欲达到高潮而开始射精。公猪在射精时，肛门呈节律性收缩，尾巴起伏。公猪射精完毕后，眼睛会向下观察，似选择从哪一侧跳下。交配行为结束。

（2）射精的机理。公猪受到性刺激时，其阴茎海绵体的动脉血管充血扩张，导致阴茎勃起，收缩的阴茎肌肉开始松弛，从而使"S"状弯曲伸直，阴茎从包皮内伸出。射精过程是由分布于附睾尾和睾丸输出管的平滑肌的节律性收缩引起的。射精过程中，公猪的龟头略微变大。

（3）射精时间。公猪的射精时间比其他家畜要长，牛羊的射精时间只有数秒钟，公猪的射精时可达 $3\sim15$ min。平均射精时间 5 min 左右。

（4）分段射精。公猪射精过程，从成分上呈明显的阶段性。公猪最初射出的精液主要是胶状物，然后是一些清亮的液体，其中几乎不含精子，可能混有少量的尿液（尿生殖道中的少量残存尿液），有十几到几十毫升，之后开始射出浓白的精液，含有浓度很高的精子，有 $30\sim100$ mL，之后精液的浓度会越来越稀，直到完全是清亮的液体；有些公猪这种由浓到稀、由稀到浓再变稀的过程会进行 3 次，也就是说可出现 3 次浓份精液，有些公猪则只出现一个由浓到稀的过程。公猪射精到最后，先是一些清亮的液体，最后会排出大量的胶状物，然后阴茎软缩，射精结束。

(四)精子的产生

1. 精子的产生过程

精子的产生指的是从曲精细管中的精原细胞 A_1 开始到完全形成精子过程。精子的产生过程经历了精细胞的发生过程和精子的形成过程。精母细胞形成是指由精原细胞 A_1 开始，经过有丝分裂和减数分裂过程；而精子的形成则是指由精母细胞到精子的变形过程。

（1）精母细胞的形成。公猪临近初情期时，未分化的生殖细胞即精原细胞分化

形成 A_0 型精原细胞。A_0 型精原细胞是精细胞的前体。A_0 精原细胞的数量直接关系到公猪的产精量。在成年公猪，A_0 型精原细胞分化成 A_1 型精原细胞，后者又继续分化成不同类型的未成熟精细胞——6～8 个初级精母细胞。初级精母细胞形成后，第一次成熟分裂（减数分裂Ⅰ）过程不经过 DNA 复制，形成次级精母细胞，其中的染色体减半成为单组（单倍体）。次级精母细胞再经过一次有丝分裂，即形成精母细胞。

（2）精子的形成。圆形的精母细胞在精子形成过程中发生的一系列形态变化而形成精子，精子成熟过程包括：核物质的浓缩、精子尾的形成、顶体帽及其内容物的形成。

（3）精子的发生周期。从精原细胞 A_1 开始，到形成精子所经过的时间称为精子的发生周期。猪的精子发生周期为 44～45 d。精子的发生周期对公猪的繁殖研究有十分重要的意义。公猪的生精能力一旦受到影响，如发烧或受到高温的影响，往往需要很长时间才能恢复。而且畸形的精子会在生殖道（附睾、输精管）中存在很长时间，当睾丸恢复正常生精能力，并有正常精子贮存于附睾内时，很长时间，排出的精液中仍有之前形成的畸形精子存在，这使精液的质量长时间受到影响。

公猪的精子发生周期为 45 d，精子在附睾内成熟需要 15 d 左右的时间，因此，一旦公猪的生精机能受到严重影响，要恢复正常生殖功能，通常需要 60 d 左右的时间。因此，在改善营养和环境、消除不利于生精的因素后，需要经过 2 个月以上时间才可能恢复到正常水平。

2. 影响生精能力的因素

（1）气温与体温。公猪的精子产生于睾丸的曲精细管内，精子的发生需要睾丸处在低于体温 3～5℃ 的条件下。公猪能够通过自身调节而使睾丸处于正常温度范围，所需要的环境温度在 10～25℃，低于或超过此温度，都会造成公猪的生精能力降低。公猪最适宜生精的温度为 18～20℃。相对于低温来说，高温对公猪生精能力的不良影响更大，如果外界气温高于 25℃，公猪的生精周期就会增长，生精能力下降。公猪能够耐受的最高温度为 29～30℃。气温持续的高温，公猪将基本不产生精子，出现暂时性不育。采用本交的猪场，夏秋季节母猪返情率明显高于其他季节，其主要原因是夏季公猪精液质量差，不成熟精子多，活力不合格。公猪发烧或热应激时，精液中头尾断裂的精子会明显增多，可作为公猪是否受热的一个参考因素。

公猪发烧时，会使睾丸的温度更高，结果，也会造成公猪暂时或永久性不育。当发现公猪发烧时，一方面要及时进行退热处理，同是应立即对公猪的阴囊进行冷敷，可不断向阴囊喷 50% 左右的酒精，以加快散热，直到体温恢复到正常温度。

（2）睾丸组织的大小与硬度。睾丸组织的多少（容量）很大程度影响着一头公畜每天的生精能力。一般情况下，一头公猪的睾丸周径越大，睾丸体积越大，生精能力越强。在同样的睾丸体积下，睾丸的质地硬而有弹性，则生精力强。由于睾丸感染而肿胀，后期硬化则睾丸会部分或全部失去生精能力。

（3）内分泌状况。生精过程是受内分泌调节的，雄性激素水平低，性欲差的公猪往往容易生精力差。

（4）健康状况。营养与健康状况对精子的产生也有很大的影响。公猪的健康水平一旦受到影响，则生精能力一般都会降低。

（5）营养。成年公猪对营养的需要基本上是维持状态，因为精液中所含的蛋白质等营养素数量很少，但当营养不能保证公猪的基本需要时，公猪的生精能力就会降低，直到完全丧失生精能力。某些营养如维生素 E、维生素 A、胡萝卜素、硒、锌缺乏时，公猪从膘情、精神等方面看不出有什么变化，但生精能力会有明显的降低。动物性蛋白对公猪的性欲、生精能力都有良好的作用。在饲料中添加 3% 左右的优质鱼粉，或 1% 左右的胎衣粉，同时每天喂 1 个生鸡蛋对增强公猪的生精能力有明显作用。

（6）饲料中的激素及毒素。饲料中添加任何激素都可能降低公猪的生精能力，使用添加了"瘦肉精"的育肥猪料饲喂种公猪，其生精能力会迅速下降，直至不育。饲料中或环境中的霉菌毒素被公猪吃入后，其中的类雌激素样物质对公猪的生精能力也会有明显影响。饲料中的棉酚含量较高时，也会影响生精能力。

（五）精液的产生

精子在曲精细管中形成后，进入精细管的管腔内，随液流的方向流向附睾管中，在附睾管中精子会脱去一部分水分，进一步成熟，并在附睾尾部处于休眠状态，贮存时间达 60 d 仍能保持受精能力。在公猪射精时，附睾内的精子通过输精管进入尿生殖道而射出体外。当公猪射精时副性腺体收缩，贮存的分泌物与来自输精管内的精子混合形成精液。由于公猪在射精过程中，不同的副性器官排出分泌物的时间不同，使射精的不同阶段排出的液体成分不同，最初排出的是清亮液体和胶状物，然后排出含精多的浓份精液，最后是排出清亮液体和胶状物，接着射精过程结束。

三、精子与精液生理

（一）精子的形态结构

哺乳动物的精子分头尾 2 部分，头部呈椭圆形，尾部为一条长长的鞭毛。在显微镜下，精子的形状似蝌蚪。

1. 头部

精子的头部在显微镜下观察呈椭圆形，但实际上一面凹入，侧扁，似一厚壁的勺。主要由细胞核构成，其中含有公猪一半的染色体。核的前面被顶体覆盖，内含与精子受精有关的酶等物质。顶体是一个相当不稳定的部分，容易变性和从头部脱落。如果顶体受到损伤，则精子就会失去受精能力。在精液的处理过程中，如果受到某些稀释液的成分的影响，比如甘油，或受到温度变化的影响，或高速离心浓缩，都可能使精子的顶体受到破坏，即使是精子的活力正常，但精子已经失去了受精能力。精子头部的后半部分，为精子核后帽。

2. 精子尾部

精子尾部分为颈部、中段、主段和末段 4 个部分。

(1)颈部。为一很短的螺旋状结构，旋入精子的头部。是精子最脆弱的部分，极易从此处断裂。如果精液受到强烈的振动或在生精过程中公猪受到热应激或发烧，都会使精子从颈部断裂，产生头尾分离的畸形精子。

(2)中段。外周由线粒体鞘、致密纤维及精子膜组成。中段是精子动力来源，线粒体呼吸所产生的 ATP 可作为精子纤丝鞭打运动的能源，以推动精子运动。

(3)主段。是尾部最长的部分，是精子的驱动部分。刚从睾丸进入附睾的精子尾部附着有原生质小滴，随着精子的成熟过程，原生质小滴会逐渐后移，直至脱离精子。如果原生质多附着于精子中段则说明精子成熟程度低。主段容易受到渗透压、睾丸内生精环境异常出现尾部畸形如套索、卷曲、折回等。

(4)末段。尾部的末段较短，纤维鞘消失，其结构仅有纤丝及外面的精子膜组成。

(二)精子的特性

1. 精子的运动能力

精子刚从睾丸的直精细管流出时，精子的运动力很弱，附睾中的环境会抑制精子的代谢和运动，因此，精子在附睾中可贮存很长时间，并能保持受精能力。当射精后，输精管中的精子与副性腺分泌物混合，精子很快就会有很强的运动能力。在射精后，精液在母畜的生殖道内，精子是否具备前进运动的能力是精子具有受精力的必备条件之一。即具备前进运动能力的精子未必一定有受精能力，但不具备前进运动能力的精子一定没有受精能力。

(1)精子的运动速度或运动强度。精子的运动是依靠精子尾部节律性的鞭打运动，作用于液体，使液体反作用于精子，而使精子向前运动的。精子的尾部一旦变形，就可能产生向后，或转圈运动的状态。精子的运动速度受精子的代谢强度的影响,而温度、酸碱度、精液黏度、精子鞭毛的结构都会影响到精子的运动速度。提高温度(20~40℃)、碱性环境(pH 7.3~7.9)、氧气都会增强精子的代谢的强度,从而增大精子的运动速度。

精子的运动对精子的受精有十分重要的意义。但在精液保存过程中,精子的代谢强度越大,运动速度越大,则精子的生命消耗越快,存活时间就越短。

(2)精子的运动形式。正常精子运动呈前进运动,即向着头部的前方方向运动。由于精子都带有负电荷,因此,一般情况下,精子之间总是保持一定的间距,这样精子在运动时,形成了向同一个方向运动的特性,运动精子的密度越大,精子越会成群向同一方向运动,统一的运动方向,使精液被搅动,而形成精液的旋涡状运动。所以,在显微镜下,视野中,往往看不清单个的精子运动,而是"汹涌"的运动波。

但精液中并不是所有的精子的运动都是正常的,有的精子只能在原地蠕动;有的精子则以头部为轴心,做车轮状的原地转圈运动,有些精子虽然没有死亡但失去了运动能力,而处于静止状态。

(3)精子运动的特点。精子运动主要有两个特点:①逆流性,即在流动液体中,精子呈逆流运动。②向物性,即精子有游向液体中的异物、胶质或卵子的趋势。精子这两个运动特点,对受精具有重要意义。

2. 精子的代谢

精子的代谢有 2 种形式,一种是有氧状态下的呼吸,一种是无氧下的酵解。

(1)呼吸。在有氧气存在的条件下,精子的代谢强度较大。体内的果糖会全部氧化成二氧化碳和水,并产生 38 个 ATP。

(2)酵解。在无氧气存在的条件下,精子的代谢强度较小,体内的果糖分解成乳酸、二氧化碳和水,并产生 2 个 ATP。

氧气会影响到精子的代谢形式,有氧环境由于促进了精子的代谢和运动强度,因此不利于精子的体外保存。在贮存精液的容器中充入纯氧,则精子会在几个小时内全部衰竭死亡。因此,在保存精液时,应尽可能减少精液容器中的空气,以减少氧气。有的精液稀释液甚至通过产生二氧化碳,从而减少氧在液体中的分压。袋装或瓶装精液可通过挤压排出空气后密封,但一般不必刻意完全消除氧气的影响。

3. 公猪精子的特点

与其他动物相比,公猪的精子有许多特殊之处。这些特殊性,影响到公猪精子的体外保存。

(1)休眠特性。采集的新鲜公猪精液或稀释过的精液,在静置状态下,经过一段时间后,精子的运动会逐渐减慢,并沉向液体的底部,处于代谢较低的休眠状态。公猪精子的这种特性称之为休眠特性。

休眠特性对公猪精液的体外保存有十分重要的意义。因为有此特性,公猪的精液适合于在15～25℃的温度下保存,而牛羊马等家畜则无此特点。由此可以看出,公猪的精液经过保存,由于精子的休眠特性,即使升温到37℃,所看到的精子活力未必是实际的活力,因为当我们注意到某些不运动的精子时,经过一段时间后,它可能会重新运动起来。它们完全不像牛羊的精子,只要温度合适,就会很"勤奋"地运动,直到衰竭为止。因此,是否应将保存的公猪精液合格的"活力"标准降低,是值得商榷的问题。有人建议,在检查保存的公猪精液时,应加入一些咖啡因,以反映其真实的活力。

(2)对低温的耐受力差。公猪的精液对低温的耐受力很差,当温度下降到14℃以下时,将对精子造成较强的冷打击(冷休克),精子不仅会降低代谢,减慢运动,而且升温到37～40℃时,精子也不能恢复其活力。因此在公猪精液的保存过程中,14℃是公猪精子保存的最低临界温度。

公猪精子对低温的耐受力低,给公猪精液的保存提出了要求,在控制保存温度时,不是越低越好,更不能用家用冰箱来保存公猪的精液。因为一般家用冰箱保鲜室最高温度也只有8℃。同时,这也给公猪精液的冷冻保存带来了困难,因为一般冷冻精液都要在冷冻前让精液与含防冷剂、防冻剂的稀释液在低温条件下相互作用一段时间(平衡),才能进行冷冻。而这个低温过程对公猪精子的损害是十分严重的。目前,尽管公猪的精液冷冻保存已经取得了许多成就,但仍受此特性的影响,冷冻精液解冻后的质量指标仍不够理想,对发情母猪输精的受胎率和产仔数明显低于鲜精输精。

(3)易凝集。公猪精液易受到各种凝集原的影响而发生凝集,所以精子凝集现象比较常见。可能的凝集原包括:生殖管内的炎性分泌物、不合理的稀释剂、包皮液、尿液等。

(三)外界因素对精子的影响

人工授精是现代猪繁殖技术中应用最广泛的技术。了解外界因素对精子的影响,有助于我们理解人工授精相关技术环节的要求,并指导精液的采集和精液处理。

1. 温度

在一定的温度范围内(不超过40℃),温度越高,则精子的代谢强度越高,精子的运动速度也越快,从而使精子的存活时间缩短。在37℃左右,公猪的精液保存时间很短,精子会很快衰竭死亡。如果温度更高,精子在短时间或瞬间就会死亡。

随着温度的降低,精子的代谢强度会逐渐降低。因此,在一定范围内,较低的温度有利于精子的长期保存。但如果温度低于14℃以下,精子就会发生冷休克,而不可逆性地失去运动能力。即使是加入卵黄等防冷物质,在低温下,对精子保存的效果仍不理想,因此,公猪的精液不适合低温保存。观察发现,公猪精子对低温的耐受力存在个体差异,那些稀释后精子活力正常,保存期却较短的精液,适当提高温度可能会有利于延长保存期。

在超低温条件下,精子的代谢几乎等于零,因此,在理论上讲可无限期地保存。但实际上,猪的冷冻精液保存还是受对低温的耐受力差的限制。但冷冻保存仍不失为一种保存公猪基因一个有效方法。

2. 渗透压

渗透压是溶液的一个重要性质,渗透压是指溶液中的溶质所具有的吸引水分子通过半透膜的力量,使水分子从低浓度向高浓度侧扩散的动力,称为渗透压。精液是液体,精子的膜是半透膜。因此精液及稀释精液的稀释液的渗透压会对精子产生相当大的影响。

用高渗的稀释液稀释精液,也就是稀释液的渗透压高于精子内(或精液)的渗透压,则由于外界的渗透压高于精子内部,精子内部的水分就会向外渗出,而使精子"变干"。反之,如果低渗的稀释液稀释精液,则精子会吸水而膨胀。商品精液稀释粉配制的稀释液是接近于精子的渗透压的溶液,因此,不会造成精子的吸水或变干。

精子对高于或低于其渗透压的稀释液都有一定的耐受力,但非常有限。蒸馏水及高渗液都可以很快使全部精子在短时间内死亡。

因此,准确配制精液稀释液非常重要。有人利用输液用的5%葡萄糖注射液或10%葡萄糖注射液作精液稀释液,由于前一个是低渗液,后一个是高渗液,因此,均不适合来稀释精液,都不利于精液的保存。用5%葡萄糖注射液加入稀释粉制作稀释液更是错误,因为稀释粉是在与相应量的蒸馏水混合后,就配制成了等渗溶液液,而5%葡萄糖溶液已经接近于精液渗透压了,这种溶液的渗透压相当于近2倍的精液渗透压。如果用这种溶液稀释精液,如果稀释倍数较小,由于精液自身的渗透压的缓冲作用,精液尚可保存一定的时间。但如果稀释倍数较大,则会因渗透压过高造成精子脱水,使精子很快全部死亡。

猪精液的渗透压如果用质点毫摩尔浓度表示,一般为320～330 mmol/L,猪精子大约可耐受280～380 mmol/L的渗透压。等于或略高于猪正常精液的渗透压有利于精子的保存,但低于或明显高于正常精液渗透压,会显著缩短精子的保存期。

3. pH 值

pH 值影响精子代谢和运动强度。在偏酸性的环境中,精子的代谢受到抑制,运动速度减慢。但 pH 值过低,则会超过可逆性抑制区,使精子酸中毒。在精液的常温保存中,精子代谢产生的酸降低了精液的 pH 值,从而抑制了精子的代谢。因此,总体上讲,使精液的 pH 值在一定的范围内低一些(不低于 6.3)有利于精子的保存。而在偏碱性的环境中,精子的代谢强度会增强,运动加快,因此碱性环境不利于精子的体外存活。

在某些猪精液的稀释液中,加入有机酸如己酸或柠檬酸,或充入二氧化碳,可使稀释后的精液 pH 值保持在一个较低的水平上,从而有利于精液的保存。但由于精子代谢过程中也会产生酸,使精液的 pH 值进一步降低。所以在精液稀释液中,添加缓冲物质如碳酸氢钠、柠檬酸钠、乙二胺四乙酸钠来使 pH 值保持一定的范围。

4. 离子浓度

离子浓度主要影响精子的代谢和运动速度。总的来说,离子使精子的代谢强度增大,从而缩短精子的体外存活时间。阴离子对精子的危害性大于阳离子。

在精液中,副性腺分泌物中含有较高的离子浓度。如果在本交情况下,离子对精子没有什么危害性,其原因是从交配到精子与精清分离及到精卵结合时间并不长。但在保存时,则不利于体外精子的存活。用非电解质如葡萄糖配制的等渗溶液稀释精液,可以降低稀释后精液中的电解质浓度,有利于精子的体外存活。所以,如果猪精液要进行保存,使用生理盐水稀释精液肯定对精子的存活有危害性。

5. 抗生素

精液对许多微生物来说,是营养丰富的培养基。而采集的精液中是免不了存在微生物的,而且没有更好的方法消除它。使用抗生素可以抑制或杀灭微生物,从而降低微生物本身及其代谢产物对精子的不利影响。最常用的抗生素为青霉素 G 钾或钠盐和硫酸链霉素,二者可以很好地起到协同作用,抑制微生物的增殖。近年来还开发了许多更有利于精子保存的抗生素配伍如壮观霉素和林可霉素。另外,庆大霉素、硫酸黏菌素都可作为精液稀释液的常规成分。

6. 稀释

采集的精液精子浓度很高,在较高的温度下,精子的代谢产物很快积累,危及精子的存活。精液稀释后,一方面稀释液的中成分可将精液中的代谢产物中和,另一方面,稀释本身就可将精子的代谢产物稀释,从而,减轻其危害性。所以一般情况下,稀释有利于精子的存活。但在高倍稀释情况下,精子由于对周围环境的巨大改变不能适应,而受到打击,我们称这种现象为稀释打击。因此,如果必须高倍稀释时,可进行分次稀释,将精液初次低倍稀释 1 h 后,再进行第 2 次稀释。

高倍稀释很容易改变精子膜的通透性,对精子产生不良影响。因此一般情况下,尽量避免高倍稀释。一般认为,精液的最高稀释倍数应在 10 倍以下。

7. 消毒剂

在采精和精液处理过程中,保持用品的卫生状况是保证精子不受损害,并保证精液产品的生物安全性的前提。但几乎所有的消毒剂都对精子有危害性。因此,在对精液的用品处理时,如果使用酒精等挥发性消毒剂消毒,一定要使其完全挥发后,才能接触精液。高锰酸钾、新洁尔灭、来苏儿等消毒剂不可用于接触精液的用品的消毒。

8. 光线

光线总体上讲对精子的存活是不利的。日光中的紫外线可直接杀死精子,红外线可使精液升温,并激活精子的代谢。可见光对精子也有激活代谢的作用。因此,精液适合于保存在较暗的环境中,至于精液在实验室处理时和配种时的自然光线则不会造成什么明显影响。但在对外人工授精服务中,一定要避免精液直接暴露在强烈的日光下。

9. 震荡

精子的颈部十分脆弱,在较强烈的震荡时,精子很容易从颈部断裂。在人工授精中,对外配种服务时,运途道路坎坷颠簸,精液在容器中震荡,对精子会造成危害。但如果震荡轻微,则不会造成什么影响。输精瓶没有装满时,精液容易在瓶中震荡,因此,输精瓶应排出空气后,拧紧瓶盖。

10. 包皮液

公猪有很发达的包皮腔,包皮腔中常常存有大量尿液、精液,在微生物的作用下,发出恶臭。在采集精液时,公猪的阴茎从包皮腔伸出时,要接触到包皮液,射出精液时,精液与龟头上黏附的少量包皮液一起流入集精容器中;采精时,偶尔由于包皮液没有排净,在公猪射精过程中,包皮液顺着阴茎流到手上,然后滴入精液中。

包皮液中含有复杂的成分,包括微生物的代谢产物,这些成分对精子危害性很大,少量的包皮液可使精子凝集,极少量的包皮液也会使精子的存活时间缩短。在采精时,一定要按摩包皮腔,排净包皮液,并用纸巾擦净。采精过程中要防止包皮液进入精液中;不要收集最初射出的精液,其中含有尿生殖道中的尿液。

11. 空气

精液接触空气,可增加精液中的溶氧量,能够促进精子的代谢,不利于精子的保存。因此,精液保存中密闭、减少容器中的空气量(装满或挤压使空气排出),有利于精液的存活。

12. 异物

精子有一个重要的特性,就是其向物性,精子总是向着所触到的物体中心方向运动,这是与精子的受精有关的特性。但在精液保存过程中,如果精液中有异物,对精子的保存不利。而在采精过程中,接取精液时,常会有公猪身上的皮屑落入精液中,如果过滤精液的网孔过大,有些胶状物也会进入精液中,必须引起注意。即使公猪及假母猪上的碎屑落在过滤网上而没有进入精液中,但碎屑上附着的细菌会随着射出的精液被冲入集精杯中。

(四)公猪精液的特点

公猪具有发达的睾丸,睾丸的体积很大。因此公猪的生精能力很强,平均每天可产生数百亿个精子。同时公猪的副性腺也非常发达,所以每次射精的精清量很大。

1. 射精量

公猪一次射精的体积受公猪副性腺分泌状况、采精频率、公猪的年龄、品种等因素的影响,不同品种、个体有较大的差异。

公猪一次射精的总量在 $100\sim600$ mL 之间。但实际收集的精液并不是公猪射出精液的全部,因为采精时,最初射出的精液和最后射的清亮液体都没有收集。

2. 精子活力

精子活力是指在显微镜下,37℃温度下观察精液样品,前进运动精子占总精子数的百分率。前进运动的精子又叫有效精子。由于公猪每次射出的精子总有一些衰老的、不成熟的和畸形的精子,这类精子都不能作前进运动,所以公猪的精子活力很难超过 85%(即 0.85)。一般正常精液的精子的活力在 $0.6\sim0.85$。

3. 精子密度

精子密度或称精子浓度,指单位体积精液中所含的精子总数,一般以每毫升含多少亿个精子表示。欧美国家常用每毫升含多少个百万表示精子密度。公猪的精液量很大,但和牛羊相比,猪的精子密度较低。公猪的精子密度在 0.5 亿~6 亿/mL。平均 2.5 亿/mL。

公猪新鲜精液的精子密度受公猪的射精量、采集精液的方法、公猪睾丸实质的多少、季节等因素影响。因此,在人工授精中,每次采精都需要测定公猪的精子密度。

第三节　猪的人工授精技术及种公猪站的建设

猪的人工授精是现代养猪业最具应用价值的配种管理技术,有利于控制疫病、提高猪群质量。同时科学地进行人工授精也有利减少母猪的繁殖障碍病。因此猪人工授精在规模化猪场所创造的综合经济效益十分可观。

一、猪人工授精的历史

自然交配(俗称本交)是原始畜牧业最先采用的方法。由于它应用了动物的本能,因此,对配种时机的掌握、配种过程都不需要太多的技术。后来因为选种选配的需要,开始有意识地指定某头公畜与某头母畜配种,希望将公、母畜的优秀性状结合起来,以期达到提高后代品质的目的。为了提高母畜配种受胎率和产仔数,母猪的配种采用了"重复配"的方法,即一个发情期中,在 12 h 内用同一头公猪与之配种 2 次。为了增加卵子受精的机会,也有采用"双重配"的方法,即在对母猪的一次配种中,用两头公猪分别与之交配,中间间隔约 15 min。猪是多胎动物,母猪的繁殖成绩不仅与受胎率有关,更与窝产仔数有关,由于担心受胎率和窝产仔数降低,本交一直是我国很多养猪者采用的配种管理方法。虽然,牛的人工授精已经相当普及,但猪的人工授精却发展很慢。

1956 年英国科学家克利斯·波吉出版了《猪的人工授精》一书,书中描述了20 世纪 30 年代,苏联国营农场猪人工授精的采精、稀释和输精技术。

20 世纪 50 年代后期,我国南方一些省份如广西、贵州等地开始在猪场中采用人工授精技术。但各地发展很不均衡,南方较普遍,北方较少。据资料报道,当时的人工授精受胎率和产仔数已接近本交水平,受胎率达 83.2%,窝产仔数达 9.8 头。20 世纪 80 年代江苏、浙江等省份猪的人工授精的普及率在全国很高。但 20 世纪 80 年代后期到 20 世纪 90 年代初,人工授精的发展较慢,有些地方又重新采用本交。究其原因,可能是 20 世纪 80 年代以前,饲养的品种主要是国内培育品种和地方品种,国内品种猪的重要特点是适应性强、产仔数较多;随着国外瘦肉猪品种的大量引进,由于引进品种大多产仔数较中国猪种少,因而人工授精技术不过关造成的产仔数降低问题逐渐突出,这可能是从人工授精重新回到本交的主要原因。

20 世纪 90 年代中后期开始,由于引种、降低种公猪成本、控制传染病等方面的需要,在广东省的一些大型猪场中重新开展了人工授精。最初采用人工授精的猪场大多是采用每个配种情期第一次配种(主配)为本交,第二次(或第三次)配种(辅配)采用人工授精,但后来,随着技术进步和普及,一些猪场一开始就全部采用人工授精。21 世纪开始,北方省份开展人工授精已十分普及。

在西方国家,猪人工授精不仅起步早,而且始终没有停止对生殖生理和技术手段的研究与探索,也取得许多令人注目的成果。

在美国,猪的人工授精技术应用于 20 世纪 70 年代,20 世纪 90 年代后,得到较快的普及，普及率由 1992 年的 5％～10％发展到 1997 年的 30％～50％，目前美国的人工授精应用率已超过 80％。中小型猪场的人工授精，精液由规模较大的专业供精公司供给和推广。

在加拿大，1978 年 6 月，阿尔伯特省农业局成立了猪人工授精中心，该中心位于省会埃德蒙顿去国际机场的 2 号公路出口东 2 km 和北 0.5 km 处。该中心的设备具有处理 40 头公猪精液的能力。新鲜精液通过飞机、汽车、信使每天被运送给农场主。阿尔伯特畜禽处人员联合区职业学校和养猪专家开办为期一天的训练班，以培训养猪生产者在其农场中实施母猪的人工授精。

尽管猪的人工授精不及牛的人工授精的优越性那么突出，但猪的人工授精是动物的人工授精中最简单、最易掌握的技术。从采精、保存和输精都不需要昂贵的设备，特别是输精这个环节，养猪户只需要进行短期的现场培训，按照供精站技术人员的指导，就可成功地进行输精，而牛的输精就相对难得多。

随着猪的人工授精的普及，人工授精的器械及消耗品也得到了发展。早在 1961 年英国的梅罗斯和卡梅伦就发明了螺旋输精管。螺旋输精管可以有效地防止精液倒流，是最接近自然交配的输精器。但目前猪的人工授精则更多地采用一次性海绵头输精管，可省去对输精器的消毒环节，由于海绵头有很好的弹性，可以有效防止精液倒流，同时这种输精管不易造成母猪生殖系统的损伤，十分安全。另外，一次性的过滤网、集精袋、输精瓶（袋）等消耗品使猪的人工授精从采精到输精几乎不需要消毒。一方面提高了人工授精的可靠性和安全性，另一方面减少了人工授精的程序，使猪的人工授精不再让人感觉是件"麻烦事"。

2005 年，张长兴副教授综合了近年来欧美猪人工授精的最新研究成果，结合他多年在猪人工授精方面的研究、创新与推广经验，提出免消毒猪人工授精技术规范，使人工授精操作过程基本上没有消毒环节，操作更加简便。由于我国大多数猪人工授精技术从业人员知识和技术素质相对较低，一些从业人员几乎没有卫生消毒的概念，因此，这种简便、安全、有效的技术规范对在我国广泛推广猪人工授精技术起到了良好的作用。

尽管猪人工授精并不是什么新技术，但技术的发展与生殖科学的进步又赋予它新的生命，使人工授精成为猪场十分有价值的繁殖技术。尤其是近年来，猪人工授精技术进步很快，自动化采精系统、精液品质智能分析系统、自动输精棒、母猪智能化管理系统等新技术的应用，将使猪人工授精的工作更有效率，安全性更加可靠，母猪受胎率和窝产仔数更有保证。

二、猪的人工授精优越性

猪的人工授精已经成为一种十分成熟的技术,越来越多的养猪场开始采用人工授精。随着高度集约化的生产方式的发展,传染病越来越多,疾病也来越复杂化,使人工授精在养猪生产中应用越来越表现出其优越性。

(一)有效地控制了交配传播的疾病

猪通过交配传播的疫病主要是病毒性疾病。可通过交配传播的疾病有非洲猪瘟、细小病毒病、繁殖与呼吸障碍综合征等。人工授精改变了猪的配种方式,使公母猪不接触,大大减少了公猪被感染上疾病的机会。另外,精液稀释液中加入有一定浓度的抗菌物质,有利于控制微生物对受胎率和胎儿发育的影响。

(二)降低了用优秀种公猪的配种成本

采用人工授精后种公猪的配种能力提高了 5 倍以上,这样即使采用价格高昂的优秀种公猪配种,其人工授精的配种成本也不比用普通种公猪本交的成本高。

(三)节约了种公猪的购种、培育和饲养管理费用

采用人工授精,种公猪的数量为本交所需种公猪的 1/6～1/5。本交情况下,一个万头猪场需 25～30 头种公猪(不包括后备公猪),而采用人工授精的猪场,种公猪的头数为 5～6 头。以平均培育一头参加配种的种公猪费用为 4 000 元计算,除去公猪淘汰时的残值 2 000 元,如果种公猪的年更新率为 50%,则每头种公猪每年的购种和培育费约 1 000 元。每头种公猪每年的饲养管理费用约 3 000 元。这样每存栏一头种公猪每年的费用为 4 000 元。一个万头生产能力的商品猪场,采用人工授精比采用本交少饲养种公猪 20～24 头,以减少 20 头种公猪计算,每年可节约种公猪购种、培育、饲养管理费用 4 000×20＝80 000(元)＝8 万(元)。

笔者估计,从减少传染病、提高后代猪群品质、减少种公猪购种、培育和饲养管理费用等方面考虑,一个万头猪场开展人工授精的每年的综合经济效益在 25 万～30 万元。

(四)解决了初配母猪与种公猪体重悬殊配种困难问题

初配母猪与成年公猪体重相差悬殊,公母猪体重比可达 2.5∶1,导致本交困难。这是长期以来困扰采用本交配种猪场的问题之一。在采用本交的猪场中,经常有母猪因不能承受种公猪体重,造成肢蹄损伤而被淘汰。人工授精不同于本交,公猪是爬跨在人工制造的假母猪上采精的,公母猪不直接接触,即使体重悬殊很大,也不会影响母猪的配种。

(五)采用人工授精可以较为安全地为种猪群引进新的血统

因购买精液配种而引入疫病比购买种猪的风险要小得多。所以从国内外引入猪的冷冻精液比引进种猪安全得多。虽然冷冻精液的受胎率和产仔数还不够理想,但达到的水平还能为养猪场接受,因此,通过购买冷冻精液引入新的基因,仍不失为一个十分安全的方法。

(六)有利于采用混合精液配种

几头公猪精液混合在一起给母猪输精,会给排出的卵子更多的选择不同来源精子受精的机会,有利于形成更具活力的受精卵,从而发育成优势相对均等的胎儿。采用混合精液输精的母猪,较用一头公猪本交或一头公猪的精液输精的母猪窝产仔数多0.5头,整齐度也较高。而采用混合精液输精并不增加所需种公猪的数量。

(七)解决了异地配种的问题

人工授精技术给异地配种提供了方便。小型猪场只需到供精站购买精液或由供精站技术人员将精液送至猪场,必要时可由技术人员做示范操作。这样可使种公猪的配种范围达到方圆 25～50 km。如果有很好的包装,用特快专递,可使配种范围扩大到更远的地方。

(八)采用人工授精可以达到更高更可靠的受胎率

由于人工授精在采精后、输精前都要对精液进行质量检查,所以,每一份用于输精的精液都有可靠的活力和总精子数。从这个意义上讲,采用人工授精,母猪的受胎率更高更可靠。而本交情况下,无法每次对公猪的精液进行检查,只能定期检查,所以当公猪精液出现问题时,多数情况下都是在母猪受胎率降低了才被发现。

三、猪人工授精的局限性

人工授精作为一种配种管理工具存在一定的局限性。所以应正确看待猪的人工授精,和许多其他技术一样,猪的人工授精并不能使您的所有愿望都得以实现。

(一)人工授精并不能明显提高受胎率和产仔数

有一些猪场是因为母猪繁殖力低,才采用人工授精的,这说明他们并不了解开展人工授精的真正目的。人工授精应该理解为配种管理的一种手段,它可以提高种公猪的配种效能,但它本身并不能提高母猪的繁殖成绩,这也决定了采用人工授精的出发点并不是为了提高母猪繁殖力。如果公猪是健康的,精液经检验合格,那么规范的人工授精和本交并没有明显区别。由于母猪输精时没有真正的"公猪效应",这样,人工授精在配种时机上与本交相比更难掌握,因此在提高母猪繁殖力方面,人工授精的优越性并不突出。

如果输精员没有输精前检查精液质量的习惯,那么,人工授精的受胎率将无法保证,甚至造成母猪受胎率大幅度下降。

(二)猪精液一般采用常温保存,冷冻保存成本较高且效果不理想

猪的精子对低温非常敏感,而冷冻精液都要经过降温和低温平衡过程,所以猪精液进行冷冻保存效果并不理想,受胎率和产仔数都明显低于鲜精配种。受胎率不足 70%,产仔数低于鲜精输精 1～2 头。而且由于猪的输精量较大,也使冷冻精液的制作和超低温保存费用增高。所以猪精液通常只作常温保存,而且公猪的精液不能保存很长时间,一般只能保存 3～5 d。对小型猪场,要求养猪场能预测母猪发情的时间,以便提前购买猪鲜精。通常在母猪断奶后 5～7 d,或者是在上次发情后 19～21 d 是母猪发情的预期时间。

但用猪冷冻精液输精作为引入血统的手段仍然有一定的使用价值。

(三)不当的人工授精可能会造成比本交更严重的经济损失

如果卫生条件不好,检测方法不正确或根本不检测精液质量,加上没有规范的操作方法,可能会造成更严重的损失。如果没有按照商店式供精方式,而是由输精员携带精液到各个养猪户给发情母猪输精,那么,会更容易造成严重的疫病传播,反而有悖开展人工授精的初衷。如果种公猪的检疫不严格,是病源微生物的携带者,或公猪的遗传缺陷没有被发现,或对后代是一个"恶化"者。那么,人工授精会使疫病传播范围更大,或对后代的"恶化"更广泛。

(四)只有足够的母猪群才有必要开展人工授精

某种程度上讲,猪场或养猪小区的规模越大,开展人工授精的优越性才越大。

(五)人工授精人员需要严格培训

人工授精相比本交而言,掺入了更多的人为因素,那么,人的素质对配种的效果影响更大。必须对人工授精人员进行更多更严格的培训,才能使他们胜任此岗位。

四、怎样在猪场内开展人工授精

即使聘请熟练的人工授精技术人员,仍不主张一下子在全场全面开展人工授精,应有一个逐步开展的工作计划,以使这项技术安全、稳步地开展。

(一)猪场人工授精人员进行适当的培训和指导

人工授精员应经过专业培训,培训后还要在技术熟练人员的指导下经过一段时间的实践,才能完全掌握人工授精的技术要领。对人工授精的理论和操作技术来说,

受训人员未必能确定自己是否真正掌握,因此,应对受训人员进行必要的理论和现场操作考核,确定其是否具备一个人工授精技术人员的技能和素质。另外,技术人员应定期培训,使其技术素质不断提升,并具备始终严格按照操作规程操作的素质。

(二)首次采用本交辅配采用人工授精的方法

许多猪场对人工授精的可靠性还心存疑虑,如果掌握不好配种时机,或人工授精条件不太具备,而盲目地全面开展人工授精,结果可能使受胎率不理想,从而丧失了对人工授精的信心。所以最初开展人工授精时,母猪的一个配种情期中,第一次配种(主配)采用本交,第二次配种(辅配)再采用人工授精,这样输精员经过 1 个月或更长时间的输精操作,会慢慢找到正确操作的"感觉",如果通过 B 超检查,母猪的受胎率、粗略估计的胎儿数正常。2~3 个月后,就可全面开展。这种方案对一个只有后备母猪配种的新场尤其适宜。

(三)先对部分母猪进行人工授精

即使人工授精员技术过关,最好先从部分母猪开始。最先应从进行商品猪生产的母猪(即父母代母猪)开始人工授精,选择用于输精的母猪应健康,经产,最好无复配史。绝不可在屡配不孕的母猪中尝试,那样,只会使猪场对人工授精的效果失去信心。

(四)开始进行人工授精时一次输精的精子数应比推荐量高 1 倍

尽管一次人工授精只需要 20 亿~30 亿个精子就可保证受胎率,但对于初次进行人工授精的猪场,为了确保受胎率,输精的精子数量应大些,一次输入的精子数建议为 50 亿~60 亿个。但对养猪场来说,即使对母猪的配种时机有一定的经验,输精也较为熟练,每次输精的总精子数仍建议为 40 亿。另外,刚刚开始进行人工授精时,建议精液的保存时间不超过 24 h。

(五)在全面开展人工授精前应对以往的人工授精成绩进行全面的评估

从开始尝试人工授精到全面开展人工授精最少需要 5~6 个月时间,以便对这期间输精母猪的受胎率、窝产仔数、出生活仔、健仔数进行综合评估,并与本交进行比较,其相应水平不应低于本交。否则应重新考虑进行技术培训,并全面审核操作过程和设备运行状况,以便重新进行下一轮的尝试与效果评估。

营业性的人工授精站在全面开展配种服务前,应经过 2~3 个月试配期,只需要进行受胎率评估即可,最好经过 B 超检查受胎和初步估计 35 d 的平均怀胎数。要求输精受胎率和怀胎数不低于本交。

如果刚开展人工授精的效果评估能达到本交水平,经过一段时间的熟悉,技术水平还会进一步提高,受胎率和窝产仔就能达到更理想的水平。

五、种公猪站的建设

(一)种公猪站的选址

种公猪站是饲养种公猪和收集、处理、保存精液的地方。

对外人工授精服务的种公猪站选址可参照中型猪场选址要求。即地势高燥,有向南的缓坡;土质以沙壤土为最佳。应与其他畜牧场、社区、主干运输线路等保持500 m以上距离,地下水质良好,运输较为方便。对外人工授精服务的公猪站,在服务的区域内应有足够的存栏母猪数(一般不少于1 000头),以保证经营的业务量。

开展人工授精的猪场,应辟出独立区域建立种公猪站,猪场存栏母猪数一般不少于100头。

(二)种公猪站的布局

种公猪站应根据防疫、生产、管理需要,最少设置2个功能区:一是生活管理区,包括职工宿舍、办公室、接待室、精液销售室等;二是生产区,包括采精室、精液处理实验室、饲料加工与饲料贮存间、种公猪及后备种公猪舍。

与养猪场要求一样,公猪站大门和进入生产区的大门均应建消毒池和喷雾消毒更衣室。场内道路要净道和污道严格分开。净道一般位于公猪站的中间,人员进入生产区和运进饲料从净道走;污道一般位于公猪站的两侧,粪污运出走污道。图4.5为80个栏位,共可饲养60头种公猪,20头后备公猪,每天大约处理20头公猪精液的公猪站。

如果不是自繁自养种公猪的猪场,应有引进后备公猪的隔离舍。

猪场内建设的公猪站,如果只在本场内开展人工授精,存栏公猪数按每80~120头母猪配备一头种公猪。对外服务的公猪站按每头种公猪负担150~200头母猪计算。

(三)种公猪舍的结构

我国大部分猪场的种公猪是饲养在7~10 m^{2}的圈内,种公猪圈的基本要求是:单圈饲养,保证两头公猪不会跑到一起;每头公猪饲养面积不低于7 m^2。

美国养猪实践证明,种公猪用"限位栏+运动场"饲养,对种公猪的使用年限和生精能力没有明显影响,而且节约空间,方便进行环境控制(图4.6)。限位栏,栏长230~240 cm,栏宽可在65~70 cm范围内设计不同的尺寸,以适应不同年龄、体格的公猪。用限位栏饲养种公猪,要建设室内或室外运动场,运动场面积不少于9 m^2,每8头公猪轮换使用一个运动场。应保证每头种公猪每周有2次2~4 h的逍遥运动,保持公猪四肢健壮。

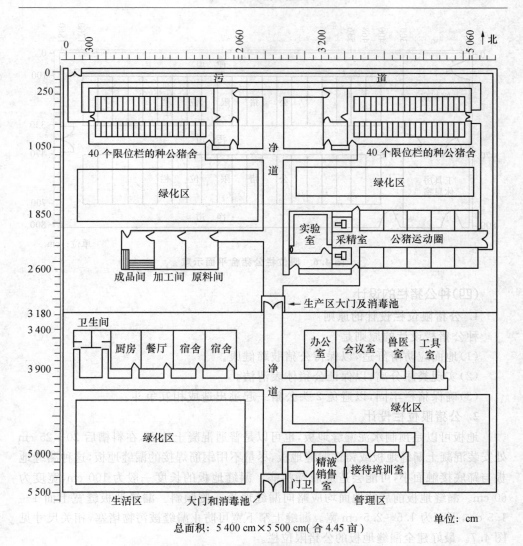

单位: cm

总面积: 5 400 cm×5 500 cm(合 4.45 亩)

图 4.5 60 头种公猪的种公猪站的布局

无论是限位栏还是圈养,相邻的圈、栏均应用钢管(或钢筋)相隔,这样既有利于猪舍的通风,也方便相邻公猪间的交流,避免公猪因孤独而发生恶癖(如自淫、无休止地啃栏等)。应注意:公猪栏应有 20～30 cm 高的矮墙,以使猪圈的污水不会流淌到相邻猪圈内。

舍内道路也要净道与污道分开。

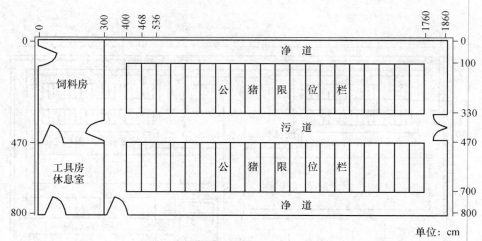

图 4.6　限位栏公猪舍平面示意

(四)种公猪栏的设计

1. 公猪限位栏设计的原则

种公猪栏设计的原则是：

(1)地面应防滑舒适,以保持公猪肢蹄健康。

(2)实现粪尿分离,以保证公猪体表清洁。

(3)确保猪栏牢固,以避免 2 头公猪一起逃出造成相互争斗。

2. 公猪限位栏设计

地板可以是预制水泥漏缝地板,也可以是普通混凝土地面,在料槽后 20～25 cm 处安装混凝土漏缝地板或铸铁漏缝地板,尽量不用钢筋焊接的漏缝地板,这种漏缝地板与蹄底接触面小,可能会造成肢蹄疾病。漏缝地板的长度一般为 100 cm,宽度为 60 cm。漏缝地板前后的地面均应略向漏缝地板一侧倾斜。漏缝地板缝宽上面 1～1.5 cm,下面为 1.5～2.5 cm 宽。漏缝上窄下宽可防止漏缝被污物堵塞,相关尺寸见图 4.7。最好建全漏缝地板的公猪限位栏。

3. 地面圈养

地面应向污道一面的一角倾斜,坡度 3%～4%。混凝土地面应用木质泥抹抹平,地面不要打光,以防公猪滑倒。每头公猪的面积建议不低于 2.5 m×2.5 m,栏高 120～130 cm。25 cm 矮墙上的栅栏钢管最好是纵向排列。也可考虑建设内外圈,内圈有屋顶,外圈(即运动场)为露天,外圈应低于内圈。

(五)种公猪舍的环境控制

种公猪保持正常生精能力的环境温度为 10～25℃,超过 28℃将会明显降低公猪

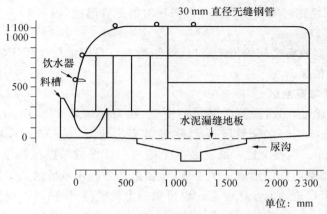

图 4.7　公猪限位栏侧面图

的生精能力,猪舍温度长时间超过 30℃,将造成公猪暂时性或永久性不育。相对高温而言,低温环境则对公猪的生精能力影响较小。温度控制不良的种公猪舍,夏季公猪所采集的精液不合格率高达 50%。因此,种公猪舍的环境控制重点是降温。

建议屋顶采用现代化猪场常用的建筑材料——100 mm 厚泡沫塑料板加 1 mm 厚彩钢板,条件差的公猪站可用草帘加玻璃钢瓦。确保夏季防热,冬季保暖。

降温措施可采用北墙安装水帘,南墙安装风机向南排风,称之为横向通风水帘降温(图 4.8)。横向通风水帘降温尤其适合于限位栏猪舍的降温。纵向通风水帘降温也可以,适合栅栏式公猪圈。也可在北墙安装冷风机(水帘加送风机)。但一般不建议安装空调,因为猪舍安装空调耗电量大,又要求猪舍相对封闭,易使舍内空气污浊。

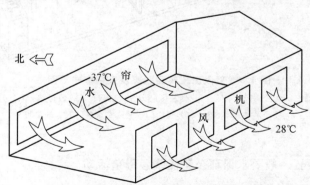

图 4.8　种公猪舍横向通风水帘降温示意图

(六)采精室的设计

采精室是收集公猪精液的地方,采精室适宜环境温度为 15~25℃,最低不宜低于10℃。采精室可安装空调来保证采精时的适宜温度(图4.9)。

1. 传递窗口

采精室和实验室之间的传递窗口,两侧均有可启闭的门。用于实验室和采精室之间的物品传递。

2. 采精区与安全区

公猪是危险动物,考虑到采精员的安全,在采精区外80～100 cm处,设安全栏,用直径12～16 cm的钢管埋入地下,使其高出地面70～75 cm,两根钢管间的净间距为28 cm。在安全栏一端安装一个栅栏门。形成采精区和安全区,栅栏门打开时,使采精室与外门形成一个通道,让公猪直接进入采精区。一旦公猪进攻采精员,采精员可以进入安全区躲避。也可做一个栅栏门,采精员可在栅栏外采精。

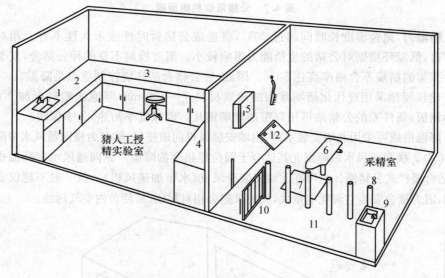

图4.9 猪人工授精实验室及采精室布局图

1. 水槽　2. 湿区　3. 干区　4. 分装区　5. 传递窗口　6. 假母猪　7. 防滑垫
8. 安全栏　9. 水槽　10. 栅栏门　11. 安全区　12. 赶猪板

3. 假母猪

假母猪的位置一般要求保证公猪能绕假母猪活动。

4. 地面

采精室地面要略有坡度,以便进行冲刷,水泥地面要防滑,在假母猪后应放置防滑垫,以防公猪摔倒。

(七)假母猪的设计

1. 假母猪设计尺寸

假母猪是用来供公猪爬跨采精的器械,可用钢材、木材、塑料制作,也可在兽药商店购买商品钢制假母猪。假母猪的制作方法见图4.10。

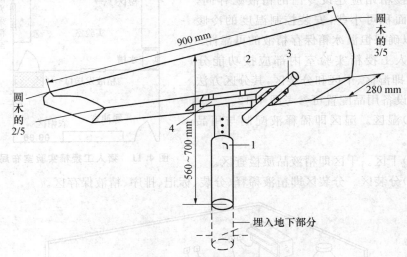

图 4.10　假母猪设计图
1. 高度调节销　2. 假母猪木质台面　3. 公猪前肢支架　4. 与内套管焊接在一起的角钢

2. 假母猪在设计上应注意的事项

(1)公猪爬跨时的舒适性。木制假母猪便于加工,并能使假母猪的表面曲线接近母猪的样子,冬季不凉,也便于清洁。采用塑料制作的台面对公猪来说也有较好的舒适度。

(2)有利于防止精液污染。除调教公猪外,采精时,假母猪的表面不要覆盖物品,尤其不能覆盖母猪皮。动物皮革最容易滋生微生物,在采精时,一些碎屑落入集精杯中,会污染精液。

(3)假母猪设计应避免公猪受到伤害。钢管、假母猪台面及周围不能有锋利的突起和毛刺。假母猪后下方应有足够的空间,以避免公猪阴茎受到损伤。

(4)假母猪的高度应方便调节。以适应不同体格的公猪采精。

(八)猪人工授精实验室的设计

猪人工授精实验室是准备采精用品和处理、保存精液的地方。面积应在15 m² 以上;实验室门外要有缓冲间,缓间可避免外界气候对实验室产生直接影响(图4.11)。实验室人员在缓冲间换上工作服和拖鞋后,才能进入实验室;实验室应安装空调,保持20~25℃的室温;实验室应保持清洁卫生,每周做一次全面清洁。大型人工授精站应建设专门的精液贮存间,贮存间面积可小些,安装控制温度的冷暖空调,以确保恒温冰箱保存精液的可靠性。

猪人工授精实验室内部应按功能分3个区,即湿区、干区和分装区,其分区方法及各区设备用品配置可参考图4.12。

(1)湿区。湿区即稀释液配制与用品清洗区。

(2)干区。干区即精液品质检查区。

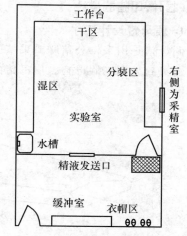

图4.11　猪人工授精实验室布局图

(3)分装区。分装区即精液稀释、分装、标记、排序、精液保存区。

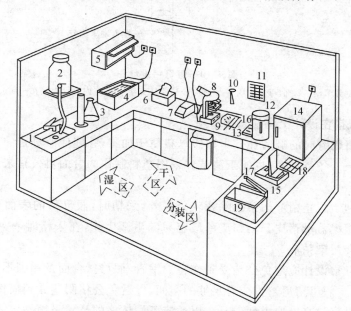

图4.12　猪人工授精实验室功能区与用品配置

1.水槽　2.蒸馏水放水瓶　3.稀释液配制用品　4.水浴锅　5.消毒柜　6.消毒纸巾　7.恒温加热板
8.显微镜　9.玻璃棒　10.精子密度杯　11.精子密度对照表　12.塑料杯(用于盛装稀释后的精液)
13.微量移液器　14.恒温冰箱　15.电子秤、袋装精液分装架与漏斗　16.精液品质记录簿
17.袋装精液封口机　18.精液产品标签　19.临时存放分装后精液的泡沫塑料箱

(九)蒸馏水生产设备

配制精液稀释液用水有严格的要求,一般要求是新鲜的蒸馏水。为了防止二次污染,存放时间应尽可能短。最好能够自制蒸馏水,以保证始终提供新鲜的稀释液用水。

可用于配制精液稀释液的水优先选择顺序依次为:新鲜二次蒸馏水、新鲜一次蒸馏水、药厂生产的注射液用蒸馏水(存放时间不应超过 30 d)。

自制蒸馏水需安装专门的纯水蒸馏器,实验室传统使用的纯水蒸馏器,用于蒸馏的水源一般为自来水或井水,由于这两种水都具有较高的硬度(即含有浓度较高的矿物质),直接用于蒸馏容易在烧瓶内产生水垢,需要经常清洗,而且清洗时往往要将设备拆卸,使用除垢剂处理后,反复清洗,再用蒸馏水冲洗干净,重新安装,操作非常繁琐。郑州牧专张长兴老师在实践中使用了家用纯水机生产的纯净水作为一蒸烧瓶蒸馏用的水源,由于这种纯净水不含矿物质,因此,烧瓶内就不会产生水垢,从而实现了纯水蒸馏器的免清洗。这个生产系统的冷却水是自来水经一个简易过滤器通入一蒸的冷凝器进水口。这个蒸馏水生产系统,除每年两到三次更换或冲洗过滤芯外,不需要对纯水蒸馏器进行清洗和维护,生产的蒸馏水质量也比普通的二次纯水蒸馏器生产得要好(图 4.13)。

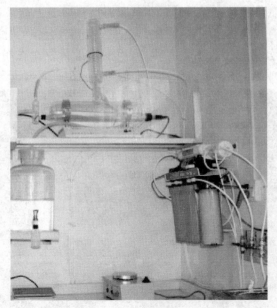

图 4.13　用纯水机供水的免清洗一次纯水蒸馏器

(来自郑州新亚猪人工授精实验室)

第四节　种公猪的调教、采精及精液处置

调教种公猪爬跨假母猪进行采精是开展人工授精的第一个技术环节,对初学者也是一个难点;采精及精液处置同样是一套严谨、细致的技术性非常强的工作。

一、种公猪的调教

(一)调教公猪的方法

后备公猪 7~8 月龄时,开始调教其爬跨假母猪采精。每天将待调教的后备公猪赶进采精室,并防止公猪逃跑。

方法一:将公猪赶进采精室后;关上栅栏门。敲击假母猪,以吸引公猪注意,同时不断引导公猪靠近假母猪。每次调教时间约 20 min,一旦公猪爬跨上假母猪,采精人员应随时进行正确的采精。如果公猪没有爬跨假母猪,应将公猪赶回,第二天同一时间再进行调教。

方法二:将发情母猪尿或分泌物涂在假母猪的后部,也可涂上公猪的精液;然后让待调教公猪嗅闻、接触、熟悉假母猪,待其爬跨后从后侧上前采精。被多头公猪爬跨过的假母猪,带有几头公猪气味,往往都能激发待调教公猪的"性趣"而爬跨。

方法三:有些公猪胆小或不爱活动,可用发情母猪尿涂在布上,当把公猪赶入采精室时,让公猪嗅闻,并逐步诱导其爬上假母猪(图 4.14)。

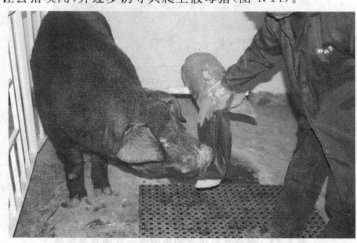

图 4.14　用洒有发情母猪尿液的布引导公猪靠近假母猪

方法四：对性欲较差的小公猪可先让其与发情旺盛的经产母猪本交 2～3 次，以激发其性欲，然后再调教其爬跨假母猪。

方法五：观摩法调教后备公猪。把被调教的公猪放在采精室内的一个限位栏内，让其可以看到对调教成功的公猪的采精过程，以激发其性欲，模仿调教成功的公猪的行为，达到调教的目的(图 4.15)。

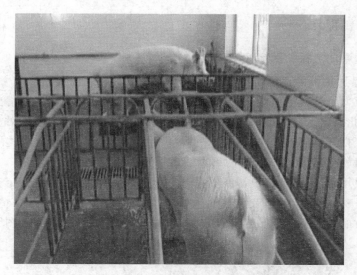

图 4.15　让待调教公猪观看其他公猪爬跨和采精过程

调教爬跨假母猪采精成功的后备公猪应在第 2 天和第 3 天同一时间采精，以使公猪建立良好的条件反射。

(二)公猪调教应注意的事项

1. 要有足够的耐心

有的公猪可能一次就能调教成功，有的公猪可能需要 10 多天时间；在调教过程中，采精员始终不能有急躁情绪，当对一头公猪的调教失去了耐心，这头公猪可能永远也不会被调教成功了。

2. 一次调教时间不要超过 20 min

长时间将公猪关在采精室，会使公猪对采精室失去新鲜感而产生厌倦，以后很难将其赶进采精室。

3. 要确保被调教的公猪一旦爬跨假母猪，就能成功采精

调教公猪的工作人员必须具备娴熟的采精技术，以避免公猪因采精失败而产生挫折感。为了防止采精时龟头脱手，造成采精失败，对公猪第一、二、三次采精

时,采精员可不戴手套,以便更容易把握龟头,防止脱手。但要对手进行清洗和酒精消毒,酒精挥发后再进行采精。

4. 要注意保证采精员的安全

在公猪没有爬上假母猪前,采精员不要过分接近公猪;当公猪爬上假母猪后,采精员应从公猪的侧后方接近,并进行正确采精。

二、采精操作

(一)恒温加热板与集精杯的预热

1. 恒温加热板的预热

精子活力是精液品质的一个重要指标。精液在接近动物体温的情况下才能正常运动,在此温度下才能准确观察到精子的活力。因此,采精前应先对加热板和载玻片预热。打开电源开关,将"设定—测温"开关打到设定(或 set)位置上,调节温度设定旋钮(或按纽),调定到 37℃,然后再将开关打到测温位置上。

以后使用时,只需要将电源开关打开即可。采精前,将加热板固定在显微镜载物台上,将一张干净的载玻片放在加热板上,打开电源开关。这样,采精后,加热板及其上面放的载玻片能够预热到设定温度,并与载物台达到热平衡(图 4.16)。

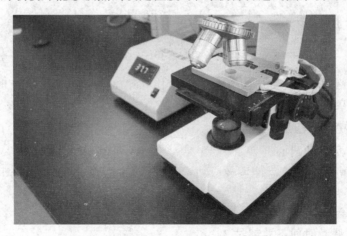

图 4.16　将加热板固定在显微镜载物台上并放上一张干净的载玻片

2. 集精杯的预热

集精杯通常用保温杯代替。集精杯在采精时,温度最好是在 37℃左右,但要求并不是十分严格,只要达到温暖不烫就可以了。可用电吹风加热至温暖状态(30～37℃)(图 4.17)。温暖季节不必加温。如有电热恒温箱预热集精杯也可,但设备成本较高,需要预热的时间也较长。

图 4.17　用电吹风加温集精杯

(二)集精杯的安装

1. 在集精杯内套一层(或两层)食品袋

将一张食品袋放入集精杯中,将玻璃棒用消毒纸巾擦干净,插入食品袋中(防止外翻时将其拉出),然后将食品袋外翻在集精杯外沿上,用玻璃棒使袋子贴附于杯内壁。玻璃棒平时可放在一张干净的食品袋中备用。

2. 杯口上固定过滤网

将玻璃棒抽出,打开一次性过滤网的包装袋,拿着过滤网的一角将其取出。将过滤网放在消毒纸巾上对折两次,从第一层处撑开,形成一个锥形(图 4.18),再将过滤网用橡皮筋固定在集精杯上。

3. 加盖消毒纸巾

将一张消毒纸巾盖在网面上,再将集精杯盖轻轻盖上。

4. 送入传递窗口

将消毒纸巾盒、PE 手套、集精杯放在实验室与采精室之间的传递窗口内,关上传递窗口的门。

(三)采精室的准备

(1)采精前,搞好采精室的清洁卫生,并保证采精时,室内空气中没有悬浮的灰尘。检查假母猪是否稳当,认真擦拭假母猪台面及后躯下部(图 4.19)。

图 4.18 使过滤网形成一个锥形放在集精杯上

图 4.19 调节假母猪的高度

（2）确保橡胶防滑垫放在假母猪正后方，以使公猪站立舒适。

（3）检查采精室温度，如果温度不合适，应打开空调进行加热或降温，确保温度在 10～25℃。

（4）根据公猪体格大小，必要时调节假母猪的高度。

(四)公猪的准备

打开公猪圈门,将公猪赶进采精室,关好采精栏门,进行公猪体表的清洁。

(1)用硬刷刷拭公猪体表,尤其是注意刷掉下腹及侧腹的灰尘和污物。

(2)每年最少进行 2 次驱虫。驱除体表和体内寄生虫,保持皮肤的健康,减少采精时体表皮屑落入集精杯中对精液产生不良影响。

(3)如果公猪阴毛过长,应进行修整,以免黏附污物。一般以 2~3 cm 为宜。

(五)引导公猪爬跨假母猪并挤净包皮液

1. 采精员戴上双层 PE 手套

采精员从采精室与实验室之间的传递窗口内放置的手套盒中抽取手套,在右手上戴两到三层 PE(即聚乙烯)手套。

2. 引导公猪爬跨假母猪

采精员站在假母猪头的一侧,轻轻敲击假母猪以引起公猪的注意,并模仿发情母猪发出"荷——,荷——"的声音引导公猪爬跨假母猪。

3. 辅助公猪正确爬跨

当公猪开始爬跨假母猪时,采精员应辅助公猪保持正确的姿势,避免侧向爬,或阴茎压在假母猪上。

4. 清洁公猪包皮

公猪爬跨上假母猪后,采精员迅速用右手按摩及向前挤压公猪包皮囊,将其中的包皮液挤净,然后用纸巾将包皮擦干。

(六)采精方法与精液收集

1. 锁定龟头

脱去右手外层手套。右手呈空拳,当龟头从包皮口伸入空拳后,让其在空拳中转动,当感觉到龟头已经完全勃起时,用中指、无名指、小指锁定龟头,并向左前略向上方牵出,龟头一端略向左下方(图 4.20)。

2. 不要收集最初射出的精液

最初射出的精液不含精子,而且混有尿道中残留的尿液,细菌含量高,对精子有毒害作用。当公猪射出部分清亮液体(约 5 mL)后,左手用纸巾擦干净右手及公猪龟头上的胶状物、液体。

3. 防止精液被包皮液污染

包皮液混入精液会造成精子凝集而被废弃。为了防止未挤净的包皮液顺着阴茎流入集精杯中,采精时,要保证阴茎龟头端的最高点略高于包皮口,但要注意,如果过度抬高,可能会损伤公猪的阴茎;如果无法将龟头抬高,应注意观察是否有包

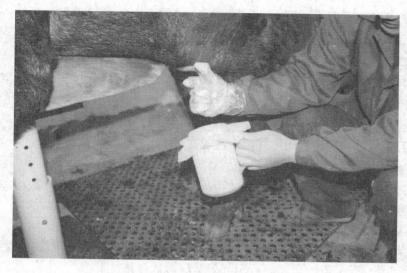

图 4.20　采精正确手势

皮液顺阴茎流出,如有,应将集精杯放下,左手拿纸巾将其吸附。但关键还是要在采精前将包皮液挤净。

4. 收集含有精子的精液

当公猪射出乳白色或奶油色的精液时,左手将集精杯口向上接近右手小指正下方。公猪射精是分段的,清亮的精液中基本不含精子,应将集精杯移离右手下方,当射出的精液有些乳白色混浊时,说明是含精子的精液,应收集。最后的精液很稀,基本不含精子,也不要收集。但应注意,当精液开始变清时,不要马上停止收集,稍等片刻再停止收集,因为看似清亮的精液还含有一定浓度的精子。

5. 要保证公猪的射精过程完整

采精过程中,虽然最后射出的精液不收集,但也不要中止采精,直到公猪阴茎软缩,环顾周围,试图爬下假母猪,再稍微松开公猪的龟头,让其自然软缩退回。经常不完整的射精会导致公猪生殖疾病而过早被淘汰。

(七)采精后要做的工作

1. 确保公猪安全跳下假母猪

采精完毕后,应看着公猪安全地跳下假母猪。有些公猪在跳下后,一条前肢会搭在假母猪上无法取下来,应给予帮助。

2. 取下过滤网

将右手小指压住过滤网的一侧,食指和拇指从另一侧将过滤网及上面的胶状物翻向手心。要注意防止橡皮筋脱出后,胶状物掉入集精杯中。

3. 将精液放入传递口

将精液袋束口放于杯沿上,盖上杯盖。将集精杯放入采精室与实验室之间的传递窗口内,关上传递窗口的门。

4. 将公猪赶回公猪舍

如果采精员要同时做实验室精液的处理工作,那么,必须先将公猪赶回猪舍后,再进行后面的工作。不少采精员喜欢在公猪采精后,给公猪喂 2 个生鸡蛋,既是对公猪成功采精的犒赏,又能给公猪补充动物蛋白,有利于生精功能。

(八)采精频率

采精频率是指一头公猪一定时间内采精的次数,常用每周采精次数表示。适宜的采精频率是与公猪生精能力和每次射精的总精子数相适应的,不同个体的最适宜采精频率可能各不相同。有关公猪使用及采精的相关参数可参照表 4.3。

三、精液稀释液的配制

在公猪站日常工作中,稀释液配制是每天工作最先要做的。

精液稀释液是与新鲜精液渗透压接近,用于扩大精液容量,给精子提供营养,中和精子代谢产物,保持精液 pH 值的生理溶液。稀释液配制的要求是:第一,严格按照稀释粉说明书上的配比与蒸馏水混合并保证彻底溶解;第二,稀释前稀释液温度应与新鲜精液尽可能一致;第三,稀释液配制后,应维持 36～38℃ 1 h 左右,以达到渗透压和 pH 的平衡;第四,稀释液一旦配制,必须在 24 h 内用完。

表 4.3　有关公猪使用及采精的相关参数表

项目	参数	项目	参数
后备公猪补栏季节	3～4 月份	杂交公猪调教年龄	7 月龄
后备公猪补栏年龄	6 月龄	纯种公猪调教年龄	7～8 月龄
老龄公猪淘汰季节	11 月龄	8～12 月龄采精频率	1 次/周
老龄公猪淘汰年龄	36～48 月龄	13～18 月龄采精频率	2 次/周
成年公猪年更新率	40%～50%	18～48 月龄采精频率	2～3 次/周

注:由于夏季公猪生精能力会普遍下降,春季补栏后备公猪,有利于增加夏季参加采精的公猪数量;当夏季已过,公猪生精能力增强,可安排淘汰老龄公猪。年更新率是指现存栏成年公猪数中每年淘汰的比例。表中推荐的采精频率应以实际生精能力和一次射精的总精子数为参照依据,如果精子尾部含有原生质小滴比例超过 5%,应降低采精频率。具体措施,如由每周 3 次改为每周 2 次采精,尤其是夏季更要降低采精频率。尽量不购买 6.5 月龄以上的后备公猪,因为后备公猪引进应有 1 个月时间的隔离、免疫接种、观察期,不能马上采精。

(一)稀释液配制用品的准备

接触稀释液任何成分的容器都必须是洁净和无菌的。

1. 三角瓶的清洗

相当多的人工授精站稀释液是在三角瓶中配制的,每次稀释液倒出后,应立即用蒸馏水冲洗3~4遍,控干水分后,在消毒柜或干燥箱中干燥消毒1 h,自然放凉,直到下次配制稀释液时,再从消毒柜中取出。每周最少一次对三角瓶进行全面认真的清洗消毒:将三角瓶用洗涤剂充分刷洗,用自来水冲净,再用蒸馏水冲洗3~4遍,控干水分。用磁力搅拌器加速溶解的,应同时将磁珠冲洗干净后,放入三角瓶中,用牛皮纸将三角瓶封口,放入消毒柜中干燥消毒1 h。

2. 消毒干燥箱的选择

可选用家用消毒柜或恒温干燥箱。由于三角瓶并不接触精液,而只接触蒸馏水和稀释粉,故消毒要求级别不高,在100~150℃温度下干燥1 h就能达到卫生要求。与磁珠一起消毒的三角瓶建议消毒温度为100℃,以免磁珠表面塑料熔化。

(二)稀释液温度的确定

稀释液温度设定的原则是尽可能与采集到的精液温度一致,误差不超过2℃。

精液刚刚射出时,温度与其体温一致,但在收集过程中,受环境温度影响,精液温度会有不同程度的下降。最可靠的方法是在一个季节中,实际测量一个正常采集到的精液温度,作为确定稀释液设定温度的依据。但采精时,应使龟头到集精杯的距离尽可能一致,即小指一侧靠近在集精杯的上沿,这样采集到的精液受环境温度的影响可达到最小。

稀释液温度的控制,通常采用的方法是将水浴锅温度设定在与精液一致的温度上,然后将配制的稀释液放入水浴锅中维持一段时间。也可按以下建议设定水浴锅温度:夏季为37~38℃,冬季为35~36℃,温和季节为37℃。

应该注意的是,如果稀释液温度与精液温度存在一定差异,那么,稀释液温度可略低于精液温度,不可相反。

平时要注意检查水浴锅中的水位是否正常(隔板到上沿高度的1/2~2/3),一个季节设定好水浴锅控制温度后,就不必每天去调整。应注意的是,有些水浴锅的显示温度与稀释液的实际温度误差较大,需要适当调整,以温度恒定后的实际水温为准。

准备进行采精的当天,进入实验室后,检查水浴锅水位后,插上水浴锅电源,打开水浴锅电源开关,开始升温,然后进行其他工作。

(三)蒸馏水的量取

蒸馏水的量取必须保证:①蒸馏水是新鲜的;②量取过程蒸馏水不受污染;③量取准确,误差不超过 0.2%。要达到此目的必须做到:

(1)使用新鲜的蒸馏水。用于配制稀释液的蒸馏水存放时间不超过 30 d,最好是新鲜的双蒸馏水。

(2)选用玻璃放水瓶或优质无毒塑料桶盛放蒸馏水。

盛放蒸馏水前,必须对容器进行认真清洗和消毒处理;没有干燥消毒设备或不能进行干燥消毒的用品(如纯净水桶),可洗净后,先用蒸馏水冲洗 3 次,再用 75% 的医用酒精冲洗一次,倒扣空干,待酒精完全挥发,再用来盛蒸馏水。以后每 3 个月用蒸馏水反复洗涮一次。

(3)蒸馏水容器的龙头必须保证不会受到任何污染。最好将龙头用无菌的塑料罩瓶罩住,每次向容器中放出蒸馏水时,应先将最初流出的约 10 mL 的蒸馏水放入废液杯中后,再接取。

(4)用称重的方法量取蒸馏水更方便。蒸馏水的量取,传统方法是用量筒量取。我们推荐用电子秤称量,其理由是:①避免了蒸馏水在容器间转移可能存在的污染;②量取比较准确。建议选用精度为 1 g 的电子秤,也可选用精度为 0.5 g 或 0.1 g 的电子天平。最大称量为 2 000 g 或 3 000 g。

先放出约 10 mL 蒸馏水,以冲洗放水管,旋下罩瓶,将罩瓶中的蒸馏水倒掉。然后将三角瓶放在电子天平上,除皮,再放入蒸馏水至 1 000 g(图 4.21,图 4.22)。

图 4.21　旋下放水瓶的罩瓶倒掉放水瓶内的蒸馏水

图 4.22　放入蒸馏水至 1 000 g

(四)稀释粉的溶解

　　将三角瓶放在磁力搅拌器上,打开电源开关,缓慢增加转速至形成明显的涡流。然后剪开稀释粉包装,把 1 000 mL 蒸馏水量的稀释粉缓缓加入三角瓶中(图 4.23)。搅拌至稀释粉彻底溶解,继续搅拌 1～2 min,将转速调到最低,关闭磁力搅拌器电源。

图 4.23　将稀释粉慢慢加入三角瓶中

(五)稀释液的升温与平衡

配制好的稀释液须升温到与采集到的精液相近的温度,并逐步达到渗透压和酸碱度的平衡,因此,稀释液必须在水浴锅中保持设定温度 45～120 min,方可用于精液的稀释。操作者应注意观察水浴锅显示的温度,必要时应测定一下稀释液的实际温度,以便与水浴锅的显示温度相对照,如误差较大应进行设定温度的调整。同时将一只 2 000 mL 的烧杯或塑料杯放入水浴锅中预热(图 4.24)。

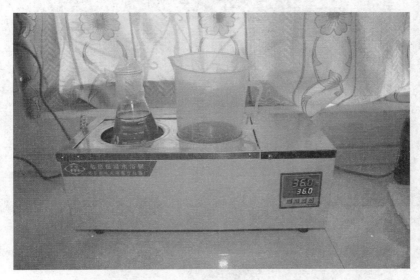

图 4.24　将稀释液放入水浴锅中升温和平衡 60 min,另一塑料杯放入预热

(六)免消毒稀释液配制技术

在免消毒猪人工授精技术中,稀释液的配制是在食品袋中进行的,这样就省去了三角瓶清洗和消毒环节,使稀释液的配制不易受到卫生状况等因素的影响(图 4.25)。具体方法是将食品袋套在塑料杯内,将塑料杯放在电子天平上除皮后,加入 1 000 g 蒸馏水,再将稀释粉慢慢加入塑料杯内,用专用袋夹将食品袋封口后,从塑料杯中取出,摇动食品袋,直到稀释粉完全溶解。将食品袋放入水浴锅中,将其封口及袋夹搭在水浴锅沿上,防止袋口被水浴中的水污染。

(七)大型人工授精站的稀释液配制

在大型人工授精站中,稀释液的需要量是很大的,如日处理 50 头公猪精液的实验室,每天需要的稀释液可达 55 L。这样大容量的稀释液生产,就需要专用的设备来配制稀释液——稀释液自动搅拌机,每次可生产 10～15 L 的稀释液,可自

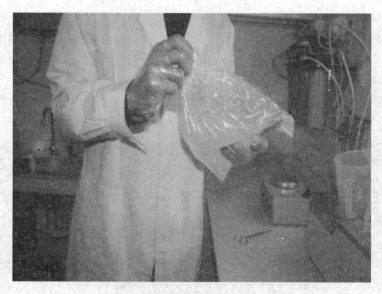

图 4. 25　在食品袋中配制稀释液

动完成稀释粉的搅拌、升温、平衡（即维持温度）等过程,配成的稀释液可从稀释粉自动搅拌器上的龙头向精液中放入稀释液(图 4.26)。

图 4. 26　稀释液自动搅拌机

四、精液品质检查

能够进行精液品质检查是人工授精优于本交的特点之一。因为,通过对精液品质的检查,可以保证每份用于输精的精液中含有足够的有效精子,确保了人工授精的受胎率。精液品质的常规检查包括直观项目和微观项目2个方面。

(一)精液直观项目检查

精液采集到后,首先要进行直观检查,直观项目包括:色泽、气味、采精量等。

1. 色泽

正常的猪精液从浅灰白色到乳白色,将装精液的食品袋从集精杯中取出,放在亮处观察。白色越浓厚,说明精子密度越高;反之白色越浅、越透明说明精子密度越低。色泽呈红色、褐红说明精液中混有鲜血或陈血;透明度高、红色、褐红、褐黄等不正常色泽均说明精液不合格。

2. 气味

嗅闻正常公猪精液只有很淡的腥味,如发出腥臭味说明混有脓液,如发出腥臊味则说明混有尿液或包皮液,均为不合格精液。

3. 采精量

是与收集精液的总精子数有关的重要指标,后文中有详述。

4. pH 值

有时可能会测定精液的 pH 值,以分析出现精液质量问题的原因。正常猪精液 pH 值为 7.2～7.9,偏碱性,平均 7.5。猪精液的 pH 值与精液收集方法有关,通常收集清亮的液体越多 pH 值越高,较浓的精液 pH 值略低。混有尿液、包皮液或发炎的副性腺分泌物会使精液的 pH 值超出正常范围。如精囊腺发炎而导致分泌不足时,常导致精液 pH 值降低。但通常射精量也会下降。pH 值测定可以选用范围在 6.5～8.5 的 pH 值精密试纸,取 200～500 μL 原精液,滴在试纸上测定。不可将试纸插入集精袋中,以免污染精液。也可用酸度计测定。

应注意:pH 值只在公猪精液出现质量问题,查找原因时测定。

(二)精子活力测定

只有能够前进运动的精子才有与卵子结合成受精卵的可能性,前进运动精子称为有效精子。前进运动精子占总精子数的百分比叫做精子活力或活率。这是精液微观检查的最重要指标之一。精子活力测定通常采用估测法,操作步骤如下。

1. 稀释液与精液等温和活力检查取样

(1)将装精液的食品袋从集精杯中取出,放在水浴锅内预热过的塑料杯中,并将食品袋上口翻在塑料杯沿上,这样,在精液品质检查的同时,原精液与稀释液的温度能更趋一致。

(2)在分度值为 10 μL 的微量移液器上装上干净的吸嘴(俗称枪头),然后轻轻摇动装精液的塑料杯(或精液袋),混匀精液,因为精液静置一段时间就开始沉淀(这是猪精子的特性之一);将移液器设定到 20 μL 位置,吸取原精液,吸嘴插入精液中的深度应浅一些,以减少吸嘴对精液可能造成污染的风险。

2. 制作活力检查的精液压片

(1)将精液滴注在事先放在恒温加热板上预热的载玻片中间。

(2)将一张干净的盖玻片的一个边放在精液滴的左侧与载玻片呈向右的 30°角,稍微向右移动至精液进入载玻片与盖玻片间的夹缝中,轻轻放下盖玻片。这样做的目的是防止盖上盖玻片时产生气泡。由于精子有向着异物(如气泡)的中心运动的特性,如果视野中有气泡会影响到精子活力检查的准确性。

3. 精子活力评分

(1)精子活力应在 37℃ 的温度下,用普通生物显微镜观察。将压片位置放在载物台的通光孔处,先用 100 倍检查,然后再用 400 倍进行观察。如果精子活力强,精子成群地同方向运动,大群精子的同方向运动,可形成精液运动波(图 4.27右上)。

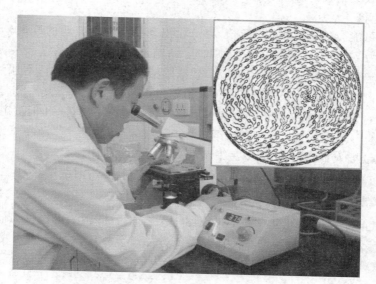

图 4.27　用恒温加热板保温,进行精子活力估测

（2）新鲜精液在 100 倍下观察，并不容易看到单个的精子活动，因此，要进行整体观察。按照五级评分制，评分标准见表 4.4。

表 4.4　原精液活力评分标准

分值	精液运动状态	评价
5 分	整个视野中有明显的大的运动波	很好
4 分	出现一些运动波和精子成群运动	好
3 分	出现成群运动	一般
2 分	无成群运动，部分呈前进运动	较差
1 分	只有蠕动	差
0 分	无精子活动	

按五级制评分，合格精液的精子活力应不低于 3 分。

注意：检查过程中，观察结果可能会受到许多因素的影响，而不能反映原精液的真实活力，因此，如果活力测定结果不合格，应注意仔细检查每个操作步骤，防止由于操作原因导致错判。如果第二次检查活力仍不合格，精液应废弃。另外，活力登记时，即使活力不合格，也要登记评分值，以便检查公猪精子活力的变化趋势，并方便向专家描述。

（三）精子凝集度检查

公猪的精子是比较容易发生凝集的，精子的凝集源很多，生殖系统的炎症、免疫反应、尿液、包皮液、有毒或有粉迹的采精手套等都可导致精子发生凝集，严重的凝集导致精液报废。

精子凝集的检查可与精子活力测定同时进行，在 100 倍镜下，观察精子的凝集程度。轻度凝集的精液，可在视野下见到散在的由 10 个以下精子凝集的小团，凝集团数量较少，活力 0.6（5 级制 2 分）以上，可认为是疑似问题精液，凝集度可用一个＋表示。要注意登记，这样的精液稀释后，在输精瓶上要做好标记，6 h 后观察精子活力，如果凝集状况没有明显增加，活力合格，可作为正常精液使用。如果凝集团增大，数量增加，则应将这些精液废弃。凝集团虽小，但数量较多，活力低于0.6，则为不合格精液，凝集度用＋＋表示。如果精液中有大的凝集团存在，精子还在不断向凝集团聚集，用＋＋＋表示，同样为不合格精液。

（四）精子密度测定

精子密度是指单位体积精液中所含的精子数，是精液微观检查指标之一，与精液的体积共同决定一次采精的总精子数。我国习惯于用亿/mL 表示(英制单位多采用百万/mL)。

猪精子密度测定的方法有多种,最可靠的方法是血球计数板计数法,但这种方法对技术素质要求较高,而且耗时较长。较为快捷的方法是运用比色仪、分光光度计或专用的精子密度计进行测定,但这些方法对仪器设备要求较高,对技术要求也较高,通常需要自己制作对照表。用郑州牧专张长兴等老师的发明专利——精子密度杯测定精子密度,具有快捷、准确、操作简单的特点,且成本低廉,已受到业内的广泛认可。

1. 精子密度仪基本使用方法

精子密度测定设备种类较多,不一一列举,随设备都有详细的说明书,在此只将该类设备的一般使用方法做如下介绍。

(1)设备预热。一般打开电源需要预热 30 min,才能准确测量。

(2)精液稀释。在比色杯或专用试管中按说明加入规定量的(专用或自配)稀释液,混匀原精液后,取规定量的原精液加入比色杯或试管中,混合均匀。

(3)将比色杯或试管放入样本孔或样本池。使用分光光度计一般要有一个只加有稀释液的比色杯作空白对照,与稀释后精液一同放入样本池中。

(4)按下测定按钮,读出读数。分光光度计测定时,应先将空白对照的比色杯测出透光率设定为 100%,再测定稀释后精液的透光率,得到读数。

(5)查对照表,得出原精液的精子密度值。

不同动物精液,相同的透光率,对应的精子密度并不相同。所以,对照表均为某种动物精子密度测定专用。

2. 猪精子密度杯使用方法

(1)注入稀释液(生理盐水)。用 10 mL 一次性注射器从医用生理盐水注射液瓶中吸取 10 mL 生理盐水,注入干净的精子密度杯中。也可用输液器向密度杯中注入生理盐水至 10 mL 刻度线处,以弧形液面的下切线为准。

(2)注入原精液。根据视觉初步判断的精液浓度,可选择注入原精液0.5 mL、1 mL 或 2 mL,精液很浓的注入 0.5 mL,一般的注入 1 mL,较稀的注入 2 mL。也可只选择注入一个固定的体积,即 1 mL。取样时,同样要先摇动精液,使精液混匀,再用移液器或注射器取样,然后将精液注入密度杯中。

(3)混匀。用拇指压紧密度杯口,然后上下颠倒 4~5 次,使精液与生理盐水充分混匀。

(4)观察读数。观察刻度时,要使眼睛与刻度线在一个水平面上,从上向下逐行观察刻度,以能看清所有字母 E 开口方向的第一行的数值为刻度值(图 4.28)。为了保证刻度判断的准确性,应保证足够强的光线,并使光线射向密度杯的正面,不能从密度杯的背面透射过来。

(5)精子密度值查对与记录。查看精子密度对照表中的刻度值对应行与加入的原精液量的对应列,从而得到原精液的精子密度值。加入多少毫升的原精液,就查对应多少毫升那一列。一般按照采精规程采集的公猪精液精子密度不低于1亿/mL。密度杯用完后应立即用蒸馏水冲洗后倒挂空干。不同设计的精子密度杯,查对表将会不同。购买时,应注意查对表要配套。

图 4.28 精子密度杯(已加入稀释液和原精液并混合均匀)

(五)精子畸形率测定

精子畸形率是指精液中畸形(即形态异常)的精子占总精子数的百分率,畸形率越高,则精液的质量越差。畸形率的高低受气候、营养、遗传、健康等因素的影响,因此,在后备公猪开始使用时以及正常使用的种公猪每个季节都要进行畸形率测定。精子畸形率的测定步骤如下。

1. 制作抹片

一般将原精液用生理盐水作1∶3稀释,用微量移液器取 10 μL;载玻片平时浸泡在95%的乙醇中,使用时取出,用纸巾擦干,放在片架上,将精液滴于载玻片的右侧中间;左手食指和拇指拿住载玻片,使其保持水平,精液滴面向上,右手用另一载玻片呈向右的30°角放在精液滴的左侧(图 4.29);向右移动右手的载玻片,使精液进入两个载玻片的夹缝中(图 4.30);然后,右手将上面的载玻片向左平稳地推送,使精液均匀涂抹于下面的载玻片表面(图 4.31)。

抹片自然晾干。不要摇动载玻片加快干燥,否则容易使涂片面黏上空气中的浮尘。

2. 精子固定与染色

(1)精子固定。抹片自然风干后,在抹片上滴满95%的乙醇固定 5 min。乙醇可使精子表面物质(主要是蛋白质)变性而使精子附着在载玻片的表面,避免冲洗时精子被冲走。

(2)精子染色。用于精子染色的染液种类很多,常用的染色剂有红墨水、纯蓝墨

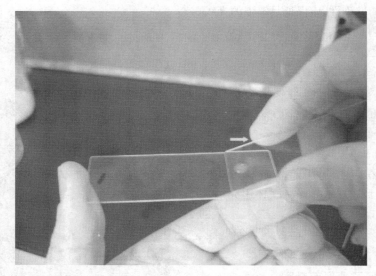

图 4.29   右手用另一载玻片呈向右的 30°角放在精液滴的左侧

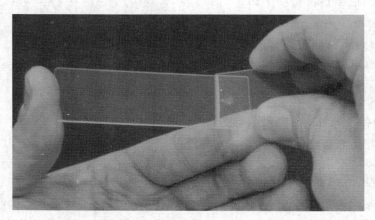

图 4.30   向右稍微移动载玻片使精液进入两个载玻片的夹缝中

水、伊红染液、美蓝染液、龙胆紫染液等。染色前，先甩去抹片表面的乙醇，等到残留的乙醇完全挥发后，再滴上染色液（500 μL 左右），染色 5～7 min。不同染色液、不同气温，染色时间也会不同，可根据染色效果调整染色时间，以达到最佳效果。

3. 冲洗抹片

完成染色后，要将抹片上的染色剂冲净。

最好用装有蒸馏水的洗瓶冲洗，如果用自来水冲洗，水中的杂质黏附在载玻

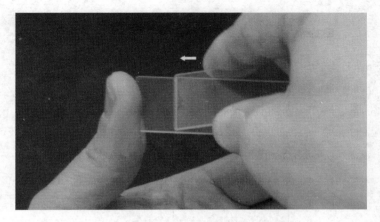

图 4.31　将载玻片向左平稳地推送涂布精液

片上会影响检查结果。将载玻片倾斜，用很小的水流，轻轻冲掉表面的染色液。

甩去载玻片表面的水分，或用纸巾轻轻点吸表面水分，避免有大水滴。

4. 精子畸形率观察与计算

将染色后的抹片放在显微镜载物台上，先在 100 倍下观察到精子后，再转成 400 倍观察。

染色后，正常精子有一椭圆形的头和一条细长的尾，尾部稍稍自然弯曲。不正常的精子种类很多，分头部、尾部等类型的畸形（图 4.32）。头尾断裂的精子多为热应激、发烧所致，而尾部带有原生质小滴多为采精过频造成，其他畸形多为老化、疾病和遗传缺陷造成的。

计数畸形精子时，要计数 5 个以上的视野，总精子数不低于 200 个，要计数每个视野中的所有精子，同时计数视野中的全部畸形精子。然后计算所有视野畸形精子总和与所有视野精子总和。

$$畸形率 = \frac{畸形精子总数}{总精子数} \times 100\%$$

公猪精子的畸形率不应高于 18%。如果畸形率较高，首先应检查操作过程，必要时要进行第二次测定，如果仍然不合格，那么，公猪的精液不可用于输精。同时要查找原因，调整饲养管理方案，直到精子畸形率低于 18%。如果小公猪畸形率超标，经改善饲养管理，3 个月后仍没有改善，应将公猪淘汰。

（六）采精量测定

按照规范的采精操作，公猪的采精量一般在 100～500 mL，平均 220 mL。应

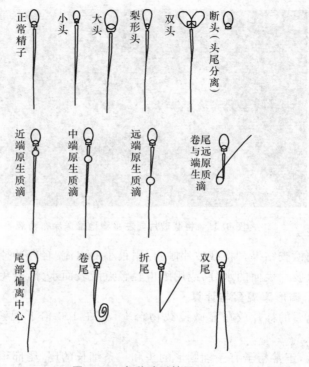

图 4. 32　各种畸形精子

注意,采精量并非是公猪的射精量,因为,在采精过程中,并没有将公猪射出的全部精液收集起来。但操作方法较一致的采精,每头公猪的采精量一般相对比较稳定。如果公猪的采精量超出正常范围,或与以往采精量明显不同,应注意查找原因。采精量过多,一种情况是收集太多的不含精子的清亮精液,这样的精液会稀一些,但不影响使用;另一种情况是公猪副性腺发炎造成的,这种情况,一般精子活力很差或没有活力。采精量过少,一种情况是只收集很浓的精液,而含精量少的较稀的精液没有收集;另一种情况是公猪的生精能力下降,多伴随着精液稀薄、精子活力差等问题。

　　公猪精液的比重约为 1.02 g/mL,接近于 1,因此,适合用称重的方法来测量采精量。每克重量精液的体积约为 1 mL。称重的方法虽然不够精确,但会使采精量的测量简单化,方便操作,对人工授精不会产生不良影响。具体方法如下:

　　(1)将放在水浴锅中装精液的塑料杯拿出,擦去塑料杯外面的水分,把精液袋提出。然后将塑料杯放在电子秤(或电子天平)上,除皮(置零)。

　　(2)将装精液的食品袋放入塑料杯中,显示值为精液重量(图 4.33),注意减去食品袋的重量,将精液重量(或体积)记录在记录簿上。

图 4.33　将装精液的食品袋放入塑料杯中,电子天平显示精液重量

(七)公猪精液质量与处理记录

公猪精液质量与处理记录是采精工作的回顾性文件,有利于查看公猪的精液质量变化的趋势、配种能力、受胎率、采精员操作水平,便于查找受胎率变化的原因。每头公猪每年大约有 120 个的采精记录,不管采集的精液是否被利用,精液的相关数据都要进行记录。如果只记录合格精液,则会在问题追踪中无法查找原因。

可根据实际需要,参考表 4.5 设计记录表。注意每头公猪要独立建表,以方便对每头公猪进行评价。不可将不同的公猪采精及处理情况记录混在一起。

表 4.5　公猪精液质量与处理记录表

品种:_____　编号:_____　出生日期:_____年_____月　育种值:_____

采精时间 __年__月__日	采精 量/g	活力 /%	密度/ 亿/mL	凝集度	色泽	气味	分装 份数	24 h 活力	每份总 精子数	采精员 签名

五、精液稀释与保存

(一)精液稀释后最终体积的计算

精液稀释后最终体积的确定是精液精确稀释的依据,能在确保每份精液总精子数的前提下,达到最大分装份数,有利于充分发挥每头公猪的配种效能。计算方法如下:

$$总精子数＝原精液体积(或重量)×原精液精子密度$$
$$可分装份数＝总精子数÷每份精液的精子数$$
$$精液稀释后总体积(或重量)＝可分装份数×每份精液的体积(或重量)$$

对每一份可用于输精的精液,基本要求包括:活力不低于 0.6,每份精液体积 80～100 mL(或 g),每份精子数:猪场为 40 亿～50 亿,配种站为 30 亿。

例如,一头种公猪一次采精原精液重 257.8 g,精子密度 2.53 亿/mL,活力为 0.7,每份精液体积 100 mL,分装要求每头份精液总精子数为 40 亿。

精子活力为 0.7,大于 0.6,因此精子活力合格。

总精子数＝257.5×2.53＝651.5(亿)。

可分装份数＝651.5÷40＝16.28(头份),取整数 16 份。

最终稀释后精液体积＝16×100＝1 600(g 或 mL)。

应该注意:并不是每份精液中总精子数越多,配种受胎率越可靠。如果每份精液的总精子数太多,会使代谢产物富集速度加快,从而缩短了精子保存的时间,反而使配种受胎率下降。

(二)精液的稀释

精液稀释时,一定要强调原精液与稀释液的温度要尽量一致,温度相差在 2℃ 以内,稀释液温度可略低于原精液。

根据计算所得的稀释后总精液体积,稀释液应缓缓加入精液中,禁止将稀释液从高处倒入,形成冲击力。在食品袋中配制的稀释液可直接从袋中倒出,或将食品袋放入塑料杯中袋口翻向杯外沿,再将稀释液倒入装精液的杯中。加入精液中稀释液的最终加入量应使精液和稀释液的总体积达到所计算的稀释后体积(或重量)。加入稀释液过程中,应一边加入稀释液,一边轻轻摇动装精液的塑料杯,使稀释液与精液充分混合。最好先作 1∶1 稀释,10 min 后再稀释到最终体积。

一般最终体积不能超过原精液体积的 10 倍。

如果对地方猪进行改良,每份精液中的总精子数可能较少,最终稀释倍数可能高于 10 倍,这种情况建议进行两步稀释。第一次加入稀释液总加量的 1/3 左右,轻轻摇动,30 min 后再将剩余的稀释液加入,摇动混匀。

(三)精液的分装

精液稀释 5 min 后,应再一次检查精子活力,如果活力没有下降,方可进行分装。在 400 倍下观察,应进行分区判断,以便确定前进运动精子占总精子数的百分比,按十级评分制,90％的精子呈前进行运动的精子活力为 0.9,80％的呈前进运动则为 0.8,依此类推。按十级制评分,合格精液精子活力应不低于 0.6。登记稀释后精子活力。

根据总的精液份数,准备相同数量的输精瓶,将输精瓶排在操作台上,逐瓶将精液加入输精瓶中,并达到所规定的体积(刻度)。如果分装时间较长,中途应再次摇动混合精液。

袋装精液分装要使用专用的分装装置,需准备漏斗、分装架和电子秤。将输精袋挂在分装架上,再放在电子秤上,去皮后,加入稀释后的精液,直到电子秤上显示分装要求的重量,用热封口机封口,再进行下一个输精袋的分装。袋装精液由于存放时底面积大,精子沉积层薄,因此保存时间也长于瓶装精液。但在小规模猪人工授精站,袋装精液分装较麻烦而不被采用。精液分装完毕后,应将漏斗清洗后用蒸馏水冲净,用牛皮纸包裹后在干燥箱中消毒 1 h。

大型猪人工授精站可使用袋装精液自动灌装机(图 4.34),自动灌装机每小时可分装 600～1 200 份精液,计量精确,封口严密,并能自动黏贴打印有精液相关信息的标签。不可使用饮料灌装机灌装精液,因为精液灌装是采用蠕动泵分装的,不污染精液,也不会造成精子的机械损伤。

图 4.34　袋装精液自动灌装机

实验室室温应控制在 20～25℃,以免在精液稀释分装处理过程中,精液受到环境温度的影响。

(四)精液标记与密封

1. 精液的标记

精液的标记非常重要,便于确认精液的来源、是否在保质期内,也便于进行与配母猪的相关配种资料登记。

每个输精瓶(袋)都应贴上标签,标明品种、公猪号、采精日期、有效期、总精子数和活力等(图 4.35)。

图 4.35　精液产品标签

2. 精液容器的密封

空气中的氧气不利于精子的保存,因此,精液封装时应尽可能将其中存留的空气排出。排出精液容器中的空气,同时还可避免精液在运输过程中振荡造成精子的机械性损伤。输精瓶在拧上盖子时,先将瓶盖旋大半圈左右,然后挤压瓶体使精液液面上升至瓶口,再旋紧,这样可排出瓶中空气(图 4.36)。袋装精液在封口时,也应先将其中的空气挤压,使精液面上升到接近封口处,再用热封口机热封。

(五)精液的降温

虽然将分装后的精液直接放入 17℃ 恒温冰箱,对精液保存影响不是太大,但规范的操作仍建议分装后的精液先放在一个保温箱(或疫苗箱)(图 4.37)内,使精液缓慢降温,然后再放入恒温冰箱中保存,这样对精子的保存更有利。

图 4.36 排除输精瓶中的空气后旋紧

图 4.37 分装好的精液放入保温箱中缓慢降温

精液放置在疫苗箱中不需要盖盖子,大约 30 min 后,精液温度下降到接近室温时,再放入恒温冰箱中。但切记,如果室温低于 20℃,则不要在室内放置过久,以防精液温度太低,精子将受到冷打击,活力会明显下降。

(六)精液的常温保存

鉴于猪精子对低温的耐受力较差,一般情况下,猪的精液适合常温保存。而低温保存很少被采用,冷冻精液成本较高,冷冻效果不佳,受胎率和产仔数较低,多在引种时采用,一般不用于商品猪生产。

1. 保存温度

猪精液在 15～25℃ 范围内均可保存,在运输和短期保存中(1～2 d)这个温度范围对精液的质量不会有明显影响。但温度偏高会缩短精液的保存期。所以在猪人工授精站,精液保存的最适温度应在 16～18℃。专用于猪精液保存的恒温冰箱一般设定在 17℃。

2. 精液容器的放置

输精瓶或输精袋应平放在恒温冰箱的搁架上,或把精液容器放在塑料盘中再放入恒温冰箱中。平放可以增大精子沉淀层的面积,可减轻因精子沉积层过厚,局部代谢产物浓度过高,造成对精子的毒害作用。

3. 精子的沉淀问题

猪精子具有休眠特性,这是与其他家畜精子的明显区别。即在静置条件下,精子会慢慢停止运动,沉淀到容器的底部。虽然这时精子代谢很慢,但由于精子聚集在一起,代谢产物会积累在精子沉积层内而对精子产生毒害,为了减轻代谢产物对精子的危害,有资料建议每 12 h 上下 180° 翻转一次。但实践证明,瓶装 100 mL、40 亿精子的输精瓶,即使 48 h 不翻转,和 12 h 翻转一次的对照组相比,在活力和保存时间方面并没有明显区别。因此,建议每 24 h 将精液容器上下翻转一次。为了提高效率,也可将输精瓶放在托盘中,每 24 h 轻轻来回摇动混合一次。

4. 避光保存

强光会刺激精子的代谢,缩短精子的寿命,日光可使精液升温,都不利于精子的保存。因此,精液保存和运输过程中都应尽量避光,短时间的室内照明对精子没有太大影响,但不可长期放在强光下,尤其是阳光直射的地方。

5. 精液的保存时间

猪精液常温保存的时间,因稀释液种类不同,而分短效、中效和长效保存,常见的商品稀释粉配制的稀释液稀释精液后,精液保存时间为 3～5 d,属中效,长效的可保存 10 d 或更长。但仍建议用中效保存的稀释粉,长效稀释粉有些成分不易溶解,配制稀释液时,需要更长时间的搅拌。而且稀释的精液配种受胎率往往略低于中效稀释液。

第五节 母猪的发情鉴定及授精

母猪发情鉴定的主要目的是判断母猪是否发情以及发情的阶段,从而确定母猪配种的时机。常用的发情鉴定方法是外部观察法和试情法。给发情母猪授精是完成人工授精技术的最后一个环节。

一、母猪的发情鉴定

(一)外部观察法

母猪在发情前一两天即会呈现一系列的变化,预示着母猪即将发情,我们把这个阶段称为前情期。其特点是:食欲下降或绝食,鸣叫,对环境变化敏感,一有动静就会引起它的注意。前情期母猪可能会爬跨其他母猪。前情期母猪还表现外阴部红肿,有时外阴部流出清亮稀薄的黏液。母猪的前情期表现比较明显,因此,容易被误认为母猪已经发情,其实发情的母猪反而变得相对安静。

静立反射是母猪发情的特征性表现,没有静立反射就不能确定母猪是否真正发情。静立反射是指发情母猪当被压背、骑背、被公猪或其他发情母猪爬跨,甚至闻到公猪的气味时,所表现的以静立为主要特征的一系列行为表现。其特点是静立不动、耳竖起,背弓起,后肢叉开,尾巴翘起,颤抖(图4.38)。同时可能会排出较多的黏液,后备母猪和经产一胎的母猪尤为明显。查情员触摸母猪的侧腹及乳房时,母猪十分敏感、紧张、颤抖。

然而,仅通过观察母猪是否出现静立反射,很难准确地判断最佳配种时机,因为母猪能够表现静立反射的时间达48 h或更久,而且还有一些母猪则可能始终没有静立反射。如果同时观察母猪外阴部的一些特征,则有助于判断最佳配种时机。尤其是后备母猪外阴部的观察就更重要。

母猪的配种时间应在发情盛期,大约在发情期进行到一半时。其特点是外阴肿胀略消退,阴门皮肤起皱纹,柔软,温暖,黏液部分干燥结痂。发情盛期的后备母猪,阴门柔软,温暖,容易翻开。

发情盛期(即配种适期),阴道黏液略呈乳白色混浊,阴门裂周围的黏液开始结痂。黏液有较强的牵拉性,即在手指间可拉出1 cm或更长的丝。经产母猪可能从外阴部看不到流出的黏液,但翻开阴门,可以发现阴道内有黏液,并可以蘸取少量来检查其牵拉性。

在进行母猪发情鉴定时,同时也要检查发情母猪的黏液是否正常,如果黏液异

图 4.38　发情母猪被骑背时表现静立反射
（引自 W. Singleton，Purdue University，1997）

常，如呈黄色或褐红色，或质地不匀，呈坏奶样，则可能母猪发生阴道炎或子宫内膜炎，这是母猪屡配不孕的重要原因，应及时进行治疗。

（二）试情法

母猪在公猪面前被压背时，出现静立反射的时间要比没有公猪在场的情况下要早。有些母猪在没有试情公猪在场的情况下，可能始终不能表现静立反射。要及时发现母猪发情，试情法是最佳方法，因此，建议猪场内开展人工授精应采用试情法进行发情鉴定。

1. 试情公猪的选择

在猪场内用公猪试情是母猪发情鉴定的最有效方法。选择良好的试情公猪对提高查情效果非常重要。

试情公猪应身体气味大、泡沫多、行动慢，听从查情员指挥，性情温和，善于发现发情母猪，并能通过叫声吸引发情母猪。一般多选择年龄较大的公猪作试情公猪，因为老龄公猪一般经验丰富、行动稳重、体味也大。试情公猪的好坏应根据试情效果进行比较，选出最好的试情公猪，以确保母猪发情做到早发现，防止误判和漏查现象。图 4.39 右图中，试情公猪吸引了 4 头发情的后备母猪围在其身旁。用于采精的公猪很多已经失去了完整的性行为序列，查情效果较差。因此，一般不将采精用公猪同时作为查情公猪。

图 4.39　试情公猪通过气味和叫声吸引发情母猪

2. 公猪试情

我国大部分猪场采用每天早、晚两次查情的方法。查情时,用试情公猪与空怀母猪头对头查情。母猪从凌晨到上午开始发情的最多,因此,尤其要重视上午的查情。如果每天只做一次查情,则应将时间安排在凌晨或上午 9 点前。试情时,一定要让试情公猪沿着喂料的净道走,以便观察公猪与母猪之间的相互反应。

发情母猪对公猪本身及其体味、叫声都会有反应,尤其是对体味极其敏感,当嗅到公猪的气味后,会主动接近试情公猪。当母猪主动接近试情公猪时,查情员应站在母猪后侧用双手用力按压母猪的后背部(图 4.50),如果母猪出现静立反射,应记录母猪的编号,并在母猪背上做好记号。

图 4.40　用试情公猪进行母猪查情

应该注意的是,骑背会比压背能更准确地发现发情母猪。

国外一些猪场开始采用电动查情车,将公猪装在查情车上,使公猪头部能靠近母猪栏,并能根据查情员的需要,逐栏查情。可提高查情效率约30%。

(三)配种时机的掌握

母猪的最佳配种时机因品种、猪群、胎次(年龄)不同而有一定的差异。要根据配种记录与受胎、产仔记录进行回顾总结,以找出最佳配种时机的规律。配种时机掌握准确与否,将会影响受胎率和窝产仔数。

1. 有试情公猪时配种时机的掌握

如果场内有试情公猪,早、晚两次查情,配种时间可参考表4.6和表4.7。

2. 没有试情公猪情况下配种时机的掌握

考虑到在没有试情公猪的情况下,发现母猪发情较晚,因此,应根据作息时间安排,从发现发情到配种的间隔时间适当缩短(表4.8,表4.9)。

没有试情公猪的小规模猪场查情的准确率会受到影响,应注意观察,如果用种公猪的尿或包皮液让母猪嗅闻,同时做骑背检查,会接近有试情公猪的检查效果。

表4.6 有试情公猪的情况下断奶后5 d(120 h)内发情的母猪的配种时间

发现时间	配种次数		
	第一次	第二次	第三次
上午	下午	次日上午	—
下午	次日上午	次日下午	—

表4.7 有试情公猪情况下断奶后5 d以上发情的经产母猪和后备母猪、返情母猪的配种时间

发现时间	配种次数		
	第一次	第二次	第三次(后备母猪)
上午	下午	次日上午	次日下午
下午	下午	次日上午	次日下午

表4.8 没有试情公猪情况下断奶后5 d内发情母猪的配种时间

发现时间	配种次数		
	第一次	第二次	第三次
上午	下午	次日上午	无
下午	下午	次日上午	无

**表 4.9　没有试情公猪情况下断奶后 5 d 以上发情的
经产母猪和后备母猪、返情母猪的配种时间**

发现时间	配种次数		
	第一次	第二次	第三次（后备母猪）
上午	上午	下午	次日上午
下午	下午	次日上午	次日下午

3. 配种时机掌握的其他信息

仅从断奶到发情的间隔时间和发现发情的时间来判断配种时机，显然是太粗略了。这样判断，如果没有其他不良因素的影响，受胎率大约能达到 85%。如果同时根据母猪外阴部的各种信息判断配种时机，受胎率可能达到 90% 甚至更高。这些信息就是前文提到的：第一，外阴肿胀略有消退，阴门皮肤起皱纹，柔软，温暖；后备母猪还表现阴门柔软，容易翻开等特征。第二，黏液开始混浊，能拉成丝，黏液部分干燥结痂。第三，同时还要检查黏液是否正常，如果不正常，母猪不应该配种，而应该进行炎症的治疗。

二、输精操作

输精是人工授精的最后一个环节，把握准确的配种时机，保证良好的卫生条件，将足够的有效精子输到母猪的子宫内，是保证人工授精受胎率和产仔数的关键。

（一）输精用品的准备

输精前需准备的用品包括：运输或临时贮存精液的保温箱、冰（或热水）袋（用于控制精液保存箱的温度）、厚毛巾或泡沫塑料板（用于使精液容器与热源或冷源隔开）、贮存的精液、纸巾（清洁外阴部）、专用润滑剂（润滑输精管海绵头）、输精管（每头发情母猪配备两根）、50℃温度计、高锰酸钾。

不管是对外人工授精服务还是猪场内的输精，用品都需要放在一个合适的容器中，如放在运输精液用的保温箱中。因为猪舍内没有能够在保证卫生的前提下直接放置这些用品的地方。

在十分寒冷的季节，可能会在输精过程中精液温度明显下降，甚至降低到临界温度以下。因此，猪舍温度在 10℃ 以下，建议输精前，将精液升温到 25℃。10℃ 以上气温，输精前，从 17℃ 恒温冰箱中拿出的精液没有必要升温。

我国大多数商品输精管是单个包装的，如果是大包装的输精管，则应在输精前将其放在窄长的塑料袋中,塑料袋重复使用不超过 5 次。其他用品可放在保温箱中。

(二)输精前母猪的准备

1. 输精地点的选择

在规模化猪场,不管是在什么环境中输精,输精时,都应让母猪与试情公猪隔栏头对头,以便更好地刺激母猪的性欲,使输精更顺利。但如果没有试情公猪,正确的输精方法也能保证受胎率,但个别母猪可能因为没有良好的静立反射,而使输精不够顺利。

输精场地有以下几种:

(1)群养母猪的圈内。由于输精时会受到其他母猪,尤其是发情或前情期母猪的干扰,因此,应尽量避免在这种环境下输精。

(2)在单圈内或在母猪栏中间的走道上输精(图 4.41)。

图 4.41 输精时母猪与试情公猪隔栏相对

(3)在限位栏内输精。如果限位栏地面向后倾斜度过大,由于母猪站立于前高后低的地面,使输精过程较慢,容易发生倒流。因此,空怀母猪饲养在限位栏内的猪场,尽量考虑将母猪赶到走道上配种较好。

（4）集中配种栏。郑州牧专张长兴老师设计了一种方便输精的集中配种栏，它由一个 2.4 m×2 m 的公猪栏和四个 0.6 m×2 m 的母猪配种栏组成（图 4.42）。母猪栏地面呈前低后高，3%～5% 的坡度，即栏内地面前端比最后端低 6～10 cm。这种配种栏，由于前低后高，母猪在输精时精液不易倒流，有效地提高了工作效率和母猪的受胎率。

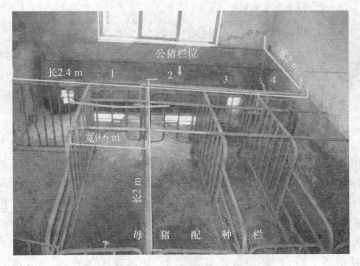

图 4.42　前低后高的母猪集中配种栏

配种时，先把试情公猪赶至配种栏中，再分别将发情母猪赶入配种栏，配种栏一次可同时进行 4 头母猪输精，集中配种栏输精时，可将输精瓶或袋固定，输精瓶上用注射针头扎一个小孔，使精液靠重力缓缓流入母猪子宫内。

2. 输精前母猪的处理

（1）母猪敏感部位的按摩与刺激。在自然交配中，种公猪在交配前会通过叫声和用吻部刺激发情母猪的敏感部位，从而使发情母猪产生性兴奋，接受公猪的爬跨。在人工授精条件下，按摩和刺激母猪的敏感部位，同样有利于母猪产生性兴奋，促进垂体后叶释放催产素，兴奋子宫，产生宫缩，有利于精液的吸收。能有效提高输精效率，缩短输精时间。具体做法是，从母猪的颈肩部开始，依次向后，用手掌来回按摩刺激各个敏感部位，尤其是侧腹部和乳房及腹股沟。

在按摩中，同时观察母猪的反应，这也是对母猪的发情和配种时机再一次确认，如果母猪表现紧张和静立，说明母猪处于性兴奋状态，这时输精，子宫吸收精液快，输精顺利，也有利于提高受胎率。可参考图 4.43 的方向和次序给予母猪 3～

5 min 的按摩。在清洁处理母猪外阴部时，同时也是给予母猪良好的刺激。

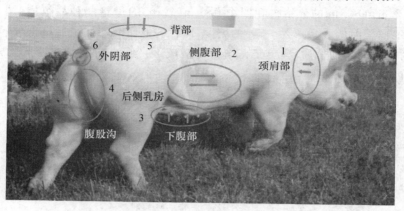

图 4.43　母猪的敏感部位及按摩方向与次序

（2）母猪外阴部的清洁。对母猪敏感部位刺激后，接着对母猪外阴部进行清洁。如果母猪的外阴没有太多的垢物，只需要用消毒纸巾先擦拭外阴部的皮肤，最后再用一张干净纸巾仔细将阴门裂处擦净。如果母猪外阴较脏，可将小毛巾在0.1%高锰酸钾溶液中沾湿拧干，将外阴擦净。最后用消毒纸巾擦干净，使阴门及阴门裂内干燥。高锰酸钾溶液应现配现用，不得存放。

注意：外阴清洁时，严禁用清水或消毒水（如高锰酸钾水）冲洗外阴。因为母猪性兴奋时，可能会将液体吸入子宫内，杀死精子或造成子宫污染。外阴部并不是必须消毒的，关键是输精时保持外阴部及阴门的干燥、清洁。

外阴的清洁过程要熟练，不要耗时太长，以免母猪不能得到连续的刺激，影响母猪性欲，造成输精困难。

（三）精液的准备

如果猪舍的气温高于 10℃，在 17℃下保存的精液没有必要再做升温处理，就可用于输精。但如果气温低于 10℃，建议输精前采用水浴或在保温箱中放入热水袋盖上毛巾，将输精瓶或输精袋放入，使其缓慢升温到 25℃再用于输精。其目的是避免输精过程中精液温度下降到 14℃以下。

输精前，应将输精瓶瓶盖拧松进气后拧紧，上下翻转，使沉淀的精子与上清液混合均匀，也可不用进气，直接翻转混合，但会较慢。然后掰断瓶上的蝶形头。如暂时不输精或各种原因精液没有得到使用，可将蝶形头倒转塞紧输精瓶。

袋装精液上下颠倒混匀精液后，撕开插管的封口处。有内置塑料管的袋装精液应将塑料管从封包处掰开露出管头（图 4.44）。

图 4.44　将袋装精液的内置塑料管掰出与输精管相连

(四)输精管的准备

单个包装的输精管,先撕开输精管的海绵头一端的塑料膜包装,使海绵头露出(大包装的输精管,可从事先临时存放输精管的塑料袋中取出),在管口周围涂少量的润滑剂,注意不要堵塞管口。不是单个包装的输精管,从塑料袋中抽出后,应拿着输精管的后 1/3,不要接触前 2/3,以防输精管受到污染。

将输精瓶或输精袋的嘴与输精管末端连接紧。

注:一般建议先将输精管与精液容器相连接,然后再将输精管插入母猪阴门。其目的是避免母猪将空气顺着输精管吸入子宫中。子宫中过多的空气会造成输精后精液倒流。但如果插入过程中输精瓶容易与输精管脱离,也可先将输精管插入母猪阴门,锁定在子宫颈内后再将输精瓶与输精管末端连接。但插入输精管后,不宜停留时间过长才连接输精管。

(五)输精管的插入

左手使阴门呈开张状态并向后方(略向下)轻拉,保持阴门张开(图 4.45),右手持输精管将海绵头先压向阴门裂处,然后呈向上的 45°角向前上推进(图 4.46),使海绵头沿着阴道的上壁滑行,一直将海绵头送到子宫颈口处,此时向前推进会感到有一些阻力,说明海绵头已到达子宫颈外口。

注:如果海绵头呈向前下插入,容易损伤母猪尿道口,严重时会造成出血。

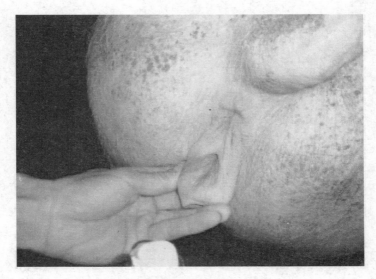

图 4.45　保持阴门开张的手势

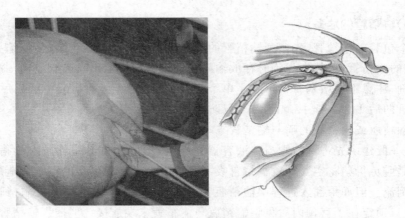

图 4.46　输精管斜向上插入阴门后沿阴道上壁向前推进

(六)海绵头的锁定

当遇到阻力时,用力向左旋转推送 3~5 cm,当海绵头插入子宫颈管内后,子宫颈管受到刺激会收缩,使海绵头锁定在子宫颈管内(图 4.47)。一些体形较小的初配母猪子宫颈管较细,插入过程用力要适当,有时需要将输精管后撤一些,并改变方向,以绕过子宫颈内的突起。强行插入,常会造成子宫颈出血。

输精管的插入过程要流畅,不宜过慢。当海绵头进入子宫颈管内时,母猪受到

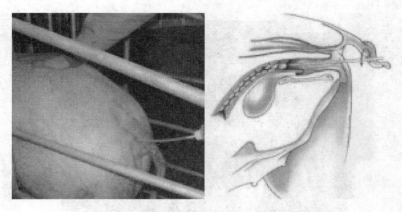

图 4.47 向左旋转输精管使海绵头锁定在子宫颈内

刺激,子宫颈会收缩,而使海绵头锁定在子宫颈管内。如果过慢,可能子宫颈会提前收缩而导致海绵头无法插入子宫颈管。

开始输精前,应确认海绵头是否被锁定,可以向后拉动输精管,当松手后输精管能回位;或稍稍扭转输精管,松手后,如果输精管转回原位,均可说明海绵头已经被锁定。

(七)输精

输精时,要给母猪背部施加压力,必要时,同时对母猪侧腹部及乳房按摩。常见的方法有以下几种。

(1)输精员站在母猪左侧,面向后,将左臂及腋窝压于母猪后背,同时左手按摩母猪侧腹及乳房,另一只手提起输精瓶(袋)(图 4.48)。

(2)一只手按压母猪背部,另一只手提起输精瓶(袋)(图 4.49)。

(3)倒骑在母猪背部,并用两腿夹住母猪两侧腹部。另一手提起输精瓶或袋(图 4.50)。

(4)有集中配种栏的猪场,可将沙袋压在母猪背部或用输精夹夹住母猪胁窝处,将输精瓶(袋)固定在一定高度,使精液自动流下。在输精过程中,输精员按次序轮流按摩每头母猪的侧腹或后侧乳房,以刺激母猪的性兴奋,促进精液的吸收(图 4.51)。

输精时间宜在 4～10 min 内完成。输精时间过长说明方法不正确,过短可能会造成精液倒流,都不利于受胎。

输精过程中,尽可能让精液自行流下,一般不要挤压输精瓶(袋),以免精液倒流。经产母猪精液倒流后,可能并没有从阴门流出,而是存于阴道内,在卧下时才

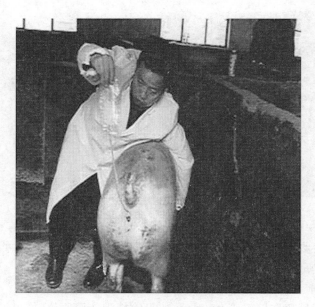

图 4.48　左臂压于母猪背部输精

图 4.49　一手按压背一手握输精瓶
（引自 W. Singleton，Purdue University，1997）

流出。在输精过程中，精液的流速可通过调节输精瓶（袋）的高度来控制，一旦倒流，应立即将输精瓶（袋）放低，使其低于阴门，从而使精液回流到输精瓶（袋）中。

可在输精瓶底上用注射针头扎一个小孔，这样可避免因输精瓶的张力形成负

图 4.50 倒骑于母猪背上输精

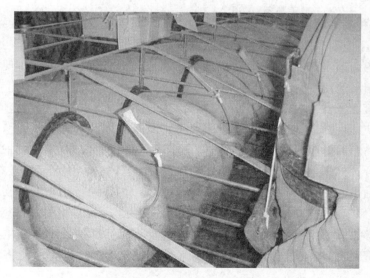

图 4.51 集中配种栏内的输精(输精袋固定在一定高度)

压,影响精液的流出,由于孔小,进气慢,可避免精液流速过快。

有条件的猪场可以修建集中配种栏,这样可以一个配种员同时负责 4 头母猪的输精。

精液输完后,建议将输精管留在子宫颈管内继续刺激母猪宫缩 5 min 左右。为了防止输精后精液倒流,在看到精液液面从输精管下降到阴门内后片刻(约 3 s),将输精管后端折弯,用输精袋上的孔或输精瓶套住(图 4.52)。有的输精瓶瓶盖上附有堵头,可用其堵住输精管的管口。

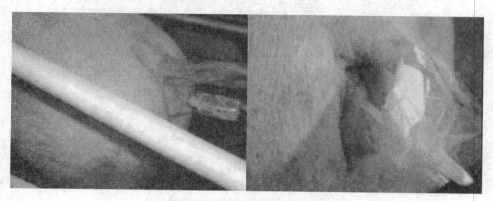

图 4.52   用输精瓶或输精袋将折叠的输精管套住

注意:并不是输精管在子宫颈管内停留的时间越长就越好,母猪性兴奋过后,会有一段"不应期",即使给予公猪刺激或按摩刺激也不会产生性兴奋。这时,海绵头对母猪的刺激是不舒适的,母猪可能会出现努责(腹压增大,类似排便动作),反而容易使精液倒流。

输精管在子宫颈内留滞 5 min 左右后,就可将其取出。抽出输精管时,应向后下方以较快速度抽出,以使子宫颈管闭合防止倒流(图 4.53)。

抽出输精管时应轻快而流畅,这样,由于子宫颈仍处于收缩状态,抽出时,子宫颈口会闭合。如果太慢,会促使子宫颈口放松,闭合不完全,不利于防止精液倒流。

注意抽出时,忌用蛮力猛抽,如果海绵头锁定过紧,强行抽出会损伤子宫颈黏膜,甚至使海绵头与塑料管脱离,而留在子宫颈管内。因此,在抽出时,感觉到输精管海绵能够离开原来位置,才可抽出。如果海绵头已经掉在子宫颈管内,一般母猪会通过努责,将海绵头排出,不必过分担心。有时需要 2～3 d 才能将海绵排出体外。

(八)输精后的管理

在猪场内对母猪输精,输精结束后,应让母猪与公猪继续隔栏头对头接触 10 min 左右,然后再将公猪赶走。在集中配种栏输精的母猪,公猪赶走后,可将母猪留在原地停留 15～30 min,再将母猪赶回原圈,以使母猪得到休息。

图 4.53　轻快流畅地抽出输精管

输精后在原地停留期间,尽量不要让母猪卧下。因为母猪卧下时,会抬高子宫位置,增大腹压,可能导致精液倒流。当母猪要卧下时,应轻轻驱赶,让其保持站立。

(九)输精次数

一般建议母猪一个情期输精 2 次,第一次称为主配,配种时间实际上就是我们判断的母猪最佳配种时机。第二次称为辅配,有利于增加母猪受孕机会,提高受胎率。两次配种间隔时间为 12～18 h。如果第二次输精后,母猪的发情状况仍没有明显消退的征兆,可考虑作第三次输精。母猪最后一次输精后,仍有 12～24 h 的发情时间属于正常,不会影响受胎率。母猪输精次数超过 3 次并不会产生有益的作用,最后一次输精后如果母猪发情很快停止,对受胎并不利,甚至可能引起子宫内膜炎。

(十)输精时出现特殊情况时的处理

1. 精液不流动

前后移动输精管,或轻轻将输精管向后上方轻拉,使管头离开子宫颈黏膜突起(图 4.54)。轻轻挤压输精袋(瓶),使精液充满输精管,以形成液体压力。

2. 精液倒流较多

输精过程中,精液有少量倒流(5 mL 以内)对受胎不会有太大影响,如果

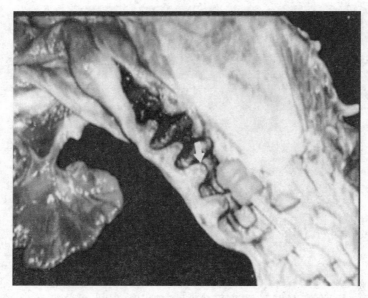

图4.54　箭头处为黏膜突起前推或后拉输精管可使管头离开此处,防止堵塞

倒流较多,可先将输精瓶放低,然后向前推送输精管,使海绵头锁定在子宫颈管内。如仍无法锁定,可抽出输精管,10 min后重新插入,并确定锁定后进行输精。

3. 插入输精管时母猪排尿

因为尿液进入输精管后,会杀死精子,因此,应立即更换输精管,清洁外阴部后,再尝试插入,并确定输精管被锁定在子宫颈管内。

4. 输精时不能将输精管海绵头锁定在子宫颈管内

造成输精管不能锁定在子宫颈管内的原因如下:第一,发情鉴定不准确。过早或过晚输精都会因子宫颈管未开张或已经闭合,而不能将海绵头插入到子宫颈管内。第二,海绵头过小而母猪子宫颈管过大。尤其是经产胎次较多的母猪,如果海绵头较小,即使海绵头插入很深也无法锁定。第三,海绵头插入过浅,没有进入子宫颈内。第四,插入过慢,母猪因兴奋而使子宫颈收缩,无法将海绵头插入子宫颈管内。第五,海绵头过大,子宫颈管较细,无法插入子宫颈管内。

(十一)输精受胎产仔记录

输精受胎产仔记录是人工授精重要的回顾性文件,主要记录输精、受胎、产仔基本情况,因此在表格设计上应尽可能做到内容全面(表4.10)。

表 4.10　输精受胎产仔记录表

_____年度　_____号配种舍

母猪号	公猪号	精液生产日期	发现发情时间	断奶时间	第1次配种时间	第2次配种时间	输精顺利与否	21 d返情与否	30 dB超妊检	产仔日期	产仔总数/活仔数	备注

第六节　猪繁殖障碍病的防治

猪繁殖障碍病在猪场非常多见,极大地影响了猪场生产指标的实现,使种猪的利用率低下,造成引种成本高企,同时造成资源的巨大浪费。所以及时发现和正确处置种猪的繁殖障碍病是一项复杂且困难的技术。

一、公猪的繁殖障碍病的防治

在养猪生产中,公猪的主要作用是通过配种将种公猪的优秀特性在其后代中表现出来。应该说,公猪在猪的繁殖过程中所承担的角色,只是在配种时间体现出来,但其每一个后代却携带着公猪一半的遗传基因,因此发挥着相当重要的作用。尽管种公猪在绝对数量上只相当于母猪数量的几十分之一,甚至在人工授精中,种公猪的数量只有母猪数量的1%,但对后代的影响力不亚于母猪。

种公猪的繁殖能力很大程度体现在配种能力和精液质量上,因此公猪的繁殖障碍也表现在这些方面。下面分述公猪常见的繁殖障碍及其预防措施。

(一)性欲低下或无性欲

1. 表现

达到初配年龄(230 d)的后备公猪或成年种公猪不愿接近发情母猪或不爬跨发情母猪,甚至对发情母猪的挑逗表现出害怕和躲避。

2. 原因及其防治办法

(1)先天畸形和发育不良。有些后备公猪由于生殖系统畸形或疾病等原因造成的生殖系统发育不良,导致雄激素水平低,表现为无性欲。这种公猪一般会在选择后备公猪时就会被淘汰。但有些后备公猪直到配种年龄时才被发现无性欲。这些公猪应坚决淘汰。

(2)无性经验或对体格过大的母猪恐惧。尽管交配行为是公猪的本能,但个别从未配过种的后备公猪可能表现出对发情母猪无兴趣。而个别生性胆小的后备公猪,当接触到体格很大的发情母猪,往往表现出恐惧,不敢接近,不能表现出性欲。

对后备公猪无性欲,不要急于淘汰。可调整交配或调教时用的母猪。尽量选择与后备公猪体格相近或略小、发情旺盛的后备小母猪或经产一胎的发情母猪,以消除其恐惧心理。

调教后备公猪配种应从 6 月龄开始,坚持调教。调教时,可用发情旺盛的小母猪诱导其性欲和爬跨行为。每次调教时间不要超过 20 min,时间太长容易引起公猪厌烦。调教人员要有耐心,态度要温和,切忌粗暴、随意打骂呵斥小公猪。坚持每天训练,每天训练的时间要相对固定。

后备公猪一旦配种成功,应在第 2 天或第 3 天再让其与体格大小合适的小母猪配种,几次成功配种的愉快过程,会提高后备公猪的性欲。

(3)交配失败造成挫折感。后备公猪在初配前可能表现出良好的性欲,对发情母猪有浓厚的兴趣,当与发情母猪接触时,表现十分积极。但小公猪往往不像老龄公猪稳重,常表现出急躁冒进,没有对发情母猪进行一定时间的挑逗的"前戏"行为,就急于爬跨。由于没有激起母猪的交配欲,当其爬跨时,母猪会逃跑,结果造成公猪跌倒。几次失败的爬跨,既消耗了公猪的体力,又挫伤了公猪的"自信心",导致公猪对母猪的兴趣降低,失去性欲。有些已经进行过若干次成功配种的小公猪,如果在之后多次失败的交配经历之后,也会削弱建立起来的条件反射,甚至失去性欲。

对初配公猪,最初的几次配种中,一定要注意让其与发情良好,压背试验站立稳定,体格大小合适的发情母猪配种。必要时,应辅助公猪将阴茎插入母猪阴道内,确保每次配种成功。一旦发情母猪不稳定,造成配种不成功,应调换发情母猪促使其能成功配种。

对于始终急躁冒进、配种经常失败的小公猪,可视其为配种能力不强。可以淘汰掉或改为采精用公猪。

(4)性欲钝化。后备公母猪在 170 d 后,仍同栏饲养,容易使小公猪对母猪的敏感性降低,造成性欲钝化,从而失去对发情母猪的兴趣。建议后备公猪在 4 月龄开始单圈饲养。

(5)高温天气或发烧。高温天气造成公猪的应激,会影响公猪的内分泌,导致雄激素水平下降,同时性反射受到抑制,导致公猪性欲降低或无性欲。所以保持种公猪舍凉爽的环境是夏季保持种公猪配种能力和性欲的关键,通风、喷淋、湿帘、遮阳都有利于降低猪舍的温度和公猪的体感温度。采精室建议安装空调,以创造适宜的温度环境。

公猪因疾病发烧,肯定会降低公猪的性欲,这种状况可能是暂时的,也可能是永久性的。所以一旦发现公猪发烧,尽快进行治疗和退烧处理。

(6)营养缺乏。日粮中营养不平衡,如维生素 A、维生素 E、硒等缺乏,会使公猪性反射减退,甚至使公猪睾丸萎缩干枯,失去配种能力。有时日粮中营养不平衡,可能持续很长时间公猪并未表现繁殖力下降。但如果同时公猪存在应激,如炎热、强噪声、霉菌中毒等因素时,则公猪很快就会表现出营养缺乏造成的繁殖力下降。这是因为应激会使动物对某些营养素的需求量增大,并使储备营养迅速减少。

(7)过度使用或长期不配种。正常配种频率的种公猪,一般容易保持良好的性欲。过度使用的公猪,不仅精液质量下降,受胎率降低,而且会造成疲劳,性机能减退,最终失去性欲。种公猪长期闲置不用,通常超过 2 周不配种,都可能导致公猪性欲钝化,有些种公猪会完全失去性欲。

因此,猪场中应存栏适当数量的种公猪,每头种公猪尽可能保持适当的配种频率,最好保证公猪每周配种 2～4 次,偶然情况下,每周可配种 6 次,但要让公猪休息 3～4 d 再配种。对于使用频率较低的公猪,如用于生产纯种母猪的长白公猪和大约克夏公猪,可改做人工授精用种公猪,一方面可对外出售精液,另一方面用于本场母猪输精,这样有利于提高种公猪的采精频率,同时使种公猪得到充分利用。即使长期不使用的种公猪,也应每 4～5 d 采精一次,以防止公猪性机能退化。

(8)缺乏运动、过肥或过瘦。公猪过肥,因雄激素被吸收到脂肪中,使其血液中的雄激素水平降低,而使其性欲下降。过度消瘦的种公猪同样性欲差。合理饲喂,良好的健康状况,适当的运动,有利于保持种公猪良好的配种体形和适当的脂肪储备,也有利于保持公猪的性欲。

(9)衰老。种公猪随着年龄的增长,超过 4 岁,身体机能明显开始退化,性欲也会逐渐降低,因此,正常使用的种公猪超过 5 岁,就应淘汰。从遗传改进和品种更新角度,种公猪的利用年限也不应太长,除非种公猪的后代品质特别好,而且种公猪本身的各方面的机能保持良好。

(10)疾病。有很多疾病不仅危害公猪的精液质量,而且也会降低公猪的性欲。如细小病毒病、乙脑、繁殖与呼吸障碍综合征等均可严重影响公猪性欲。另外睾丸炎、肾炎、膀胱炎等多种疾病，也会导致种公猪性欲低下。

（11）霉菌毒素及激素中毒。玉米等谷类如果被镰孢霉等霉菌污染发霉，这种霉菌分泌一种叫玉米赤霉烯酮的类雌激素物质。用这种霉变的玉米作为公猪的饲料原料，对公猪的生精能力和性欲有相当大的不良影响。即使正常收获的玉米和其他谷类也一定程度受这种霉菌的污染。因此，应严禁使用霉变饲料饲喂，同时建议在公猪饲料中应添加一定量脱霉剂。

如果使用添加有违禁药品如盐酸克伦特罗的肥猪饲料饲喂公猪，也会使公猪性欲下降。

3. 对性欲低下和无性欲公猪的治疗

种公猪性欲低下或无性欲，直接影响种公猪的配种能力和采精。解决种公猪性欲降低问题重在预防，要找出导致种公猪性欲下降的主要原因，并采取相应措施。

（1）激素治疗。应该说还没有一种可靠的激素来治疗公猪的性欲低下或无性欲。

雄激素如丙酸睾丸素、甲基睾丸素可在短时间内提高公猪的性欲，但使用雄性激素并不是性欲低下治疗的最佳选择。雄性激素会对大脑产生负反馈，对公猪的生精能力和精液质量也会产生不良后果。

每头公猪每周一次肌肉注射绒毛膜激素 1 000 U，对提高公猪性欲和生精能力有一定效果，没有明显的危害性。也可试用每周一次注射促排 3 号 25 μg，来提高公猪性欲。

（2）补充营养。在饲料中添加大剂量的维生素 A，维生素 E。维生素 A 每头公猪每天 500 mg，维生素 E 每头每天 500 mg，每月连续喂 1 周。一定程度能改善公猪的性欲。夏季应在饲料中添加维生素 C，每头每天 500 mg。

（3）中药治疗。用于母猪催情的纯中药制剂添加到公猪饲料中，连喂 4 d，能起到明显效果。

一般情况下，我们认为只有后备公猪调教失败的情况下，可考虑试用药物进行治疗，以使后备公猪成功交配，建立起条件反射。成年公猪性欲差，在排除管理因素或采用营养调整和保健治疗后，仍无性欲，应将其淘汰。

（二）交配失败

1. 交配失败的表现

种公猪有性欲，但不能爬跨发情母猪，或爬跨后不能射精，或不能将精液射到母猪的子宫颈内，以致不能使母猪正常受胎，均可归为交配失败。

2. 原因及防治措施

(1)阴茎发育不良。有些小公猪从睾丸发育到性欲表现均正常,因此一直作为正常后备公猪饲养。但在第一次配种时,爬跨发情母猪时阴茎伸出较短,或不能射精或射精位置较浅,不能到达子宫内。这种公猪一般还是淘汰为好。

公猪在性成熟前,龟头不能伸出,因为龟头同包皮线融合在一起。当公猪性成熟时,睾丸分泌的雄性激素,使包皮与阴茎之间角质化,使包皮与阴茎分离,从而使阴茎能伸出包皮外。但有些公猪在阴茎勃起时,阴茎的一条系带会阻止其伸出包皮外,这种情况下可考虑请兽医在公猪阴茎勃起时剪掉这条系带。

(2)阴茎损伤。在公猪交配或采精时,由于各种原因都可能使公猪阴茎损伤,由于剧烈的疼痛,往往使其对配种或采精产生恐惧。有些公猪龟头有溃疡,当龟头进入母猪子宫颈内时,常因疼痛而退出,不能完成射精。

阴茎损伤而不能交配者,可用2%硼酸水洗净治疗。如有出血,应同时使用止血药物。

(3)四肢有损伤或四肢软弱。有些公猪因跌伤、关节炎、蹄裂,则使公猪因疼痛而不愿爬跨母猪或假母猪。有些公猪则因四肢软弱,无力爬跨。强壮的四肢是公猪必须具备的条件,因此,在选择后备公猪时,应将直系和卧系的公猪淘汰。对由于四肢关节炎和损伤造成的不能爬跨的公猪应及时治疗。

(4)阳痿及不射精。在交配或采精时,公猪阴茎不能勃起,或者竖而不坚,经反复多次爬跨,但最终不能成功交配,称之为阳痿。坚而不射,称之为竖阳不射。

公猪阳痿的原因包括:饲料中缺乏蛋白质及维生素,缺乏运动、肥胖、虚弱;配种过度,导致性欲下降,阴茎不能充分勃起;采精技术不良:采精人员不正确地采精,会削弱已经建立起来的条件反射;不舒适的假母猪会使公猪反复调整姿势,最终不能达到性高潮;采精环境噪声大,突然的巨响等;龟头损伤、阴茎疾病等造成的疼痛;性经验不足。

对阳痿和不射精的治疗,首先要查明病因,消除病因。良好的饲养管理、配种环境,正确的调教有利于公猪顺利配种,并逐步建立起巩固的条件反射,从而使其保持良好的性功能和交配经验。对于经治疗,仍不能正常配种或采精的公猪应将其淘汰。

(三)精液品质不良

精液的质量是公猪表现繁殖力的一个重要方面,精液品质不良是公猪不育的重要原因之一。对于现代养猪生产来说,公猪精液不良是一种常见的问题。精液不良的公猪在本交时,常因母猪不能正常受孕而返情。而在人工授精时,精液不良导致精液不能使用而废弃。

精液的质量是多方面的,尽管目前所能检测的精液品质指标没有一种或几种能够代表这份精液的实际受精能力,但某些指标如活力、精子密度达不到要求,就必然会造成公猪的繁殖力下降或不育。

1. 射精量不足

母猪配种过程中,每次进入生殖道的总精液量与精子密度共同决定进入生殖道的总精子数。通常情况下,如果一头公猪的精液量不足,一般精液的其他指标都较差,精液量的大小一定程度代表了公猪的生殖机能的高低。

(1)正常的射精量。一般情况下,公猪的精液量在 150～250 mL 之间,但随着公猪体格发育和年龄增长,有些公猪的精液总量甚至可达到 600 mL。一头公猪的射精量受个体、品种、年龄、体格、季节等因素的影响而各不相同,但都应在一个正常的范围内。

确定公猪射精量的主要方法是用人工采集公猪的精液进行体积测量。在人工授精的条件下,采集公猪的精液应尽可能不收集清亮的无精子的精液。但要测量一头公猪的射精量,则应将公猪射出的全部精液收集到一起进行测量。但不能将公猪射出的胶状物一起收集,另外最初射出的清亮液体也不能收集。

(2)射精量不足的标准。目前并没有一个判断射精量不足的指标。如果在正常采精频率下,一头公猪经过几次采集全部精液,每次采精量均少于 100 mL,就应认为这头公猪的射精量不足。

(3)射精量不足的原因。排除因采精方法不当外,一头公猪的射精量不足可能由于以下原因造成:

①配种过度或采精过频。过高的采精或配种频率,容易使公猪的性机能下降,而使射精量降低。公猪的配种强度和采精频率应与射精量和生精能力相匹配,如果一头公猪的睾丸发育良好,性欲正常,但每次射出的总精子数并不是很多,并且总有效精子数和射精量均在正常范围内,那么,这头公猪的配种或采精频率可以略高一些。反之,则应降低配种或采精频率。

②饲喂不足或过度消瘦。

③夏季高温。

④睾丸炎或睾丸退化。各种原因造成的睾丸发炎或萎缩,必然导致射精量下降。

2. 精液色泽不正常

正常的公猪精液从浅灰白色到浓乳白色。但也经常会发现一些公猪的精液色泽并不正常。

(1)精液透明度高。这是精液中精子密度低的一个明显特征。采精或配种频率过高,通常会造成精液过稀;小公猪连续 6 d 采精,可能会出现突然无精的问题。而一些睾丸退化或刚进入性成熟的小公猪的精液由于含精子少而透明度高。精液透明度高者,不必对精液进行进一步的处理,直接按不合格精液处理掉。

(2)精液带红色。公猪精液带红色是一种较常见的精液质量问题,主要表现为:

①泛红的精液。说明有少量的血液混入精液中。

②暗红的精液。说明精液中含有多量的陈血。

③鲜红色的精液。说明精液带有较多的鲜血。

精液带红色说明精液中混有血液,常称之为血精。血液来自何方,并不好区分,精液呈鲜红色,一般为生殖道下部出血,并且在采精或交配时才出血。如果精液呈暗红色,一般应认为是生殖道上部出血,或副性腺出血,并且可能在射精前已经出血,将血液贮存于副性腺或尿生殖道内,射精时随同精液一起排出。有时,是阴茎溃疡出血,轻度出血,只在射精时,有少量滴入精液,使精液色泽显得不正常;出血严重时,排出的尿液中以及包皮液中都呈红色。

有血精的公猪,关键是要及时发现、及时治疗。通常可用一些止血药注射,如止血敏,同时在饲料中添加维生素 K,并配合使用一些消炎药物,以使其损伤部位尽快愈合。要让公猪休息,治疗 5 d 后,再采精检查精液是否还带血。

(3)绿色或黄色精液。这是由于精液中有脓液造成的。这种精液并不多见,在一些老龄公猪偶有出现。主要病因是公猪的副性腺发炎化脓造成。这种公猪最好直接淘汰,不必进行治疗。

3. 精液气味不正常

公猪的精液没有很浓的气味,有时可闻到一些腥味。但如果精液气味很重,则说明精液质量有问题,主要表现为:

(1)臭味。精液中含有脓性物,多是由副性腺发炎化脓所致。

(2)臊味。精液中的臊味是由精液中混有尿液或包皮液所致。精液中含有尿液的原因是尿生殖道存在尿潴留,射精时,与精液一起排出体外。含有包皮液是由于采精时,包皮液顺着阴茎流入到采精杯中造成的。

4. 精液中无精子或精液过稀

公猪精液精子密度应在每毫升 1 亿以上,公猪的射精量越大,一般精液的精子密度越小。但如果精液过稀,如每毫升小于 1 亿,则可认为精液过稀。

造成收集的精液中无精子或少精子,既有公猪本身的原因,又有采精方法上的原因,可能原因有以下几种。

(1)饲料品质不良。饲料中蛋白质不足,维生素 A、维生素 E 不足,都可造成精液中精子减少。霉变饲料能明显降低精液量和精子密度。

(2)炎热是导致精子密度降低的主要原因。公猪的生精能力需要一定的温度环境,阴囊和提睾肌能有效维持睾丸的温度低于体温 3~5℃。但当气温上升到28℃以上时,公猪的睾丸的温度维持能力被削弱,使生精能力降低。持续高温会使公猪暂时失去或完全失去生精能力。

(3)发热性疾病。公猪发烧时,会使睾丸温度升高而使其暂时失去生精能力。因此,应采取一切防疫、保健措施,防止公猪发烧。一旦发烧应尽快采用降温措施,对睾丸进行冷敷,并立即对公猪进行退烧处理。

(4)睾丸炎及睾丸萎缩。睾丸疾病往往直接影响睾丸的生精能力。乙型脑炎、布氏杆菌病等疾病,可导致睾丸发炎肿胀,发热,之后睾丸开始退化、萎缩,丧失性欲和生精能力。

(5)采精过频或配种强度过大。当过度使用时,公猪精液中的精子密度会下降,甚至会突然出现无精子精液。

(6)采精或配种时年龄过小。6 月龄公猪的配种能力还达不到要求。如果在此时参加配种,不仅受胎率受影响,而且在若干次采精后,很快精液就变得很稀了,甚至突然精液中没有精子了。建议公猪真正参加配种的年龄应在 8 月龄左右。如果公猪在 7 月龄调教成功,每周最多采精一次,以保持其条件反射,维持性欲。但必须是精液质量符合要求,再参加配种或精液开始用于输精。

5. 精子活力差

一般情况下,正常精液的精子活力不应低于 0.6。如果刚刚采集的精液精子活力低于 0.6,进行 2 次以上认真检查,确认无操作因素造成测定不准确时,公猪的精液应废弃。精子活力差的原因分析如下:

(1)夏季炎热或公猪发烧。是精子活力差的常见原因。

(2)各种生殖器官炎症。公猪发生睾丸炎、附睾炎、副性腺炎、尿生殖道炎、炎性分泌物均可导致精子死亡,造成活力降低。

(3)采精过频或配种强度过大。精液中不成熟精子增多会降低精子的活力,而采精或配种频率高,必然会使精液中不成熟精子增多。

(4)某些药物或饲料毒素中毒。一些激素如肾上腺皮质激素类药物治疗疾病、某些驱虫药,都可能会影响精子活力。霉菌毒素也会使精子活力降低。

6. 畸形精子多

正常的精子有一个椭圆形并向一面凹入的头部,一条尾,同一种动物的精子从大小、形状都具有相似性,而畸形的精子则呈现各种各样。畸形精子占总精子数的

百分率叫精子畸形率。公猪的精子畸形率在18%以下为正常,高于18%则属不正常。造成畸形率高的主要原因如下:

(1)遗传因素。精子的形态受遗传因素的影响,如果排除健康、气候、饲料毒素等其他因素,个别公猪精子的畸形率较高,经过数月正常气候和良好的饲喂调整,再对公猪精子进行形态观察,仍有较高的畸形率,则可认为畸形率高是由于公猪遗传造成的,应予以淘汰。

(2)炎热或发烧。炎热情况下,公猪精液的各种指标都会变差。从精子形态上看,炎热或发烧一是可导致头尾断裂的精子增多,二是不成熟精子增多,表现在许多精子尾部带有原生质小滴。后一种情况主要是由于公猪在夏季睾丸生精能力降低,精子的发生周期延长,即使在采精频率并不算高的情况下,不成熟精子比例也比其他季节高。

培育后期经过夏天的后备公猪,其性成熟一般会延迟,同时在夏季产生的精子畸形率也会高些。应在适宜环境中饲养一段时间观察是否有改善,再确定是否淘汰。

(3)采精或配种频率过低。公猪长时间不配种或采精,附睾管中的老化精子会增多,导致暂时性畸形精子增多,所以长期不配种或采精的公猪,以及初配的种公猪,应采精检查其精子畸形率,待精子畸形率低于标准时,才能用于配种或采精。尽管大多数初配公猪的精子畸形率并不是很高,但如果某一头后备公猪的精子畸形率较高,并经过数次采精,仍无改善,一般不要急于将其淘汰,应在凉爽环境中继续饲养2个月以上,观察畸形率是否明显降低,如果未见变化,应将其淘汰。

(4)配种或采精过频。不成熟精子是畸形精子的一种,如果采精或配种的强度超过睾丸的生精能力,公猪的精液中不成熟精子会增多,导致畸形率升高。

从人工授精应用角度讲,高频采精造成的危害性包括其对公猪本身的影响和母猪受胎率的影响,要比将一次采精分装的份数过多要严重得多。也就是说,当需配种的母猪很多,而按照公猪的采精量和每头母猪所需的总精数计算,不能满足配种的需要时,宁可适当减少每头母猪一次输精的总精子数,也不能靠提高采精频率来提高精液产量。

(5)采精或配种过早。后备公猪第一次能射出精液后,仍需要一个相当长的时间,生精机能和精子成熟机制才能完善。所以刚进入性成熟的公猪精子畸形率较高,属于正常现象。公猪在最初射出的精液一般可能存在以下问题:不成熟精子多;未变成精子的精细胞多;精液中的杂质较多。因此,一些刚刚开始采精的公猪精子活力低也不足为怪。

7. 精子凝集

如果新采集的精液用肉眼或显微镜观察,可看到精子成团聚集,这种现象称为精子凝集。公猪精子发生凝集的现象较为常见。在人工授精中,常因精子凝集,而使采集的精液被废弃。精子凝集的原因较多,许多凝集情况还不清楚原因。

(1)精液中混有尿液或包皮液。精液中混有尿液或包皮液是精子凝集的主要原因。但精子因免疫抗体而发生自家凝集,也有发生。尿中或包皮液中,含有大量的微生物,其代谢产物可造成精子表面电荷的破坏,从而使精子失去相互间的相斥性而发生凝集。

在人工授精条件下,精液中混入尿液和包皮液的情况都可能发生。未挤净的包皮液会顺着阴茎流入集精杯中。因此在采精时,将包皮液挤净很重要,但如果来不及挤或挤不净,发现包皮液沿阴茎流下时,可将公猪的阴茎抬高,并用纸巾将包皮液吸附,避免其流入集精杯中。

(2)睾丸炎、附睾炎、副性腺炎。生殖系统炎症均会将炎性分泌物与精液混合而使精子凝集。与混有包皮液不同的是,刚射出的精液如果混有包皮液,最初检查时,精子尚有一定的活力,但之后会逐渐凝集。而生殖系统炎症则可能射出的精子很快已经凝集。

(3)使用有粉迹的手套采精或手上有烟味。这种情况下造成的精子凝集完全是人为造成的,采精手套上的防黏粉末混入精液可使精子凝集。吸烟的人徒手采精,精子活力也会受到影响。

(四)公猪生殖系统疾病概述

公猪生殖系统的任何器官发生疾病,都可能引起公猪的不育。公猪生殖系统疾病重点在于预防,一般公猪已经发生生殖系统疾病,通常应淘汰。

1. 隐睾

隐睾又称为异位睾丸。一侧或两侧睾丸不能降入阴囊内而位于腹股沟管或腹腔内,位于腹腔或腹股沟管内的睾丸,生殖上皮不能正常发育。隐睾产生的原因可能有胎儿发育受阻的因素,也可能有遗传方面的因素。这种公猪多在幼年时就都淘汰做商品猪出售。

没有降入阴囊内的睾丸,由于其温度与体温相同,睾丸温度处于不能生成精子的状态,因此,双侧隐睾的公猪精液中没有精子。但单侧隐睾的公猪,因一侧睾丸处于阴囊内,而能够产生精子,故一般有生育能力。但这种公猪不能作种公猪使用,因它可能将这种损征遗传给后代。

双侧隐睾和单侧隐睾的公猪睾丸均可产生雄性激素睾丸酮,故隐睾的公猪仍有性行为。

2. 睾丸发育不全

睾丸发育不全的公猪外表症状是：睾丸小而坚硬，虽然有时有性欲，但精液中无精子，有些公猪阴茎不能勃起。

睾丸发育不全的原因可能与遗传有关，也可能与某些营养素如维生素 A、维生素 E 等缺乏有关。

凡睾丸明显发育不良，或成年后睾丸退化，应及时淘汰。

3. 阴囊炎、睾丸炎和附睾炎

这类疾病常因外部撞击、撕咬形成的外伤，或某些发烧性疾病引起。其主要症状是局部发生疼痛、肿胀。表现为阴囊潮红、肿胀、血肿、水肿、硬化。严重时睾丸初期肿大，以后萎缩变小，质地硬而缺乏弹性，疼痛、敏感。有化脓性炎症时，全身症状明显，表现为精神委顿、不愿行动、食欲减退、性欲下降。急性时，疼痛明显，转为慢性时，疼痛较轻。

慢性睾丸炎病猪，精液稀薄，精子活力差，畸形精子率高。病程较长者，精子生成完全停止。若转成睾丸实质炎时，则睾丸变硬，多数进一步恶化，发展为坏疽，或引起腹膜炎，甚至导致公猪死亡。

这类疾病重点要进行预防，防止公猪咬架、挂伤、挤伤，注意及时进行免疫接种。已经发生这类疾病时，如属传染性疾病如伪狂犬病、乙型脑炎引起的应予以淘汰；外伤性疾病造成的，如有红肿热痛或持续高温时，首先应对阴囊进行冷敷，涂以鱼石脂软膏，再向阴囊内注射抗生素和蛋白质分解酶。如果处理及时，可望自然恢复；如果治疗效果不佳，导致不育，应予淘汰。

4. 精囊腺炎

精囊腺发炎时，精液混浊，呈黄色或含有脓液，炎性分泌物可随着射精混入精液，杀死精子。精囊腺炎分急性和慢性 2 种，急性炎症时，体温升高，食欲减退，不愿行动，排粪疼痛，常做排尿姿势。慢性炎症时，症状较轻。精囊腺炎的常由尿道炎诱发。使用抗生素有一定效果。如果治疗一个多月后，精液质量得不到改善，应将公猪淘汰。

5. 包皮炎、尿道炎

包皮炎一般对精液质量没有太大影响，但包皮炎可能引起包茎，使阴茎不能伸出，或不能缩回，造成交配困难。包皮炎通常是包皮垢、包皮囊的分泌物或包皮腔的分泌物腐败引起的，也可能是与有阴道炎、子宫内膜炎的母猪交配引起的感染。表现为包皮及阴茎游离部水肿、疼痛，甚至溃疡和坏死。公猪发生尿道炎时，尿道疼痛剧烈，性欲减退，交配困难。偶尔能进行交配，精液通过尿道时，会使精子受到损害,而不能使母猪受精。因交配而感染的,表现为排尿困难,可呈里急后重,尿少甚至尿闭。

包皮炎和尿道炎可采用环丙沙星、左旋氧氟沙星等抗菌药物进行治疗。

6. 阴茎炎

阴茎炎发生在阴茎及龟头部分,常与包皮炎同时发生。症状特征为阴茎肿大,不能缩回至包皮鞘内,包皮孔变窄,阴茎包皮相互粘连,病猪疼痛不安,不能正常交配。

阴茎炎多因细菌、寄生虫引起。这时公猪如果与母进行交配,可导致母猪阴道发炎,使受胎率降低。

在人工授精采精中,不合理的假母猪,尤其是假母猪后躯过厚、粗糙、有毛刺或假母猪的后腿距台面后沿过近,也可造成公猪阴茎伸出的损伤;采精员手指甲过长,或徒手采精时,手掌粗糙皲裂,抓握阴茎时,可造成阴茎损伤,导致阴茎发炎。

发生阴茎炎,可用抗菌药物全身用药治疗,同时在采精或公猪交配阴茎伸出时,在阴茎表面喷以温热的含抗生素的生理盐水。

二、母猪乏情原因分析及防治措施

母猪的乏情即母猪的不发情,是母猪的主要繁殖障碍之一,对养猪生产造成的危害性很大。

(一)母猪乏情原因分析

在20世纪90年代以前,猪的不发情现象还不太突出,但随着引进品种的推广,不管是纯种母猪还是二元杂交母猪,不管是后备母猪还是经产母猪,不发情问题越来越突出。2003—2005年调查发现,一般情况下,后备母猪不发情率在10%以上,有些猪场可达50%。经产一胎的母猪不发情的母猪约占10%,个别猪场可超过30%。因此,母猪不发情问题已经成为困扰养猪生产的一个大难题。但我们应该认识到,母猪的不发情只是母猪繁殖障碍的一个症状,并不能简单地作为一种疾病来处理,其原因十分复杂。

首先,母猪不发情的主要原因是由于内分泌失调,促性腺释放激素或促性腺激素不足,造成的母猪卵巢上的卵泡不能正常发育,而引起的卵巢静止。其次,个别母猪是因为安静发情,而表现乏情症状,一些母猪发生黄体囊肿和持久黄体,造成不发情。作为养猪场技术人员,必须清楚有哪些因素可能会导致母猪的不发情,如果猪场中不发情母猪的比例超过正常水平,就应对此问题引起足够的重视。通常应根据可引起母猪不发情的因素列表,并逐一进行危害性分析,判定可能造成猪场母猪不发情的主要原因,并加以控制。

1. 先天畸形造成的不发情

(1)两性畸形的母猪一般不表现发情或不能正常发情。性染色体异常疾病可导致胎儿同时具有卵巢和睾丸组织成为真性两性畸形;雌性胎儿发育期分泌过量的雄激素导致雌性胎儿的生殖道发育呈现某些雄性特征,而表现为假性两性畸形;在胎儿发育期间,如果雄性胎儿睾丸不能分泌足够的激素,就会使雄性附性器官得不到充分的发育,结果,从外观上看上去像母猪,但实际上这种"母猪"具有公猪的性腺——睾丸;偶然情况下,雄性胎儿的性激素可通过绒毛膜血管之间吻合支,对雌性胎儿的生殖器官发育发生作用,导致雌性胎儿雄性化。

尽管两性畸形的发生率很低,但如果不注意会将这些母猪选留下来,由于它们具有睾丸,因此它们往往体格发育较好,直到这些母猪已经超过性成熟的年龄仍不能表现正常发情才发现问题。

(2)幼稚型母猪不能进入性成熟,因此不能表现发情。有些小母猪由于其先天的内分泌不健全,如垂体功能不正常,不仅出生重小,其生后的发育也不好,体格与同年龄的小母猪差距很大。由于其生殖系统得不到正常的发育,因而小母猪达到性成熟年龄时,由于生殖器官发育不全,而不出现发情周期,其外观仍表现幼年母猪的特征。由于哺乳不足,或疾病造成的营养不良,也会使小母猪形成僵猪,而不能达到性成熟。

(3)生殖道畸形的母猪往往不能正常发情或不发情。生殖道畸形的母猪多因胎儿阶段在子宫内发育障碍,或生殖细胞或受精卵不健全而发生的生殖道不发育或发育异常,这种母猪不会性成熟或不能正常发情。

一般情况下,是否是先天畸形的母猪不难判断,在外观上畸形母猪一般都与正常的母猪有较大的差异:有些阴道短小,阴门小而且狭窄,阴蒂过小;有些则阴毛过长,阴蒂特别发达似阴茎,呈现出公猪的某些特征。先天畸形的母猪到性成熟年龄一般不出现发情周期,个别母猪也可能表现发情,但屡配不孕。

2. 营养过剩或营养缺乏

营养是维持动物生命过程和生理活动的必需条件,因此对母猪的生殖机能发育和维持有很明显的影响。

(1)幼年发育不良的母猪不发情率明显高于发育正常母猪,即使能够繁殖,繁殖成绩也明显不如正常发育的母猪。研究表明,仔猪阶段哺乳不足,各种疾病引起的营养吸收不良,可造成小母猪性腺发育受阻,卵巢得不到充分的发育,而导致性成熟年龄时不能发情(卵巢静止)。尤其是出生后2个月的发育状况对其今后能否正常发情和繁殖成绩的好坏影响很大。一般情况下,在猪场中幼年发育不良的小母猪不会留做种母猪,但当猪场母猪需要量增加,而合格母猪数量不足时,则可能将那些发育不良的母猪选留下来。许多养猪者认为,头胎出生的小母猪之所以不能留做种母猪是因为其体型短。其实,体型短是小母猪是发育不良的结果,如果头胎出生的小母猪在胎儿阶段和生后发育良好,不仅体型良好,而且其繁殖成绩也是正常的。但在很多情况下,头胎出生的小母猪由于从胎儿发育到生后发育不理想,而不适合留做种用。

(2)患有慢性消耗性疾病的母猪容易出现乏情。消耗性疾病包括患慢性消化系统疾病(如慢性血痢)、慢性呼吸系统疾病(如慢性胸膜炎)及寄生虫病,患这类疾病的母猪一般比较瘦,脂肪贮备明显不足,生殖机能受到严重影响,造成母猪卵巢发育不良或卵巢退化,剖检时多发现卵巢小而没有弹性,表面光滑,或卵泡明显偏小(只有米粒大小)。

(3)母猪缺乏某些营养素时,不发情率会提高。正常饲养条件下,即使某些营养有一定程度缺乏的情况下,一般也不会直接影响到母猪的发情。但当某些应激因素同时存在时,如炎热、寒冷、疾病等因素,机体对某些营养素的需要量增加,而使这种营养缺乏状况突出出来,使母猪的生殖机能减退。如维生素 A、维生素 B_{12}、维生素 E、微量元素锌、硒等缺乏,都可引起生育障碍。

(4)过瘦或过肥的母猪均容易不发情。母猪在哺乳期的生理负担很大,一般情况下,在哺乳期母猪的体重都会下降。特别是母猪的泌乳性能强,哺乳期的采食量又提不上去(如气候炎热导致的食欲下降),则母猪哺乳期的体重损失会加大。特别是对初产母猪和哺乳期长、哺乳仔猪数多的母猪影响更大。这样,断奶后的母猪脂肪贮备明显不足,就会导致母猪断奶后发情时间推迟。而长期过瘦的母猪容易发生卵巢静止或持久黄体而不再发情。膘情差是瘦肉型母猪繁殖障碍的重要原因之一,在规模化猪场中存在相当普遍性。

许多猪场将后备母猪和生长育肥猪在同一栋猪舍中饲养,在饲养管理方式上也是与生长育肥猪一致。由于追求生长育肥猪的体型,生长育肥猪在 60 kg 时就开始限饲,而后备母猪在这时进行限饲则会严重影响其繁殖机能的发育。事实上后备母猪应在 90 kg 之后才开始限饲,但不能限饲强度过大。

在哺乳仔猪数少的情况下,哺乳母猪则有可能在断奶时过肥。如果后备母猪在 6 个月龄后对其采食不加以限制或饲料中的蛋白质不足,都可能使母猪过肥。母猪过肥可使其性成熟推迟,严重时,导致卵巢组织脂肪化而不能发挥正常机能,不再表现发情;经产母猪过肥容易导致安静发情。

3. 在选购、选种时,过分看重母猪流线型体型,使不发情母猪增多

现代商品瘦肉猪生产中,由于收购商的苛刻要求,而使生产者不得不过分追求所谓瘦肉型猪的体型。因此,猪场在选留母猪时,总是特别重视母猪的肉用性能,总是将体型呈流线型,臀部肌肉发达,腹部收紧,背膘很薄的小母猪留做后备母猪。甚至为了追求母猪的体型,用皮特兰做父本,大约克夏猪、长白猪做母本,生产"皮大"、"皮长"母猪。这样就使养猪生产进入一个选种的误区,以为母猪的体型好(这里说的肉用体型),则会使商品猪的等级高。

从数量遗传学的角度看,瘦肉率与母猪繁殖性能、育肥性能(日增重)均呈负相关,即母猪的瘦肉率越高、背膘越薄,则其增重越慢,而且到性成熟年龄时,不易表现发情,或不易受孕,或产仔数少,或泌乳量低,总之其繁殖成绩较差。而我国地方品种虽然瘦肉率低,但繁殖性能是引进猪种不能相比的。在引进猪种中,瘦肉率最高的品种——皮特兰猪,其繁殖性能在引进品种中是最差的。而体型相对较短、相对较肥的大约克夏猪则繁殖性能居引进品种的首位。

育种水平较高的国家,在配套系选种中,能既考虑到母猪的肉用性状,但更注重母猪的繁殖体型。因为母猪的繁殖性状往往对猪群的生产水平和经济效益更重要。但我国许多养猪场往往认为配套系的母本体型流线型不明显,肌肉不够发达,而不能认可配套系生产模式。

如果母猪的体型过于紧凑,肌肉过度发达,脂肪贮备少,则母猪的繁殖问题就会增多,不发情的母猪比例较大。

4. 饲养管理方式不当

饲养管理方式能间接影响母猪的繁殖力。

(1)高密度大群饲养使后备母猪的不发情率增高。与生长育肥猪生产不同,后备母猪的饲养管理中,必须考虑其生殖机能的发育状况。后备母猪单圈饲养,性成熟时间一般都会推迟,个别母猪始终不表现发情。在商品猪生产中,20～40头一群的饲养,更便于生产和管理,对其生长也没有什么不良影响。但后备母猪大群、高密度饲养,由于采食不均、个体间的相互干扰,频繁的争斗,尽管不会明显地影响到母猪的体格发育,但会影响到母猪生殖机能的发育和性成熟的到来。严重者则不能正常发情。

(2)没有受到公猪的刺激,会使后备母猪发情推迟,或表现安静发情。小规模猪场由于公猪少,或根本不饲养公猪,因此,后备母猪在初情期年龄时,往往没有接受到公猪的刺激,而使其初情期推迟。一些母猪可能会不表现发情。但这种情况并不是母猪不发情的主要原因,饲养管理良好的母猪,即使没有公猪刺激,大多数母猪都会正常发情。有公猪诱情的母猪群的正常发情率会比没有公猪的猪场略高。

(3)没有足够的运动也可使某些后备母猪不发情。运动不足对母猪的生殖机能发育和维持有一定的不良影响,但运动不足并不是母猪不发情的主要原因。

5. 过早配种

在猪场的繁殖障碍调查中,发现初产母猪不发情的情况要比经产母猪不发情的比例高。在初情期配种并受胎的母猪在产后不发情的比例比第二、第三个情期配种受胎的母猪高。母猪配种过早,可造成母猪妊娠期营养不良。而在哺乳期,由于泌乳和自身生长的双重生理负担,往往容易使母猪失重太大,如果哺乳期较长,对母猪的影响更大。这可能是造成初产母猪断奶后不发情的主要原因。

6. 母猪患产科疾病

严重的产科疾病可导致母猪断奶后不发情。

(1)母猪有未排尽的死胎,会影响到子宫的功能,从而影响母猪黄体的退化和卵泡的发育。

(2)胎衣不下,恶露不净,容易造成母猪严重的子宫内膜炎,如蓄脓性的子宫内膜炎,往往会影响到子宫的功能,而造成母猪不发情或发情不正常。

7. 玉米赤霉烯酮中毒

母猪对玉米赤霉烯酮的敏感性比牛羊高,可使未性成熟的小母猪外阴肿胀,分泌黏液,呈现类似的发情征状;性成熟的母猪呈现频发情、假发情或发情不明显、乳房肿胀;妊娠母猪出现返情、流产、死胎、假孕、木乃伊等征状。在南方这种霉菌毒素对玉米等原料污染相当普遍,而北方地区如果在玉米收获季长期阴雨也会使玉米由于发霉而产生这种毒素。

玉米赤霉烯酮在母猪体内有一定的残留和蓄积,一般毒素代谢出体外的时间达半年之久,造成的损失大、时间长。

8. 季节性因素

猪是全年性多次发情的动物,但季节的变化对母猪的发情也会产生影响。夏季对母猪繁殖产生的不良影响最大。持续高温,如持续达到30℃以上的高温天气,又没有有效的降温措施,即使母猪不会中暑或死亡,也会引起母猪的繁殖障碍,造成季节性不育。夏秋季节,母猪的发情容易推迟,不发情率也较其他季节高。同时,夏秋季节由于母猪的子宫内膜炎发病率高,也会造成母猪不能正常表现发情。后备母猪或断奶母猪如果猪舍光线暗,每天光照时间短,不发情率也会升高。

9. 传染性疾病

许多传性疾病如猪瘟、细小病毒病、乙型脑炎、繁殖呼吸综合征、猪布氏杆菌病、衣原体病等都可造成流产、木乃伊胎、胎衣排出不全,尽管大部分母猪在流产或排出死胎后,可能恢复发情,但也有部分母猪因为继发感染子宫内膜炎、卵巢炎、输卵管炎等产科疾病而造成流产后或断奶后长期不发情。

(二)母猪乏情的预防措施

在养猪生产中,减少乏情的主要方法是预防。在对引起母猪不发情原因分析的基础上,找出导致母猪不发情的主要原因,并提出有效的预防措施,消除或减少引起母猪不发情的因素,才能减少乏情的发生率。

1. 搞好后备母猪的饲养管理

(1)确保后备母猪选留的准确性。

①分析有损征仔猪产生的原因,如果是遗传原因造成的后代损征应将母猪或公猪坚决淘汰。

②尽量不将头胎母猪所生的小母猪留做后备母猪。

③谨防将外阴发育不正常或有雄性特征的母猪留做后备母猪。

④只有整窝发育好的一窝仔猪中的小母猪才能留做后备母猪。

(2)确保留做后备母猪的小母猪在 4 月龄前充分发育。后备母猪在早期,尤其是 2 月龄前发育越好,才能在配种年龄时表现良好的繁殖性能。但也应注意 4 月龄后的发育,体重在 90 kg 以前,一般不应对其进行限饲。全面、平衡的饲料营养;正确的饲养管理和环境控制,是保证母猪正常发育的必要条件。如果在良好的饲养管理条件下,发育仍不理想的后备母猪,应将其淘汰。

(3)后备母猪应在初情期到来前一个月,每 4~5 头猪组成一个小群进行饲养,后备母猪从 5.5 月龄开始每天用试情公猪试情 2 次,以通过公猪气味、声音及与公猪接触刺激后备母猪的性腺发育,促进卵泡发育和发情表现。

(4)控制好后备母猪的膘情。5 个月龄后,每 7~14 d 进行一次膘情评定,并对不同膘情的母猪制定饲喂方案。超过 170 d,膘情在 3 分以上的未发情的后备母猪,可采用控料 1 周(日喂量 1.8 kg 左右),再优饲 10~14 d(日喂量 3 kg 左右),并结合其他管理方法催情。

(5)注意选留具有繁殖体型的后备母猪。后备母猪除应具有 6 对以上的有效乳头数和正常的外生殖器官外,还应有良好的繁殖体型。因为体型发育和保持与母猪的繁殖性能有相当强的相关性。饲养母猪的主要目标是保证发情、妊娠和哺乳,虽然母猪对后代体型的影响与遗传关系很大,但如果母猪的体型不利于其繁殖,产仔数少或后代发育不好,同样影响经济效益。我们不能忽视母猪的肉用性状,但更要重视其与繁殖有关的外貌特点。繁殖力良好的母猪体型应为:脊背平直且宽(允许略弓),肌肉充实。腹线平,略呈弧形,不宜太下垂或卷缩,有弹性而不松弛;腹部容积大,但不向两侧过于膨大。臀部与骨盆、生殖器官的发育有密切关系,与繁殖性能有较大的相关性,要求臀部宽、平、长,微倾斜。

2. 搞好怀孕期及哺乳母猪的饲养管理

(1)怀孕期采用前控后放的饲喂方案。对怀孕前85 d的母猪每周进行一次膘情评定,以确定喂料方案。基本以维持或略多于维持的喂料量进行饲喂,以保持母猪合适的膘情。对过肥的母猪应适当限饲减膘。怀孕86 d后,除过肥的怀孕母猪仍应控制喂料量外,可用7 d左右的时间,逐渐加料至完全自由采食。这样母猪在怀孕后期能将采食量逐渐增加,有利于自身脂肪贮备和提高产后采食量,避免哺乳期过度失重,造成断奶后发情推迟或不发情。

(2)夏秋季节母猪分娩后注射氯前列烯醇。除了搞好围产期的卫生管理外,可在分娩后立即给母猪注射0.2～0.4 mg的氯前列烯醇,以促进子宫收缩和恶露的排出,促进子宫恢复,预防子宫内膜炎。

(3)最大限度提高哺乳母猪的采食量,减少失重。产仔数正常的哺乳母猪应在第一周逐步增加喂料量,直到完全自由采食。每天最少清槽一次,以保持母猪的食欲。夏季应提高哺乳母猪饲料中的粗蛋白水平,使粗蛋白达到17％～18％,并添加脂肪3％～8％,提高饲料能量水平,减轻因采食量下降造成的体重损失。同时,在饲料中添加酶制剂和诱食剂,加强凉爽时间的饲喂,少喂勤添,提高采食量。

(4)适当缩短泌乳期。母猪泌乳期太长,容易使母猪在泌乳期失重过大。另外,仔猪在18～21 d断奶,有利于仔猪疾病的预防。

3. 坚决淘汰经治疗无效的乏情母猪

总有些有繁殖障碍的母猪因为各种原因,经过治疗仍不表现正常发情。一般认为母猪不发情本身就是一种低繁殖力的表现,所以,尽管也许有些母猪待以时日可能会回复发情,但如果母猪经过2个治疗期采用切实有效的治疗方案,仍然不能正常发情,则应予以淘汰。

但许多猪场因为行情好,需要的母猪多,或为了完成存栏母猪的指标,不肯淘汰低繁殖力母猪,以致不发情的母猪经多次治疗,甚至已经放弃治疗了,仍留在母猪群。因此,要能及时淘汰低繁殖力母猪,首先要改变饲养管理者的习惯和生产观念。

4. 膘情在1.5分以下和5分以上的母猪应予以淘汰

5. 淘汰老龄母猪

随着母猪年龄的增大,其繁殖性能会逐年下降,应根据猪场制定的淘汰条件,将低产(包括低仔猪成活率)的老龄母猪淘汰。老龄母猪出现各种繁殖障碍的几率更大,特别是过瘦造成的不发情也较多。

6. 搞好疾病控制

许多传染病、寄生虫病都可引起繁殖障碍,导致母猪不发情,或发情不正常。所以,制订疾病控制方案,保持母猪的健康状况,是保证母猪正常繁殖力的前提。

(三)母猪乏情的治疗

母猪一旦不发情,往往会越来越肥,而且,时间越长,母猪对管理和药物等催情措施越不敏感。因此,应及时发现不发情的母猪并进行治疗。如因为子宫内膜炎等产科疾病造成的不发情则应先治疗子宫内膜炎。

1. 通过管理措施治疗母猪不发情

(1)公猪气味(外激素)刺激法。公猪的尿液、包皮液、唾液、精液中均含有丰富的外激素,这些外激素能够通过鼻腔受体刺激母猪的性腺发育和发情表现。这里提供一个方案供养猪场进行试验,用成年公猪的尿液、包皮液、唾液(泡沫)或精液注入小瓶中,并加入抗生素以延长保存期,在低温下保存,每天一次将其喷入不发情母猪的鼻孔中少量(如每头母猪喷鲜精 2 mL),以刺激鼻中受体,促进母猪发情。也有人将公猪的尿液、包皮液拌入料中饲喂不发情母猪,有一定效果,养猪场可进行尝试。

(2)公猪调情法。将不发情母猪组成小群,每天用试情公猪追爬调情,每次20 min 左右。

(3)发情母猪外激素疗法(又称阴阳颠倒法)。将即将发情的健康母猪赶入不发情的母猪群中,待其正常发情后,会爬跨不发情的母猪,并释放外激素,这些外激素能够刺激其他母猪表现发情。在养猪实践中观察发现,往往有一头母猪发情,同群的其他几头母猪均在之后的 1~2 d 内发情。这是因为发情母猪会释放外激素,刺激其他母猪的性腺发育,促进了其他母猪的发情。同时由于发情母猪对不发情母猪追爬行为,也会对其产生良好的影响。也可试用发情旺盛的母猪尿液拌料饲喂不发情的母猪。

(4)紧迫疗法。①将不发情的母猪进行换圈或重新组群。调群、调圈对母猪是一种应激,造成母猪因新环境、新群体而争斗和紧张,从而改变母猪的内分泌状态,促进母猪发情。但应注意防止母猪争斗过于激烈造成呼吸衰竭,尤其是夏季更要小心。因此建议傍晚组群,并喷少量有味消毒剂,减轻争斗。②每 3~5 d 对不发情母猪禁饲 1 d,如果天气不热,也可同时断水,同样可造成母猪紧迫感,促进其发情。

(5)加强舍外运动,饲喂青绿饲料。建立舍外运动场,将不发情的母猪组群放入运动场中,使其接受新鲜空气,享受日光浴,有利于促进其新陈代谢,刺激性腺活动。饲喂胡萝卜、紫花苜蓿等青绿饲料可使母猪得到丰富的维生素和未知营养因子,也有利于其表现发情。

(6)强制输精法。公猪的精液中含有多种生殖激素,死亡精子也会释放一些有利于母猪发情的物质,将公猪的精液输入到不发情母猪的阴道内,精液中的成分能够促进黄体的退化,促进卵泡的发育,最终刺激母猪发情。具体方法是在50 mL未经稀释的鲜精中加入青霉素80万IU、链霉素50万IU,装入精液瓶中,放在冰箱冷冻室冷冻后,再解冻,以杀死精子。升温到25℃左右时,用一次性输精管缓缓将其输入到母猪的阴道内,输完后,将输精管在母猪阴道内停留5 min,再抽出输精管,15 min内注意不要让母猪卧下,以减少倒流。一般输精后7 d之内母猪发情,可安排正常配种。由于母猪在未发情时子宫颈口没有开张,因此,输入的精液最终大部分排出体外,但这不影响精液对母猪发情的刺激作用。

(7)维生素保健法。实践证明大剂量使用某些维生素对刺激母猪发情有良好的作用。每天每头母猪在配合料基础上,补充0.5 g维生素E,0.5 g维生素A连用1周。有条件的地方,同时每天补充胡萝卜或青绿饲料1 000～1 500 g。夏季补充维生素C,每天每头母猪0.5 g。

2. 用激素治疗母猪不发情

国外多年来对母猪的繁殖控制研究证实,正确地使用生殖激素控制母猪发情时间或治疗母猪不发情,一般对母猪不会造成不利影响,并且治疗效果确切。

(1)用雌激素类治疗。适量的雌激素可对母猪的促性腺激素的分泌形成正反馈,不发情母猪在用雌激素治疗后,部分母猪第一次发情就有卵泡发育和排卵,配种后,能正常受孕。但也有母猪是单纯因外源性雌激素作用而引起的发情,并没有卵泡发育和排卵。所以如果雌激素治疗后,母猪发情后就配种,一个发情周期后母猪不返情,并不能确定母猪是否真正受孕。另外,不发情母猪用雌激素类治疗而发情的母猪,配种后,母猪的受胎率低。因此凡用雌激素治疗而发情的母猪,应等下一次自然发情时再配种为好。雌激素类包括雌二醇、三合激素、己烯雌酚等,这类激素在使用中应掌握好剂量,过量使用雌激素类可导致母猪卵泡囊肿,表现长时间的发情征状,引起不育。另外用中药如淫羊藿注射液、催情散等,在治疗母猪不发情时,也建议在下一次自然发情时配种。

(2)用促性腺激素类治疗。促性腺素类激素包括孕马血清促性腺激素(PMSG)、绒毛膜促性腺激素(HCG)、促卵泡素(FSH)、促黄体素(LH)。促性腺激素单独使用或联合使用治疗不发情母猪,如果母猪表现发情,均有卵泡发育、成熟和排卵。因此,母猪发情后就可适时配种,受胎率接近自然发情。常用的促性腺素单独使用的剂量为PMSG 500～1 500 IU/头,HCG 500～1 000 IU/头;也可用

PMSG 500IU、HCG 250IU 联合使用,效果更好,市场上销售的 P. G. 600 就是由 PMSG、HCG 组成的复方促性腺激素,专门用于治疗母猪不发情,效果可靠,目前规模化猪场母猪不发情,一般都选用 P. G. 600 治疗。

(3)前列腺素 F 类治疗。这类激素目前应用最多的是氯前列烯醇。可用于治疗母猪因假孕、持久黄体、黄体囊肿造成的不发情。一般后备母猪及断奶后较短时间内不发情的母猪,不是因为上述疾病造成的,没有必要使用这类激素。但对于断奶后超过 21 d 不发情的母猪,并且不能确定是卵巢静止还是上述疾病造成的,因此建议用氯前列烯醇 0.3～0.4 mg 和 P. G. 600 联合使用。而确诊为假孕或持久黄体的母猪只需要用氯前烯醇 0.3～0.4 mg 肌肉注射即可治疗。

(4)维生素保健与激素治疗法相结合。用维生素保健共 7 d,维生素保健的第 4 天用 P. G. 600,必要时同时使用氯前列烯醇。用 P. G. 600 或氯前列烯醇处理后 3～5 d 母猪表现发情,可进行正常配种。

三、母猪的异常发情

母猪可因内分泌、气候、疾病、饲料毒素等因素,而表现出异常发情。

(一)异常发情的表现与原因

1. 隐性发情

隐性发情的母猪一般有生殖能力,即有正常的卵泡发育和排卵,如果适时配种,多数能正常受孕。外观无发情表现或外观表现不很明显,发情症状微弱,母猪的外阴部变红,但肿胀不明显,食欲略有下降,或不下降,无鸣叫不安征状。这种情况如不细心观察,往往容易忽视。

隐性发情一方面可能是母猪在前情期和发情期,由于垂体前叶分泌的促卵泡素量不足,卵泡分泌的雌激素量过少,致使雌激素在血液中含量过少所致。另一方面母猪年龄过大,或膘情过差,各种环境应激,如炎热、环境噪声、惊吓等也可能会出现隐性发情现象。

母猪隐性发情多发生在后备母猪中,尤其是引进品种,如果不仔细观察,某些后备母猪初次发情往往不被发现,因此,当我们发现有些后备母猪"初次发情"时,可能已经是母猪的第二或第三次发情了。隐性发情的母猪一般可看到其外阴部每隔大约一个发情周期会出现若干天变红和轻度肿胀,可将这些变化作为判断隐性发情的依据。

2. 假性发情

母畜在妊娠期的发情和母畜虽有发情表现,实际上是卵巢根本无卵泡发育的,称为假性发情。

　　母猪在妊娠期间的假性发情，主要是母猪体内分泌的生殖激素失调所造成的，当母猪发情配种受孕后，如果妊娠黄体分泌的孕激素有所减少，而胎盘分泌的雌激素水平较高时，母猪可能表现出发情。

　　母猪妊娠发情的情况较少，而且一般征状不明显。妊娠发情的母猪一般不出现在公猪面前压背时的静立反应，也不会接受公猪的交配。因此，应注意区分，避免强行配种造成妊娠母猪流产。有条件的地方，应用 B 超进行检查，确保母猪未孕发情，才能对这种母猪进行配种。饲料原料尤其是玉米被镰孢霉素污染后饲喂妊娠母猪，会使妊娠母猪出现假发情，严重时会发生死胎、流产、木乃伊胎。

　　母猪无卵泡发育的假性发情，发生率很低，但对卵巢静止引起的乏情的母猪，用雌激素类药物进行催情时，往往会出现这类假发情。有些子宫蓄脓的母猪也可能在脓液的刺激下，表现出类似的发情征状，如外阴部红肿，排出分泌物等。

3. 持续发情

　　持续发情是指母猪发情时间延长，并大大超过正常的发情期限，有时发情时间长达 10 多天。

　　卵泡囊肿是母猪持续表现发情的原因之一。这种母猪的卵巢有发育成熟的卵泡，这些卵泡往往比正常卵泡大，而且卵泡壁较厚，长时间不破裂，卵泡壁持续分泌雌激素。在雌激素的作用下，母猪的发情时间就会延长。此时假如发情母猪体内黄体分泌孕激素较少，母猪发情表现非常强烈；相反体内黄体分泌过多，则母猪发情表现沉郁。

　　大剂量使用 PMSG 或雌激素，可能会引起母猪因卵泡囊肿而持续发情。

　　据推测，如果母猪两侧卵泡不能同时发育，也可能会造成母猪发情期增长。如果发情母猪 LH 分泌不足，也会使母猪排卵时间推迟，造成发情期增长。

4. 断续发情

　　后备母猪和经产母猪都可能发生断续发情，其表现为发情期较短，间隔数天后，又重新表现发情。

　　这种异常发情，多因为卵泡成批发育，但最终未排卵，形不成黄体，由于卵巢无黄体对卵泡发育没有抑制作用，因此，很快第二批卵泡发育，这样，母猪两次发情的间隔很短。这可能是由于垂体分泌的 LH 较低，导致卵泡不能发育到成熟和排卵所致。

5. 发情周期超过 25 d 或断奶至发情超过 14 d

　　繁殖母猪的发情周期一般在 18～25 d，但是也有少数母猪超过天数仍未表现发情。或断奶后 14 d 甚至数月不能表现发情。母猪长期乏情后，重新发情，从其发情期的生理变化上讲，与正常的发情期可能没有太大的区别，但由于没有像其他母猪有正常的发情规律，故而将其列出，加以说明。

这种情况多数因为母猪营养不良、母猪哺乳期过长，或年龄偏大，或患有子宫膜炎和卵巢有持久黄体等原因所造成。但随着母猪膘情的恢复或某些卵巢疾病的自然恢复，黄体的退化，母猪会恢复自然发情。粗放饲养管理的母猪容易出现这种情况。

6. 发情期过短

发情期过短，严格地说，并不一定是一种异常发情。多见于后备母猪和断奶后超过 14 d 发情的母猪。其发情很短，甚至只有十几个小时，主要原因是母猪从接受爬跨到排卵的时间很短。所以如果按照常规配种安排，常常在认为是最佳配种时机的时候配种适期已经过去，即使配种，也不能受孕。

(二)母畜异常发情的防治措施

当母猪发生异常发情现象时，首先要分析原因，分别对待。对年龄偏大或患有慢性生殖道疾病，或膘情过肥、过瘦的母猪应进行淘汰处理；对偏肥或偏瘦的母猪应通过调整饲料营养和喂料量，使其达到理想的繁殖膘情。

出现异常发情的母猪，除加强管理、控制好膘情外，可采用激素类药物进行治疗。

当繁殖母猪出现隐性发情、不发情、无卵泡发育的假性发情时，可用 PMSG、HCG 和 P.G. 600 等激素类药物进行治疗。有外阴变化的隐性发情，应在母猪上次外阴红肿后的第 16～17 天注射 HCG 1 000 IU。发情后可安排适时配种。

因子宫炎造成的假发情，一般均有异常分泌物，没有静立反应，可先按子宫炎治疗。

对断续发情的母猪，可考虑在发情时每头母猪注射 500～1 000 IU 的 HCG 或 10～25 μg 的促排 3 号。

对卵泡囊肿的母猪，可先注射黄体酮抑制其发情，同时注射 HCG 1 500 IU，促使其排卵或卵泡黄体化，15～16 d 后，可注射氯前列烯醇 0.3 mg。母猪发情后可安排适时配种。

对长期不发情、体型偏瘦、断奶后 21 d 以上不发情的母猪，可考虑按持久黄体治疗，如注射氯前列烯醇 0.3 mg。已经恢复发情的母猪，应仔细观察其发情阶段及黏液状况，在配种时机上，应适当早于正常发情的母猪。

对曾经有过发情期过短记录的母猪，应根据发情周期的规律，注意观察下次发情的时间，发现发情尽早配种。

四、母猪的产科疾病及哺乳障碍

产科疾病及哺乳障碍是母猪不育的重要因素之一。产科疾病本身可造成繁殖失败和母猪死亡，同时，母猪预后不良，常继发其他不育病。哺乳障碍则造成仔猪饥饿与死亡。

（一）难产

分娩顺利与否取决于产力、产道和胎儿 3 个因素。如果其中之一不正常或在分娩的某个阶段发生问题，均可使分娩停滞，引起难产。母猪是多胎动物，其子宫角长而弯曲，胎儿出生时相对其体重较小，胎儿体短而粗，头颈和四肢较短，胎水也少。在规模化猪场中，母猪难产的发生率并不算低。

母猪难产的主要类型有：产道狭窄、阵缩努责微弱、胎儿过大、胎位异常和双胎难产。

1. 产道狭窄

【病因】

（1）母猪配种过早，由于其本身发育不良，导致骨盆发育不全，分娩时骨盆腔狭窄，阴门及阴道也狭窄。

（2）分娩时子宫颈未充分开张。

（3）某些母猪因妊娠后期缺钙严重，造成骨质疏松，引起荐骨骨折，导致分娩障碍。

（4）母猪分娩前，膀胱积尿，直肠中有干结的粪便，均可影响胎儿通过软产道，造成难产。

（5）过度肥胖，使母猪骨盆耻骨联合处不能充分开张，导致硬产道狭窄。

【症状】

母猪通常个体较小，没有明显的分娩预兆，长时间不能娩出胎儿。检查产道时，阴门、阴道或子宫颈不能通过成年人的手臂。

【预防】

淘汰骨盆腔发育不良、后裆窄小的母猪；妊娠期应控制好母猪的膘情，防止过肥或过瘦；产前一天应禁饲，如有积尿可进行导尿，如有积粪，可用肥皂水灌肠，排出宿粪。

【助产】

在未产出第一个胎儿前，不得注射催产素。应注意观察，如 2～3 h 仍不见胎儿产出，并且检查产道仍未开张，可考虑剖腹取胎。并将出生仔猪寄养，母猪作淘汰处理。

2. 阵缩、努责微弱

【病因】

母猪产前长时间绝食，体质过弱；畜床过于倾斜，运动不足，母猪站立不舒适，母猪肌肉长期处于紧张状态；环境噪声大；母猪年老或过肥均可造成产力不足。另外，如果分娩产程过长，也会造成母猪疲劳，引起产力不足。因此，某些情况下，产力不足是难产的结果，并不是一开始就产力不足。大剂量注射催产素（超过40 IU），可能引起子宫高频阻断，导致子宫产力不足。

【症状】

分娩过程子宫阵缩无力，不能将所有胎儿产出，往往在产出几个胎儿后，阵缩停止；有时分娩开始时阵缩和努责正常，但由于胎儿过大、胎位不正、双胎同时进入产道，导致长时间胎儿不能产出，最后继发阵缩微弱甚至完全停止。但有时胎儿仍可在子宫内存活 2～3 d。分娩停止后，应触摸腹壁或通过产道检查，以确诊子宫中是否还有胎儿存在，以免误认为胎儿已经产完，而放弃助产。

【预防】

正确饲喂，保证营养，防止过肥，在产道未打开时，不得使用催产素，不可大剂量注射催产素助产。预防母猪便秘和绝食，经常评估母猪的粪便状况，当开始有便秘征兆，即粪便干结起层，说明已经有轻度便秘，应及饲喂多汁饲料如新鲜无农药污染的蔬菜、胡萝卜等，或在饲料中添加少量人工盐，提高细麸皮比例，促进胃肠功能。已经绝食的母猪应补充葡萄糖、口服补液盐，以增强产前体力。

【助产】

在产道开张良好、分娩时间不太长以及子宫内存留胎儿不多的情况下，可先用垂体后叶素或人工合成催产素每次肌肉注射 20～30 IU，一般注射后 3～5 min子宫开始收缩，可持续 30 min 左右。如果分娩正常，可根据胎儿产出间隔，确定是否再注射催产素，如果 30 min 不见胎儿产出，或产出一个胎儿后，30 min未见第二胎儿产出，应再注射一次。每次注射 5 min 后，应由前向后按压母猪腹部。如果注射 4 次催产素仍然无效，可考虑剖腹取胎。也可在激素催产的同时，用手入子宫取胎配合助产。手臂伸入产道前，应严格用来苏儿或 0.1%高锰酸钾消毒，并涂以少量消毒石蜡油或灭菌植物油，手进入产道应缓慢，在子宫收缩间隙推进，切忌将手臂从产道内频繁出入，这样极易造成产道水肿，给胎儿产出造成更大的困难，也容易造成生殖道炎症和产后感染。应选择手小臂细的人员做助产员，也可培养家庭中 10 岁左右的儿童学习助产。

3. 胎儿过大

【病因】

胎儿过大大多发生在怀胎很少的情况,胎儿过少也容易引起分娩时间推迟,导致胎儿过大。

【症状】

母猪产力正常,但长时间不见胎儿产出,用手臂伸入产道检查,可摸到大胎儿阻塞于产道或子宫内。

【预防】

母猪配种年龄小、配种时机不当、畜床过滑经常跌倒,饲料中毒素中毒都可能造成受精卵少、部分胚胎被吸收,导致最终胎儿过少,形成大胎儿。但这些问题都可以通过提高管理水平,改善猪舍条件得以改善。如果妊娠已经超过预产期,可考虑使用氯前列烯醇 0.2 mg 进行诱导分娩,以防妊娠期增长而导致胎儿过大。

【助产】

首先要确认产道打开良好,如果胎儿不是特别大,可用徒手牵拉法。胎儿头向外(头前位)正生时,可将四指伸至仔猪两耳后用力拉出。还可以用拇指与食指捏紧仔猪下颌间隙部用力拉出。仔猪倒生(臀前位)时,食指和中指弯曲呈钩状夹紧胎儿两后肢飞节上部,拇指压紧两后肢用力拉出。当发生胎位不正时,应先把仔猪向里推矫正胎位后助产。

也可用器械助产法,尤其是胎儿过大时,一般都应采用此法。母猪器械助产最常用的工具为产科钩和产科绳。产科钩长 35～40 cm 为宜,钩前端稍尖,钩直径 0.7～1.0 cm,产科钩也可用直径 5 mm 的钢筋制作。助产时手臂先伸入产道至能触摸到仔猪耳后部,然后把产科钩的杆和尖端均贴着手臂并沿手臂进入产道。经过手心后继续前伸,通过手指的感触把钩尖挂在仔猪眼眶上,通过产道内的手把握住钩子,另一只手用力拉动产科钩,但动作要缓,产道内的手应和产科钩同步外移,这样即可拉出仔猪。用产科绳,钢丝绳鼻儿跟手一同伸入母猪产道使鼻儿套在胎儿头部后面,产道内的手摁压产科绳使鼻儿束紧仔猪颈部。这样用力拉动产道外的手柄即可将仔猪拉出。另一种方法是用产科绳套住胎儿上颌,随子宫收缩,将胎儿拉出,但操作的难度较大。拉出第一个阻碍分娩的大胎儿,后边的胎儿一般都能顺利产出。

在助产处理时应注意以下几点:

(1)向外拉仔猪时应与母猪的努责同步进行,母猪不努责,一般不要硬拉。

(2)对已死多日的胎儿助产,产道一般比较干涩,必要时应加入消毒温肥皂水做润滑剂。

（3）助产时助产人员手臂上下应无障碍物，以防母猪突然起卧而扭伤手臂。

（4）使用产科钩时，母猪必须保定确实并且要由技术人员亲自操作，以免钩尖损伤母猪产道，或损伤操作人员手臂。

（5）助产时操作人员手臂和助产工具应严格消毒，可采用5％的来苏儿溶液消毒助产工具，1％的来苏儿溶液消毒手臂。

4. 双胎难产和胎位异常

【病因】

双胎难产是两个胎儿同时楔入子宫体或子宫内，造成堵塞，使胎儿不能产出。胎位异常是胎儿以横腹位或横背位堵在子宫内，不能产出。这两种情况，一般母猪产力正常，产道打开良好，但不见胎儿产出。

【助产】

对双胎难产，应将一个胎儿推回子宫内，然后将另一个胎儿拉出。对胎位异常者，应将胎儿顺入一个子宫角内，再抓住其头部或后肢飞关节，将胎儿拉出。对出现双头等畸形胎儿，无法直接拉出时，可将其推入子宫内用产科刀截胎，从产道取出畸形胎儿。

（二）胎衣不下

母猪分娩结束后，一般经 10～60 min 排出胎衣，若超过 2～3 h 不排出或没有完全排出称为胎衣不下，或称胎盘停滞。

【诊断】

母猪产后，应及时检查胎衣上脐带与所产仔猪是否相符即可诊断。母猪胎衣不下多为部分胎盘滞留，所以，如果不仔细检查往往不被发现；胎衣在子宫中滞留 3 h 以上，就会腐败分解产生毒素而引起子宫内膜炎；胎衣不下的母猪会表现不安、努责、食欲减少或废绝，喜喝水。可引起全身症状，有时从阴门流出红褐色带组织碎片并有臭味的液体。

【防治】

要科学合理饲养怀孕母猪，如果有条件，在母猪分娩前让其适当地运动，有利于子宫的收缩；如产后 2 h 不排出胎衣，可向子宫内灌注高渗盐水（8％～10％盐水）500～1 000 mL，可促使胎盘缩小排出。也可肌注垂体后叶素或催产素 10～20 IU，隔 1 h 后重复注射；如仍未见胎衣排出者，可在分娩 8 h 内注射氯前列烯醇 0.3～0.4 mg。

胎衣排出后应检查胎衣是否完整，以及脐带数和仔猪数是否吻合；子宫内注入长效抗生素（如土霉素油混悬液），可预防滞留胎衣腐败分解。对已出现全身症状者应采用抗感染的全身疗法和对症疗法,如伴有发烧,应进行退烧处理。

(三)阴道脱出

本病是阴道壁的一部分或全部突出阴门外所致。

【诊断要点】

阴道脱出常见发生于妊娠后期,脱出物约拳头大,呈红色半球形或球形,发生初期,母猪卧地时,阴门张开,黏膜外露呈半球形,当患猪站立时,脱出部分自行收回,以后可发展为阴道全脱出,不能自行缩回,黏膜变为暗红色,常沾污粪便,甚至黏膜干裂、坏死。病猪精神食欲大多正常。

【预防】

阴道脱出多与畜床过于倾斜,导致后躯肌肉经常处于紧张状态,导致肌肉、韧带劳损。饲料中含有霉菌霉素,也可引起阴道脱出。母猪老龄,长期卧地、运动不足,便秘或拉稀,以及难产过度努责等,均可导致本病发生。因此,合理的畜床和无毒害成分全价饲料,防治腹泻与便秘,及时淘汰老龄母猪,均有利于减少本病的发生。

【治疗】

先用 0.1%高锰酸钾液,将脱出的阴道冲洗干净;用毛巾浸 2%明矾水,轻轻挤压排除水肿液,并除去坏死组织;用双手慢慢将脱出的阴道推回阴门内;然后对阴门作圆枕缝合或纽扣缝合或双内翻缝合,但阴门要留有排尿口,5~7 d 后拆线。必要的话可对阴门组织进行药物封闭,可选用 75%医用酒精 40 mL 或 0.5%普鲁卡因 20 mL,在阴门两侧部组织分两点注射封闭。

治疗期间,不要喂食过饱,加强饲养护理。

(四)子宫脱出

【诊断要点】

本病大多发生于产后数小时至 3 d 内,常突然发病,子宫的一角或两角的一部分脱出,像两条粗的肠管,上有横的皱襞,黏膜呈紫红色,血管易破裂,流出鲜红色血液。可能很快就会发生子宫完全脱出。子宫脱出时间长时,黏膜发生淤血、水肿、破裂出血,子宫黏膜呈暗红色,易沾有泥土、草末、粪便。病猪出现严重的全身症状,体温升高,心跳和呼吸加快,如治疗不及时或治疗不当,往往引起母猪死亡。

【防治】

母猪分娩后,应注意观察阴门变化,如发现阴道或子宫脱出应及时进行处理。

子宫部分脱出者,在母猪站立姿势下,先将脱出部分推入,然后在每个子宫角内注入加有抗生素的生理盐水,靠重力使子宫下沉。并防止母猪卧下。如仍会脱出,可重新整复后,注入生理盐水后,缝合阴门,并留出排尿口。

严重的子宫脱出的整复:用消毒湿毛巾或湿纱布将脱出的子宫包好,以防止擦伤和大出血;将病猪半仰半侧卧保定,将后躯抬高,进行腰椎麻醉,给予镇痛强心剂。用0.1%的高锰酸钾溶液消毒洗涤子宫,严重水肿者,可用3%明矾水洗涤,并用浸过3%明矾的纱布轻轻挤压,排出水分。用肠线缝合破口后,整复子宫。助手托着子宫角,术者先从靠近阴门的部分开始,先将阴道送入阴门内,再依次送子宫颈、子宫体和子宫角。为防止再脱出,用内翻缝合法缝合阴门,留出排尿口。术后,配合全身疗法、抗生素疗法以及对症疗法进行治疗。

(五)子宫内膜炎

子宫内膜炎通常是指子宫黏膜发生的黏液性或化脓性炎症,为母猪常见的一种生殖器官疾病。多发生在母猪分娩之后。发生子宫内膜炎后,往往发情不正常,或者发情虽正常但不易受孕,即使怀孕也容易发生流产。

【病因】

患子宫内膜炎的主要原因是细菌性感染引起的,其中以大肠杆菌、棒状杆菌、链球菌、葡萄球菌、绿脓杆菌、变形杆菌等为主。主要原因如下:①在分娩、难产、产褥期中母猪机体抵抗力衰弱时,受污染的子宫内细菌开始增殖以致引发本病的。②分娩时由于肮脏的垫草、猪舍中细菌侵入损伤的产道。③胎衣长期残留。④子宫弛缓时恶露滞留。⑤难产时手术不清洁。⑥公猪生殖器官发炎或精液中有炎性分泌物。⑦人工授精时消毒不严,最后一次输精过晚。⑧后备猪圈内有积水,同时有饲料霉变中毒,导致子宫抵抗力下降。

此外,细菌性感染和性激素之间有着密切关系。即卵泡激素强烈作用于子宫内膜和雌激素水平较高时,则较难发生感染,反之促黄体激素作用及孕激素水平较高时子宫则易引起感染。

【症状】

急性子宫内膜炎多发生于产后几日或流产后,全身症状明显,食欲减退或废绝,体温升高,鼻镜干燥,时常努责,阴道流出棕红色污秽有腥臭气味的分泌物,并夹有胎衣碎片。如不及时治疗,可形成败血症和脓毒血症,或转为慢性子宫内膜炎。当转为慢性时,全身症状不明显,在病猪尾根、阴门周围有结痂或黏稠分泌物,其颜色为淡灰白色、黄色、暗灰色等,站立时不见黏液流出,卧地时流出量较多,病猪逐渐消瘦,发情不正常或延迟,或屡配不孕,即使怀孕,没过多久也会发生胚胎死亡或流产。

【诊断】

对猪细菌性子宫内膜炎的诊断,并不是一件容易的事。仅通过阴道分泌物诊断,很容易误诊。对于怀疑患子宫内膜炎的病例,应从尾根下部采集一些分泌物,或利用开膣器采集分泌物更好。了解分泌物出现的变化周期、全身症状、分泌物气味并进行显微镜观察,都有助于诊断。

【治疗】

在炎症急性期,首先要清除蓄积在子宫内的炎性分泌物,选择生理溶液或低浓度消毒液冲洗子宫。冲洗后必须将残存的溶液排出。最后可向子宫内注入抗生素,但若病猪有全身症状,禁止使用冲洗法。

对发生子宫内膜炎后不再发情,但卧下时外阴流出异常分泌物的母猪,可肌肉注射 0.4 mg 氯前列烯醇配合催情散进行催情。发情后采用如下治疗方案。

对患子宫内膜炎自然发情或催情后发情的母猪,采用左氧氟沙星＋宫炎消栓治疗。将 50 mL 左氧氟沙星注射液加入输精瓶中,在水浴中升温至 50 ℃,然后,在输精瓶中加入一支蓝桉油(宫炎消栓剂)用力摇动至彻底融化后,用海绵头输精管输入到发情盛期患猪的子宫内。具体输入方法与母猪输精方法相同。

下次发情时,可先向子宫中输入左氧氟沙星或甲硝唑注射液 50 mL,4 h 后输精。对于屡配不孕,但分泌物正常的母猪,也可采用此法。必要时,可在配种前注射促排 3 号或绒毛膜促性腺激素 1 000 IU。

(六)产后无乳综合征

母猪产后发生乳房炎、子宫内膜炎和无乳等一系列征状,称为产后无乳综合征。这种疾病在猪场发生率较高(图 4.55,图 4.56)。

【症状】

多发生在分娩到产后 2～3 d 内,表现为泌乳下降或突然无奶、乳房硬肿、外阴部流出分泌液。无

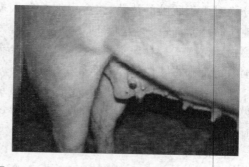

图 4.55　乳房散布肿块,显示存在潜伏的放线菌病

乳症多并发乳房炎,并发子宫内膜炎者较少见。以夏季为最多,与母猪胎次无关,后部乳房有多发的倾向。母猪产后一般在 12～48 h 内发病。临床主要症状是:母猪产后无乳或明显减乳和体温在 41 ℃以上;数个乳房有硬结肿大,挤奶困难并拒绝哺乳;子宫内排出黄褐色半透明分泌物;无食欲、精神沉郁、便秘;分娩后 24 h 内观察到乳房肿大,但仔猪仍吃不饱。在上述 5 项症状中,有 4 项表现阳性即可诊断

为无乳症。

【病因】

无乳症的发病原因还不清楚。推测与管理不当、缺乏运动、过肥、应激因素和激素分泌紊乱有关。乳房发育不全、细菌感染、低钙症、自体中毒、麦角中毒、遗传因素以及分娩时间推迟、难产等均可能导致本病。

【治疗】

早发现早治疗,60%以上病猪能

图 4.56 急性乳房炎母猪缺乳造成仔猪死亡

正常泌乳,可避免仔猪饿死。但若在发病 24 h 后再行治疗,只有 20%~30%病猪能恢复泌乳功能。基本治疗方法是综合使用抗生素、催产素和皮质类固醇。当出现症状后立即肌注抗生素(青霉素和链霉素合剂及四环素等),每日 2 次,直到症状消失,肌注催产素,每日 4~6 次,注前 1 h 让仔猪离开母猪,注后 10~15 min 放回仔猪即可泌乳。为了减轻症状,从发病时起使用糖皮质激素(如地塞米松)。应及时治疗子宫内膜炎,防止该病引起无乳症,可向子宫内注入治疗子宫内膜炎的药剂。

如系母猪营养缺乏引起的缺乳,一般母猪较瘦,分娩后有一定量的初乳,但很快仔猪就不能吃到乳汁。这种情况,可用 1 000 g 大豆和两个猪蹄或一头母猪的胎衣或 1 000 g 左右的鲫鱼同煮,将肉和大豆煮烂,加入黄酒 500 mL 煮片刻,带肉汤汁每天分 3 次喂给母猪,一般能使泌乳量较快增加。

【预防】

因本病的病因还不十分清楚,有许多因素能单独或综合影响本病的发生,可考虑如下预防措施。

(1)尽可能避免因饲养环境、饲料、向产房迁移等管理及噪声等所引起的应激反应。母猪产前 7 d 左右转入产房,以便在分娩前逐步适应产房温度、饲料、管理等环境条件。

(2)可在分娩前、中或后在饲料中添加大剂量维生素和抗生素进行保健,做好产房的清洁与消毒。

(3)有报道产前每头母猪一次肌肉注射氯前列烯醇 0.3 mg,可预防无乳症。

(七)产后发热

母猪产后发热及不食,是母猪分娩后常发病之一,造成产后发热的原因尚不十分清楚,一般认为与母猪分娩时间过长,抵抗力下降,导致的消化机能和内分泌机能紊乱,或细菌、病毒感染所致的多种疾病有关。虽死亡率低,但对母猪的乳汁质量、泌乳量及哺乳仔猪的生长发育影响很大。

【预防】

加强母猪产前产后饲养管理,产仔前一周开始减料,产前 3 d 要减至正常喂料量的一半;产前一天要停喂;产仔当天只供给充足的热麸皮水或温盐水,不可喂给大量浓厚精饲料。产后 3～5 d 可视母猪食欲与膘情逐渐增加精料喂量,1 周左右即可转入正常饲养。

改善猪舍环境卫生,在母猪分娩前后,猪圈内温度要适宜,空气要流通,地面应保持清洁干燥,经常消毒,做好防寒工作。

药物预防,在母猪产后 1～2 h 进行抗生素保健,可有效预防产后几天内发生发热不食的现象。产后立即注射氯前列烯醇 0.4 mg,有利于排出恶露,促进子宫收缩。

【治疗】

母猪产后很快不食者,可用 10% 安钠咖 5～8 mL 肌肉注射,或维生素 B_1 10～30 mL,甲基硫酸新斯的明 2～5 mg,一次性肌肉注射。也可用健胃、调补气血的原则采用中药治疗。产后几天开始不食者,可以以冲洗产道、消炎、抗菌、调理胃肠机能为治疗原则,可用抗生素配合氨基比林或安乃近、地塞米松,肌肉注射每天 2 次。对于病情严重的应及时强心补液,用 5% 葡萄糖盐水 1 000～2 000 mL,10% 葡萄糖酸钙 100～200 mL,安钠咖 3～8 mL,维生素 C 20～30 mL 静脉注射。

(八)母猪拒绝哺乳

母猪产仔后,拒绝仔猪吮乳,往往造成仔猪饥饿而死。特别是在寒冷的冬春季节,如果不能及时吃到母乳,仔猪更难成活。母猪拒绝哺乳的原因有多种,应根据具体情况分别对待。

1. 母猪无哺乳经验

个别初产母猪无哺乳经验,在经过分娩过程后,由于精神紧张而对仔猪吮乳产生恐惧感或对仔猪对乳房接触十分敏感,就会发生拒绝哺乳现象。

【预防】

对初产母猪,可在怀孕后期,特别是临产前几天经常给它按摩乳房,使以后仔猪接触乳头时母猪不致兴奋不安,这样产后就能顺利地哺乳。

【对策】

已经发生拒绝哺乳的,饲养员应看守在母猪身旁,给予细心调教,当母猪躺下时,挠挠它的肚皮或轻轻抚摸乳房,对母猪进行安抚,以减轻母猪恐惧感,然后让仔猪吃乳,并看住小猪不让争夺奶头,以使母猪保持安静情绪。这样,只要小猪能吃上几次奶,母猪就会习惯。

如上述方法仍不奏效,可用镇静药物(如氯丙嗪)使母猪安定,以方便仔猪哺乳。

2. 环境突然改变

如果妊娠母猪直到分娩前1~2 d才转入产房,由于母猪不适应新环境,加上分娩时情绪紧张,导致产后不让仔猪吃奶。

预防的方法是提前1周将待产母猪转入产房,对神经敏感型的母猪,产前应每天进行按摩,以建立人畜亲和,让母猪尽快适应新环境。

3. 母猪无乳

当母猪乳汁充足时,每隔1 h左右乳房就会胀起来,母猪受到乳房膨胀的刺激,自然会躺下哺乳,待仔猪将乳汁吃完后,母猪就会感到舒适。但是,如果母猪无奶,仔猪缠着母猪并啃咬奶头,会使母猪心烦不安,有时甚至会用嘴拱咬仔猪,或干脆俯卧,把乳头压在身体下面,不让仔猪拱啃奶头。这种情况多发生于营养不良,乳腺干瘪、瘦弱的母猪,分娩后虽有部分初乳,但很快就没有乳汁了。

解决的办法,可参照母猪无乳综合症进行治疗。一旦母猪乳水足了,就不会拒绝仔猪吃乳了。

4. 产后感染

因母猪产后感染疾病,持续的体温升高,极易引起乳汁减少,这时母猪往往对仔猪吮乳会产生厌恶感。

解决的办法是,对产后发热的母猪,应用抗生素或磺胺类药物及时治疗,体温高时,要进行退热和静脉滴注抗生素等。

5. 母猪患乳房炎、乳头损伤或小猪咬奶头

母猪奶水很足,乳房胀得厉害,而且它每隔一定的时间发出叫声呼唤小猪吃奶;可是小猪刚一衔住奶头,母猪立即发出尖叫声,猛地站起来,甚至咬小猪。这种情况可能有2种原因:一是母猪乳头有伤(如乳头卡在漏缝地板缝中被挂伤)或患乳房炎,小猪一旦吃奶便引起疼痛;二是小猪争夺奶头或个别小猪犬齿长得不正、过尖、过长,咬痛了母猪奶头,使母猪反感而导致拒绝哺乳。另外,哺乳仔猪过多,以及缺乳,也常会引起仔猪争抢和咬伤乳头。

遇到这种情况,首先要仔细检查母猪奶头是否有伤,乳房是否有热痛,并采取消炎、退烧、止痛措施。如果无上述问题,就要检查小猪牙齿,用剪刀将尖锐的犬齿剪平。母猪哺乳的仔猪数应与母猪的乳头数和泌乳力相匹配,防止哺乳仔猪过多造成争抢。

(九)母猪食仔

在养猪实践中,母猪吃掉或咬死自己生的仔猪现象也时有发生。

1. 发生食仔的原因

(1)饥饿与营养缺乏。长期喂料不足,饲料单一,缺乏蛋白质、某些矿物质和维生素,再加上饥饿,造成母猪异食行为,即发生食仔行为。这种情况多见于年老瘦弱的母猪和初产母猪。

(2)母性过强。母猪有很强的辨别仔猪是否是自己所生的能力,寄养过来的仔猪,或偶尔窜入母猪舍的仔猪,容易被母猪认出,而将仔猪吃掉。但如果在接产或产仔后的管理中,所产仔猪被带上香水或香烟味道,则母性过强的母猪也可能将其误认为别窝仔猪,而将其咬死或吃掉。

(3)食仔癖。曾经吃过别窝的小猪或有异味的小猪,或吞食过生胎衣、流产胎儿或死猪,可能会养成吃仔恶癖。

(4)母猪口渴而不能及时饮水。在母猪分娩过程中,高度紧张、呼吸急迫、胎水丧失,往往导致母猪口渴,如不能及时补充水分,母猪在产后或产中,急需解渴,就会发生吞吃初生仔猪现象。

(5)疼痛和恐惧。个别初产母猪未见过仔猪,以为仔猪要伤害自己,有恐惧心理。这种母猪见到仔猪时,往往眼睛瞪得很大,随时准备出击。一旦仔猪靠近它,不是被咬死,就是被咬伤。另外,难产及分娩的痛苦,会使母猪发生"迁怒"情绪,将痛苦、烦躁发泄于仔猪而咬死仔猪。有乳头损伤、乳房炎、缺乳的母猪也会因仔猪哺乳造成母猪痛苦而使母猪咬死仔猪。

2. 防治措施

(1)加强母猪妊娠期的饲养,饲喂全价妊娠母猪料,保证营养全面,以防止母猪因营养缺乏而发生异食癖。

(2)认真做好接产工作,做到分娩完全结束时再离人。胎衣排出后,接产人员应将胎衣、死胎连同所污染的稻草、抹布等立即拿走,防止母猪吞食(但煮熟的胎衣喂母猪,通常不会引起食仔行为)。

(3)若母猪分娩产程较长,每产出一头仔猪立即把仔猪拿走,关在保温箱中。分娩中间,如果母猪站立,可让其饮一些糖盐麸皮汤。产后要让母猪饮足糖盐(最好是口服补液盐)麸皮汤,同时喂给适量的易消化、营养丰富的饲料,然后再放入仔猪吮乳。

(4)产前要加强对母猪的调教和训练,平时饲养人员要经常刷拭母猪,培养人畜亲和,产前几天要注意按摩母猪的乳房,以避免产后人或仔猪触及乳房时受惊。

（5）对有食仔恶癖的母猪，在产前应加强调教、按摩乳房，产出第一头仔猪后，立即注射催产素 20～30 IU，以缩短分娩时间和促进排乳。母猪所产仔猪可关在保温箱内，待母猪安静且乳房已发胀时，再将仔猪放出吃乳；母猪在哺乳过程中，工作人员应守护在旁，发生问题应立即将仔猪与母猪隔离。

（6）产房环境应安静，舍内的光线不能太强。母猪在分娩时，应禁止陌生人员围观、喧哗。务必将母猪在产前 7 d 转入产房，以让其适应产房环境和工作人员及饲料条件，母猪进入产房后，一直到仔猪断奶，这期间尽可能不调换工作人员。必要的话，可采用诱导分娩法，并使母猪分娩时间安排在夜间。

（7）产房中的每个产床（圈）应严格隔离，防止仔猪互相窜圈，产房管理人员不能吸烟和手上涂抹有气味的化妆品。寄养仔猪要进行严格处理，可用代哺母猪的胎衣或羊水涂擦在被寄养仔猪身上，或事先与代哺母猪的仔猪混在一起，让其互相接触一段时间，使寄养仔猪不被代哺母猪嗅出，以确保寄养成功。

（8）在母猪分娩过程中，产出仔猪 5～6 头，并且仔猪被毛已经干燥，运动活泼，同时母猪乳房膨胀，乳汁充足时，将仔猪从保温箱中放出，让其哺乳。既有利于仔猪一次吃足初乳，也有利于促进母猪的母性，减轻母猪分娩痛苦。而且，分娩过程中的母猪一般不会因为受到刺激立即作出反应。但仍应谨慎从事，个别极敏感的母猪听到仔猪的叫声，可能会立即站起，所以可先用一头仔猪放出，做尝试，如果顺利，再将其余仔猪放出。以后分娩的仔猪，可另外组成一批，在一两个小时后，母猪乳房膨胀时，让剩余的仔猪也一次吃足初乳。

（9）对因乳房炎、乳头损伤及性情急躁的母猪，可注射氯丙嗪等镇静剂，使母猪处于睡眠状态，然后让仔猪哺乳，仔猪顺利哺乳几次后，母猪的母性会明显提高，就会接受仔猪哺乳。对于用上述方法无效的母猪，可给其戴上笼嘴，喂食时取下，吃完食再戴上。但仍应小心，在母猪卧下后，先将仔猪放一两头出来，如果一切顺利，再将其他仔猪放出，如果母猪紧张，发出威胁的吼声和用目光怒视仔猪，则及时将仔猪抓回保温箱中。

五、致病生物引起的繁殖障碍病概述

此类病就是因病毒感染、细菌感染和寄生虫感染而造成的繁殖障碍。

（一）病毒引起的繁殖障碍病

1. 猪细小病毒病

猪细小病毒病是由猪细小病毒引起的猪的一种繁殖障碍性疾病。其特征为感染母猪特别是初产母猪产出死胎、木乃伊胎、病弱仔猪及部分健康仔猪。母猪本身并无其他明显症状。该病在世界各地普遍存在，在我国许多养猪场也普遍存在，每年因该病造成养猪业的经济损失很大。

本病尚无有效的治疗方法,主要采取综合性防制措施。预防猪细小病毒感染的最有效方法是接种疫苗。由猪细小病毒感染引起的繁殖障碍病主要发生于妊娠母猪受到的初次感染时,因此疫苗接种的对象主要是初产母猪;经产母猪、公猪若血清学检查为阴性,也应进行免疫接种。给后备母猪在配种前 1~2 个月内间隔 2~3 周免疫 2 次,免疫期可达 4 个月以上,仔猪母源抗体可持续 14~24 周。

除免疫接种之外,在日常工作中应加强和完善兽医卫生管理措施。抓住空舍环节对母猪舍、产房严格消毒;坚持自繁自养原则,必须引进猪只时应从无本病的猪场引进,并在隔离检疫后才能并群饲养;饲料、饮水应符合卫生标准;粪、尿、污物要及时处理;严格控制人员、车辆的进出猪场;饲养管理用具应按规定消毒。

2. 猪伪狂犬病

本病是由伪狂犬病毒引起的家畜及野生动物的一种急性传染病。病猪的年龄、生理阶段不同,其临床表现存在很大差异。怀孕母猪发生流产、产死胎;空怀母猪屡配不孕、返情;哺乳仔猪表现发热、呕吐、腹泻、喘气和神经机能障碍,致使大量仔猪死亡;断奶仔猪的腹泻及神经机能紊乱;育肥猪有轻度呼吸机能障碍并伴有生长迟缓、饲料报酬降低等。本病流行广泛,已遍及世界许多国家,该病在许多国家对养猪业的危害程度仅次于猪瘟;在我国该病也广泛存在,造成的经济损失巨大。

本病尚无有效的治疗方法,但感染初期的哺乳仔猪可用抗伪狂犬病高免血清注射,以降低死亡造成的经济损失。预防主要采取以免疫接种为核心、以疾病根除为目标的综合性防制措施。

(1)疫苗的种类和性质。目前有基因缺失弱毒疫苗、基因缺失弱毒灭活苗、野毒灭活苗。因为伪狂犬病毒属于疱疹病毒科,具有终生潜伏感染、长期带毒和排毒的危险性,而且这种潜伏感染随时都可能被其他应激因素激发而引起疾病;应用这些疫苗,使猪只保持较高的免疫水平可大大降低该病的发生,但靠疫苗不能消灭此病,所以一般无本病的猪场应禁止使用疫苗。在一个地区或养殖场最好只用 1 种缺失基因的基因缺失苗,不能接种 2 种不同基因缺失疫苗,因为病毒会发生基因重组现象给养殖场带来问题;建议育肥用的仔猪可以使用弱毒疫苗,种猪群最好使用灭活苗(其安全性好)。

已发病的猪场或伪狂犬病毒感染阳性的猪场,场内所有的猪只都应进行免疫;这样做可以减少排毒和散毒的危险,也可以减少肥育猪因感染病毒带来的增重减慢、饲料转化率降低的损失。母猪的抗体可通过初乳传给仔猪,被动免疫虽然可以保护仔猪的致命感染,但不可能终生完全阻止其临床症状的发生。

(2)免疫程序。在污染不严重的地区,建议种猪群完全使用灭活苗。后备母猪在初配前1~2个月内间隔2~3周用灭活苗免疫2次,经产母猪于配种前2周用灭活苗免疫1次;各胎次妊娠母猪于分娩前3周用灭活苗免疫1次。种公猪每半年免疫1次。

(3)根除措施。在种猪群使用灭活苗、商品猪群使用基因缺失苗同时进行免疫,以降低猪场中伪狂犬病毒的数量,并注意淘汰野毒感染猪。结合严格的兽医卫生措施,可以达到控制乃至消灭猪伪狂犬病的目的。

3. 猪繁殖与呼吸综合征

本病是由猪繁殖与呼吸综合征病毒引起的猪的一种以母猪妊娠后期发生流产、死产和产木乃伊胎,新生仔猪高死亡率、各种年龄猪(尤其是幼龄猪)出现异常呼吸为特征的传染病。此病在世界许多国家流行,给各国养猪业造成严重损失。

目前对本病尚无特异有效的治疗方法,对于该病的防制,应采取综合性措施及对症疗法。

(1)一般兽医卫生措施。加强饲养管理,严格消毒制度,切实搞好环境卫生;消灭猪场周围可能带毒的野鸟和野鼠,每圈饲养猪只密度要合理。商品猪场要严格执行"全进全出制"。严禁从不安全的猪场引进猪只和精液;必须引种时要加强血清学监测和检疫。

(2)发生疫情时的控制。在本病流行期,可给患病仔猪注射抗生素并配合对症治疗,用以防止继发细菌感染提高仔猪的成活率。

(3)免疫预防。目前市场上有弱毒疫苗和灭活苗,由于猪感染繁殖和呼吸综合征主要通过细胞免疫应答产生抗感染作用,所以一般认为弱毒苗效果较佳。但弱毒疫苗安全性较差,有散毒的危险,疫苗病毒在猪体内能持续数周致数月,能通过胎盘感染胎儿,导致先天感染,公猪可通过精液排毒,所以弱毒疫苗只能限在疫区污染猪场使用,不能扩大使用范围;灭活苗很安全,但效果较差,一般在受威胁区或轻度污染场使用。弱毒疫苗对母猪及仔猪存在着潜在的危险性,接种弱毒疫苗后引起母猪发生流产和大量仔猪死亡的现象在我国也屡有发生。

根据我国的实际情况,在疫区建议用猪繁殖与呼吸障碍综合征的灭活苗免疫接种种猪,弱毒疫苗用于接种仔猪和育肥猪。后备母猪一般在初配前进行2次免疫,即配种前2个月用灭活苗首免,间隔3周加强免疫1次;经产母猪可在每胎次的配种前免疫接种1次。商品猪在母源抗体消失前用弱毒疫苗首免,母源抗体消失后加强1次。没有流行过本病的猪场可以不用疫苗。

4. 猪流行性乙型脑炎

本病又称为日本乙型脑炎，是由流行性乙型脑炎病毒引起的一种人畜共患传染病。此病在亚洲地区广为流行，由于本病疫区范围较大，又是人畜共患，危害严重，被世界卫生组织列入重点控制传染病之一。流行性乙型脑炎在人和马呈现脑炎症状，猪表现流产、死胎和睾丸炎，其他畜禽多呈隐性感染，传播媒介为蚊虫，流行有明显季节性。

(1)预防措施。预防流行性乙型脑炎，应从畜群免疫接种、消灭传播媒介和宿主动物管理 3 个方面着手采取措施。

①免疫接种。患流行性乙型脑炎康复后的动物，可获得较长时间的免疫力。为了提高猪群的免疫力，可接种乙脑疫苗。免疫接种一般在蚊虫出现前一个月内完成，免疫后一个月产生坚强的免疫力。一般情况下南方在 3～4 月份、北方 4～5 月份进行免疫。应用乙脑疫苗给猪免疫接种，不但可以预防乙脑的流行，还可降低动物的带毒率，控制乙脑的传染源。

②消灭传播媒介。添置猪舍防蚊设备，做好防蚊和灭蚊工作。应根据蚊虫生活规律和自然条件，采取有效措施，铲除蚊虫滋生地，消灭越冬蚊。

③加强猪群管理。做好从非疫区引入猪群的管理，防止蚊虫咬叮，减少感染病毒的机会。

(2)治疗措施。本病目前无特效治疗药物，应积极采取对症疗法和支持疗法。为了防止继发感染，可适当使用抗生素、磺胺类等药物；若体温持续升高，可使用安基比林、安乃近等药物退热；若有脑水肿、神经机能紊乱表现，可使用甘露醇、山梨醇等脱水，或使用氯丙嗪等药物镇静。

5. 猪瘟

猪瘟是一种由猪瘟病毒引起的急性、热性、高度接触传染性传染病。其特征为发病急，高热稽留和细小血管壁变性，引起全身广泛性出血，脾梗死。急性猪瘟由强毒力猪瘟病毒引起，发病率和致死率均高；而繁殖障碍性猪瘟是由低毒力猪瘟病毒引起的。怀孕母猪感染低毒力猪瘟病毒后，本身不表现临床症状，但能通过胎盘感染胎儿；造成死胎、流产、畸形、木乃伊胎，新生仔猪共济失调、先天震颤；仔猪出生后很快死亡或长时期保持无病状态，但最终死于猪瘟。猪瘟在世界许多养猪国家有不同程度的流行，为国际重点检疫、监控对象。

对猪瘟病猪目前尚无有效的治疗措施，另外，病愈猪存在较长时期的愈后带毒期，可能会对以后的妊娠造成胎盘感染导致繁殖障碍；所以，在有猪瘟流行的地区常用疫苗接种、淘汰带毒母猪，结合一般性兽医卫生措施控制本病。

猪瘟的免疫程序可根据本猪场和本地区的具体情况制定。一般公猪每年春、秋各注射猪瘟疫苗 1 次。母猪可在每胎进行乳猪断奶前免疫时同步接种。仔猪因为猪场情况不同免疫程序差异较大。猪瘟控制较稳定的猪场，一般可在 20 d 前后给仔猪用 3～4 倍剂量疫苗首免，60 d 前后加强免疫一次。

猪瘟免疫效果的好坏，与猪体内保有的抗猪瘟抗体水平有密切关系。实验结果表明：抗体水平达到 1：(32～64)或更高时，具有 100% 的保护；抗体水平介于 1：(16～32)时具有部分保护力，抗体水平低于 1：8 时，完全不能保护；怀孕母猪抗体水平在 1：16 以上时，感染猪瘟病毒不发生胎盘感染，抗体水平低于 1：4 以下时，感染低毒力猪瘟野毒可以发生胎盘感染。抗体水平对疫苗接种的效果也会产生部分影响，为防止猪群亚临床感染，可利用提高疫苗免疫剂量的方法来弥补。

猪瘟免疫失败主要是由于亚临床感染猪瘟病毒的怀孕母猪，经胎盘感染胎儿所致。怀孕早期感染多发生流产，怀孕中期感染产弱仔和先天性震颤。这些仔猪可终身带毒，形成持续感染，具有免疫耐受性，疫苗接种后产生的抗体水平低或不产生抗体，增加猪瘟不稳定性。近几年来还发现在猪瘟常发地区和猪场的母猪妊娠中、后期，应用 4～6 头份猪瘟弱毒疫苗免疫时，会导致妊娠母猪体温升高，部分母猪发生流产和产死胎，而且产出仔猪在肾、膀胱、淋巴结、喉头有出血点。根据以上情况，母猪在怀孕中、后期不要用猪瘟弱毒疫苗接种。免疫接种后的猪群应该定期检测抗体消长情况，多数被检样品抗体水平在有效保护能力以下者必须进行加强免疫。

(二)猪细菌性疾病引起的繁殖障碍病

1. 猪衣原体病

猪衣原体病是由衣原体感染猪群而引起不同症候群的接触性传染病。临床上以妊娠母猪流产、产死胎、木乃伊胎、弱仔和围产期新生仔猪大批死亡；公猪发生睾丸炎、附睾炎、阴茎炎、尿道炎；各年龄段猪发生肺炎、肠炎、多发性关节炎、心包炎、结膜炎、脑炎、脑脊髓炎为特征。

(1)预防原则。引种时必须严格检疫。病猪隔离饲养，定期对猪场环境及圈舍进行预防性消毒，避免健康猪与鸟类及其粪便接触，同时防止与其他感染的哺乳类动物接触。死亡猪只、流产胎儿、胎衣深埋或火化处理。保证饲料平衡，减少各种不良应激因素的影响。

(2)免疫预防。选用兰州兽医研究所生产的猪衣原体流产灭活苗对猪群免疫接种，种公猪皮下注射 2 mL，每年免疫一次；繁殖母猪在配种前一个月皮下注射 2 mL，每年一次，连续 2～3 年。

(3)药物预防和治疗。四环素为治疗首选药物，也可用金霉素、土霉素、强力霉素、红霉素、螺旋霉素、泰乐菌素等药物进行预防和治疗。公母猪配种前 1～2 周及产前 2～3 周用四环素类按 0.02%～0.04% 的比例拌料，饲喂 1～2 周。对妊娠母猪，肌肉注射长效土霉素，按 20 mg/kg 体重剂量，间隔两周重复用药一次，可减少流产和死胎的发生。母猪产前 2～3 周注射四环素类抗生素，可预防新生仔猪感染本病。

2. 猪布鲁氏杆菌病

猪布鲁氏杆菌病是由布鲁氏杆菌引起的猪急性或慢性传染病，其特征是侵害生殖系统，以母猪流产、子宫炎和不孕症；公猪发生睾丸炎和附睾炎为特征。本病存在于世界各地，给畜牧业生产带来较大危害。

(1)预防原则。在未感染的猪群或猪场，应坚持自繁自养，如需引进种猪一定要经严格检疫。血清阴性猪经 2 个月隔离饲养后，再经检疫确认血清学阴性者，才能混群饲养，以后定期检疫，血清学阳性种猪，坚决淘汰。流产胎儿、胎衣、羊水及阴道分泌物应深埋或生物热发酵处理，被污染的场所及用具用 3%～5% 来苏儿消毒以防止本病传播。

(2)免疫预防。在发病或受威胁地区，在配种前 1～2 个月每头猪皮下注射 1 mL 猪布鲁氏菌 2 号弱毒冻干苗（注射法不能用于孕猪）。或者用猪布鲁氏菌 2 号冻干苗，间隔 30～45 d 连续饮服 2 次，每次剂量为 200 亿活菌。免疫期 1 年。混水饮服时要用凉开水，并在服苗 3 d 内不得喂含有抗生素的饲料。

本病无治疗价值，发现病猪立即淘汰。

3. 猪钩端螺旋体病

猪钩端螺旋体病也称为猪细螺旋体病，是一种人畜共患病和自然疫源性传染病。临床症状以短期发热、贫血、黄疸、血红蛋白尿、流产、水肿、黏膜及皮肤坏死为特征。怀孕母猪感染，可引起大批流产和死胎，造成繁殖障碍。仔猪多出现急性黄疸和血红蛋白尿。成年猪多呈隐性经过。本病分布于世界各地，我国各地都有发生，南方较重。

(1)预防原则。采取综合性的预防措施，及时隔离病畜和可疑病畜，消毒和清理被污染过的饲料、水源、场舍和用具；定期灭鼠，清除污水、淤泥，消除蚊类等传播媒介。

(2)免疫预防。在该病常发地区用多价苗接种免疫，每头猪肌注 3 mL 灭活菌苗，间隔 1 周，再肌肉注射 5 mL，免疫期 6 个月；还可用波摩那、犬型二价浓缩油乳剂灭活苗 2 mL 免疫猪后，能获得抵抗强毒攻击的能力，且可阻止肾脏带菌排菌的危险。

(3)药物预防和治疗。抗菌疗法是本病最基本的治疗方法。链霉素每千克体重 25～30 mg，每天 2 次肌肉注射，连用 3～5 d；庆大霉素每千克体重 1～1.5 mg，每日 2 次肌肉注射，连用 3～5 d；强力霉素每千克体重 25 mg，每日一次口服，或每吨饲料中加 100～200 g，连喂 3～5 d。在每吨饲料中添加土霉素 600～800 g，连续饲喂 7 d，可预防本病发生。

4. 猪附红细胞体病

猪附红细胞体病是由猪附红细胞体寄生于红细胞或血浆中而引起猪的一种传染病。该病主要以高热、贫血、黄疸和全身发红为特征，可引起猪只特别是仔猪的大批死亡，患病母猪可在临产期发生流产、死胎、弱胎，产后母猪多出现高烧，也有分娩延期、产后无乳和乳房炎等症状，给养猪业造成较大的经济损失。

（1）预防。除加强一般性兽医卫生防疫措施，搞好圈舍环境卫生，消除各种应激因素外，尤其是要驱除蜱、虱、蚤等吸血昆虫，隔绝节肢动物与猪群接触的机会，还应注意注射针头和手术器械的消毒，对防制本病的发生都起着重要作用。

（2）治疗。目前尚无疫苗对本病进行预防，只能用药物防治。常用药物有四环素、土霉素、血虫净（贝尼尔）等。在发病初期可选用贝尼尔进行治疗，按 5～7 mg/kg 体重深部肌肉注射，间隔 48 h 重复用药一次。土霉素 20 mg/kg 体重肌肉注射，每天 2 次。重病猪同时配合维生素 C 5 mL、50％葡萄糖注射液 20 mL、生理盐水 100 mL、10％安钠咖 3 mL，混合，1 次静脉注射。另外，近年来，市场上有多种针对附红细胞体病的药物，可根据在当地使用效果选用。

5. 猪链球菌病

猪链球菌病是由多种链球菌感染引起不同临床症状的疾病。主要表现为败血症、化脓性淋巴结炎、脑膜炎、关节炎等特征性症状。近年来，繁殖障碍型猪链球菌病是链球菌病的一种新的临床表现形式，应该引起高度重视。我国猪链球菌病的发病率较高，对养猪业的发展构成较大威胁。

（1）预防原则。隔离病猪，清除传染源。带菌母猪尽可能地淘汰，污染的用具和场所用 3％的来苏儿或 1/300 的菌毒灭等彻底消毒。

（2）免疫预防。疫区在 60 d 首次接种猪链球菌氢氧化铝胶苗，以后每年春秋各免疫一次，无论猪只大小一律肌肉或皮下注射 5 mL，注射后 21 d 产生免疫力，免疫期 6 个月；也可用猪链球菌弱毒菌苗，每头猪肌肉或皮下注射 1 mL，14 d 产生免疫力，免疫期 6 个月。也可参考以下免疫程序：仔猪 5 日龄首免，1 月龄二免；母猪产前 20 d 免疫；后备母猪配种前 1 个月免疫 1 次；公猪每半年免疫 1 次；空怀期较长的母猪，在空怀期补免。

（3）药物预防和治疗。每吨饲料中加入四环素 125 g，连喂 4～6 周，可预防本病的发生。治疗：氯霉素按 10～30 mg/kg 体重肌肉注射，每日 2 次。庆大霉素按 1～2 mg/kg 体重肌肉注射，每日 2 次。以上均需连续用药 5 d 以上。对淋巴结脓肿，可将脓肿切开排脓，用 3％双氧水或 0.1％高锰酸钾冲洗，涂以碘酊，不需缝合，几天可愈。

(三)猪寄生虫性繁殖障碍病

猪弓形虫病:弓形虫病是由龚地弓形虫寄生于各种动物的细胞内,引起的一种人畜共患寄生虫病。本病广泛分布于世界各地,我国许多省市先后发生过本病。猪暴发本病时,常可引起整个猪场发病,病死率可高达60%以上。该病以患猪的高热、呼吸困难、神经系统症状、妊娠母猪的流产、死胎、胎儿畸形为特征。

防治措施:禁止猫进入猪舍,防止猫的粪尿污染猪的饲料和饮水。做好猪舍的防鼠灭鼠工作。流产的胎儿、排泄物及污染的场地要严格消毒。发生本病的猪场,应全面检查,隔离病畜,对病猪舍用3%烧碱液,或20%石灰乳溶液进行全面消毒。磺胺类药对本病有较好的效果,若与增效剂联合应用效果更好,常选用下列治疗方案:磺胺嘧啶(SD)加三甲氧苄氨嘧啶(TMP)。前者每千克体重用70 mg,后者每千克体重用14 mg,每天口服2次,连用3~4 d;磺胺-6-甲氧嘧啶(SMM)每千克体重60~100 mg,单独口服或配合三甲氧苄氨嘧啶每千克体重14 mg口服,每日1次,连用4次,首次用量加倍;用长效磺胺60 mg/kg体重配成10%溶液肌肉注射,连用7 d。病猪场和疫点也可采用磺胺-6-甲氧嘧啶或配合三甲氧苄氨嘧啶连用7 d进行药物预防,可以防止弓形虫感染。

第五章 种猪的饲养管理技术

在现代化猪生产过程中,各个生产环节的各项技能是生产管理者必须应该掌握的,也是猪生产的核心内容所在。本章将重点介绍种猪生产中的主要岗位技能。在猪生产过程中,为便于生产组织及人力资源配置,大多情况下将后备种猪、空怀母猪及种公猪置于同一生产环节来组织生产,那么该环节的饲养管理岗位技能也是围绕这3种对象来开展。同时种母猪还涉及妊娠阶段、哺乳阶段以及种公猪的饲养管理。特别应该提到的是,随着机电一体化及智能化设备在猪生产中的应用,猪场工作者所承担的工作,不再是以周而复始的体力劳动为主的工作内容,而是着眼于管理生产设备及猪群。所以,在一般意义上,饲养员不再是饲养猪,更重要的是管理猪,这才有饲养管理员之说。

第一节 后备母猪的饲养管理技术

一、后备母猪饲养管理的目标

(一)在良好的体况下进入第一个繁殖周期

降低母猪因繁殖疾病和腿病而引起的淘汰。初产母猪断奶后体能消耗巨大,体重损失达 20～30 kg,如果营养不足,则体质下降,抗病力弱,因此生殖道疾病较多,造成淘汰。

(二)切实做好发情管理

各种因素如体况较差、缺乏公猪诱导、饲料霉变、高温高湿环境等抑制了后备母猪体内正常性激素的分泌,导致发情不正常。

(三)具体指标

后备猪在配种前发情至少 2 次,初配日龄 230～250 d,体重 130 kg 左右,体长 120 cm,体高 80 cm,胸围 120 cm,背膘厚 16～18 mm。

二、后备母猪的营养特点及营养标准

(一)营养目标

满足骨骼、肌肉和内脏器官生长发育所需营养。

（二）营养特点

后备母猪的主要任务是培养生殖机能和健壮的体况，其营养要求既不同于育肥猪，也不同于哺乳母猪，应该有专门的后备母猪料。

后备母猪营养方面的特殊之处有以下几方面。

（1）适宜的能量水平的日粮以保证足够的体脂储备。后备母猪的生理特点是体况尚未成熟，能量摄入一方面要满足自身生长发育需要，同时要为保持良好的体况打下基础，另一方面又不能过肥，所以，后备母猪选留后要供给相对较高营养水平的饲料以保证足够的体脂储备，为繁殖打基础。

（2）适当的蛋白水平是保证初情期的需要。后备猪 6～8 月龄前应适当提高蛋白质水平，尤其是 3～5 月龄前要特别注意保持较高的蛋白质水平和较好的蛋白质品质，给予较优厚的饲养，使骨骼和肌肉都能得到充分的发育。缺乏蛋白质会推迟性成熟，与 14％蛋白质的日粮相比，10％蛋白质的日粮最迟初情期的时间达 2 d。

（3）充足的钙磷保证骨骼的充分发育。后备母猪在培育初期，多是采食生长猪料，而生长猪料中钙磷的含量较低，使后备母猪一直处于缺钙磷的状况，再加上后备母猪后期多采用限制采食，所以必须供给其钙磷含量较高的饲料；在限制饲养情况下，后备母猪的钙含量应大于 0.85％。

（4）生物素对后备猪的肢蹄具有特殊的意义。生物素缺乏，会导致猪出现蹄裂，增加母猪的淘汰比例；但生物素缺乏在当时不易显现，往往不能引起人们的注意。

（5）大量的维生素 A 和维生素 E。这两种维生素对生殖器官的发育成熟有利，其需要量不但远大于育肥猪，还大于妊娠和哺乳母猪。

（三）推荐营养标准

有潜力的后备母猪的日粮水平为消化能 13.0 MJ/kg、粗蛋白 15％、赖氨酸 0.7％、钙 0.82％、磷 0.73％。

友情提示：后备母猪的日粮水平不宜过高。

用过高营养标准培育出来的后备猪，体质较差，以后的繁殖力也会受到影响。采取中等偏上的营养水平来培育后备猪，虽然增重速度稍慢一些，但发育良好，体质健壮结实，在繁殖力和利用年限上具有一定的优越性。

三、后备母猪的阶段饲养体系

（1）90 kg 或 100 kg 以前自由采食，食欲旺盛，采食能力很强，自由采食，保证母猪遗传潜力的充分发挥。

（2）90 kg 或 100 kg 以后，母猪往往采食过多，造成肥胖，猪的骨骼发育跟不上肌肉、脂肪等组织的生长，导致四肢发生变形。必须限制饲料的供给量，开始饲喂吃饱量的 85%，继续促进骨骼生长发育，拉架子，使骨骼充分的钙化。

（3）配种前 10～14 d 进行短期优饲，促使保证母猪尽快发情，增加排卵数。

（4）限制采食主要是限制能量的摄入，要考虑提高其他营养成分的浓度，饲料蛋白质要充足，后备母猪的饲喂应与后备母猪的个体情况相结合。表 5.1 的阶段饲养体系可供参考。

表 5.1 不同阶段后备猪的饲养方案

阶段	体重/kg	日龄/d	背膘厚(P₂) /mm	日粮/kg		饲养方案/ (kg/d)
				MJ DE	Lysine(g)	
1	25～60	60～100	7	14.0	12.0	自由采食
2	61～120	101～210	7～16	13.5	8.0	2.5～3.5
	（60 kg 至交配前 21 d)					
3	125～140	210～230	16～18	13.5	8.0	自由采食
	（前 21 d 到交配)					
4	妊娠早期	230～260		13.5	8.0	2.0

四、后备猪的选留

选择后备猪应根据育种值、品种类型特征、体型外貌等进行。

（一）育种值

目前主要考虑生长性能，包括生长速度和背膘厚。

（二）后备猪应具备品种的典型特征

如毛色、耳型、头型、背腰长短、体躯宽窄、四肢粗细高矮等均要符合品种的特征要求。

（三）理想的后备母猪体型评估要点

1. 外生殖器

要求后备母猪外生殖器发育正常，性征表现良好。母猪阴户发育良好，外阴过小预示生殖器发育不好和内分泌功能不强，容易造成配种繁殖障碍。避免尖锐的外阴，具有尖锐外阴母猪的子宫炎和膀胱炎发生率高。

2. 腹线评估

理想的腹线每侧应有 6 个或更多乳头，乳头发育良好，间距合理，没有瞎乳头或扁平乳头。乳头异常,不符合选种要求的母猪个体见图5.1。

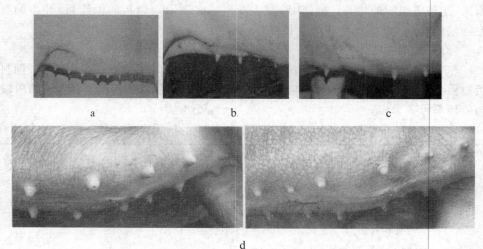

a　　　　　　　　b　　　　　　　　c

d

图 5.1　乳头异常的母猪个体

a.3、4乳头距太近　b. 乳头大小不一　c. 扁平乳对　d. 翻转乳头及乳头分布不匀

3. 肢体评估

前肢长短适中,左右距离大,无 X、O 形等不正常肢势,行走时前后两肢在一条直线上,不宜左右摆动。腕不能臃肿;系部短而坚强、粗壮、稍许倾斜,过分倾斜或太长、卧系都是缺点;蹄的大小适中,形状一致,蹄壁角质坚滑、无裂纹。后肢:后肢间要宽,腿要正直,飞节角度要小。不能出现曲飞节、软系、卧系或球突。理想的趾,较大,大小均匀,间距合理,体重可均匀分配。见图5.2、图5.3。

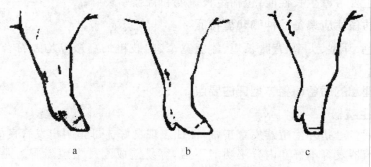

a　　　　　　　　b　　　　　　　　c

图 5.2　正常、卧系、凹系前肢示意图

a. 正常　b. 卧系　c. 凹系

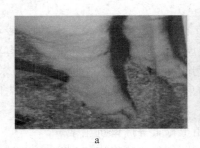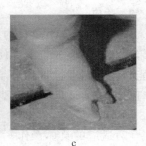

a   b   c

图 5.3 肢体异常的个体类型

a. 趾小且间距小,易引起蹄裂   b、c. 蹄部大小不一,当两趾大小差异大于 12 mm,应淘汰

评估背腰、肋骨形状、体高、体宽时,这些形状只有在极端的情况下时我们才较多地关注。

(四)健康状况选择

应选择体格健康、无遗传疾病的个体作为后备猪。健康的仔猪往往表现为食欲旺盛,动作灵活,贪食、好强。后备猪应来源于高繁殖力的家系,外生殖器官发育良好,无疝气、隐睾、乳头内翻等遗传疾病,以免影响其繁殖性能的充分发挥。

友情提示:不宜求极端的体型,如"球状"后臀部。过度发达的肌肉可能预示猪的繁殖障碍,如发情不易。

五、后备猪引种后的隔离、检疫、驯化

1. 引种后喂料

进猪后每天添料 6～8 次,少喂多添,每天添料次数减少一次,直至 1 周后不断料,可以饲喂多维和广谱抗生素,以防腹泻。

2. 隔离

隔离与适应程序是猪场保持健康的一项必要措施,对于猪场的稳定生产有着重要的意义。

(1)隔离的含义与目的。对猪在被引入繁殖群体之前进行圈养和观察。目的是防止新进猪带来一些经济危害很大的疾病。隔离的距离要求离原有猪群至少100 m,与原有猪群没有任何接触。隔离的时间至少 2 周,目标 4 周。

(2)隔离的具体操作。进猪前隔离舍要彻底的冲洗消毒,并充分干燥;在进猪的第一、二周在饲料中加土霉素等广谱抗生素;隔离期间要求有单独的饲养员,专门的(单独的)清扫工具。

注意观察猪的健康,治疗不健康的猪只。

3. 适应

(1)适应的含义及目的。在环境中对基础存在的病原产生主动免疫,但不表现临床症状。适应的目的是使新进的种猪能适应原有猪群的微生物环境,使原有猪群能与新进猪在微生物环境上达到平衡,使新引进的种猪适应猪场的生产要求。隔离后即进入适应期。至少2周,目标4周,如果原有猪场为蓝耳病阳性,则需隔离8周以上。

(2)适应的具体操作。在适应的第一周可用土霉素等广谱抗生素。

在适应的第一周用原猪舍的粪便与新猪接触,如果原猪场有猪痢疾、C型魏氏梭菌、猪丹毒,球虫病,则不能用粪便进行接触感染。

种猪可在适应的第二周用产房的胎衣、木乃伊拌料喂给新种猪吃。

种猪可在适应的第三周按1:(5~10)的比例与30~40 kg的育肥猪相邻关放,最好能通过猪栏进行接触。

种猪可在适应的第四周,可按1:20的比例和将淘汰的母猪混群饲养;如出现严重的不良反应,应立即停止接触。

在适应期间开始免疫接种,注意细小病毒应在180 d和201 d进行2次接种。

六、后备猪的管理

1. 环境管理

(1)后备母猪小群圈养。分群后备猪在体重60 kg以前,可按性别和体重大小分成小群(4~6头/群)进行饲养。后备公猪达到性成熟时,常出现相互爬跨行为,可能造成阴茎损伤,对生长发育不利,最好单栏饲养。

(2)后备母猪的饲养密度为2 m²/头,供应充足的饮水。密度适中发育均匀,密度过高,则影响后备猪生长发育速度,还会出现咬尾现象。

(3)注意防寒保暖和防暑降温,保持猪舍干燥和清洁的环境。舍内通风换气良好,保持猪舍空气清新;猪舍地面及饲养设备和工具要定期消毒。

(4)日光浴。母猪养在阴暗潮湿的圈舍里,终日不见阳光,往往不发情。将母猪关在干燥向阳的猪舍,让母猪每天最少晒4~6 h太阳,或每天将母猪赶出舍外运动并进行日光浴1~2 h。

2. 后备猪的运动

运动既可促进后备猪的骨骼和肌肉的正常发育,防止过肥或肢蹄软弱,还可增强体质,促进性功能。最好不要把后备猪放到单体限位栏中饲养,一般饲养后备猪都是圈养,这样它有运动空间,不必刻意去运动,对发情不明显的可以转换猪栏,或让其运动促使其发情。

3. 后备猪的调教和驱虫工作

对后备猪是圈养的,就要做好调教工作,使它从小养成在指定的地点吃食、睡觉和排泄粪尿的习惯,并保持性情温顺,人畜亲和。后备猪体重达到 15~20 kg 时要用通灭进行驱虫,以后每隔 3~6 个月用通灭驱虫一次,尽量不要用饲料加药驱虫的方法,因为往往会造成驱虫不彻底。

4. 净化体内病原

饲喂抗生素 2 周,预防喘气病、附红细胞体、增生性肠炎、血痢、阴道炎、子宫炎等。例如每吨饲料中添加 80% 支原净 125 g 及 15% 金霉素 200 g(强力霉素 100 g)。

5. 后备母猪饲喂无激素、无霉败饲料

霉变饲料导致后备猪的假发情,抑制免疫,损伤组织器官。

6. 配种前免疫

后备母猪在配种前常规注射猪瘟、乙脑等疫苗外,还需做好预防繁殖障碍疾病的疫苗接种工作,细小病毒、伪狂犬病、蓝耳病疫苗都要根据实际情况预防接种,疫苗注射应在配种前 2 周完成,防止疫苗反应而影响配种效果。

七、促进后备母猪初情期的方法

6 月龄留种后,每日观察母猪发情情况,记录初情期,推算配种日期。

1. 迁移效应(转舍、转圈)

在接近初情日龄时,让舍内育成的后备母猪移至舍外,大多数后备母猪在迁移后 4~6 d 发情,迁移一般定于 165 d 以后,并与公猪刺激结合,以获得最大效果,此项措施应在配种前 3 周进行。将不发情的母猪换一下栏圈或环境,最好调换到有正在发情的母猪圈内(同性诱导),让发情的母猪追逐、爬跨,一般 4~5 d 内就会出现明显的发情行为,运输也可促其发情。

2. 公猪刺激

后备母猪初情前与成年公猪接触,用公猪刺激可获得较高发情率和受胎率。选择 10 月龄左右青年公猪,每日刺激发情,但绝对不允许用体重大或较大公猪配小母猪,防止造成肢蹄病。

后备母猪 5.5 月龄以后,可将成年公猪赶到后备母猪舍里隔栏相望,即让公猪在走道里自由走动,每日 1~2 次,每次 20~30 min,连续 7~10 d。身体直接接触的效果通常比隔栏接触好。接触次数以每日 2 次或 3 次效果最好。夏季提高接触频率比冬季要好。

友情提示:为了获得最好的效果,应同时采用移动、混群以及公猪接触等措施。

八、后备猪的初配及本交管理

首次配种时的建议目标体况,见后备母猪的饲养管理目标。

过早首配的缺点:①后备母猪配种过早,生殖系统发育尚不完善,内分泌系统尚未达平衡,导致后备母猪排卵数少、产仔数少;②母猪自身的生长发育受到较大影响,导致以后的成年体重小,仔猪初生重轻,泌乳力差,仔猪生长速度慢,该母猪的利用年限缩短,猪群的年淘汰率也将相应地增高。

配种过晚:经济上不合算,影响母猪的生长。母猪达到性成熟后,每 21 d 都要发情一次,每次要持续 3～5 d,发情期母猪表现不安,食欲下降,所以会影响生长。太晚了往往卵巢内发生脂肪沉积,卵泡上皮发生脂肪变性,卵巢发生萎缩,卵巢因卵泡停止发育,导致动情素分泌不足或缺乏,因而会使母猪变为长期不发情,或者发情极其微弱,以致影响繁殖性能。

九、后备母猪乏情的原因

乏情是繁殖障碍症的重要表现,后备母猪到达一定年龄和达到一定体重后不发情、发情症状不明显或安静发情等都统称为后备母猪乏情。

一般来说,正常情况下外来品种及其杂交的后备母猪 5～6 月龄就进入初情期,如果超过了 7 月龄或体重达到 120 kg 后,还没有出现过一次发情症状,就可视为乏情。

后备母猪乏情的原因:

(1)机体发育原因。长期患慢性呼吸系统病、慢性消化系统病或寄生虫病的小母猪,其卵巢发育不全,卵泡发育不良使激素分泌不足,影响发情。

(2)安静发情。母猪安静发情是主要原因,一般情况国外引进猪种和培育猪种尤其是后备母猪,其发情表现不如本地种猪明显,部分表现为安静发情。

(3)饲养管理与营养原因。后备母猪饲料营养水平过低或过高,造成母猪体况过瘦或过肥,使性腺发育受到抑制,均会影响其性成熟。

(4)饲料原料霉变。也是后备母猪不发情的主要原因,母猪摄入含有这种毒素的饲料后,其正常的内分泌功能将被打乱,导致发情不正常或排卵抑制。

(5)公猪刺激不足原因。母猪的初情期早晚除由遗传因素决定外,还与后备母猪开始接触公猪的时间有关系。当小母猪达 160～180 d 时,用性成熟的公猪进行直接刺激,可使初情期提前,否则,为发情迟缓,甚至乏情。

十、减少初产母猪淘汰率的方案

1. 初产母猪淘汰率高的原因

主要在于以下 3 个方面的原因。

(1)初产母猪断奶后体能消耗巨大,体重损失达 20～30 kg,营养不足,体质下降,抗病力弱,因此生殖道疾病较多,如生殖道炎症直接影响母猪的发情和受精卵着床,形成屡配不孕,造成淘汰。

(2)后备猪肢蹄病较多。初产母猪常常发生与运动或腿病相关的问题。

(3)高温高湿环境下,母猪热应激强烈,抑制了体内正常性激素的分泌,导致发情不正常。

2. 解决方案

(1)认真做好选种。

选养品种:根据目前生产的实际情况,最好选养加系大约克与长白杂交的大长或长大二元杂种母猪,如果片面追求臀围而选择英系大约克则饲养管理条件要求较高,适应性能较差。

引种体重:根据生产实践,引种体重最好 80～90 kg。40～50 kg 的后备母猪对外界环境的抵抗力差,经过长途运输后容易引发多种疾病,且恢复能力较差。

个体选择:选养的二元母猪必须生长发育良好,背腰平直,四肢结实,肌肉丰满,膘情良好,皮薄毛稀,肤色粉红,尾巴最好选长尾巴,且耳号清楚。阴户小或畸形、乳头少于 6 对者,不宜选作种用。

引种季节:一般引种季节最好选在春季或秋季,应注意避开高温天气。7～8 月份最好不要引种。

(2)加强母猪群管理。给予后备母猪充分的发育时间和合理的饲养管理,保证配种时的体况(如前所述)。

合理的断奶时间:初产母猪 35 d 断奶为宜。此时母猪体重损失多数在 10 kg 左右,体况尚佳,膘情适中,可使淘汰率降到 3%,较 42 d 断奶时低 6.7%。

控制一产母猪的发情配种:在断奶初连续几天用孕酮抑制发情放弃第一个发情周期,利用第二个发情周期以利于母猪恢复膘情,提高仔猪出生重。

半月以上仍未发情的,采用药物催情和多次公猪效应。及时治疗生殖疾病。及时淘汰 3 次以上返情、生殖系统疾病久治不愈,多次流产的初产母猪。

防治乳房炎、子宫炎:一旦发现哺乳母猪乳房红肿就需及早采用抗生素治疗,进行全身和局部乳房周围封闭治疗,平时可在配种前和产前、产后 1 周进行抗生素预防治疗。

（3）认真做到兽医防疫工作。后备母猪必须按照免疫程序认真做好猪瘟、蓝耳病、猪流行性乙型脑炎、猪细小病毒等疫病的免疫和预防工作。

（4）热应激的预防。热应激导致母猪表现发情不明显或不发情、排卵减少、受胎率降低，返情率增加。应从猪舍的防暑降温、合理的饲养管理策略、营养调整、做好保健等方面做好预防。

第二节　空怀母猪的饲养管理技术

一、空怀母猪饲养管理的目标

（1）改善母猪状况，使之正常发情，排出质量好的卵子，提高情期受胎率和受孕胚胎数。

（2）适时配种，掌握最佳配种时间。

二、断奶母猪体况要求

1. 母猪体况的评定方法

（1）目测评分法。在生产中人们通常用目测评分对母猪体况进行评估，这是一种相对较为粗糙但很实用的方法。该法主要是通过肉眼观察尾根部、臀部、脊柱、肋骨的脂肪存积量与肋部丰满程度，能较好地判断出母猪的营养状况。膘情评定采用五分制：1 表示很瘦，2 表示瘦，3 表示标准，4 表示肥胖，5 表示过肥。具体评分方法详见表 5.2 和图 5.4。

表 5.2　母猪体况评分表

项目	1	2	3	4	5
脊椎	明显看见	可看见需摸	看不见	难摸到	很难摸到
尾根	有深凹	有浅凹	没有凹	没有凹有脂肪	脂肪很多
骨盆	明显	可见	看不见需摸	难摸到	很难摸到

（2）根据猪的背膘厚度评定。目测评分受主观因素影响误差较大，有时并不能真实反映出母猪的体况。母猪背膘变化与其繁殖性能之间存在高度相关性，直接测定母猪的背膘厚能更好地为生产者评定母猪体况提供依据。由于背膘厚与体脂含量有直接关系，与目测评分相比，根据背膘厚饲喂比根据体况评分饲喂更精确更方便，它能提高群体中最佳背膘厚（分娩时背膘厚达到 19 mm）母猪的比例。

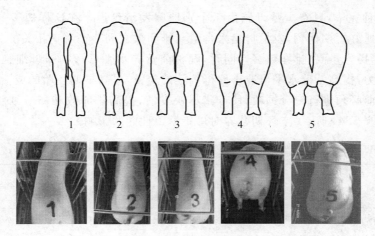

图 5.4 母猪体况示意图

利用超声波技术即通过猪活体背膘厚和眼肌深度或眼肌面积的测定,可以获得背膘厚和眼肌深度或眼肌面积等胴体性状指标的表型值。

2. 母猪繁殖周期的膘情要求

分娩前和断奶时的体重落差控制在 10~15 kg 较为理想;配种前的母猪有 7 成膘,妊娠期达 8 成膘,妊娠中期应该是正常体况,只能触摸髋骨突起而看不到,体形呈现长筒形,妊娠期初产母猪体重增重 30~40 kg,经产母猪增重 30 kg 左右为宜;在产仔期体况应略肥,此时触摸髋骨突起不明显。保持上述体况,母猪受胎、妊娠和哺乳都能达到较高水平。

3. 断奶母猪的良好膘情对其后续繁殖性能影响很大

断奶母猪拥有足够的瘦肉与脂肪沉积是其实现成功配种的基础。如果因在泌乳期不能采食足够的饲粮以满足需求,导致母猪动用体储,体重降低,对其后续的繁殖性能影响很大,在正确的饲粮饲养策略指导下,确保最大可能的饲粮采食量能有效降低母猪泌乳期的体重损失,使其在再次配种期间母猪体况迅速恢复,这对保持母猪的长期繁殖效率的好处十分明显。母猪配种后的妊娠几率、仔猪初生重和窝增重等繁殖性状随断奶到配种后 3 周内背膘厚增加幅度的增大而显著增加。

三、不同体况空怀母猪的饲养

1. 空怀期短期优饲的重要性

母猪断奶后即进入空怀期,在 4~7 d 后大多数母猪发情配种,有些母猪在 7~

10 d 内配种完毕,只有少数母猪由于个别原因发情延迟。在这样短暂的几天内,我们必须抓好短期优饲,发情母猪采食量与排卵数之间存在着正相关的关系,采食量大,营养摄入量高,排卵数多。同时,配种前营养水平可影响卵母细胞的质量及其发育能力,提高营养水平可改善卵母细胞的质量,提高早期胚胎的成活率,因此,母猪配种前必须进行充分饲喂,使母猪尽快发情,提高排卵数和卵母细胞的质量。表 5.3 和表 5.4 列出了空怀期营养对母猪繁殖性能的影响。

表 5.3　断奶后饲养水平对青年母猪从断奶到发情间隔的影响

性能	饲喂量/kg		
	1.8	2.7	3.6
在断奶后 42 d 的配种率/%	67	75	100
产仔率/%	58	75	100
断奶到第一次发情间隔/d	22	12	9

表 5.4　配种前能量采食量对母猪排卵数的影响

指标	高能量	低能量
实验猪头数	36	36
DE 采食量(MJ/(头·d))	42.8	32.4
排卵数	13.7	11.8

维生素 A、维生素 D、维生素 E、维生素 C、维生素 B、叶酸及矿物质中的钙、磷、铁、锌、铜、锰、碘都是妊娠母猪不可缺少的营养成分。从配种前开始每千克日粮添加 3.0～7.5 mg 维生素 A,可以提高窝产仔猪数。维生素 E 的作用在妊娠前期 4～6 周和分娩前 4～6 周特别明显,可提高胚胎成活率和初生仔猪抗应激能力。空怀待配期合理使用抗生素可以提高母猪的受胎率、产仔数和产活仔数。

2. 空怀待配母猪的给料方法

(1)饲料类型。继续饲喂哺乳母猪料。

(2)给料的基本方法。母猪断奶当天,停止或少喂饲料,促进母猪尽快干乳和预防乳房炎的发生。

母猪干乳后,3～4 kg 哺乳料至发情,以满足体况恢复和催情的需要,同时在料中添加抗生素如金西林 1.5 kg/t 饲料。

配种后根据体况,喂 2 kg/d 怀孕料,防止早期过肥。配上种后怀孕料中继续加药喂 1 周。因为这时候刚复原的子宫在体内激素作用下，宫颈开张，外周环境中细菌、病毒很容易入侵感染，导致吃掉卵子、精子和其后的受精卵。

（3）应按照膘情给料。

母猪饲喂的基本原则：按照不同生理阶段饲喂；按照不同膘情饲喂。1 分膘母猪淘汰；2 分膘母猪不能配种需休养；3 分膘是待配母猪的理想体型；4 分膘是妊娠母猪理想体型；5 分膘母猪过肥需要限制饲喂；6 分膘需要淘汰。

非妊娠母猪日喂量范围：1.5～3 kg/d。

根据非妊娠母猪膘情饲喂量调整如下：

2 分膘喂量：3 kg/d。

3 分膘喂量：2.5 kg/d。

4 分膘喂量：2 kg/d。

5 分膘喂量：1.5 kg/d。

断奶后很瘦的母猪要空一个情期再配种，让它有一个情期来复膘。很瘦母猪往往母性好，奶水多，会带仔，一定要做好复膘保护，让它延长使用年限多做贡献。太瘦母猪膘情没跟上，是养不了胎的。因为入不敷出，体内激素的产生需要一定的脂肪，没有足够脂肪，激素产生不足，无法调控和维持子宫下一轮生殖周期，易造成孕期流产或死胎等。

四、催情技术

促进空怀母猪发情排卵的根本措施是加强母猪哺乳期和空怀期的饲养管理，使其有适度的膘情和强健的体质。但在养猪生产中，常有少数母猪不能在仔猪断奶后 7～10 d 发情，延长空怀期，可采取人工催情。

1. 公猪诱导法

经常用试情公猪追爬不发情的空怀母猪，通过哄爬的接触和公猪分泌的外激素气味刺激，通过神经反射作用，引起脑下垂体分泌促卵泡素（FSH），促进母猪发情排卵。这种方法简便易行，且效果明显。另一种方法是定时播放公猪求偶声录音磁带。利用这种生物模拟的作用效果也很好。

2. 合群换圈

将不发情的母猪合并到有发情母猪的栏圈内饲养，或者是调换新的栏圈内，通过发情母猪的爬跨和外激素的刺激、环境的改变、同圈猪的变化等，可促进母猪发情排卵。

3. 按摩乳房

按摩乳房可促进母猪发情排卵。按摩分表层按摩和深层按摩 2 种。表层按摩的方法是在乳房两侧前后逐个按摩,作用是通过交感神经使脑下垂体分泌促卵泡素(FSH),促进卵泡的发育成熟,在卵泡发育过程中分泌雌激素(E),使母猪发情。深层按摩的方法是在每个乳房周围用 5 个手指捏摩,作用是通过副交感神经使垂体分泌黄体生成素,促进卵泡排卵。按摩的方法是每天早晨喂食后,进行表层按摩10 min,当母猪出现发情征状后,改为表层按摩和深层按摩各 5 min;配种当天早晨,全部进行深层按摩 10 min。

4. 加强运动

将不发情的母猪放入舍外大圈群养,增加运动量。有条件的可每天进行驱赶运动。运动可促进新陈代谢,改善膘情,接受日光照射,呼吸新鲜空气,促进发情排卵。

5. 并窝

将产仔头数过少和泌乳能力差的母猪所产仔猪待吃完初乳后,全部寄养给同期产仔的其他母猪哺育。这些母猪可提前回乳,提早发情配种,增加年产仔猪头数。

6. 利用激素催情

目前用于促进母猪发情的激素很多,比较有效且价格便宜的有孕马血清(PMSG)和人绒毛膜促性腺激素。给母猪肌肉注射孕马血清 800~1 000 IU,可起到促卵泡素(FSH)的作用,促进卵泡的发育;注射后 4 d 左右可出现发情征状;配种当天再注射人绒毛膜促性腺激素 800~1 000 IU,可起到促黄体素(LH)的作用,促进母猪排卵。P. G. 600 是血清促性腺激素(孕马血清促性腺激素,PMGS)和绒毛膜促性腺激素(人绒毛膜促性腺激素,HCG)的结合产品。

至于那些生殖器官有病又不易医治好的母猪、空怀 2 个情期以上的、繁殖力低下的老龄母猪应及时淘汰,补充优秀的后备母猪。这是提高猪只繁殖水平的有力措施。

五、配种

配种在前一章节已介绍。

1. 母猪发情各期特征

见图 5.5 至图 5.12。

2. 适配时间判定

见图 5.13、图 5.14。

图 5.5　母猪发情爬跨其他母猪

图 5.6　母猪跳圈

图 5.7　休情期的阴户

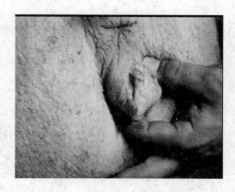

图 5.8　发情期的阴户肿胀

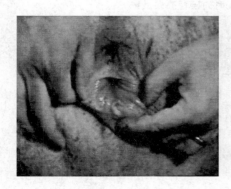

图 5.9　发情时阴道壁变红(充血)

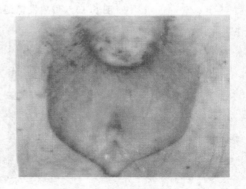

图 5.10　母猪发情时流水样液

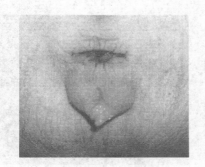

图 5.11 母猪发情时阴户
色变淡,流出少量白色黏液

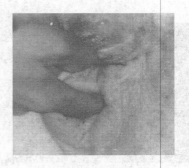

图 5.12 母猪发情时阴唇
内温热、湿润

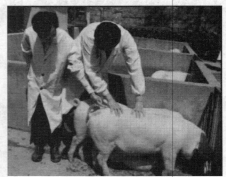

图 5.13 母猪发情适配时的压背静立反射

图 5.14 母猪发情时的骑乘静立反射

3. 查情及配种记录

见表 5.5,表 5.6。

表 5.5　后备母猪发情检查时间及配种时间安排

发情检查时间		配种时间		
		1 d	2 d	3 d
每天观察 2 次	上午		下午	上午
	下午	下午	上午	
返情	上午	上午	上午	
	下午	下午	下午	

表 5.6　经产母猪（每天观察发情 2 次）

再发情天数	检查发情时间	配种时间		
		1 d	2 d	3 d
4	上午		上午	上午
4	下午		下午	下午
5	上午	下午	下午	
5	下午		上午	上午
6＋	上午	上午	上午	
6＋	下午	下午	下午	
返情/有问题的母猪	上午	上午	上午	
	下午	下午	下午	

4. 配种员的工作程序

（1）留意观察断奶母猪或适龄后备母猪行为、阴户的变化，无法确定的要赶进公猪栏试情，以确定当天需要配种的母猪，每天 2～3 次。

（2）把适配母猪赶进公猪栏配种，注意在配种前必须清洁母猪臀部和阴户以及公猪腹部包皮附近，挤掉积尿。

（3）对昨天已配过种的母猪进行必要的第二次或第三次配种。

（4）复发情、难配上种的母猪，每天上、下午各交配一次，直到发情高潮消退。

（5）将未发情的断奶母猪、计划配种的后备母猪以公猪刺激发情。

（6）填写公母猪交配记录，清洁公猪栏。

5. 本交的注意事项

本交选择大小合适的公猪，把公母猪赶到圈内宽敞处，要防止地面打滑。

辅助配种：一旦公猪开始爬跨，立即给予帮助。必要时，用腿顶住交配的公母猪,防止公猪抽动过猛母猪承受不住而中止交配。站在公猪后面辅助阴茎插入阴道:使用消毒手套,将公猪阴茎对准母猪阴门,使其插入,注意不要让阴茎打弯。整个配种过程配种员不准离开,配完一头再配下一头。

观察交配过程,保证配种质量,射精要充分(射精的基本表现是公猪尾根下方肛门扩张肌有节律地收缩,力量充分),每次交配射精 2 次即可,有些副性腺分泌物或液体从阴道流出。整个交配过程不得人为干扰或粗暴对待公母猪。配种后,母猪赶回原圈,填写公猪配种卡,母猪记录卡。

配种时,公母大小比例要合理,有些第一次配种的母猪不愿接受爬跨,性欲较强的公猪可有利于完成交配。

参照"老配早,少配晚,不老不少配中间"的原则:胎次较高(5 胎以上)的母猪发情后,第一次适当早配;胎次较低(2~5 胎)的母猪发情后,第一次适当晚配。

高温季节宜在上午 8:00 前,下午 5:00 后进行配种。最好饲前空腹配种。

做好发情检查及配种记录:发现发情猪,及时登记耳号、栏号及发情时间。

公猪配种后不宜马上沐浴和剧烈运动,也不宜马上饮水。如喂饲后配种必须间隔半小时以上。

六、返情、超期空怀、不发情母猪饲养管理

(1)配种后 21 d 左右用公猪对母猪做返情检查,以后每月做一次妊娠诊断。

(2)妊检空怀情猪放在观察区,及时复配。妊检空怀猪转入配种区要重新建立母猪卡。

(3)每头每日喂料 3 kg 左右,日喂 2 次。过肥过瘦的要调整喂料量,膘情恢复正常再配。

(4)超期空怀、不正常发情母猪要集中饲养,每天放公猪进栏追逐 10 min 或放运动场公母混群运动,观察发情情况。

(5)体况健康、正常的不发情母猪,先采取饲养管理综合措施(见诱情方法),然后再选用激素治疗。

(6)不发情或屡配不孕的母猪可对症使用 P.G.600、血促性素、绒促性素、排卵素、氯前列烯醇等外源性激素。

(7)长期病弱或空怀 2 个情期以上的,应及时淘汰。

返情原因分类见图 5.15。

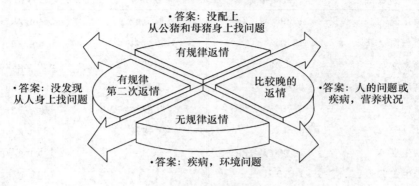

图 5.15 返情原因分类

第三节 妊娠母猪的饲养管理技术

一、妊娠母猪的饲养管理目标

(1)充分激发母猪的繁殖潜力,减少流产特别是妊娠早期和妊娠后期胎儿的死亡。现代母猪每个周期的排卵数可达 20～25 枚,受精率在 95％以上,若所有受精卵在子宫中都得到发育,平均产仔数可达 14 头或更多,而实际母猪的产仔数仅为 10 头左右。

(2)保证胎儿在母体内得到正常发育,确保每窝都能生产大量健壮、生活力强、初生重大的仔猪;妊娠后期合理增加营养。

(3)保持母猪合理体况,妊娠后期达到中上等体况。

二、怀孕母猪的饲料调制

母猪妊娠后新陈代谢旺盛,饲料利用率提高,蛋白质的合成增强,母猪自身的生长加快,营养过剩,腹腔沉积脂肪过多,容易发生死胎或产出弱仔,应采用大容积、高质量、低水平饲料。

1. 低营养水平

妊娠母猪营养需要水平见表5.7。

表 5.7　怀孕母猪的营养需要建议

营养素	营养指标	营养素	营养指标
消化能	12.96 MJ/kg	尼克酸	25 mg/kg
粗蛋白	13.0%	核黄素	6 mg/kg
赖氨酸	0.55%	胆碱	300 mg/kg
钙	0.85%	泛酸	30 mg/kg
磷	0.70%	叶酸	1 mg/kg
盐	0.50%	生物素	300 mg/kg
维生素 A	10 000 IU/kg	锌	125 mg/kg
维生素 D	1 500 IU/kg	铁	100 mg/kg
维生素 E	35 IU/kg	镁	25 mg/kg
维生素 B_{12}	25 mg/g	碘	0.5 mg/kg

2. 多用粗饲料

高纤维日粮提高繁殖性能,减少母猪疾病。低纤维日粮促进革兰氏阴性菌繁殖,增加内毒素,内毒素抑制催乳素分泌,导致产后无乳或泌乳减少。

3. 多用微量因子丰富的饲料

啤酒糟,发酵饲料等充分补充维生素 A、维生素 E、叶酸、生物素。适宜补充常用矿物元素铁、锌、碘、硒。保证维生素 A、叶酸、铁,有利于保证产仔数。尽量考虑其他成分:有机铬,特殊脂肪酸,肉毒碱等。

4. 初产猪日粮蛋白水平

日粮蛋白水平比经产高 2%。初产母猪的孕期体重增长任务高于经产母猪,而采食量偏低。见表 5.8。

表 5.8　不同胎次妊娠母猪每天饲料量、预期增重　　　　　　　　kg

胎次	母猪体重(断奶时)	每天饲料量	预期增重(怀孕期)
1	120	2.0	30
2	140	2.1	25
3	160	2.2	20
4	180	2.3	20
5	200	2.4	20
6	220	2.5	10

三、妊娠母猪的饲养方式及不同阶段妊娠母猪的饲养重点

1. 妊娠母猪的饲养模式

(1)抓两头顾中间——适用于断奶后体瘦的经产母猪。母猪经过一个哺乳期之后,体力消耗很大,在配种妊娠初期就加强饲养,使它迅速恢复到繁殖体况,所需的时间20～30 d,加喂精料,此时进入"妊娠合成代谢期",只要饲养好,恢复膘情很快,要多喂一些含高蛋白的饲料,待体况好转达到一定程度时再喂一些青、粗饲料,按饲养标准饲喂即可,直到妊娠后期天后再加喂精料,这样形成了高—低—高的营养水平。

(2)步步登高——适用于初产母猪。因为初产母猪体力还处在生产发育阶段,营养要量较大,因此在整个妊娠期间的营养水平,是根据胎儿体重的增长而逐步提高,到分娩前一个月达到最高峰,饲喂方式一般在妊娠初期以青粗料为主,以后逐渐增加精料比例,并且加蛋白质和矿物质饲料,到产前 3～5 d 日粮减少10%～20%。

(3)前粗后精——对配种前体况良好的经产母猪。因为妊娠初期胎儿很小,加之母猪膘情良好,60 d 前可喂一般水平,自 60 d 后再提高营养加精料比例,因胎儿体重加快,营养光靠母体已不行了。

2. 各个阶段的饲喂

(1)妊娠前期(配种至 20 d)。配种后 1 周内要严格限饲,因为配种后48～72 h 是受精卵向子宫植入阶段,如果饲喂量过高,会引起血流增加和肝脏性激素代谢增加,从而导致外周血的性激素减少,特别是孕酮减少导致胚胎死亡增加,使产仔数下降(如表 5.9 所示)。1 周后按照猪的体况调整采食量,但此时胎儿还小,绝对增重不大,对营养的需要量也较少,母体此时除维持本身生命活动外,稍有积贮即可。

表 5.9 怀孕早期饲喂水平对血浆孕酮水平和胚胎成活率的影响

饲喂水平/(kg/(头·d))	血浆孕酮/(μg/mL)	胚胎成活率/%
1.50	16.7	82.8
2.25	13.8	78.6
3.00	11.8	71.9

(2)妊娠中期(21～90 d)。怀孕母猪应适量增加体重,很有必要在妊娠中期对体脂的贮存状况进行评估和纠正。根据母猪膘情决定饲喂量。

尤其要注意怀孕 70～90 d 是乳腺发育的重要时期,过多给予能量,会增加乳腺的脂肪蓄积,减少分泌细胞数,造成泌乳期泌乳量减少。

(3)妊娠后期(90～114 d)。胎儿在妊娠后期的生长发育占整个发育量的 70% 以上,因此在妊娠后期要增加采食量,特别是增加能量饲料的摄入,最后的 2～3 周 尤为重要:可以满足后期胎儿快速生长的需要;提高仔猪初生重和整齐度;使仔猪 初生时肝糖原、肌糖原提高而增强仔猪活力,提高成活率。

(4)产前 3～5 d。减少饲喂量到分娩前 1.5 kg,此措施可以预防便秘发生,减少分娩困难,保持良好的食欲和营养摄入。

友情提示:

妊娠母猪一定要限饲。

受精后采食过多可能增加胚胎死亡率。子宫沉积过多的脂肪,影响血液循环,导致胎儿营养供给不足。

75～100 d 是母猪乳腺发育关键时期,过多的脂肪沉积影响母猪乳腺细胞的分化和生长。

后期饲喂过多,易造成过肥,母猪体质差;母猪便秘;分娩困难,分娩时仔猪死亡率高。

肥猪懒惰,不运动,也可能不愿意花力气去饮足够的水,这可能导致运动障碍。

妊娠期采食量与哺乳期采食量呈负相关,妊娠期采食过多不利于哺乳期饲料采食量的提升。

什么时候供胎合适:理想做法是从 90 d 以后。

(1)不易过早。前期胎儿生长慢,妊娠 100 d 时,平均 3 kg/d 的饲喂量,还可以满足胎儿增重的基本营养需求,100 d 后仔猪进入快速生长期,要提高饲喂量,可以饲喂哺乳母猪料。

(2)90 d 以前是母猪乳腺发育的时期,过早增加饲喂高能饲料不利乳腺发育。

表 5.10 为母猪妊娠过程胎儿生长发育变化规律。

表 5.10 母猪妊娠过程胎儿生长发育变化规律

妊娠时间	胎儿重/g	占初生重/%
第 28 天	1.0～1.5	0.08～1.25
第 50 天	50	4.17
第 70 天	220	18.33
第 90 天	600	50
第 114 天	1 000～1 300	100

四、妊娠母猪的管理

1. 预防流产

胚胎发育过程中的死亡：母猪排卵多，产仔少，主要是胚胎死亡率高。尤其是妊娠后 20 d 之内，受精卵经分裂开始在子宫壁上着床，在未定植之前或者在胎盘没有形成之前，胚胎没有胎盘保护，在子宫内尚处于"游离"状态下容易受到外界不良条件的影响。配种后 1～3 d，内环境不适宜，死亡率≥20%。配种后 9～24 d，胚胎植入子宫，死亡率≥50%。配种后 26～40 d，胚胎形成器官，死亡率≥30%。胎儿期（配种后第 30～90 d）死亡率也高：胎盘发育停止，母体生理调整，对胎儿有应激。当胎儿开始迅速发育，营养可能供不应求。母猪体况异常，对胎儿影响更大，胎儿死亡率也可能达到 30% 左右。

热应激对胚胎威胁大，做好母猪的防暑降温工作：母猪怀孕后 1～13 d，每天在 40℃ 下 2 h，胚胎存活率降低 35%～40%，一般热应激对配种后 11～12 d 的胚胎影响最大，而 20 d 后对热应激有一定的抗性，故对胚胎危害变小，但高温对妊娠后期（100 d 以后）的胎儿危害很大。夏季应做好母猪的防暑降温工作，注意猪舍温度，保持 16～22℃，凉爽卫生，干燥。

疾病因素：妊娠母猪感染某些病菌和病毒时，会产生发高烧，引起胚胎死亡或流产。如伪狂犬病病毒、猪瘟病毒、乙脑病毒、细小病毒等，怀孕母猪感染都会造成胚胎死亡、木乃伊。饲喂抗生素，配前 2 周和配种后 1 周母猪饲粮中加抗生素，预防生殖道感染。注射 PPV、伪狂犬、乙脑、蓝耳病等疫苗。

营养因素：前期死亡（21 d 前）可能是由于胎盘分泌某种类蛋白质物质（营养素），有利于胚胎发育，在争夺这类物质时，强存弱亡，有一部分胚胎因得不到营养而死亡，中期死亡（60～70 d）是由于胎盘发育停止，而胎儿发育迅速，营养供应不均而致使胎儿死亡或发育不良。其中位于中间的胎儿受害最大，原因是子宫角的血液上端来自卵巢动脉，下端来自子宫颈端的总动脉，两端动脉血都向中部汇合。

玉米霉变：做好玉米脱毒或用小麦替代玉米。对母猪影响最大的是玉米霉菌毒素，尤其是玉米赤霉烯酮，此种毒素分子结构与雌激素相似。母猪摄入含有毒素的饲料后，霉菌毒素蓄积到一定程度后，其正常的内分泌功能将被打乱，导致母猪流产。玉米初清是去除霉菌毒素的有效方法。

机械性流产：精心呵护，减少驱赶、呵斥、殴打造成的母猪机械性流产。

对有流产先兆的母猪，先用黄体酮注射液 15～25 mg 一次量肌肉注射保胎。保胎无效的可选用苯甲酸雌二醇 3～10 mg 或己烯雌酚 3～10 mg 肌肉注射，以促其流出，以防死胎停滞。

2. 母猪妊娠的诊断方法

(1)自然观察法。观看发情周期:母猪配种后 20 d 左右不再出现发情,可初步认为已妊娠,待第二个发情期仍不发情,则说明已怀孕受胎。

观看行动表现:母猪配种后表现安静,贪吃贪睡,食欲增加,容易上膘,皮毛光亮,性情温驯,行动稳重,腹围逐渐增大即是怀孕象征(疲倦贪睡不想动、性情温顺步态稳,食欲增加上膘快,皮毛发亮紧贴身,尾巴下垂很自然,阴户缩成一条线)。

(2)利用 B 超进行早孕检查。B 超是利用换能器(探头)经压电效应发射出高频超声波透入机体组织产生回声,回声又能被换能器接收变成高频电信号后传送给主机,经放大处理于荧光屏上显现出被探查部位的切面声像图的一种高科技影像诊断技术。

探查时无任何损伤和刺激,具有探查时间短、无应激、准确率高的特点。图像直观,当看到黑色的孕囊暗区或者胎儿骨骼影像即可确认早孕阳性。早孕监测最早在配种后 18 d 即可进行,22 d 时妊娠监测的准确率可达 100%。

母猪保定和测前处理:被检母猪可在限饲栏内自由站立或保定栏内侧卧保定,于其大腿内侧、最后乳头外侧腹壁上洗净、剪毛,涂布超声耦合剂。探查时只需把探头涂上耦合剂,然后贴在下腹壁上即可。

仪器操作:打开 B 超仪,调节好对比度、灰度和增益以适合当时当地的光线强弱及检测者的视觉。探头涂布耦合剂后置于检测区,使超声发射面与皮肤紧密相接,调节探头前后上下位置及入射角度,首先找到膀胱暗区,再在膀胱顶上方寻找子宫区或卵巢切面。

图像观察:当看到典型的孕囊暗区即可确认早孕阳性。熟练的操作在几秒钟内即可完成一头母猪的检测。但早孕阴性的判断须慎重,因为在受胎数目少或操作不熟练时难以找到孕囊。未见孕囊不等于没有受孕,因此会存在漏检的可能。在判断早孕阴性时应于两侧大面积仔细探测,并需几天后多次复检。孕期监测需小心翼翼地探测到胎动和胎心搏动才能鉴别死、活胎;估测怀胎数时更需双侧子宫全面探查,否则估测数不准,探测怀胎数的时间在配种后 28~35 d 最适宜,此时能观察到胎体,而且胎囊并不很大,在一个视野内可观其全貌,随着胎龄增加和胎体增大,一个视野只能观察到胎囊的一部分,估测误差也会增大。

3. 根据膘情和季节调整饲喂量

妊娠中期是调整母猪体况的最佳时期,应对妊娠母猪定期进行评估,根据母猪的膘情调整投料量。

判定评分可通过活体测膘或手摸测母猪臀部背膘厚度。如果母猪的评分是 2 分,就应每天增加 0.5 kg 饲料,一直喂到体况评分是 3 分;如果母猪评分是 4 分,就应每天减少 0.5 kg 饲料,一直喂到体况评分是 3 分。但每天饲喂量不应低于 1.8 kg,一般 3 周时间可达到效果。

根据季节调整母猪的饲喂量。大部分情况下,成年母猪每天需要 2～3 kg 分娩料做维持用。第一胎的初产母猪需要多给 1 kg 饲料作为生长。但温度影响母猪的维持需要量和采食量。在低于 15℃ 的气温下,要增加饲料量。母猪在冷的气温下会有较好的采食量。见表 5.11。

表 5.11 环境温度对怀孕母猪采食量的影响 kg/d

体重/kg	温 度/℃				
	20	15	10	5	0
120	2.3	2.6	2.9	3.2	3.6
160	2.4	2.8	3.2	3.5	3.9
200	2.5	2.9	3.4	3.8	4.3
240	2.6	3.1	3.6	4.2	4.7
280	2.8	3.3	3.9	4.4	5.0

4. 母猪的产前免疫

通过母猪产前免疫,增加母源抗体水平,通过初乳使仔猪获取被动免疫保护是仔猪保持健康生产的重要措施。怀孕母猪的免疫应根据动物的免疫状态和传染病的流行季节,结合当地疫情和各种疫苗的免疫特性,合理地安排预防接种次数和间隔时间,制定免疫程序。

5. 预防妊娠后期母猪的便秘

(1)分娩前后母猪易患便秘。妊娠母猪缺乏运动,当母猪移入妊娠圈或分娩栏后,常因活动减少和环境突然变化所致的应激,使采食量和饮水量减少,进而造成肠道运动紊乱而便秘。

怀孕后期胎儿压迫直肠,造成直肠蠕动减少,粪便在直肠内停留时间过长,水分过度被吸收,造成便秘。

饲料颗粒过细、粗纤维含量不足、不喂青绿饲料造成刺激直肠蠕动减少,直肠中没有足够的水分而便秘。

母猪怀孕最后两周予以充分饲喂,这种饲养管理方式经常造成会母猪的便秘。

母猪妊娠相关的各种生理因素也会引起分娩前后母猪的便秘,如母猪的乳房水肿、妊娠母猪的内分泌状态变化、母猪年龄、饲养管理因素特别是应激因素等都有可能引起母猪的便秘。

　　母猪便秘并不是一个因素作用的结果,而是几个因素共同作用的结果,更可能是由于应激和其他因素的综合作用发生在某些管理不善的猪群。

　　(2)母猪便秘的后果。通便不畅,发生便秘后,母猪盆腔肌群(会阴深横肌 尿道阴道括约肌等)受到持续的不良刺激(硬粪),持续痉挛,久而久之,这些肌群供血不足,对子宫及宫内胎儿损伤最大。特别是怀孕后期胎儿急速生长,急需母猪胎盘供给大量养分;便秘后,肠道蠕动缓慢,更加剧供血不畅,这样胎儿氧气和营养供给不足,很容易导致胎儿活力不足,弱胎增多,活仔数减少。分娩时子宫收缩乏力,产程大大延长,死产、难产增加;胎儿活力不足,分娩时对子宫挤压刺激太小,挤压反射产生的催产素减少,产程延长更久,"白仔"(白色死胎)增多,奶水必然减少很多,母猪抗体低下。

　　便秘的直肠后端持续压迫子宫,宫颈变形,毛细血管扩张,静脉曲张后严重影响血液回流,一方面引起血管破裂,子宫黏膜功能丧失,"不养胎"了,直至掉胎(流产),死胎;另一方面静脉管主要功能之一,即是把血管内毒素排出去,但被直肠卡住后,毒素无法在体内正常代谢被排除出去,毒素逐渐被吸收,蓄积于体内,扩散重分布到全身各脏器,发生毒血症,发烧等现象。临床时,常见便秘不除,高烧总是很难退去,一旦便秘除去了,退烧也快了。生产实践中,许多母猪贫血现象严重,与猪体发生便秘造成代谢紊乱关联很大。

　　总之,便秘直接危害表现为:易诱发子宫炎—乳房炎—阴道炎(MMA 综合症);黑仔白仔(死胎)增多,难产,流产;易诱发猝死症,因为肠道菌群生态失衡,便秘使血压骤然升高,"脑溢血"死亡。毒素累积慢性中毒,免疫力大为下降,母猪食欲减退甚至废绝。

　　(3)便秘的"防治"。增加母猪的运动。

　　增加青绿饲料的用量。

　　使用粗纤维饲料。如麦麸、紫花苜蓿粉等。但高含量粗纤维会导致日粮中代谢能下降,能量和蛋白质的消化吸收率会随着日粮中纤维素含量的增加而降低。加重分娩前后的母猪厌食和营养不良;粗纤维饲喂量小又不起作用,用粗纤维饲料防治母猪便秘并不理想。

　　采用泻药:硫酸镁和硫酸钠等都具轻泻作用,以硫酸镁作用最强烈,效果最好。

　　用防治母猪便秘的营养性生理调理剂。

6. 产前 2 周驱虫

　　在分娩 2 周前,进行常规驱虫。主要目的是把寄生虫控制在母猪群,不要让寄生虫卵传染给小猪。有许多驱虫药可配在饲料里、水里或注射驱虫。

7. 产前 7 d 转入产房,转猪时的清洗

转猪前的清洗对控制寄生虫和疾病是很重要的。母猪在圈栏中沾满了粪尿,特别是侧面、腹部和乳房处。新生的小猪常用鼻寻找母亲的乳头,它们很容易在食入初乳前食入粪尿。结果,在初乳内的抗体到达前,小猪的消化道已感染上了大量的寄生虫卵和造成下痢的病菌。另外,脏的乳房常常会造成乳房炎的发生。因此,母猪移到分娩舍前,彻底清洗母猪可防止这些疾病发生。

清洗方法:将母猪赶入洗猪栏内(根据母猪的大小,每次转猪 3~5 头)进行清洗,具体做法是在种猪舍将母猪身上脏物冲洗干净,用低压力的温热水最好,然后用药液消毒一次,到上产床后第 2 天再连猪带床进行一次消毒,尽可能减少从种猪舍带来的病原体。最后将母猪轻柔地赶到产仔间的产床内待产。

8. 妊娠母猪上产床

设计赶猪道:也就是赶猪时,人为设计一条赶猪路,这条路的墙最好是固定的结实的墙;如果没有,可以使用临时墙,如用铁栏杆代替,用长条的彩条布代替(也可以用饲料包装袋缝合成长条布),也可以用其他不透光的板等,让猪看见只有向前才是对的,这样一般猪都会顺着人给它设计的路前行。

以喊代打:人在后面喊叫,猪往往向前走;但如果人用很细的木条打猪,又没有给猪明确的指示,猪往往不知该如何办,经常返回头来,更加难赶。

给猪制作一个上床台:如果遇到初产母猪不愿上床,这往往与产床高度有关,给猪制作一个上床台,猪就会乖乖地听人指挥了。这时千万不要采取强制性的措施,因母猪的应激会造成仔猪提前死亡。

上床母猪因肚子大,活动不便,遇到光滑的地面容易滑倒,可以在较滑的地面上撒沙土或铺防滑垫,给猪购置了专用的地毯,平时卷起,使用时铺开,效果很好。

9. 母猪的运动

前 1 个月使母猪吃好睡好,少运动;1 个月后母猪要有足够的运动时间,这样可以改善血液循环,增进食欲,锻炼肢蹄,一般每天运动 1~2 h,能结合放牧更好。运动的时间安排:夏—早晚,冬—中午;雨天、雪天和严寒气候应停止运动,以免母猪受冻或滑倒造成流产;产前 1 周应停止运动。

五、淘汰猪场限位栏

母猪限位栏是 20 世纪 80 年代兴起的工厂化养猪的产物。经过 20 年的实践,限位栏在方便流水作业管理的同时,并未实现对母猪及其产品良好的质量管理,而且对母猪健康状态带来了巨大伤害,进而使母猪生产性能下降,利用年限缩短,死淘率升高,对猪业生产系统产生了整体的负面效应。欧盟规定从 2013 年 1 月起,

猪场淘汰限位栏的使用,从法律层面上保障猪的福利。

1. 充分认识限位栏对母猪的伤害

限位栏损伤母猪的心肺等脏器:由于进入限位栏,完全丧失了运动的权利,在体重增加一倍之多的情况下,心脏却得不到相应的发育,心肺功能得不到相应的锻炼。心肺功能不全必然导致无氧氧化耐量下降,由此产生的过量的中间氧化产物聚集与自由基对实质脏器和免疫系统的损害,极大影响了母猪的健康水平与生产性能。

限位栏造成母猪肢体软弱和损伤:限位栏的后部漏缝地板的板条过细(<8 cm),漏缝过大(>2 cm),特别是将板条与栏纵轴垂直的安置,会使悬蹄卡在条缝中,造成悬蹄挫伤、感染,乃至骨折;限位栏的地板的实心部分若过于光滑,极易引起后肢外展,内侧蹄踵炎;多数限位栏长为2 m,四胎以上的经产母猪嫌短些,为了吃料饮水常将四肢集于腹下,长期如此形成后肢卧系,使配种时后肢承重能力减弱;有的限位栏地板为全实心,母猪后躯尿粪污染严重,常造成后肢蹄部感染、化脓,形成各种变形蹄,乃至丧失生产力。

限位栏增加母猪生殖道感染的机会:不少限位栏不能保持环境的清洁,母猪后躯被粪尿污染情况严重,母猪尿路短,如果不讲究后躯卫生,易形成泌尿系统的上行性感染;加之饮水器流量小,缺乏运动,母猪饮水量小,从而减少了尿液对尿路的机械冲洗作用。

限位栏造成母猪的刻板行为:关在限位栏中的母猪因限料首先或到饥饿,继而出现不安与烦躁,当欲望得不到满足,自由又受到限制的情况下,于百无聊赖中会出现无故的舔拭、摩擦、空嚼、摇头、反复撕咬或嚼栅栏,反复吮吸或摆弄饮水器、反复打呵欠等刻板行为。有刻板行为的母猪一般生产性能低下。

母性行为降低:母猪在单体限位栏里结束后,立刻就会进入分娩栏,而分娩栏的结构与单体限位栏的结构是相似的。母猪的躺卧被限制在有限的空间里,极难发挥母子间的亲密交往,母猪的母性得不到发挥,护仔能力降低了,即使在产床上踩压子猪的情况也时有发生。

动物福利:从动物福利角度讲,母猪没有了运动空间,失去了活动的自由,肉质也会变差,胎儿的活力也会降低,从而影响仔猪的出生重、日增重、断奶重,弱子增加,猪群整齐度差,影响猪群的出栏。

2. 智能化母猪饲养管理系统的优点

采用群养方式,增加了母猪的活动空间。这种数字化猪场的母猪舍采用群养的方式饲养母猪,根据母猪的生物学特性,将猪舍划分出了各功能区域,包括采食区、饮水区、躺卧区和排泄区。由于采用群养模式,每头母猪占地2~2.5 m²,母猪可利用空间增大,母猪不再生活在狭小的限位栏里,生活环境得到了很好的改善,生物学特性也得到了充分的尊重。

实现母猪精确喂料系统:给母猪配上了电子耳标,即母猪自己的身份证。这样每头母猪的详细情况都可以通过身份证查到。系统配置的单体精确饲喂器解决了给母猪精确喂料的问题。通过扫描电子耳标,系统自动识别该母猪的饲喂量,并且单独饲喂,确保母猪在完全无应激的状态下进食,而且达到精确饲喂,有效控制了母猪体况,也减少了饲料浪费,为提高母猪利用年限和生产成绩奠定了基础。

系统配置的发情监测器解决了监测母猪发情的难题。母猪舍还专门设置了发情监测区和分离区。发情监测器通过和公猪的联合使用,24 h不间断监测母猪的发情状况。当母猪发情时,和公猪的交流会更加频繁。发情监测器把这种交流的过程精确记录下来,当达到系统设置的发情指标以后,系统自动将该头母猪喷墨标记。

实现母猪的自动分离:当发情监测器喷墨标记下发情母猪时,人工把这头被标记的发情母猪从大圈分离出来是很耗时耗力的,而且对大圈的其他母猪也有一定的应激。分离临产母猪、生病母猪以及需要打疫苗的母猪也一样。而系统配置的分离器可以让母猪在不知不觉中被分离到待处理区域,不需要分离的猪则回到大圈,既节省人力,又避免了猪的应激。

第四节　分娩哺乳母猪的饲养管理技术

一、分娩哺乳母猪的饲养管理目标

(1)协助母猪顺利产下仔猪,尽量缩短产程。

(2)防止和减轻产褥期综合症。

(3)防止分娩后初乳分泌延迟。

(4)防止分娩后母猪胃肠不适,便秘或者腹泻。

二、母猪围产期管理的重要性

母猪大多数生殖问题都出现在分娩前后,饲养母猪的关键是分娩前后各7 d。好品种对环境、营养和饲养管理的要求更高,假如我们没有在饲养环境、饲料配方、饲养管理和疾病控制等方面作相应的改善或提高,会造成母猪分娩前后出现一系列问题:母猪发生便秘、产程过长,特别是母猪发生三联症即母猪子宫炎、乳房炎、无乳综合征等,使仔猪不能获得足够的母源抗体,造成仔猪疾病多,死亡率高,断奶体重小；母猪无乳或泌乳能力低，断奶窝重小，虚弱无力，容易压死仔猪，养猪经济效益差。

三、母猪分娩前后的护理

1. 临产母猪的饲喂

临产母猪胃肠蠕动弱，不能采食过多，分娩前 3～4 d 开始减少饲喂量，每头饲喂量从 2.5 kg/d 逐步减少到 0.5 kg/d，以防妊娠延长及子宫炎、乳房炎、无乳综合征的发生，并可将死胎头数减少到最低。但膘情差、乳房膨胀不明显的母猪不减料，只在分娩当天不喂料。产后母猪需要哺乳，需要逐渐增加饲喂量，如饲喂不食，则应清除饲料，隔顿在喂，饲喂量减半。

2. 母猪分娩前的准备工作

（1）准备分娩舍。母猪进入分娩舍前，分娩舍及内部的设备应彻底清洗消毒。消毒程序：清扫→冲洗（高压水枪）→喷洒 2%～4%烧碱液→（2 h 后）高压水枪冲洗→干燥→（密闭门窗）福尔马林熏蒸 24 h→备用（疫情时重复 2 次）。

（2）在母猪产前 7 d 就将母猪从怀孕母猪舍经过母体消毒后转入产房。用于母体消毒的消毒剂必须是无毒、无味、无刺激性的消毒剂，如"百胜"消毒剂，产房能提供临产母猪舒服的环境。

（3）母猪分娩前的乳房调理工作。是从怀孕期就开始的，因为母猪分娩后的泌乳水平必须在母猪分娩前就要对母猪的乳房进行调理，待到母猪分娩后发现母猪没有奶水再进行处理，可能已经晚了，所以，最好在母猪分娩前就要增加饲料蛋白质、维生素的营养，促进母猪乳房充分发育，促进母猪奶水的分泌，酌情合理地在饲料中添加药物，清除母猪体内携带的病菌，防止病菌污染产房，使母猪和仔猪生活在干净的空间里。

（4）准备好律胎素等产品。经常检查母猪的生产记录卡，对怀孕到 112 d 以后的母猪视生产管理情况与待产母猪的数量，可以进行肌肉注射律胎素 2 mL 或外阴注射律胎素 1 mL，以保证所有怀孕到 114 d 的母猪在白天较短的时间内全部生产，便于分娩管理，缩短母猪的分娩时间，有利于母猪、仔猪的健康，便于仔猪寄养、全进全出、超免注射疫苗等生产管理。

（5）检查临近产期的母猪乳房和外阴。当最后一对乳头有多量乳汁挤出时，乳房肿胀，阴户肿胀潮湿，就应该做好接产准备。

（6）接产用品的准备。多准备几条干毛巾，保温箱底垫上干燥清洁的麻袋或电热板，保温灯随时可以开启，准备百胜消毒剂或碘酒、高锰酸钾、石蜡油等药品。

友情提示：前列腺素及其类似物如律胎素可用于诱发分娩，其好处已如前文所述,但由于其费用问题,请生产者酌情使用。

3. 母猪产前产后保健

临产前的用药:哺乳期是母猪最易感染发病的关键时期,此时给母猪添加抗生素以减少母猪体内外细菌,减少垂直传播,预防母猪子宫炎—乳房炎—无乳综合征(MMA)和仔猪细菌性疾病(下痢)的发生是有必要的。同时可以切断仔猪感染母猪所携带的某些疾病。一般情况下在母猪产前 7 d 和产后 7 d 在饲料中添加药物,如每吨饲料添加利高霉素 44~1 000 g 或 15% 的金霉素 3 000 g+80% 的支原净 120 g+70% 阿莫西林 300 g 等。在炎热的夏季,产前 15 d 和产后整个哺乳期饲料中除了添加药物以外,还应添加 2% 葡萄糖粉或 5% 膨化大豆,以增加能量和采食量,添加碳酸氢钠(小苏打)0.5% 和磺胺类药物,以防便秘和弓形虫病的发生。

控制或诱发分娩:足月怀孕到 112 d 以后的母猪使用律胎素,可控制或诱发母猪分娩,群体使用可以达到同期分娩的目的。使用律胎素可以降低死产率 50%,可使母猪窝产活仔猪数平均增加 0.5 头;有利于仔猪寄养,缩短母猪产仔时间,简化管理,节省劳力,最大限度地利用现有设施和设备,有利于猪瘟等疾病超前免疫的进行,有利于仔猪同进同出的实施。特别是降低母猪怀孕后期的风险,提高饲养母猪的经济效益。控制分娩投药时间举例:母猪妊娠 113 日,早上 9:00 时 1 次肌肉注射律胎素 10 mg(2 mL),或外阴注射律胎素 5 mg(1 mL),第 2 天下午 15:00 前母猪顺利分娩。促使母仔健康:产后母猪 24~48 h 内 1 次肌肉注射 10 mg(2 mL)律胎素,可防治母猪"三联症"(子宫炎、乳房炎、少乳症)的发生。提高仔猪断奶重,促使断奶母猪较早发情,提高受胎率。

分娩过程中的保健:对分娩母猪从产出第二头仔猪开始进行静脉输液,使用 5% 葡萄糖生理盐水 500~1 000 mL,安乃近 10~20 mL,鱼腥草 50 mL,地塞米松 5 mL,先锋霉素 500~1 000 IU,在最后 100 mL 时加入缩宫素 5 mL,对预防子宫内膜炎、乳房炎和提高泌乳量有很好的效果。分娩过程输液可给母猪补充能量,同时分娩的过程母猪子宫的血流量很大,利于把药物带到子宫的组织中,也利于加快母猪的分娩速度,减少分娩时间过长造成仔猪窒息死亡。及时补液对母猪的乳房炎有很好的预防作用,同时,一部分药物由母猪乳汁的代谢排出,仔猪通过吃到带有药物的乳汁对预防黄白痢的发生也起到了一定的作用。

友情提示:当猪场母猪产程过长现象普遍,子宫炎发病率较高时可以酌情采用此项措施。

产后用得米先打一针保健:母猪过肥,过瘦,长期笼养等因素都可导致母猪抵抗力下降,产后的母猪身体最虚弱,最容易感染疾病。体弱母猪子宫收缩乏力、产程过长、胎衣不下、难产,产道和子宫容易感染细菌。母猪产仔后用得米先一针保健能很好地预防母猪产后的各种疾病,如子宫炎、乳房炎、无乳综合征等,提高母猪的各种生产性能,特别是促进奶水的分泌,促使仔猪健康生长。

　　母猪从产第一头小猪到产完仔猪后 12 h 内都可以用长效广谱抗生素"得米先"一针保健预防各种细菌性疾病,每头母猪一次注射 10 mL 得米先。因为得米先一次注射药效可以维持 3～5 d;而青霉素、链霉素药效维持时间短,一次注射剂量要大,一天要注射 2 次、连续注射 3 d 才有效。用得米先既减少劳力,又减少母猪应激,能有效预防母猪三联症(子宫炎、乳房炎、少乳症)等疾病的发生。

　　预防哺乳期母猪的便秘:产前便秘会引起食欲减退,降低仔猪初生体重,产后母猪便秘会引起母猪泌乳障碍和仔猪下痢,降低了仔猪断奶重,母猪便秘一般通过调整母猪日粮的粗纤维量来解决,若母猪排出干硬圆粒状粪便,给每头母猪每天饲喂人工盐 50 g 或硫酸镁 25 g,有条件的猪场可加喂青料,并提供充足的洁净的饮水。

4. 母猪的安全分娩技术

　　(1)根据临产征兆准确判定母猪的分娩时间。根据母猪行动的变化和外阴部特征,可以大体确定母猪分娩时间。

　　分娩前两周,母猪腰角部和尾根两侧凹陷,骨盆开张,腹部变大并下垂,用手触摸腹部可以感觉到胎动;母猪的乳房基部与腹部之间形成两条丰满的"乳埂";

　　分娩前 1 周,母猪的乳头呈"八"字形向两侧分开;

　　分娩前 4～5 d,母猪的乳房显著膨大,两侧乳房外张,呈潮红色,用手挤压乳头有少量稀薄乳汁流出;

　　分娩前 3 d,母猪起卧行动稳重谨慎,乳头可分泌乳汁,用手触摸乳头有热感;

　　分娩前 1 d,母猪神经症状明显,絮窝、起卧不安、经常翻身改变躺卧姿势,母猪的阴门肿大,松弛,呈紫红色,有黏液从阴门流出,挤出的乳汁比较浓稠,呈黄色;

　　分娩期前 6～10 h,母猪频频排尿,阵痛,从乳头中可以挤出较多乳汁,在分娩前 6 h 呼吸增加至 91 次/min,当呼吸逐渐下降至 72 次/min 时,第一头仔猪即将分娩。我国地方品种产前母猪有衔草摆窝的习性,非常好把握母猪分娩的时间。母猪分娩时的状况见图 5.16。

　　(2)分娩与接产技术。分娩时必须有专人看护:有 5%～7% 的猪是死胎。

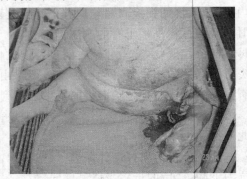

图 5.16　母猪分娩时的状况

这些猪大部分在分娩时是活的,但在出生时窒息死亡。母猪分娩时给予看护可以减少在生产过程中和生产后数小时的仔猪死亡率。

必须保持产房的安静环境:避免刺激正在分娩的母猪,以免母猪分娩中断,造成死胎。如果环境温度太热,母猪的分娩就会延长,死胎的问题就会增加。因此,分娩时的室温应是 20～24℃。高温会加大母猪的紧迫感。

接产顺序及操作见下一章节。

检查排除胎衣数量,常见一大块,两小块胎衣,和母猪是否努责,确认是否生产结束。处理胎衣、胎衣排出后应立即取走,以免母猪食后养成吃仔的恶习。

(3)母猪分娩助产(见上一章节)。

(4)难产时正确使用催产素。催产素有兴奋子宫平滑肌,引起子宫的收缩从而发生分娩的作用。当母猪由于体内催产素的含量低,子宫收缩微弱引起难产时,可用催产素催产,但如果使用不当,不但发挥不了其应有的作用,还可能产生很大的不良反应。通常,当母猪分娩过程较慢时,有的饲养员或初学兽医人员,为求快速分娩,喜欢用"催产素"(缩宫素)来催产。这里着重提出的是催产素的使用是有一定适应症的,不能滥用,也不能超剂量使用,如果使用不当,不仅催产不成,反而会造成胎儿窒息而死,母猪子宫破裂而亡,造成不必要的损失。

仔猪出生慢的原因很多:

产道里有一头大的仔猪,而骨盆腔又相对狭窄。

同时有两头仔猪出生,堵在交叉部。胎位不正。

已分娩很长时间,母猪虚弱,子宫阵缩无力。

产房中温度过高或冬季生煤炉造成氧气不足,二氧化碳过高,舍内氨气过量等。

如果出现分娩较慢的问题,不去认真分析和检查产道,而不分青红皂白地就注射催产素,弊多利少。轻者,造成胎儿与胎盘过早分离,或在分娩前脐带断裂,使仔猪失去氧气供应,胎儿窒息死亡;重者,如果骨盆狭窄,胎儿过大,胎位不正(横位),母猪会造成子宫破裂。

在下列情况下可以使用催产素:

催产素要应用在宫颈全开的情况下。马牛可通过开腔器窥视或手检来判断,但在猪一般不提倡,在仔猪出生 1～2 头后,估计母猪骨盆大小正常,胎儿大小适度,胎位正常,从产道娩出是没问题的,但子宫收缩无力,母猪长时间有努责而不能产出仔猪时(间隔时间超过 45 min 以上)可考虑使用催产素,使子宫增强收缩力促使胎儿娩出。

在人工助产的情况下,进入产道的仔猪已被掏出,估计还有仔猪在子宫角未下来时使用。

胎衣不下。产仔1~3 h即可排出胎衣,若3 h以后,仍没有排出则称为胎衣不下,可注射催产素,2 h后可重复注射一次。

5. 现代母猪产程过长的原因分析及对策

(1)母猪产程过长的原因分析。产力乏力在我国猪场广泛存在,是当今中国猪群分娩时间延长的主要原因之一。我国大型猪场,第二产程多在4~5 h以上,远远超过母猪正常的产程时间2~3 h。而且众多猪场规定产出第二胎后一律注射催产素,多数母猪在药物催产情况下第二产程才能在4~5 h内完成,这无疑证明产力乏力导致的异常分娩的广泛存在(芦惟本和陈训平,2009)。

高度的选育和现代饲养制度是导致母猪产力乏力的根本原因。现代基因型母猪产仔数多、泌乳量大,但对采食量的选育不够,造成泌乳潜能提高和采食量不足的矛盾,使母猪体贮下降。在现代畜舍系统当中,母猪多数被养在限位栏中限制了活动自用,无法进行大量运动,母猪的体质严重下降。而分娩对于母猪来说,则是一项严峻的体能挑战,强度高,持续时间长,现代母猪应付不了这么长时间的高强度运动,可能会耗尽体力,中断分娩过程。

限位栏饲养加剧了母猪产前便秘的发生。产前母猪便秘是由母猪的生理决定的,限位栏饲养导致的活动减少,肠道蠕动迟缓,加剧了便秘的发生。妊娠期肠道内积粪,尤其大肠内大量粪便蓄积,容易导致异常发酵,有毒有害的细菌产生毒素,吸收进入血液后,容易对胎儿产生影响,对产仔率、出生体重有负面的影响;在围产期,母猪急于造窝,一直处于紧张状态,加上环境改变,生理变化,多数母猪会出现严重的便秘问题。大量的积粪存在于直肠后段,其重力压迫子宫颈部位,容易造成子宫平滑肌麻痹,子宫血液供应不良,影响了胎儿发育和分娩时子宫平滑肌的蠕动力量,导致产程延长,子宫内膜炎发生率增加;分娩后,肠道内有大量积粪,容易出现产后没有食欲,采食量恢复很慢,直接后果,就是泌乳减少,乳猪腹泻发生率增加。

母猪贫血:母猪一次要产十几头小猪,造血原料铁又最不容易吸收,所以母猪十有八九得缺铁性贫血,进而造成仔猪100%的缺铁性贫血。母猪贫血使身体组织缺氧。子宫肌肉组织缺氧则收缩无力,产程过长。

母猪过肥和过瘦:母猪过肥一方面是内分泌失调,另一方面是饲料能量太高或者没有采取限制饲养,使腹腔特别是产道沉积过多的脂肪而狭窄。过瘦是母猪营养不良和母猪有疾病,过瘦的母猪产仔无力。母猪过肥过瘦都会延长产仔时间。

其他因素如分娩室缺氧、使用不合格饲料添加剂、胎儿畸形或胎位异常、感染传染性疾病等也可能造成产程延长。

（2）母猪产程过长对母猪和仔猪的影响。母猪分娩应激大，易得产期病如子宫炎、阴道炎、阴道外翻，严重的造成死亡。影响子宫的复原。分娩后腹腔减压使得本来就舒张弛缓的子宫更易淤血，收缩乏力。良好的体储是子宫收缩的主要动力，因此临床上常可见到体贮好的母猪站立时也可排出恶露，体贮差的母猪多在卧下腹压增大时才能排出恶露。恶露不能尽早排尽，子宫复原就推迟。子宫复原推迟导致发情推迟或发情障碍。

分娩过程中，脆弱的脐带很容易受到挤压，甚至出现更糟糕的情况——脐带破裂。这2种情况都会导致供应胚胎的血流中断，结果造成缺氧、CO_2 和乳酸水平持续上升，同时血液 pH 值下降。多数仔猪出生过程比较快，这种血流中断不会影响健康。然而，如果某个仔猪生到一半的时候母猪因疲劳而停下来，仔猪就会经历长时间的呼吸障碍。2 min 以内的呼吸障碍一般不会产生影响。如果呼吸障碍超过5 min，就会导致仔猪死产。2～5 min 的呼吸障碍会造成仔猪的代谢损伤（酸中毒）。这样的仔猪出生后需要更多的时间才能缓过来，从而很容易受低温影响，也容易被母猪压死。这些仔猪寻找奶头也很困难，抢不过其他仔猪。因此这种仔猪很容易在产后一天之内死亡。

（3）母猪产程过长的对策。增强体质、提升产力是关键。产程过长的主要原因在于母猪体质差。改善饲养方式、增强运动势在必行。有条件的猪场可以采用母猪自动饲养管理系统。它让母猪从限位栏的桎梏中彻底解放出来，每头母猪都有充分自由运动的空间与广泛社交的自由，又能达到人类定向控制的目的。采取后备母猪小群饲养—发情配种上限位栏—28 d 确认妊娠下限位栏—恢复小群饲养—产前 5 d 上产床或产房的模式也可以大大减少滞产，小群饲养时，饲栏应采用限位或半限位，以控制个体之间不同的投料采食量。

缓解分娩疲劳很有效：分娩对于母猪来说，则是一项严峻的体能挑战，强度高，持续时间长。根据分娩过程的代谢需要，通过口服和静脉注射等途径补充营养物质，缓解分娩疲劳可获得良好的效果。

丝兰宝的合理使用：美洲沙漠植物的提取物"丝兰宝"具有增加血氧含量、增强心功能、祛除体内氨的危害的功效，从而提高了母猪的健康水平，提高了胎儿血氧含量，增强了胎儿活力，大大降低了滞产的发生。为了达到好的效果，其添加量应为 200～300 mg/kg，并且作为母猪饲料的常规添加剂，母猪第二产程多在 3 h 内；长期应用，母猪有年轻化的趋势，六七胎的母猪看上去只有三四胎龄。

良好的环境有助于母猪的分娩。饲养管理的精华是保证畜舍最适温度下的最大通风量。具体生产实践中要尽可能增加分娩室的通风换气量，保证分娩母猪有足够的氧气供应。

正确使用催产素、人工助产操作规范(见以前章节相关描述)。

6. 分娩后母猪护理的要点

母猪产后,身体极度虚弱,抗病能力降低,消化能力减弱,既容易受病原感染而患病,也容易出现便秘、食欲下降等不良反应,母猪产后护理是相当重要的。

(1)检查胎衣数量和母猪是否努责,确认是否生产结束:胎衣完全排出;母猪腹部收缩,回弹;母猪安定下来—睡觉,安静地休息,给小猪哺乳。

(2)用 0.1%高锰酸钾溶液擦洗母猪乳房及后躯。

(3)注射兽医指定抗生素:不论接产消毒如何严格,不论环境如何优越,母猪产后都会处于最虚弱的时期,最易受到细菌感染而致病,也应采取必要的保健措施,如注射抗生素类药,促进恶露排出的药物或子宫冲洗等,这样对母猪是有利的。

(4)经助产或有炎症的母猪用消毒水冲洗子宫。

(5)检查母猪的健康状况。主要项目如下。

检查母猪的采食量:对于食欲较差或厌食的母猪作全面检查。可以考虑注射得米先、速解灵消炎,注射促进胃肠蠕动的药以促进母猪食欲,或进行静脉补液、消炎等方式,进行母猪疾病防治。

检查母猪乳房:对产后一周内的母猪,进行乳房检查,观察是否有红、肿、热、痛,仔猪是否下痢或生长不良,发现问题及时用速解灵或得米先或宝康素处理。

检查母猪有无不正常的阴道排泄物和阴户红肿等症状:对产后的母猪,如果阴道排泄物一直不干净,可以考虑使用律胎素进行调理,促进子宫收缩排出恶露,保证子宫内膜干净,子宫恢复原状好,最终保证母猪下一胎发情旺,易配种。

对于哺乳性能较差或产仔数多的母猪,应将其仔猪全部或部分转移到其他母猪哺乳。

哺乳期内注意环境安静,圈舍清洁、干燥,做到冬暖夏凉。随时观察母猪的采食量和泌乳量的变化,以便针对具体情况采取相应措施。

母猪发热处理:母猪产后发热,将危及全窝仔猪的生命。母猪产后发热,严禁大剂量使用安乃近之类的药物,因为这类药抑制性非常强,大剂量注射后,使心脏负担过重,会引起心力衰竭。此类药物能使括约肌痉挛,造成乳房膨胀,排不出乳汁,最后造成母、仔全亡。可以使用传统方法退热:取 3 000~5 000 mL 温水,水温低于体温,加约 4 勺洗衣粉溶解,使用胃导管从直肠导入,当大量水流出时,可以带出体内热量,配合用药等措施可以取得良好的效果。

四、泌乳母猪的饲养

1. 泌乳母猪必须饲喂高营养水平的日粮

现代母猪泌乳量大。现代高产母猪每天泌乳量已达 8～14 kg,按单位体重计算产奶量已超过奶牛。180 kg 左右的母猪在 20 d 左右分泌了相当于它自身体重的乳汁。哺乳期母猪营养排出量比其他任何生命阶段都要高得多。

母猪泌乳性能对乳猪的生长至关重要。乳汁量每提高 4 kg 相当于哺乳仔猪体重提高 1 kg。用优质的哺乳母猪饲料转换成充足、优质的母猪奶水喂养小猪,综合成本是最便宜、最合算的,小猪的生长速度也是最快的,带来的负面作用也是最少的。

哺乳母猪营养需要(以带 10 头仔猪为基准)如下。

蛋白质:初产母猪粗蛋白质控制在 17.0%,经产母猪为 16.0%,赖氨酸是哺乳母猪两种重要的氨基酸。

能量:消化能为 12.8 MJ。母猪的能量需要取决于母猪的体重,产奶量,奶的成分,体重的变化,窝仔数,窝增重等。

脂肪:添加脂肪可改善饲料适口性,提高采食量,同时也为泌乳提供更多的能量。

维生素:维生素对于发挥哺乳母猪的繁殖性能和泌乳性能十分重要,维生素缺乏可影响母猪断奶后再次发情和配种。

维生素 B_2 缺乏后引起泌乳下降,叶酸缺乏可引起泌乳机能紊乱,母猪日粮中添加维生素 E 可提高母猪和仔猪的免疫力,提高断奶仔猪数,减少乳房炎、子宫炎、无乳症的发生。

矿物质:钙 0.85%～0.9%,总磷 0.6%,有效磷 0.35%。微量元素:母猪日粮中微量元素缺乏将导致母乳中微量元素的缺乏,仔猪将无法通过母乳获取所需的营养物质。

水:在整个泌乳期,必须供给大量清洁新鲜的饮水以提高母猪的采食量,哺育窝仔数多的大型母猪,尤其在炎热条件下,每天需饮水 30～50 L。缺水将会限制母猪的采食量和泌乳量。

母乳中矿物质含量最高的是钾。占矿物质总成分的 29%(所以用常规饲料喂养的母猪分娩后会表现精神和食欲都较差)。所以哺乳饲料中要及时补充钾离子,确保母、仔猪最佳生理需求。

2. 泌乳母猪的饲喂方法

饲养泌乳母猪的目的是增加泌乳量,充分保证仔猪生长发育的营养需要,提高仔猪成活率和断奶体重,保证断奶后母猪及时发情配种。要注意泌乳母猪的饲料喂量,对窝仔数多的母猪更要让其充分采食,保证饲料有平衡的氨基酸。泌乳母猪身体健康、内分泌正常、奶水多、食欲良好而又不发生疾病是最理想的。

猪产后,腹内空虚,消化系统功能未能恢复正常,而且母猪所产奶水量少,不需要太多的营养供给。采食过多,既不利于母猪身体恢复,同时也造成饲料的浪费。所以母猪产后不需要过快加料,产仔当天不喂给饲料,只给些麸皮汤或少量稀粥,第二天开始逐步增加采食量,循序渐进,一般到产后 7 d 才达到母猪最大采食量。

泌乳旺期(产后 7 d 至断奶前 3 d):合理喂料,自由采食,充分发挥母猪的采食能力。

以每天喂 5 kg 为例,早上上班喂 1.5 kg,中午下班喂 0.75 kg,下午上班喂 0.75 kg,下午下班喂 2.0 kg,也可饲喂 3 次,具体操作还要根据母猪的实际采食情况。母猪食欲减少就少喂,厌食就停喂,适当的饥饿可以促进食欲的恢复,同时查找原因。

断奶准备期(断奶前 3 d 至断奶):断奶前 3 d 开始减料,目的是使母猪泌乳逐渐减少,这有利于锻炼仔猪采食饲料和预防母猪乳房炎。断奶后 3 d 恢复正常。

炎热季节防暑降温,尽量让母猪正常采食:天气炎热时,先通过滴水、淋浴、送风等方式降温,然后再喂料,把喂料时间集中在较凉爽的清晨和傍晚,或者少量多次喂湿拌料,尽量让母猪多采食,满足应有的营养需要。

供给母猪足够的清洁的饮水:母猪每采食 1 kg 料,需供水 3~5 L,哺乳高峰期每天采食量达 5~7 kg,每天饮水量一般达 15~25 L,夏天可高达 28 L,这才能满足其泌乳的需要,这要求自动饮水器出水量要达 1~2 L/min,在每次喂料后 2 h 需将哺乳母猪驱赶起来让其饮水,同时供水管应避免暴露于太阳照射下。

3. 提高泌乳母猪营养摄入量的方法

添加油脂和优质蛋白,在饲料中添加适当油脂提高能量浓度,使用优质蛋白原料提高蛋白质的吸收利用率,提高饲料浓度能增加泌乳量 12%~20%。

注意防暑降温,预防发生热应激,夏季炎热时对母猪实施滴水冷却等直接冷却法。哺乳母猪的最适宜温度为 7~25℃,有研究表明:平均舍温从 16~27℃,每上升 1℃母猪日采食量下降 109 g。

增加喂料次数,尤其是机械喂料,夜间也可喂料。分早上、下午、晚上 3 次自由采食;当环境气温较高时,每天应当分 4 次饲喂。

饲喂水拌料:以水拌料代替干粉料喂饲可以增加母猪的采食量,水与料的比例一般为 2.5∶1 左右,最佳水温 40~50℃。

采用容易采食的喂料器和方便饮用的饮水器。

4. 母猪产后不食的病因分析与处理

母猪产后不食症是因猪产后的消化系统紊乱,食欲减退为主的综合征,它不是一种独立的疾病,而是由多种因素引起的一种症状表现。它是生产母猪常见的现象,一旦发生后,如果不及时治愈,往往会影响仔猪正常生长,甚至会导致母猪死亡或被迫淘汰,影响正常生产的持续,给猪生产带来一定的经济损失。

(1)发病原因分析。

①分娩结束时,腹腔因此减压,血流量增加导致腹腔脏器,特别是胃肠、肝肾淤血,胃肠蠕动缓慢,消化液分泌减少,此即为产后食欲不振乃至废绝的根本原因。

②因猪产后大量泌乳,血液中葡萄糖、钙的浓度降低,中枢神经系统受到损害,分泌机能发生紊乱,造成泌乳量减少,仔猪吃奶不足而骚动不安,干扰母猪休息导致母猪消化系统发生紊乱。

③因分娩困难,产程过长,致使母猪过度劳累引起感冒,高烧致使母猪产后不食。

④因猪产前喂食过多的精料,尤其是豆饼含量过多,饲料缺少矿物质和维生素,微量元素加重胃肠负担,引起消化不良。

⑤因产后患有阴道炎、子宫炎、尿道炎引起不食。

(2)预防措施。

①加强饲养管理,合理搭配饲料,供给母猪易消化多营养及青绿多汁饲料。

②加强怀孕母猪饲养管理,如果条件允许应给予适当的运动。

③及时治疗母猪各种原发疾病,如阴道炎、子宫炎、尿道炎等。

④细心观察母猪精神状态,勤察体温,保持产仔清洁卫生。

(3)诊疗方法。母猪产后一旦表现食欲减退或废绝,应立即查明原因,做到对症治疗。

①因产后母猪衰竭引起不食,体温一般正常或偏低,四肢末梢发凉,可视黏膜苍白,卧多立少。不愿走动,精神状况差,如果不及时治疗有可能导致死亡。治疗方法:氢化可的松 7~10 mL、50%葡萄糖 100 mL、维生素 C 20 mL 一次静脉注射。

②因产后母猪大量泌乳,血液中葡萄糖、钙的浓度降低导致母猪产后不食。治疗方法:10%葡萄糖酸钙 100~150 mL,10%~35%葡萄糖 500 mL,维生素 C 10 mL×2 支,静脉注射,连注 2~3 d。

③因母猪分娩时栏舍消毒不严,助产消毒不严格,病原菌乘虚而入引起泌尿系统疾病,导致猪产后不食,治疗方法:青霉素 480 万,10%安钠咖 10~20 mL,维生

素 C 10 mL×2 支,5%的葡萄糖生理盐水 500 mL,每日 2 次,静脉注射 2～3 d,如果病原体侵入子宫,用消毒剂冲洗母猪子宫。

④母猪产后因感冒、高烧引起母猪产后不食,在临床症状比较明显,常常表现:体温高、呼吸心跳加快,四肢、耳尖发冷,乳房收缩泌乳减少。治疗方法:庆大霉素 5 mL×5 支,安乃近 20 mL,维生素 C 20 mL,安钠咖 10 mL,5%葡萄糖生理盐水 500 mL 静脉注射,每日 2 次。

五、产房的环境控制

1. 温度控制

产房大环境适宜温度:分娩后 1 周 27℃,2 周后 26℃,3 周 24℃,4 周 22℃,而初生仔猪的适宜环境温度:1～3 日龄 30～32℃,4～7 日龄 28～30℃,2 周龄 25～28℃。为此,要时刻关注室内温度计数值,根据情况,合理用好风扇、风机等防暑降温设备和煤炉、保温灯等防寒保暖设备。确保夏季高温时产房母猪不玩水,冬季仔猪睡觉不打堆,大环境通风,小环境保温。

2. 湿度控制

产房理想湿度为 65%～75%,而产房湿度往往高于这一数值,特别是在春末夏初和阴冷多湿的季节。为此,可以调整冬季冲栏底的时间,室内撒石灰、烧煤炉、加强通风等方式来解决。

3. 环境卫生控制

及时清理产床上的粪便,母猪分娩后产栏、麻包、乳房、外阴的消毒;特别强调在产前、前后 1 周、哺乳高峰期及断奶几个阶段的卫生;工作台、饲料房间内废弃物的及时清理和打扫。每日清洗料槽 1 次。补料料槽的饲料要保持新鲜干净,并及时清理受污染的饲料。

4. 有害气体控制

寒冷的冬季和炎热的夏季是产房有害气体浓度最高且较难控制的季节。冬季保暖的同时,可以适当使用风机通风换气;勤推栏底(最好 2 d 1 次)、多冲粪沟(最好保证 1 周 2 次,并做好打开冲水器时间的记录),及时清理在产床上的胎衣、死亡仔猪等。

5. 室内外消毒

要求每周产房内猪群体带猪消毒 1～2 次(潮湿天可改为冰醋酸熏蒸消毒),门口消毒池和洗手盆每周更换 2 次,而且要保证消毒水的有效浓度。

六、母猪产后部分疾病的诊断与防治要点

1. 母猪产后瘫痪

（1）诊断要点。母猪产后 2～5 d 突然减食或不食；体温正常，呼吸浅表；精神委顿，对刺激和周围事物无反应；少粪或停粪，停尿；少乳或停乳，不让仔猪吮乳；后躯和四肢麻痹、知觉丧失、伏卧；渐见消瘦至死。

（2）病因分析。妊娠母猪日粮中钙、磷、维生素 D 含量不足或配比失调；运动不足；日照少，影响妊娠母猪体内维生素 D 合成、钙吸收和骨钙沉积；经产年老母猪多次妊娠产仔多，骨钙降解速度快；胎儿过大，母猪难产，强行拉出胎儿，致伤骨盆神经和韧带；母猪产后胰腺活动增强，血糖骤减，甲状旁腺机能障碍，使体内调钙平衡作用紊乱，血钙骤减；产后母猪大量泌乳，血糖和血钙随乳流失而骤减；母猪产后血压和腹内压突降，腹腔器官和乳房充血，致发脑贫血及大脑皮层延滞性阻断等，均可致发本病。

（3）防治要点。

①注意营养。给妊娠母猪喂饲含麦麸的全价日粮，注意钙、磷、维生素 D 的含量和配比；适当增加母猪运动和日照时间。

②加强管理。加强病猪护理，喂饲营养丰富的全价易消化饲料；并多铺干垫草、勤翻体、防褥疮；按摩皮肤，以促进血液循环和神经机能恢复。

③及时治疗病猪。

a. 静注 10% 葡萄糖酸钙 50～100 mL 或肌肉注射维丁胶钙 2～4 mL，每天 1 次，连用 10～15 d。

b. 对血检血磷偏低的母猪，应静注 20% 磷酸二氢钠 100～150 mL、5% 葡萄糖 250～500 mL，每天 1 次，连用 3 d。或每天喂麦麸 1～2 kg。

c. 投服或混饲乳酸钙片 3～5 g 和鱼肝油丸 5～10 丸，每天 2 次，连服 10～15 d。

d. 投服硫酸钠 40～50 g，或用温糖水（食用白糖 200 g，常水 1 500 mL）灌肠，一天 2 次，以清除肠内积粪，防止发生便秘。

e. 投服独活寄生汤（独活 25 g、桑寄生 20 g、党参、防风、茯苓、赤芍、川芎、牡蛎、苍术各 15 g、杜仲、牛膝、秦艽、当归、龙骨、桂枝、甘草各 10 g，水煎服）。

f. 如病猪已发生褥疮，应先清除创面污物，用双氧水和生理盐水洗净创面，再涂以碘甘油、碘仿鱼肝油、抗菌消炎软膏等，并覆盖固定敷料。

g. 根据病猪病情，酌情给予氢化可的松、地塞米松、复合维生素、谷维素、中枢神经兴奋剂等。

2. 产褥热（产后败血症）

（1）诊断要点。母猪产后稽留高热（41～41.5℃）、委靡、战栗、废食、磨牙、结膜发绀、耳尖和肢端厥冷、心率加快、呼吸急促；阴门排出恶臭褐色黏液，阴道黏膜污褐肿胀；先便秘后腹泻；关节热痛肿，难于行走；乳房萎缩，泌乳减少或停乳。

（2）病因分析。产房不洁、助产时消毒不严、胎儿过大母猪难产、流产腐败胎儿，致使链球菌、葡萄球菌、大肠杆菌、化脓棒状杆菌等，从病猪损伤的产道或子宫黏膜侵入体内，随血循和淋巴蔓延至全身而发病。产后母猪亦可因乳房和其他脏器化脓性炎或脓肿的转移而发生本病。

（3）防治要点。

①母猪分娩前搞好产房保洁与消毒。

②接产前做好接产员和猪体消毒，接产时勿伤产道，防止病原菌感染。

③母猪产出最后一头仔猪后 36～48 h，肌注前列腺素 2 mg 或垂体后叶素 2～4 mL，以促进排出子宫内残留物。

④严禁冲洗子宫；阴道发生损伤或炎症时，可用稀碘液或抗菌素溶液冲洗阴道。

⑤治疗本病可选用抗菌素或氟喹诺酮类药，配合强心剂、维生素 C、维生素 B_1、葡萄糖、糖盐水等进行静脉输液。

⑥发生酸中毒时，静注 5％碳酸氢钠 50～100 mL。

⑦加强病猪饲养管理和护理，喂给营养丰富易消化饲料，以增强体质和抵抗力。

3. 母猪产后便秘

（1）诊断要点。母猪产后 24 h 内未见排粪或仅排少量粪、体温正常、废食少饮、多卧少动、尿少而稠、拒绝仔猪吮乳。

（2）病因分析。母猪分娩前饲料浓稠，食量过多，饮水少；母猪分娩时间过长，产痛使肠管蠕动弛缓，不易排粪；母猪产后 24 h 内未见排粪即予喂食等，均可致发母猪产后便秘。

（3）防治要点。

①孕猪预产期前 3～5 d 减少饲料喂饲量，适当运动。

②母猪产后 24 h 内不可急于喂食，待排出大量粪便后方可喂予较稀饲料。

③产后便秘母猪可采用下列方法进行治疗：

方法一，液体石蜡 100～200 mL、人工盐 50～100 g、温水 1 000～2 000 mL，混匀，给猪一次投服。

方法二，给产后便秘母猪投服或拌料混饲熟豆油 100～200 mL，1 次/d。

方法三,1％温食盐水 1 000～2 000 mL、液体石蜡 50～100 mL,混匀,给猪一次灌肠,2 次/d。

方法四,对废食、少饮、泌乳少的病猪,50％葡萄糖 100～200 mL、10％樟脑磺酸钠 10～20 mL、25％维生素 C 2～4 mL、糖盐水 1 000～1 500 mL,一次混匀静脉输液,2 次/d。

4. 母猪产后膀胱弛缓

(1)诊断要点。

产后母猪久不见排尿,呻吟,后肢开张、步态蹒跚,触压后腹膀胱区感有波动或坚实的球状物,可见滴尿或无尿,人工导尿可大量排尿。

(2)病因分析。母猪分娩时间过长,产痛使膀胱肌缩无力、弛缓或麻痹,尿液积于膀胱不能排出而发本病。

(3)防治要点。

①母猪产前应适当运动,尽力诱其排出大量尿液。

②对分娩时间过长的母猪,分娩间歇期应驱赶母猪游圈或赶至粪堆处诱其排尿;无效时应及时进行人工导尿。

③对曾有本病史的母猪,分娩前 6～12 h 可肌肉注射甲基硫酸新斯的明0.04 mg/kg,2 次/d,连用 3～4 次。

④如见产后母猪膀胱破裂,应及时剖腹施行膀胱修补术,吸净腹腔尿液,用生理盐水冲净腹腔,注入抗生素后闭合腹壁。为防全身感染,应配合应用抗生素疗法和对症疗法。

七、母猪分胎次饲养技术

随着母猪胎次增加,母猪在营养需要和疾病等方面发生了变化,母猪繁殖性状(产仔数、产仔间隔、初生重、受胎率、弱仔、断奶头数、断奶个体重)和仔猪成活率都会受到不同程度的影响,因此有必要对母猪实行分胎次饲养。

1. 分胎次饲养的优点

(1)饲料营养。

氨基酸:已经观察到头胎母猪和二胎以上母猪之间存在明显的差异,这是因为头胎母猪较二胎以上母猪要求更高的赖氨酸水平。

微量元素和维生素:母猪体重随年龄增长而逐渐增加,母猪在每一个胎次中,按每千克体重计算,所得微量养分都比前次少,为了满足新增组织的需要,母猪实际需要量随体重的增加而增加。

能量:对于不同胎次怀孕母猪的能量需要量,美国 NRC(1998)明确指出,配种体重越重,怀孕母猪能量需要越多。

在生产实践中,妊娠母猪日粮能量只要满足最低限度增重和体躯活动及胎儿增重即可,无需供给更多能量。

(2)疾病控制。在分胎次生产技术中,二胎以上母猪场中母猪病原微生物携带量可急剧减少。

二胎以上母猪场不断引进高免疫力、不带毒(菌)的头胎母猪,二胎母猪场中的某些病原微生物最终可被排除。

分胎次生产体系所产的断奶猪可原样直接进入保育区及生长/肥育区。

由于头胎母猪抗体水平低,仔猪从母乳中获得的被动免疫也相对较低,结果头胎母猪场中就会有较多的病原微生物从母猪传给新生仔猪,如果仔猪与二胎以上母猪的仔猪没有隔离开来,就会导致仔猪交叉感染,仔猪腹泻率上升。

(3)饲养管理。有效控制好母猪膘情。

随着胎次的增加,母猪配种时背膘厚度呈下降趋势,第二胎母猪下降最明显。

生产中应要把握不同胎次、不同生理阶段和不同体况特征母猪的营养需要,在妊娠期就注意膘情的调整,哺乳期加强母猪产后护理,断奶后采取短期优饲等方法。

做到个体化精细饲养,以使母猪配种时体况较好,从而缩短断奶至配种间隔,提高猪场的经济效益。

(4)预防仔猪压死。大龄母猪死产较多,可能是由于子宫肌肉无力而延长产程的缘故。活产仔猪中无论什么原因造成的死亡也随胎次增加而增加,压死尤其随胎次的增加而增加。

母猪躯体和年龄越来越大,其动作灵活性和对被压仔猪尖叫的反应能力都可能下降,因而压死事件发生率就会增高。

将同胎次母猪放在同一单元分娩,并安排责任心强、工作经验丰富的饲养员对哺乳母猪及仔猪进行护理,可大大减少被压致死的健康哺乳仔猪数量。

2. 具体建议饲养方案(2个方案)

方案一:

对小猪场来说,可由3~5个猪场组成一个分胎次生产单元,其中一个作为P1猪场,或多个业主投资共建一个P1猪场,其他业主在保持各自猪场生产不间断的情况下作为P2+母猪场。

两个或多个扩繁猪场也可共建一个P1猪场,他们可提供配种前后备母猪,或提供不同怀孕阶段的后备母猪,也可提供刚断奶的头胎母猪。

组成一个分胎次生产单元的各成员猪场,其后备母猪应该是来自同一家种猪供应商。

方案二：

大猪场或一个拥有多个种猪场的集团公司也可容易地转而采用分胎次生产体系。

由于头胎母猪要求更高的生物安全环境，其场址应坐落在一个隔离区域内。除 P1 猪场外，还可另设一猪场作为 P2 猪场，余下母猪场可作为 P3＋猪场。

繁殖母猪可以从后备母猪培育场移入 P1 猪场，待断奶后再进入 P2 猪场。P2 母猪场的母猪在断奶后进入 P3＋猪场，但这些母猪决不可逆向移动。

第五节　种公猪的饲养管理技术

饲养种公猪的目的是为了提供高质量的精液给母猪配种，以获得大量优质高产的仔猪。好公猪必须具备：一方面要求公猪性欲旺盛；另一方面要求精液质量好、数量多。公猪质量不佳、品种不好以及配种时机把握不好等因素，不仅造成母猪产仔减少或不孕，而且影响后代质量，使生产力降低。因此，种公猪的好坏是科学养猪、提高母猪产仔数、降低饲养成本、提高经济效益的一项重要保证。

一、种公猪饲养管理的目标

(1)公猪性欲旺盛，求偶愿望强烈。

(2)精液数量大，每次采精量达到 250 mL 以上。

(3)精液质量好，要求色泽正、精子密度在 2.5 亿个/mL 以上、活力在 0.6 以上、精子的畸形率低于 18%。

(4)公猪使用年限达到 2 年以上，体格合适，反应灵活。

二、种公猪的饲养

1. 营养需要

种公猪的营养水平和饲料喂量，与品种类型、体重大小、配种利用强度等因素有关。营养水平过高可使种公猪变得肥胖，过低可使其消瘦，两者均会影响种公猪的配种能力。因此，设计种公猪的日粮配方时，主要考虑提高其繁殖性能。一方面要求日粮中的能量适中，含有丰富的优质蛋白质、维生素和矿物质；另一方面要求日粮适口性好，体积小。

2. 饲养方式

根据公猪全年配种任务的集中和分散，分为两种饲养方式。

(1)一贯加强的饲养方式。在常年均衡产仔的猪场,母猪实行全年分娩时,公猪需负担常年的配种任务。因此,全年都要按配种期的营养水平和饲喂量来饲养。配种期的营养标准为:配合饲料含可消化能 12.97 MJ/kg,粗蛋白质 15%,日喂量 2.5～3.0 kg。

(2)配种季节加强的饲养方式。母猪如实行季节性分娩时,种公猪的饲养管理分为配种期和非配种期。配种期饲料的营养水平和饲料喂量均高于非配种期,饲养标准增加 20%～25%。一般在配种季节到来前 1 个月,在原日粮的基础上,加喂鱼粉、鸡蛋、多种维生素和青饲料,使种公猪在配种期内,保持旺盛的性欲和良好的精液品质,提高母猪的受胎率和产仔数。在寒冷季节,环境温度降低时,饲养标准也应提高 10%～20%。

3. 饲喂技术

(1)饲料品种要多样化,品质好,适口性强,易消化。注意公猪的日粮体积应以小为好,不应有太多的粗饲料,以防止形成草腹,影响配种。

(2)经常注意种公猪的体况,不得过肥或过瘦,根据情况随时调整日粮。

(3)日粮调制宜采用干粉料、颗粒料和湿拌料为好,加喂适量的青绿多汁饲料,并供给充足清洁的饮水。

(4)饲喂要定时、定量,2 次/d,每次喂得不可过饱,有八成饱即可。

(5)如果饲养的种公猪头数少,在当地买不到专门的公猪料,自己又没有能力配制时,可用哺乳母猪料代替公猪料。但不宜采用其他猪群的饲料,如生长肥育猪料等。

三、种公猪的管理

1. 加强运动

运动可使公猪愉悦,进而促进食欲、增强体质、提高抗病力、提高性欲和精液品质,并能避免肥胖。因此,除大风大雨及中午炎热外,每天应坚持让种公猪运动,保证上下午各运动 1 次,每次行程 2 km。夏季可在早晚凉爽时进行,冬季可在中午运动 1 次。

2. 刷拭、修蹄及做好卫生防疫

每天定时用刷子刷拭猪体,热天结合淋浴冲洗,可保持皮肤清洁卫生,促进血液循环,少患皮肤病和外寄生虫病。这也是饲养员调教公猪的机会,可建立人与猪的亲和关系,使种公猪温驯听从管教,便于采精和辅助配种。要注意保护猪的肢蹄,对不良的蹄形进行修蹄,蹄不正常会影响活动和配种。

根据当地疫病流行情况,每年春秋 2 次有选择地进行猪瘟、猪丹毒、猪肺疫、猪伪狂犬病、猪呼吸与繁殖障碍综合征、猪链球菌病、乙脑等预防注射工作。每年进行 3～4 次的血清学常规检测，每头公猪都应进行猪瘟和猪伪狂犬等检测，淘汰野毒呈阳性的公猪，避免通过配种环节感染给阴性的母猪。加强消毒工作，防止交叉感染，定期做好灭蚊、灭蝇工作；按时驱除体内外寄生虫。体外用 1‰～1.5‰ 敌百虫每两个月喷一次体表，应使用喷雾器喷湿猪体全身。体内寄生虫每年春、秋驱虫两次。猪患热性病，精子活力降低，特别是睾丸阴囊局部高烧往往会出现所射精子全部为死精的现象，配种时应注意。

3. 保证合适的种用体况

公猪种用体况是指不过肥不过瘦，七八成膘为宜。对于七八成膘的判定方法是外观既看不到骨骼轮廓（髋骨、脊柱、肩胛等），又不能过于肥胖，用手稍用力触摸其背部，可以触摸到脊柱为宜。也可以在早晨喂饲前空腹时根据其腰部下方及膝褶斜前方呈扁平或略凸起判断，若凸起太高，说明公猪偏于肥胖，相反此部位凹陷则过于消瘦。偏肥偏瘦均会影响种公猪使用，应及时调整日粮营养水平和运动强度等。

4. 定期检查精液品质

实行人工授精的公猪，每次采精都要检查精液品质，本交的精液至少每月检查一次，目的是掌握公猪的使用情况，发现问题后及时调整营养、运动和配种强度。

5. 单圈饲养

种公猪好斗，应单圈饲养，减少因打斗造成不必要的伤害，也可防止相互爬跨，频繁射精，降低种用价值。另外圈应建在场内的上风向，否则公猪容易闻到母猪气味而兴奋不安、爬圈，过度地消耗公猪的体力和精液，造成公猪未老先衰，降低公猪的使用年限；有时会造成公猪的自淫现象，大大降低精液品质，严重影响母猪受胎率。

6. 养成良好的生活习惯

通过建立正常的饲养管理制度，如饲喂、饮水、放牧、采精或配种、运动、刷拭休息等各项作业都应在大体固定的时间内进行，利用条件反射养成规律性的生活习惯，除了便于管理操作，减少劳动强度外，还能增进健康，减少应激，提高配种能力。

7. 防止公猪咬架

公猪好斗，特别是成年公猪，如偶尔相遇就会咬架。公猪咬架时应迅速放出发情母猪将公猪引走，或者用木板将公猪隔离开，也可用水猛冲公猪眼部将其撵走。

8. 适宜的环境条件

公猪的最适温区为 18～20℃，相对湿度为 60%～80%，睾丸正常温度应比体温低 2～3℃。在管理中，相对于防寒保温来说，在夏天对公猪有效的防暑降温更为关键,因为温度升高将导致生殖上皮变性,雄性激素合成受阻,精子受损,生精机能下降,精液品质下降;30℃以上就会降低精液品质,并在4~6周后降低繁殖配种性能,主要表现为返情率高和产仔数少,因此,将圈舍温度控制在30℃以内是十分重要的。

9. 合理利用

(1)首先掌握好适宜的配种年龄及体重,不可过早或过晚。

我国地方品种:8~9月龄,体重80 kg以上进行初配;培育及引入品种:10月龄以上,体重110~120 kg进行初配。对初配公猪还要进行调教,使用体型相似、易接受爬跨的经产母猪进行调教训练,或用已被其他公猪配过种、仍处于静立发情的母猪训练。注意适当配种强度,如公猪长期不用,同样性欲降低,精液品质差。

(2)掌握适宜的配种强度。配种次数频繁,会导致种公猪性欲降低、精液品质差,严重影响母猪受胎率。初配公猪每周配种2~3次为宜;成年公猪每天不超过2次(间隔8 h以上),每周不超过10次,连续配种3 d,中间休息1 d。

(3)合适的公母比例。一般用本交进行季节性配种的猪场,公与母的比例为1:(15~20);分散配种的猪场,公与母的比例为1:(20~30),本地猪公母配种比例可按1:50确定;人工授精的猪场公猪尽量少养、精养。可根据需要确定饲养品种和数量,人工授精公母比例为1:(300~1 000),具体按种公猪精液的数量和质量确定。

(4)严格淘汰。公猪的淘汰要根据年龄、使用频率、性欲和精液品质综合考虑。公猪较母猪生长得快,成熟得晚,公猪的睾丸会一直生长到12月龄,这时才能看做是成年公猪,使用年限以1~1.5年为宜。实行人工授精的规模化猪场,应建立每头公猪的采精评估表,定期对采精公猪进行评估,根据精液气味和色泽、射精量和有效精子数、精子活力、精子畸形率等,对精液品质差的公猪尽早地淘汰。淘汰性欲低的公猪。

10. 异常状态的处理

(1)防止公猪发生自淫。解决的方法:公、母圈远离,相互听不见声音;公猪圈要严密,不让其看到外面的事情;单圈饲养,圈墙要高,使其爬不上墙头,加强运动,让其有一种劳累感;建立正常的饲养管理制度。

(2)防止公猪血尿。解决办法:立即停止配种,休息1个月,休息期间饲喂较好的蛋白质饲料和青绿多汁饲料,恢复健康后严格控制配种次数,否则再发生尿血就不好调理了。

(3)解决公猪低性欲问题。采取措施:过肥减料撤膘,加强运动,加喂青绿多汁饲料;公猪过瘦加强营养,尽快恢复膘情;初配公猪,配种不要过晚;用发情好的母猪逗引公猪,增强其性欲;使用药物治疗,注射脑垂体前叶激素、维生素 E,提高其性欲。

四、配种方法及要求

本交:又可分为自然交配和人工辅助交配,自然交配是把公、母猪放在一起饲养,让其自然交配,这种配种方式在养猪生产上已很少采用。人工辅助交配是在母猪发情时,将母猪赶到配种栏,配种员必须自始至终守在旁边,一旦开始爬跨,用手把母猪尾巴拉开,另一手引导公猪阴茎插入阴道。如有必要,可用脚(腿)顶住母猪,以防止在交配过程中公猪抽动过猛母猪承受不住而中止交配。

人工辅助交配时,配种场地和周围要安静无噪声干扰,配种前首先将公猪的包皮和母猪的外阴部用 0.1%的高锰酸钾溶液擦洗消毒,驱赶公猪时不要过于粗暴。如果在室外配种,要求地势平坦,地面坚实而不光滑;公母猪的搭配要合理,根据母猪的体况、大小、四肢的情况来选择公猪。确保交配过程稳定,时间尽可能长些。当公猪射精完后,立即将公猪赶走,以免进行第二次交配。这种方法能合理地使用公猪。另外,在炎热的季节,配种应在当天清凉时候(早、晚)进行,刚配完种的公猪不能用水喷射猪体。

重点记住以下几点:

第一,选择体型与母猪相近的公猪。

第二,清洁母猪的后躯及生殖器官。

第三,在配种栏垫上防滑材料或在有沙的配种舍配种。

第四,配种前先将公猪的尿液排出。

第五,利用公猪的次数应与它的日龄适应。

第六章　仔猪的养育技术

仔猪是养猪业内对幼龄阶段猪的一个统称,现在业内习惯上把仔猪分为哺乳仔猪和断乳仔猪。哺乳仔猪是指从出生至断奶前的仔猪。一般为出生后 3～5 周龄,部分养殖户断奶较晚可至 45 日龄以上。哺乳仔猪的培育是猪生产的关键技术之一,直接关系到重要生产指标的实现水平;养育的目的就是培育成活率高、生长发育快、大小均匀、健康活泼、断奶体重大的仔猪,为保育和育肥打下基础。而保育阶段则是猪生产过程中应该特别重视的第二阶段,是要关注疫病风险、提供适宜管护条件的高生产投入时期。可以这样说,把仔猪生产环节的工作做到位了,猪场的经营已经有七成以上的成功把握。

第一节　哺乳仔猪的养育

一、仔猪娩后处置技术及护理

正确与及时地处理出生仔猪不仅可以提高仔猪的健康度和成活率,也是生产管理的综合技能之一。

1. 擦干黏液

仔猪产出后,接产人员应立即用手指将仔猪的口、鼻的黏液掏出并用干净毛巾擦净,防止仔猪窒息。用抹布将全身黏液擦净,以促进仔猪血液循环、防止体热散失过快而感冒,有条件的猪场使用具有吸湿、保健功能的接生粉效果更佳。

2. 断脐

仔猪出生时,一般会自行扯断脐带,但断处较长,易接触地面微生物造成感染;此外,断脐过晚也会增加仔猪热量的散失,因此仔猪出生后应及时断脐。断脐时先将脐带内的血液向仔猪腹部方向挤压,然后在距离腹部 4 cm 大约 3 指宽处把脐带用手指掐断,断处用 5％碘酒消毒。若断脐时流血过多,可用手指捏住断头或用碘酒消毒过的线结扎,直到不出血为止。

3. 剪犬齿与断尾

仔猪初生时有 8 枚犬齿,位于上下颌左右各两枚。因为犬齿很尖锐,在仔猪吮乳、争斗时易伤及母猪乳房和仔猪,应将其剪掉。剪齿时要用消毒过的专用剪齿钳靠近牙龈下端剪断,但不可伤及牙龈。剪齿的要求操作要点是要稳,避免剪齿钳晃动伤及牙根和牙龈,剪齿后要清理口腔,用碘酒消毒牙龈。剪齿操作不当易使病原菌通过伤口侵入机体,或造成仔猪病原的交叉传播。正常操作见图 6.1。

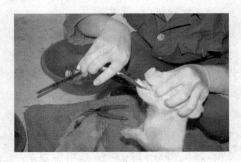

图 6.1　仔猪剪牙

为防止生产中猪在断乳、保育及生长阶段咬尾,仔猪出生时应断尾。用断尾钳在距离仔猪尾根约 2 cm 处剪断,创口用 5% 碘酒消毒。每次断尾操作后要消毒断尾钳。

4. 仔猪称重和编号

仔猪出生后在吃初乳前应该称重,并在母猪产仔卡上记录,便于将来对猪场的母猪生产数据进行分析,为调整生产管理措施提供依据。

种猪场对于将准备留种的仔猪要进行编号,以便记录系谱信息。常用的方法有打耳标和耳号。打耳号对初生仔猪应激较大,由于刚产下的仔猪体重小,马上使用耳标会影响仔猪活动和吃乳,部分种猪场在不混淆仔猪系谱关系的条件下,在初生时不打耳号,而是在保育期结束时用耳标钳直接给仔猪打耳标,耳标上标明系谱、生产信息。

耳标:全国种猪遗传评估方案规定的耳标编号系统由 15 位字母和数字构成,前 2 位用英文字母表示品种:DD 表示杜洛克猪,LL 表示长白猪,YY 表示大白约克夏猪,HH 表示汉普夏猪,二元杂交母猪用父系+母系的第一个字母表示,例如长大杂交母猪用 LY 表示;第 3 位至第 6 位用英文字母表示场号,第 7 位表示分场号,用 1,2,3…A,B,C…表示;第 8 位至第 9 位用数字表示个体出生时的年度;第 10 位至第 13 位用数字表示场内窝号;第 14 位至第 15 位用数字表示窝内个体号。

若有轻便耳标记录信息可减少剪耳应激,戴在一侧耳朵即可。若能植入电子芯片那就更上一层楼了。

耳号:每头猪实际耳号就是所有缺口代表数字之和。

即利用耳号钳在猪耳朵上打缺口,每剪一个耳缺代表一个数字,把两个耳朵上所有的数字相加,即得所要的编号,以猪的左右而言,编号原则为“左大右小,上 1 下 3”,一般公猪编单号,母猪编双号。即仔猪右耳,上部一个缺口代表 1,下部一个缺口代表 3,右耳尖缺口代表 100,耳中圆孔代表 400。左耳,上部一个缺口代表 10,下部一个缺口代表 30,左耳尖缺口代表 200,耳中圆孔代表 800(图 6.2)。

5. 吃初乳

完成上述操作后,立即将仔猪送到母猪身边固定奶头吃奶,吃奶前母猪的乳头应用 0.1% 的高锰酸钾溶液消毒,并挤掉前两把奶。个别仔猪生后不会吃奶,需进行人工辅助。寒冷季节,无供暖设备的圈舍要生火保温,或设置保温箱,用红外线灯提高保温箱温度。一般仔猪出生后 2 h 内要吃上初乳。

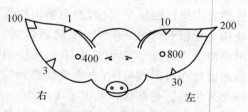

图 6.2　种猪传统标识——耳号示意图

要提醒的是,仔猪乳前猪瘟免疫一定要等待注射后 1.5 h 才能让吃乳。

6. 假死仔猪的急救

仔猪产下后呼吸停止,但心脏或脐带基部仍有搏动,称为"假死"。母猪分娩时间过长、子宫收缩无力、仔猪在产道内脐带过早扯断等造成的仔猪窒息;黏液堵塞气管造成呼吸障碍等都会导致仔猪假死。如果脐带有波动,"假死"的仔猪一般都可以抢救过来。

可采用以下方法处理:

(1)发现仔猪假死,迅速将其鼻端和口腔的黏液擦干净,便于呼吸畅通。用力按摩仔猪两侧肋部。

(2)左手托住仔猪的颈部,右手托起仔猪的臀部,进行伸曲运动,反复进行多次,直到仔猪叫出声后为止,也可采用在鼻部涂酒精等刺激物或针刺的方法来急救。

(3)经人工呼吸仍不能恢复正常呼吸时,可将仔猪放进 36～38℃ 的温水中浸泡,头部浮在水面上,同时做人工呼吸,直到恢复呼吸后,擦干全身湿水,放进保温箱或在红外线灯下,等仔猪身体被毛全干后,再在人工辅助下进行哺乳。

二、哺乳仔猪的生理特性

哺乳仔猪生长发育的主要特点是生长发育快和生理上还不成熟,同时初生后早期饲料、环境等一系列的变化以及剪齿、断尾等一系列的操作,对仔猪造成很大应激,是仔猪难养、成活率低的重要原因。因此必须根据仔猪的生理特点,创造一个适合于仔猪生长发育的环境和饲养、管理体系,才能提高仔猪的成活率。

1. 生长发育快,物质代谢旺盛

和其他家畜比较,猪出生时体重相对最小,成熟度低,还占不到成年时体重的 1%(羊为 3.6%,牛为 6%,马为 9%～10%),但出生后生长发育特别快。一般仔猪初生重在 1 kg 左右,10 日龄时体重达出生重的 2 倍以上,30 日龄达 5～6 倍,

60 日龄增长 10～13 倍或更多,体重达 15 kg 以上。如按月龄的生长强度计算,第一个月比初生重增长 5～6 倍,第二个月比第一个月增长 2～3 倍。

仔猪出生后的强烈生长,是以旺盛的物质代谢为基础的,特别是蛋白质、钙、磷的代谢明显高于成年猪。一般出生后 20 d 的仔猪,每千克体重要沉积蛋白质 9～14 g,相当于成年猪的 30～35 倍;每千克体重所需代谢能是 0.3 MJ,为成年母猪0.095 MJ 的 3 倍;矿物质代谢也比成年猪高,每千克增重中含钙 7～9 g,磷 4～5 g。猪体的水分、蛋白质和矿物质的含量随年龄的增长而降低,而沉积脂肪的能力则随年龄的增长而增高。形成蛋白质所需要的能量比形成脂肪所需能量约少40%(形成 1 kg 蛋白质需要 23.63 MJ,形成 1 kg 脂肪需要 39.33 MJ)。所以,小猪比大猪长得快,能更经济有效地利用饲料。另外,仔猪对营养物质的需要在数量上相对较高,对营养不全或品质不好的饲料反应敏感。因此,仔猪补饲应考虑全价性、平衡性,特别是原料品质。

2. 消化器官不发达,消化腺机能不完善

猪的消化器官在胚胎期内虽已形成,但仔猪初生时,其重量和容积都比较小。如初生时胃重只有 6～8 g,容积仅 20～30 mL;20 d 时胃重为 35 g,容积为 100～140 mL;60 日龄时胃重为 150 g,容积为 570～800 mL。小肠在哺乳期内也强烈生长,长度增加 5 倍,容积增加 50～60 倍,消化器官这种强烈的生长保持到 6～8 月龄以后开始降低,一直到 13～15 月龄才接近成年的水平。

消化器官发育的晚熟,导致消化酶系统发育较差,消化机制不完善。与成年猪相比,初生仔猪缺乏条件反射性的胃液分泌,只有食物进入胃内直接刺激胃壁后,才能分泌少量胃液。在胃液的组成上,哺乳仔猪在 20 日龄前胃液中仅有足够的凝乳酶,而唾液和胃蛋白酶很少,为成年猪的 1/4～1/3,到仔猪 3 月龄时,胃液中的胃蛋白酶才增加到成年猪的水平。初生仔猪的胃底腺不发达,缺乏游离盐酸,不能激活胃蛋白酶原的活性,因而不能很好地消化蛋白质,特别是植物蛋白质。由于胃中缺乏盐酸,不能抑制或杀死进入胃中的病原微生物,这是哺乳仔猪容易发生黄痢、白痢的重要原因之一。这时只有肠腺和胰腺发育比较完全,胰蛋白酶、肠淀粉酶和乳糖酶活性较高,食物主要是在小肠内消化。所以,初生仔猪只能吃乳,而不能利用植物性饲料。

随着仔猪日龄的增长和食物对胃壁的刺激,盐酸的分泌不断增加,到 30～40 d,胃蛋白酶才能表现出消化能力,仔猪才可利用乳汁以外的多种饲料。

新生仔猪的消化道,只适应于消化母乳中简单的脂肪、蛋白质和碳水化合物。仔猪对营养物质的消化吸收取决于消化道中酶系的发育。仔猪生后第一周内消化酶主要对乳的消化,乳糖酶活性在生后很快达到最高峰,相反,胃蛋白酶和胰蛋白酶则在初生时特别低,直到3～4周龄以后才开始缓慢地升高,淀粉分解酶的情况也相类似。所以,母乳是仔猪营养中消化率最高的饲料。

初生仔猪乳糖酶活性很高,仔猪能够很好地消化乳糖,而对蔗糖和淀粉的分解酶发育比较缓慢。因此,1周龄仔猪对玉米淀粉的消化率只有25%,3周龄后也只能达到50%,通过提早补食饲料能够刺激盐酸和胃液的分泌。

仔猪从第一周龄开始就能很好地利用乳脂肪,对其他脂肪只要能够很好地乳化,仔猪的消化吸收几乎与成年猪相似,健康的仔猪对脂肪的消化没有特殊的要求。随着消化系统发育和食物对胃壁的刺激,盐酸的分泌能力增强,在14 d时,仔猪能有限地消化非乳源蛋白,40 d时胃蛋白酶能消化乳汁以外的多种饲料原料养分。

哺乳仔猪消化机能不完善的又一表现是食物通过消化道的速度较快,食物进入胃后完全排空的时间,15 d时约为1.5 h,30 d为3～5 h,60 d为16～19 h。由于哺乳仔猪胃的容积小,食物排入十二指肠的时间较短,所以应适当增加饲喂次数,以保证仔猪获得足够的营养。

3. 缺乏先天免疫力、容易得病

免疫球蛋白是大分子物质,胎儿期不能透过胎盘屏障,因此初生仔猪缺乏先天免疫力;另外,初生仔猪尚不具备自身产生抗体的能力,因此哺乳期仔猪抗病力弱。只有吃到初乳后,靠初乳把母体的抗体传递给仔猪,并过渡到自体产生抗体而获得免疫力。

母猪初乳中蛋白质含量很高,每100 mL中含总蛋白15 g以上,其中60%～70%是γ-球蛋白,但维持的时间较短,3 d后即降至0.5 g以下。

仔猪出生后24 h内,由于肠道细胞间隙对蛋白质有通透性,同时乳清蛋白和血清蛋白的成分近似,因此,仔猪吸食初乳后,可将其直接吸收到血液中,使仔猪血清γ-球蛋白的水平很快提高,免疫力迅速增加。肠壁的通透性随肠道的发育而改变,36～72 h后显著降低。

此外,仔猪10 d以后才可自身产生抗体,到30～35 d前数量还很少,直到5～6月龄才达到成年猪水平。因此,14～35 d是免疫球蛋白的青黄不接阶段,最易患下痢,称免疫空白期。同时,仔猪这时已补料较多,胃液又缺乏游离盐酸,对随饲料、饮水进入胃内的病源微生物抑制作用较弱,是仔猪多病和易于死亡的原因之一,生产上应经常保持母猪乳头的卫生、圈舍环境的清洁干燥、饲料饮水的卫生,减少病原微生物对仔猪的侵袭。

4. 调节体温的机能发育不全,对寒冷的应激能力差

虽然初生仔猪神经——内分泌网络发育已经完善,但出生时大脑皮层发育不健全,因此依靠神经系统调节体温适应环境的能力很差。另外,初生仔猪皮薄毛稀,皮下脂肪少,隔热保温能力差,同时仔猪体内能量储备有限,出生仔猪每100 mL含血糖仅为70～100 mg,若不及时吃初乳或外界环境温度过低,很容易因低血糖症而出现昏迷。

仔猪调节体温适应环境的应激能力差,特别是生后第一天,在冷的环境中,不易维持正常体温,易被冻僵、冻死。仔猪化学调节体温机能的发育可以分为3个时期:贫乏调节期(出生至第6 d);渐近发育期(7～20日龄);充分发挥期(20日龄以后)。所以,对初生仔猪保温是养好仔猪特别重要的措施。

仔猪正常体温约39℃,刚出生时环境温度要求为30～35℃,刚初生的仔猪,尤其在出生后20 min内,由于羊水蒸发导致热量散失,温度降低较快,所以对出生仔猪保温是养好仔猪的关键环节。

一般而言,仔猪出生体重大,耐寒性强,出生体重小,御寒能力就差。在早春或冬季出生的仔猪,做好防寒保温工作是提高仔猪成活率的重要措施。

三、哺乳仔猪死亡原因

仔猪在胎儿期完全依靠母体供给各种营养物并排出废物,母体对胎儿来说是相对稳定的生长发育环境,而仔猪出生后的生存环境发生了根本的变化,体现在从恒温到常温,从被动获取营养和氧气到主动吮乳和呼吸来维持生命,这种生活环境的变换给哺乳期仔猪很大应激,导致哺乳期死亡率明显高于其他生理阶段。

哺乳仔猪死亡是养猪生产中的一大损失,也是影响猪场经济效益的关键因素,归纳起来,哺乳仔猪死亡主要有以下原因:

1. 冻死

体内能源储备有限,调节体温的生理机能不完善,被毛稀少和皮下脂肪少等因素导致初生仔猪对寒冷非常敏感,在保温条件差的猪场,常发生冻死仔猪的现象,另外,寒冷是诱发仔猪被压死、饿死和下痢的主要因素。

2. 压死、踩死

初产母猪、母猪母性较差、产后患病、环境不安静等;加之仔猪运动协调能力较弱,不能及时躲开而被母猪压死或踩死。

3. 病死

疾病是引起哺乳仔猪死亡的重要原因之一。常见病有肺炎、下痢、低血糖病等。

4. 饿死

母猪母性差、拒绝哺乳;产后少奶或无奶且通过催奶措施效果不佳;乳头有损伤；产后食欲不振；所产仔猪数大于母猪有效乳头数，及寄养不成功的仔猪等均可因饥饿而死亡。

5. 咬死

仔猪在持续的应激刺激下会出现咬尾、咬耳的恶癖，咬伤后发生细菌感染，重者死亡。某些母性差（有恶癖）、产后口渴烦躁的母猪有咬吃仔猪的现象；仔猪寄养时，保姆母猪认出寄养仔猪不是自己亲生仔猪而咬伤、咬死寄养的仔猪。

某猪场对多年死亡仔猪以因病致死为主的统计分析见表 6.1。

表 6.1 哺乳仔猪死亡原因分析（因病致死为主）

死亡原因	出生至 20 d		21～60 d		合计	
	死亡头数	死亡率/%	死亡头数	死亡率/%	死亡头数	死亡率/%
压死、冻死	128	94.8	7	5.2	135	12.8
白痢死亡	315	95.5	15	4.5	330	31.3
肺炎死亡	130	86.7	20	13.3	150	14.3
其他死亡	332	75.8	106	24.2	433	41.6
合计	905		148		1 048	

从表 6.1 可知，1 048 头死亡仔猪中，死亡比例较大的 3 类为：白痢死亡 330 头，占死亡总头数 31.5%，比例最大。肺炎死亡 150 头，占死亡总头数 14.3%，列为第二位。压死或冻死的仔猪 135 头，占死亡总数的 12.9%，列为第三位。

以上死亡原因与仔猪的生理特点有密切关系。仔猪消化机能不完善，且胃内没有游离的盐酸，免疫能力差，最容易因病菌侵害而下痢死亡。仔猪体温调节的能力差，怕冷，常因环境温度不适患感冒而引起肺炎死亡。刚出生的仔猪，身体软弱，活动能力差，如果护理不当，常会被母猪踩压而死。如能改善饲养管理条件，加强护理，消灭大肠杆菌等肠道传染性病菌，可减少死亡。

非病因死亡为主的死亡原因分析。通过对某猪场 3 026 头仔猪死亡原因的统计分析，非病因死亡总数 2 324 头，占总死亡头数 75.9%；因病死亡 738 头，占总死亡头数 24.1%。见表 6.2。

从表 6.2 可知，因压踩死的仔猪 1 013 头，占死亡总数的 33.1%；先天发育不良死亡的仔猪有 529 头，占死亡总数的 17.3%；居第二位；因白痢死亡的仔猪有 421 头，占死亡总数的 13.7%。

由仔猪死亡原因的分析，说明该场饲养管理条件较差。首先因先天发育不良和缺乳死亡的仔猪共有 704 头，占死亡总数的 23%，其原因主要是妊娠母猪饲养管理不当所造成的。踩死、淹死、冻死和咬死 4 项共计 1 345 头，占死亡总数的 43.9%。如能加强对哺乳母猪的管理，改善饲养条件，加强看护，便可减少死亡，提高仔猪的成活率。

表 6.2　哺乳仔猪死亡原因分析(非病因致死为主)

类别	死亡原因	死亡头数	占死亡总数比例/%
非病因死亡	踩死	1 013	33.1
	先天发育不良	529	17.3
	缺乳	175	5.7
	淹死	84	2.7
	冻死	87	2.8
	咬死	161	5.3
	其他	275	9.0
	小计	2 324	75.9
因病死亡	白痢	421	13.7
	肺炎	101	3.3
	其他	216	7.1
	小计	738	24.1
合计		3 062	100

四、仔猪死亡时间

1. 从日龄分析

哺乳仔猪的死亡主要集中在生后的 20 d 内，特别在生后 8 d 内。统计资料表明，1～3 d 仔猪死亡量占整个哺乳期死亡总数的 30% 左右，4～8 d 占 50% 左右，9～28 d 约占 20%。

2. 从生理阶段分析

(1)初生期：从母体保护到体外独立生活，被冻死、饿死、压死的几率很大，尤其在生后 3 d 内。

(2)生后 3 周左右：母乳及母源抗体下降，仔猪免疫系统尚未发育完善，同时仔猪生长发育处于旺盛时期，营养需要增加，需从饲料中获得。

(3)断奶前后：吃奶向吃料过渡、环境过渡、饲料类型过渡，而仔猪的消化机能尚不完善。

根据某大型工厂化猪场的统计，累计死亡 1 839 头仔猪，死亡时间的分析见表 6.3。

表 6.3　哺乳仔猪死亡时间的分析

死亡时间/d	死亡头数	占死亡总数/%
1～3	534	29.0
4～8	927	50.4
9～28	378	20.6
合计	1 839	100

该场哺乳仔猪死亡时间表明,该场哺乳仔猪的死亡时间,多发生在生后 8 d 以内,约占死亡总数的 79.4%,9～28 d 死亡数占 20.6%。随日龄的增长,仔猪死亡率逐渐下降。因此,抓好早期的饲养管理至关重要。

五、提升哺乳仔猪成活率的主要措施

(一)养好仔猪的关键性时期

仔猪出生后,前 3 d 是第一个关键时期,应加强看护和管理;4～21 d 是第二个关键时期,母猪的泌乳量在分娩后 21 d 左右达到高峰,而后逐渐下降,仔猪的生长发育随日龄增长迅速上升,母乳下降,仔猪对营养的需求日益增加,如不及时给仔猪补饲,容易造成仔猪增重缓慢。因此,5 d 左右训练仔猪认料,早期开食是养好仔猪的关键性时期。21 d 至断乳,仔猪采食量增加,是仔猪从哺乳期逐渐过渡到全部采食饲料独立生活的重要准备时期,是养好仔猪的第三个关键时期。

(二)加强分娩看护,减少分娩死亡

分娩死亡的比例可占总死亡率的 16%～20%。出生时损失 1 头仔猪,相当于损失 63 kg 饲料。因此,应尽量减少分娩时的损失。母猪分娩一般在 3 h 内完成,若分娩时间越长,仔猪发生死亡的比例越高。母猪分娩时应尽量避免惊扰,仔猪的分娩间隔如果超过 30 min,就应准备实施助产。

(三)加强哺乳仔猪的饲养管理

饲养哺乳仔猪的关键技术是让仔猪吃足初乳,及时补充全价优质的饲料,减少或避免仔猪腹泻等。

1. 抓乳食,过好初生关

固定乳头,吃足初乳:初乳是指母猪分娩后 3～5 d 内分泌的淡黄色乳汁。初乳中含有丰富的营养物质和免疫抗体,母猪的初乳对仔猪有着特殊的生理作用,可增强体质和抗病能力,提高对环境的适应能力,初乳中含有较多镁盐,具有轻泻性,可促使胎粪排出;初乳的酸度较高,有利于消化道活动。初乳的各种营养物质,在

小肠内几乎全被吸收,有利于增长体力和产热,因此,使初生仔猪吃足初乳,是仔猪培育过程中至关重要的技术措施。

母猪有十几个乳房,每个乳房分泌的乳多少是不一样的,因为猪的乳房构造有它的特点,自成一个功能单位。各乳头的泌乳和品质有所不同,前面乳头的泌乳量较高。仔猪因哺乳位置不同其增重有明显差异。

仔猪有固定乳头吸乳的习性,即生下后起初吸吮那个乳头,直到断乳时还是固定吸吮那个乳头。在母猪分娩结束后,将仔猪放在躺卧的母猪身边,让仔猪自寻乳头,等大多数找到乳头后,对个别弱小或强壮争夺乳头的仔猪再进行调整。生产中常将弱小的仔猪固定在中间几对乳头吸乳,既能吃饱又不浪费,较强的仔猪固定在乳量较差的乳头上,中强仔猪固定在靠前边的乳量多的乳头上,这样可使全窝仔猪都能充分发育。

较好的方法是将仔猪身上和在相应的乳头上打上标记,一旦发生争乳头时可及时辨认。固定好乳头后,应注意观察,全猪群中总有反复争乳头的,当听到呼叫声,及时去调解,否则容易咬伤乳头,母猪拒绝给仔猪哺乳,影响生产。持续2~3 d,仔猪便会寻找自己所吃的奶头,不会找错,固定好乳头后,还要巩固一段时间,才能达到吃好初乳,增强抵抗力,提高成活率的目的。

在实际操作中,第一次哺乳前,一定要用温水或柔性消毒剂清洗乳房及乳头,并将乳头内的头几滴乳挤出,保证安全卫生;尤其是对于传统地面饲养分娩母猪的猪场,一定要饲养员按规定做好这项工作,可以大幅减少仔猪早期腹泻的风险。

加强保温、防冻防压。压死占初生仔猪非疾病死亡数的20%,大多发生在生后4 d内,第1天最易发生,在老式未加任何限制的产栏内会更加严重。在母猪身体两侧设护栏的分娩栏,可有效防止仔猪被压伤、压死。对于晚上分娩的母猪,饲养员要加强巡视。

母猪寒冷季节分娩造成仔猪死亡的主要原因是冻死或被母猪压死,仔猪受冻行动不灵敏,不会吸乳,好钻草堆或卧在母猪腋下,易被母猪压死或引起低血糖、感冒、肺炎等病。因此,加强护理,作好保温防冻和防压工作是提高仔猪成活率的保证。仔猪的适宜温度:出生后1~3 d为30~32℃,4~14 d为28~30℃,15~28 d为25~27℃,29~35 d为23~25℃。

工厂化养猪实行全均衡产仔,专门设有产房,产房内设有保温防寒设备如暖气、火墙等,产房环境温度最好保持在20℃左右。在产栏一角设置仔猪保温箱,为仔猪创造温暖舒适的小环境。箱的上盖有1/3~1/2是活动的,人可随时观察仔猪,在箱的一侧靠地面处留一个高30 cm、宽20 cm的仔猪出入口。在仔猪保温箱内,最常用的局部供热设备是采用红外线灯、吊挂式红外线加热器和电热保温板。

防压措施有以下几个方面。

设母猪限位架：母猪产房内设有排列整齐的分娩栏，在栏内的中间部分是母猪位限架，供母猪分娩和哺乳仔猪，两侧是仔猪吃乳、自由活动和吃补料的地方。母猪限位架的两侧是用钢管制成的栏杆，用于拦隔仔猪。由于限位架限制了母猪大范围的运动和躺卧方式，使母猪不能"放偏"倒下，然后伸展四肢侧卧，这样使仔猪有躲避机会，以免被母猪压死。

保持环境安静：产房内防止突然的声响，防止闲杂人员进入。为防止哺乳时争抢乳头而咬痛母猪乳头，造成母猪不安，压死仔猪或中止哺乳，在仔猪出生后就应剪掉犬牙。

加强护理，设立保温箱及哺乳时加温装置：在集约化猪场，为母猪设立分娩舍，高床网上饲养，并设立仔猪保温箱，为仔猪创造温暖舒适的小环境。同时，应在母猪产床栏位上方设置红外线灯等加热装置，在寒冷季节里，接产及仔猪吃乳时开启，可减少仔猪应激，提高仔猪的舒适度。产后1～2 d内可将仔猪关入保温箱中，定时放出吃乳，可减少仔猪与母猪接触机会，减少压死仔猪。2 d后仔猪吃完乳自动到保温箱中休息。产房要日夜有人值班，一旦发现仔猪被压，立即赶起母猪，救出仔猪。

2. 抓开食，过好补料关

初生仔猪完全依靠吃母乳为主。母猪的泌乳量，在第三周达到泌乳高峰，以后则逐渐下降。而仔猪的生长发育很快，随着日龄的增长，仔猪的体重增加，每日需要的营养物质与日俱增，仔猪吸吮母猪的乳已不能满足其快速生长发育的需要。如不给仔猪及时补料，会影响其生长发育。给仔猪补料，以提早开食为好。在生产上补料应在仔猪出生第5天开始。大约到第10天时就会上槽吃少量饲料，开始给仔猪补充部分营养。

补料的方法如下。

调教期：从开始训练到仔猪认料，约需1周时间，即仔猪5～12日龄。这时仔猪消化器官处于强烈生长发育阶段，母乳基本上能满足仔猪的营养需要。但仔猪此时开始出牙，牙床发痒，喜欢四处活动、啃食异物。此时补料在于训练仔猪认料，锻炼仔猪咀嚼和消化能力，避免仔猪啃食异物，防止下痢。每天数次将仔猪关进补料栏，限制吃乳，强制吃饲料，在补料槽里放上粒料，让仔猪自由采食。

适应期：从仔猪认料到能正式吃料的过程需10 d左右，即仔猪13～21 d。这时仔猪对植物性饲料已有一定的消化能力，母乳不能满足仔猪的需要。补料的目的一是提供仔猪部分营养物质，二是进一步促进消化器官能适应植物性饲料。每个哺乳母猪圈都装有仔猪补料栏，可短时间将仔猪赶入补料栏，限制仔猪的自由出入,让其采食补料。平时仔猪可随意出入,日夜都能吃到饲料。

每天饲喂的次数,初次补料每天 3 次,每次 30～50 粒,让仔猪适应饲料,然后慢慢增加给料量,每次补料前应清理仔猪料槽,保持料槽干净卫生,饲料新鲜。

哺乳仔猪的饲料要求营养丰富,容易消化,适口性强,粒度适当,搅拌均匀。为使仔猪早日上槽吃料,有几种引食方法:

用乳清粉、脱脂乳粉加糖拌入饲料中诱食。仔猪的嗅觉灵敏,对乳香味很敏感,诱食效果很好。诱食料要放在仔猪常活动的地方。用炒熟的玉米,磨成粗粉诱食。用膨化饲料诱食,膨化饲料经熟化后易消化,有香味,又较松脆,仔猪爱吃。用嫩青料诱食。将青菜嫩头、甘薯藤嫩头、南瓜丝、甘薯丝等撒到诱食料上,由于仔猪爱吃嫩青料,就把诱食料也带入口中,几次后就采食了。

将诱食料放在仔猪补料栏内,然后在仔猪兴奋活动时将其关在补料栏内强迫吃料一段时间。这样能加速仔猪采食。

微量元素的补充:对仔猪生长关系较密切的微量元素有铁、铜和硒。铁是形成血红蛋白和肌红蛋白所必需的微量元素,同时又是细胞色素酶类和多种氧化酶的成分。初生仔猪出生时体内铁的总贮存量约为 50 mg,每天生长需要约 7 mg,而母乳中含铁量很少(每 100 g 乳中含铁 0.2 mg),仔猪从母乳中每日仅能获得 1 mg 铁,给母猪补饲铁也不能提高乳中铁的含量。因此,仔猪体内贮存的铁很快耗尽,如得不到补充,会因缺铁而贫血,出现食欲减退、皮肤苍白、生长停滞,严重者死亡。

缺铁的仔猪,抗病能力减弱,容易生病,为防止仔猪贫血给生产造成损失,仔猪生后 3 日龄内补铁。补铁方法有口服和肌肉注射 2 种。

口服铁铜合剂补饲法:把 2.5 g 硫酸亚铁和 1 g 硫酸铜溶于 1 000 mL 水中配制而成,装于瓶内,当仔猪吸乳时,将合剂滴在乳头上使仔猪吸食或用乳瓶喂给,每天 1～2 次,每头每天 10 mL。当仔猪开始吃料后,可将合剂拌在饲料中喂给。

肌肉注射补铁:肌肉注射生产上应用较普遍。肌肉注射有牲血素、右旋糖酐铁等,一般于 3～4 日龄注射 1～2 mL(根据浓度而定每毫升含铁 100～150 mg),10 日龄再注射一次。

铜与体内正常的造血作用和神经细胞、骨骼、结缔组织及毛发的正常发育有关。高剂量铜(50～250 mg/kg)对仔猪的生长和饲料利用有促进作用。

硒和维生素 E 具有相似的抗氧化作用,它与维生素 E 的吸收、利用有关。硒缺乏会引起白肌病、肝坏死、食欲减退、增重缓慢、严重者甚至突然死亡。仔猪对硒的日需要量,根据体重不同大约为 0.03～0.23 mg。对缺硒仔猪可于出生后 3～5 d,肌肉注射 0.1% 的亚硒酸钠溶液 0.5 mL,30 d 再注射 1 mL。补硒时,同时给予维生素 E 会具有更好的效果。

水的补充：水是动物血液和体液的主要成分，是消化、吸收、运送养分和排出废物的溶剂，水可调节体温和体液电解质的平衡。由于仔猪生长迅速，代谢旺盛，母乳中含脂肪量高（7％～11％），需水量较多。仔猪常感口渴，如不及时给仔猪补水，仔猪会因喝脏水或尿液而引起下痢。目前一些工厂化的猪场都给产房或产床安装供仔猪饮水的自动饮水器，保证哺乳仔猪随时饮水。如果没有自动饮水装置，仔猪生后 3 日龄起可在补饲间设饮水槽，开始补给清洁饮水，水槽要经常刷洗消毒，水要勤更换以保持新鲜，并可稍加甜味剂，冬季可供给温热水。

3. 抓旺食，过好断乳关

仔猪随着消化机能逐渐完善和体重的迅速增长，食量大增，进入旺食阶段。为了提高仔猪的断乳重，应加强这一时期的补料。根据仔猪采食的习性，选择香甜、清脆适口性好的饲料。补料要多样配合、营养丰富。因仔猪生长迅速，需要补饲接近母乳营养水平的全价饲料。日粮配合既要多样化，又要注意蛋白质的质量，仔猪最需要的赖氨酸、色氨酸等在黄豆饼及幼嫩的豆科青草中含量较高，但哺乳仔猪对纤维和谷类淀粉的消化率不高，因此，不能全靠植物性蛋白质补料供给，最好给予一定数量的鱼粉、骨肉粉、脱脂乳粉、血粉等动物性蛋白质饲料。

补饲次数要多，适应肠胃的消化能力。哺乳仔猪每天补饲 5～6 次，其中夜间一次。每次食量不宜过多，以不超过胃容积的 2/3 为度。

4. 去势（阉割）

商品猪场的小公猪、种猪场不能做种用的小公猪，可在断乳前进行去势，生长发育良好的仔猪，可于出生后 7 d 去势，一般在 15 d 左右进行。仔猪去势越早，应激越小，伤口愈合越快，手术越简便。去势前后的注意事项如下：

去势仔猪要健康无病，去势前 2 h 断食。去势过程中一定要严格消毒，去势时只开一个刀口，刀口尽量小，刀口要开在阴囊下端，便于血水流出。去势过程中要对阴囊疝猪倍加小心，不要把肠戳破。去势后 1～2 d，要经常观察有否意外发生，如肠漏出等。去势后地面和垫草要清洁、干燥，以免污染伤口（图 6.3）。

5. 寄养

在猪场同期有一定数量母猪产仔的情况下，将多产、无乳吃、母猪产后因病死亡的仔猪寄养给产仔少的母猪，是提高仔猪成活率的有效措施。当母猪头数过少需要并窝合养，使另一头母猪尽早发情配种，也需要进行仔猪寄养。仔猪寄养时一定要注意以下几方面问题：

母猪产期应尽量接近，最好不超过 3 d。后产的仔猪向先产的窝里寄养时，要挑体重大的寄养；而先产的仔猪向后产的窝里寄养时，要挑体重小的寄养，以免体重相差较大，影响体重小的仔猪发育。

　　寄养的仔猪一定要吃初乳。仔猪吃到初乳才容易成活,如因特殊原因仔猪没吃到生母的初乳时,可吃养母的初乳。养母猪必须是泌乳量高、性情温顺、哺乳性能强的母猪,只有这样的母猪才能哺育好多头仔猪。

　　在实践中,最好是将多余仔猪寄养到迟1～2 d分娩的母猪,尽可能不要寄养到早1～2 d分娩的母猪,因为仔猪哺乳已经基本固定了奶头,后放入的仔猪很难有较好的位置,容易造成弱仔或僵猪。

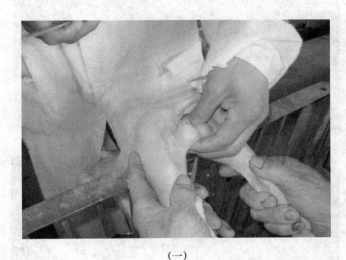

(一)

(二)

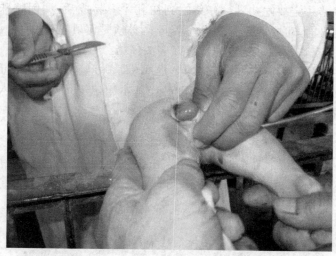

（三）

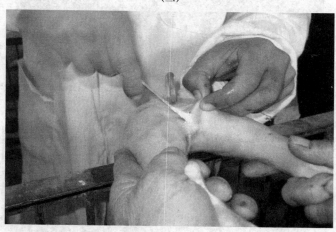

（四）

图 6.3　仔猪去势操作

　　固定好乳头后，在哺乳期内可能有病死的仔猪，其吮吸的乳头应进行处理，因病死仔猪体质较弱，所以乳房的泌乳量不会太高，应马上封闭，以防发生乳房炎。

　　在生产上往往因配种不当、母猪过肥、产后仔猪全群下痢等，造成两窝仔猪各剩 4～5 头和 5～6 头，这时将两窝仔猪并成一窝，选其中温驯的、泌乳量高的母猪带养。另一头母猪复壮，待发情配种，达到提高生产力的目的。

　　使被寄养仔猪与养母仔猪有相同气味。猪的嗅觉特别灵敏，母仔相认主要靠嗅觉来识别。多数母猪追咬别窝仔猪,不给哺乳。为了顺利寄养,可将被寄养的仔猪涂抹上养母猪乳或尿,也可将寄养仔猪和养母所生仔猪关在同一个仔猪箱内,经过一定时间后同时放到母猪身边,使母猪分不出被寄养仔猪的气味。

6. 预防疾病

预防疾病应坚持养重于防、防重于治、有病早治的原则。

初生仔猪抗病能力差,消化机能不完善,容易患病死亡。腹泻是哺乳仔猪最常见的疾病,也是影响仔猪健康生长的主要因素之一。

有病早治的关键是早期发现。健康猪与生病猪的精神状态、行为表现、动作快慢等均有着明显的区别。健康猪,精神饱满,反应灵敏,动作迅速,食欲旺盛,吃得快,两耳竖立,尾巴卷起。生病猪则与此相反。哺乳前期母猪生病,对仔猪影响很大,初期发病的反应为食欲不振,有剩料。陆续表现出动作缓慢,精神不振,两耳耷拉,夹着尾巴。疾病严重时发高烧,卧地不起,不吃不喝,停止放乳。如果一发现有剩料,应立即查找原因,马上用药,控制母猪病情的发展。

仔猪发病开始,精神不振,食欲减退,不愿吃乳。哺乳时健康仔猪蜂拥而上,迅速找到乳头,而发病仔猪慢慢腾腾落在后头,勉强找到乳头也不在乳前拱揉,母猪放乳时,只应付几口完事。这种现象只要注意观察不难发现,可及时确诊。

仔猪腹泻病包括多种肠道传染病,最常见的有仔猪红痢、仔猪黄痢、仔猪白痢和传染性胃肠炎等。也有非传染性导致的,如消化不良等。对于传染性的,立刻控制传染源,防止传染扩大。对病仔猪和其他仔猪,分别用药治疗和预防。

由母乳引起的下痢,多发生在产后 2～7 d,医治不及时,全窝发病,死亡率较高。其原因是母乳酸度大,母乳日粮脂肪含量过高,母乳中钙质不足等。预防办法可减少含脂肪高的饲料如豆饼、鱼粉等。增加青绿多汁饲料和贝粉等,改变母乳的酸性大和钙质不足。另外在母猪妊娠期防止过肥,保持适中,认真做到产前减料,产后逐步增料。在妊娠母猪产前 21 d 注射仔猪腹泻基因工程双价 K88、K99 灭活苗,效果很好,特别对黄痢有特殊的预防效果。

当仔猪 20～30 d,陆续吃料或大量采食时,由于卫生条件差,饲料质量差或不够卫生,粪尿污染、夜间保温不好使仔猪受凉等引发仔猪下痢(白痢、黄痢、严重时出现红痢)。预防办法是加强日常管理,及时清除粪便,保证环境卫生,供应清洁的饮水和饲料,保证环境温度,仔猪应有板床或铺有干燥的垫草,防止仔猪受凉。一旦发现下痢,首先控制传染源,下痢排出的灰白色、铅色软便、黄色稀便或带有血丝的稀便等,及时清除干净,防止健康仔猪拱舔。然后及时对下痢仔猪用药治疗并对全窝仔猪用药预防,防止传染全窝。在仔猪料中可以加适量的抗生素等如0.001%～0.01%的杆菌肽、0.007 5%～0.001 5%的土霉素、0.001%～0.007%

的红霉素、0.001%～0.005%的青霉素。

发生腹泻时要注意补水,当下痢仔猪失去体液10%时,即面临死亡。给仔猪施以胃管直接补水的效果最好,通常补水量应在体液的10%左右,每千克体重每天需补水75 mL;对严重的腹泻仔猪可腹腔注射葡萄糖生理盐水,并让其自由饮服补液盐加抗菌药物水溶液。

预防仔猪腹泻病的发生,是减少仔猪死亡、提高猪场经济效益的关键。预防措施如下:

养好母猪:加强妊娠母猪和哺母猪的饲养管理,保证胎儿的正常生长发育,产出体质健康的仔猪,母猪产后有良好的泌乳性能。哺乳母猪饲料稳定,不吃发霉变质和有毒的饲料,保证乳汁的质量。母猪产后3～5 d逐步、缓慢地恢复到产前的饲料量。8～10 d后可以根据母猪的食欲,带仔数等逐步加料,这是符合母猪的代谢规律。在母猪哺乳期间盲目喂精料过多,会使母猪多产奶,导致仔猪吃不完母乳,母猪易患乳房炎,降低了母猪的生产力。此外,母猪患乳房炎或母猪日粮中精料过多,脂肪含量过高等,可引发白痢,其传染速度快,死亡率高,给仔猪的生存带来了威胁。

预防哺乳仔猪腹泻必须采用综合措施,第一,应重视后备母猪的驯化与免疫,以提高初产母猪抗体水平。生产中可将青年母猪与经产母猪放在同一栏内饲养,或者让青年母猪接触到经产母猪的新鲜粪便、胎衣。第二,要通过提高孕期营养提高仔猪的初生重。第三,要注意保温,防止湿冷及空气污浊,提高母猪的泌乳量,严格施行全进全出制度,保持良好的环境卫生。第四,母猪产前免疫大肠杆菌、红痢等疫苗是减少仔猪腹泻的主要途径。另外,通过寄养的仔猪,平衡窝仔猪数,对初生仔猪实施药物保健可有效预防腹泻。

保持猪舍清洁卫生:产房最好采取全进全出制,前批母猪仔猪转走后,地面、栏杆、网床等要彻底的清洗、消毒,消灭引起仔猪腹泻的病菌病毒。妊娠母猪进产房时对体表要进行喷淋刷洗消毒,临产前用0.1%$KMnO_4$溶液擦洗乳房和外阴部以减少母体对仔猪的污染。产房的地面和产床上不能有粪便存留,随时清扫。同时,做好常规消毒处理也非常重要。

保持良好的环境:产房应保持适宜的温度、湿度,控制有害气体的含量,使仔猪生活得舒服,体质健康,有较强的抗病能力,可防止或减少仔猪的腹泻等疾病的发生。

(1)温度。温度是仔猪生长发育的重要因素。要保持温度相对恒定,不能忽高忽低。

(2)通风。通风换气是猪舍环境控制的一个重要手段。目的是在气温高的情况下,通过加大气流使猪感到舒适,可以缓和高温对猪的不良影响。其次,在猪舍密闭的情况下,引进舍外的新鲜空气,排出舍内的污浊空气,改善舍内的空气质量。仔猪舍冬季的通风换气风速应小于 0.2 m/s。

(3)湿度。相对湿度在 70%～75%最适于仔猪的生长发育。避免高温高湿和低温高湿的环境。

(4)噪声。噪声对猪的影响目前研究得还比较少,噪声可影响猪的增重、泌乳,有人试验发现,高强度噪声使猪的死亡率增高。猪遇突然噪声会受惊、狂奔、不动、紧堆等现象造成跌伤、撞伤、压伤和压死。噪声的强度不能超过 50～70 dB。

采用药物预防:对仔猪危害的黄痢病,可用硫酸庆大霉素注射液。每支 10×2 mL,8 万 IU,仔猪生后第一次吃乳前口腔滴服 1 万～3 万 IU,以后每天 2 次,连服 3 d,如有猪发病继续投药。

正常状态的哺乳母猪及仔猪见图 6.4。

同时,要注意仔猪感染其他疾病,如呼吸系统疾病,复合性炎症等,这些病均会与腹泻共同作用,导致仔猪死亡率提高。

图 6.4　正常状态的哺乳母猪及仔猪

第二节　断奶仔猪的养育技术

一、仔猪早期断乳及断乳过渡期(断乳 1 周内)的饲养管理

(一)仔猪早期断乳

传统养猪仔猪一般生后 56～60 d 断奶。仔猪早期断奶是指仔猪生后 3～5 周龄离开哺乳母猪,开始独立生活。仔猪生后 2 周龄以内离开哺乳母猪的称为超早期断奶。多数国家推广 4～5 周龄断乳。如日本提倡"三个三养猪制"即仔猪生后30 d 断奶,仔猪培育 30 d,然后再育肥 3 个月,也就是仔猪生后 5 个月体重达 95～100 kg 屠宰上市。

1. 仔猪早期断奶的优点

(1)提高母猪年生产力。母猪生产力一般是指每头母猪一年所提供的断奶仔猪数。仔猪早期断奶可以缩短母猪的产仔间隔(繁殖周期),增加年产仔窝数。母猪年产仔窝数可通过下式计算。

$$母猪年产窝数 = \frac{365}{妊娠期 + 哺乳期 + 空怀期}$$

一年 365 d 是个常数,在养猪生产中,某一生产环节(如配种)重复出现的时间间隔为一个生产周期。一个生产周期由 3 个阶段组成:配种到分娩这段叫妊娠期,平均为 114 d。分娩到断奶这段时间为哺乳期,这段时间有伸缩性。生产中要充分利用母乳来哺育仔猪,因此,哺乳期下限应选在母猪泌乳高峰(21 d)以后。从断乳到再发情配种这段时间叫空怀期,若饲养管理正常,则断乳后 5~7 d 即可发情再配种。哺乳期、空怀期越短,繁殖周期越短。所以,缩短哺乳期和空怀期,可提高母猪产仔总数和断奶仔猪头数。

按理论推算,仔猪生后 0 d、2 d、7 d、21 d、35 d、56 d 断奶,母猪年产窝数、产活仔猪数、成活仔猪头数(56 d),见表 6.4。

从理论上讲,断奶时间越早,母猪年产仔窝数越多,每提前 1 周断奶,1 头母猪可多生产 1 头断奶仔猪。目前,世界通行的仔猪断奶时间为 21~28 d,我国为28~35 d。

表 6.4　仔猪断奶日龄与母猪产仔数

项目	断乳天数					
	0	2	7	21	35	56
年产胎数	3.00	2.95	2.85	2.50	2.30	2.05
断奶时仔猪数	31.5	27.1	24.5	20.3	18.4	16.2
56 d 仔猪数	28.3	25.7	24.0	19.0	18.0	16.2

注:每胎产活仔 10.5 头。

(2)提高饲料利用效率。仔猪越早断奶,母猪在哺乳期耗料就越少。从饲料利用率来看,仔猪断奶后直接摄取饲料所获得的饲料利用率,要比断奶前饲料通过母猪摄取,然后转化为乳汁,再由仔猪吮取乳汁转化为体组织的要高。家畜对饲料能量的利用,每转化一次,要损失 20%。

(3)有利于仔猪的生长发育。早期断奶的仔猪,虽然在刚断奶时由于断奶应激的影响,增重较慢,一旦适应后增重变快,可以得到生长补偿。根据试验,在仔猪生后分别于 28 d、35 d、45 d 和 60 d 断奶,仔猪的生长发育结果如表 6.5 所示。

通过表 6.5 可以看出,28 d、35 d、45 d 断奶的仔猪与 60 d 断奶仔猪相比较,在60 d 以内增重较慢,60 d 以后增重高于 60 d 断奶的仔猪。到生后 90 d 时,各组仔猪平均个体重很接近。

表 6.5　不同断奶日龄仔猪的增重情况　　　　　　kg

断乳日龄	20 d		28 d		35 d	
	个体重	日增重	个体重	日增重	个体重	日增重
28	4.70	175	6.28	195	6.69	78
35	4.36	166	5.66	174	7.00	192
45	4.32	160	5.90	227	6.50	91
60	4.55	175	6.55	250	7.53	180

断乳日龄	45 d		60 d		90 d	
	个体重	日增重	个体重	日增重	个体重	日增重
28	9.46	227	15.97	434	32.84	559
35	9.07	207	15.45	425	32.22	582
45	10.26	376	16.40	409	31.40	512
60	10.75	322	17.90	476	32.90	503

早期断奶的仔猪能自由采食营养水平较高的全价饲料,得到符合本身生长发育所需各种营养物质。在人为控制环境中养育,可促进断奶仔猪的生长发育,防止落后猪只的出现,使仔猪体重大小均匀一致,减少患病和死亡。

(4)提高分娩猪舍和设备的利用率。工厂化猪场实行仔猪早期断奶,可以缩短哺乳母猪占用产仔栏的时间,从而提高每个产仔栏的年产仔窝数和断奶仔猪头数,相应降低了生产一头断乳仔猪产栏设备的生产成本。

2. 断奶方法的选择

仔猪断奶可采取一次性断奶、分批断奶、逐渐断奶和间隔断奶的方法,这些方法各有利弊,不同规模、设备、生产工艺的猪场应因地制宜,选择适合本场的断奶方法。仔猪断奶时应该考虑仔猪的安全断奶体重,一般情况下体重 6.5～7.0 kg 的仔猪都可安全断奶。

(1)一次性断奶法。到达仔猪断奶日龄时,一次性将母仔分开。具体操作可将母猪赶出原栏,留下全部仔猪在原栏饲养。此法简便易行,并能促使母猪在断奶后迅速发情。缺点是突然断奶后,母猪容易发生乳房炎,仔猪也会因突然受到断奶刺激,影响生长发育。因此,断奶前应注意调整母猪的饲料,降低泌乳量;细心护理仔猪,使之适应新的生活环境。

根据膘情,断奶前 3 d 减少母猪饲料量,减少母乳的供给,迫使仔猪进食较多的乳猪料。这样对仔猪断乳有好处。

(2)分批断奶法。将体重大、发育好、食欲强的仔猪及时断奶,而让体弱、个体小、食欲差的仔猪继续留在母猪身边,适当延长其哺乳期,以利弱小仔猪的生长发育。采用该方法可使整窝仔猪都能正常生长发育,避免出现僵猪。但断奶期拖得较长,影响母猪发情配种。

(3)逐渐断奶法。在仔猪断奶前4～6 d,把母猪赶到离原圈较远的地方,然后每天将母猪放回原圈数次,并逐日减少放回哺乳的次数,第1天4～5次,第2天3～4次,第3～5天停止哺育。这种方法可避免引起母猪乳房炎或仔猪胃肠疾病,对母、仔猪均较有利,但较费时、费工。

(4)间隔断奶法。仔猪达到断奶日龄后,白天将母猪赶出原饲养栏,让仔猪适应独立采食;晚上将母猪赶进原饲养栏(圈),让仔猪吸食部分乳汁,到一定时间全部断奶。这样,不会使仔猪因改变环境而惊惶不安,影响生长发育,既可达到断奶目的,也能防止母猪发生乳房炎。

(5)超早期隔离断奶。20世纪90年代开始于欧美发达养猪国家的一种新型断奶技术,主要是为了结合多点饲喂工艺,防止病原由母猪向仔猪的垂直传播,有利于仔猪疾病防控和提高母猪的繁殖效率。目前美国、加拿大等部分养猪发达国家70%左右的猪场采用SEW技术。

其核心内容是:母猪在分娩前按常规程序进行有关疾病的免疫注射,仔猪出生后保证吃到初乳,按常规免疫程序进行疫苗预防接种后,在10～21 d断奶,在仔猪母源抗体下降到最低点之前,把仔猪在隔离条件下保育饲养。保育仔猪舍要与母猪舍及生产猪舍分离开,阻断病原由母猪向仔猪的垂直传播。

采用SEW断奶技术,由于断奶日龄短、仔猪体质弱等原因,在饲养管理上,仔猪的环境温度、日粮配置都有特殊要求。

(二)断乳应激的控制与预防

断奶仔猪是出生后3～5周龄断奶时到9～10周龄的仔猪,也称之为保育猪。仔猪在这段时间的生长发育将为后续育肥打下基础,是猪生产的关键环节。断奶应激的预防与控制是本阶段的关键技术。

断奶时,仔猪面临着巨大的挑战,包括:从以接受母乳脂肪、乳糖和乳蛋白为主,到采食含有不同程度抗原特性的植物性蛋白质、分子结构迥异的植物性多糖与脂类养分,从吮吸母乳(液体)到采食配合饲料(固体),从与母亲一同生活到离开母亲独立生活,从保育舍转到仔猪培育舍,所有这些都从心理、营养、环境多方面刺激仔猪,导致断奶应激。此时若管理不当,仔猪食欲降低、消化功能紊乱、腹泻、生长缓慢、饲料利用率低、精神状况以及外貌表现不佳等,有的猪甚至死亡或形成僵猪。

目前断奶仔猪主要表现在消化道的机能紊乱及免疫力下降,因此,也主要通过营养调控及饲养管理缓解仔猪的断奶应激。

1. 断奶对仔猪消化机能的影响

首先,断奶使仔猪的小肠绒毛易被细菌和饲料破坏,从而影响对营养物质的消化吸收能力。仔猪断奶后,由摄取液体乳汁突然改为摄取固体饲料。当日粮含大量谷物时,肠绒毛很快磨损变短,绒毛高度最终会降低到断奶时的50%。绒毛表面由高密度指状变为平舌状,这种变化将持续7~14 d,从而减小了小肠对养分的吸收面积,严重影响其消化过程的分泌和吸收能力。

其次,仔猪断奶应激条件下,肾上腺皮质酮分泌增多,消化道分泌的作为厌养菌营养源的粘蛋白数量下降,乳酸杆菌数量减少,乳酸生成减少,本身胃酸合成不足,加之受饲料酸结合力影响,采食后胃内 pH 可上升到 5.5 以上,抑制了多种消化酶的活性,固体饲料不易被消化。

另外,断奶对仔猪消化酶的活性和酶谱造成深刻影响。在初生后 0~4 周龄,仔猪胃肠道中的脂肪酶、淀粉酶、胰蛋白酶,糜蛋白酶和胃蛋白酶活性几乎成倍增长,但在 4 周龄断奶后的 1 周内,各种消化酶活性降低到断奶前水平的 1/3,经过 2 周,大部分酶的活性方恢复或者超过断奶前水平,而胰脂肪酶活性仍未见恢复。

2. 断奶对仔猪免疫性能的影响

仔猪在 4~5 周龄才具备产生主动免疫的能力,初生时,母乳中的免疫球蛋白可使仔猪获得并维持被动免疫。断奶使得仔猪失去了乳源抗体以及生长激素(GH)、胰岛素样生长因子(IGF)、活性肽等乳源生长因子,间接影响了机体的免疫力。此时,环境温度过低,将抑制仔猪的免疫能力,导致对传染性胃肠炎敏感性升高,腹泻发生率增加。仔猪断奶后采食量下降,导致能量水平和各种营养物质吸收不足,使得组织屏障萎缩、黏膜分泌减少、转铁蛋白和干扰素生成量降低,造成 T 细胞受损,影响了免疫细胞功能。脂肪酸摄入不足会造成淋巴细胞萎缩。

大豆蛋白对断奶仔猪的肠道免疫系统造成较大影响。大豆中存在的大豆球蛋白和 β- 大豆伴球蛋白会被 6 月龄以前的仔猪完整吸收,引起短暂性过敏症,造成断奶仔猪肠黏膜下淋巴细胞增生、隐窝细胞有丝分裂速度加快、绒毛脱落,组织上的损伤还会引起一些功能上的变化,如蔗糖酶、乳糖酶、异麦芽糖酶和海藻糖酶等的分泌减少,活力降低,从而导致仔猪养分消化吸收率降低和非病原性的腹泻,影响对养分的吸收,降低了对细菌的抵御能力,进而引起病原性腹泻。

3. 仔猪断奶应激的营养调控措施

(1)断奶前补饲。补饲不仅可以弥补仔猪母乳摄入不足,并促进消化道发育,达到免疫耐受水平的补饲量可使仔猪对饲料抗原获得免疫耐受,减轻断奶后的过敏反应。但如补饲不充分,仔猪断奶后再次接触饲料抗原反而会使超敏反应更加强烈。3 周龄或更早断奶的仔猪若不能达到 600 g 补饲量,难以建立免疫耐受,规模化猪场一般在断奶时应补饲教槽料 2 kg。

（2）提高饲料适口性。改善饲料适口性可提高仔猪采食量，从而减轻断奶应激。多数饲料添加剂会降低适口性，乳清粉、乳糖、奶粉、猪油、香味剂、调味剂均等可改善适口性，日粮添加去皮膨化全脂大豆，相比添加去皮豆粕，日均采食量有所提高。增加采食量的同时也应注意采食上限的控制，防止仔猪因摄入过量复杂的碳水化合物或抗原性植物蛋白而引起腹泻。

（3）日粮营养调控措施。

①能量原料的选择。断奶应激抑制仔猪消化道酶活与酶谱，难以消化固体日粮中复杂的碳水化合物，能量的实际摄入不足，因此需要在仔猪日粮中添加优质、高能、易消化的原料作为能量来源，如乳糖、脂肪等。乳糖甜度高，适口性好，刚刚断奶的仔猪体内的乳糖酶的数量与活性又较高，可高效地分解利用乳糖，其分解产物乳酸有利于肠胃道 pH 值降低，抑制病原微生物繁殖和促进消化酶的分泌，并且能提高血液制品在仔猪日粮中的使用效果。添加油脂可提高仔猪日粮的能量浓度，但由于仔猪断奶后前 2 周的脂肪酶活性低，在断奶后 3～4 周添加脂肪的效果较好。早期断奶仔猪对椰子油及其类似油脂的消化率最高，其次是玉米油和豆油，猪油和牛油最差。

②蛋白质原料的选择。大豆制品、鱼粉、乳制品和血液制品等是仔猪料中主要的蛋白质原料。使用大豆蛋白时必须先消除其中的抗原性物质。对大豆进行膨化加工，高温、高压可使脲酶和胰蛋白酶抑制因子失活，并破裂细胞壁，释放细胞内的脂肪和蛋白质等营养物质，提高养分消化吸收率。

喷雾干燥血浆是早期断奶仔猪饲粮的必需蛋白质。猪血浆产品中蛋氨酸和异亮氨酸含量较低，故使用喷雾干燥血浆时应注意平衡氨基酸。断奶仔猪日粮中平衡必需氨基酸，日粮蛋白水平可下降 3％～4％ 而不影响生产成绩，有利于降低生产成本，并防止仔猪因采食高蛋白日粮引起的腹泻。使用玉米、豆饼、乳制品和动物性蛋白饲料等原料组成的复杂日粮，可使饲料氨基酸的比例更理想。

③免疫性功能添加剂。脂肪对机体免疫功能具有调节作用。日粮中脂肪的质量和数量将改变白细胞膜上磷脂的脂肪酸组成，脂肪酸摄入不足会造成淋巴细胞萎缩。但是日粮中的脂肪含量过高，特别是高水平的 ω-6 不饱和脂肪有损伤免疫功能的趋势，抑制仔猪免疫系统的发育。

与免疫功能有关的氨基酸主要是含硫氨基酸、苏氨酸和谷氨酰胺等。谷氨酰胺对机体免疫的作用近年来研究较多，可作为胃肠道黏膜细胞的特殊营养物质，维持肠黏膜组织结构，提高肠道免疫力。

足够维生素 E、维生素 A、泛酸、吡哆醇和核黄素等可以增加仔猪合成抗体的能力。各种微量元素同样对仔猪免疫有增强促进的作用,且与维生素有协同作用。微量元素锌对维持淋巴细胞有重要作用;铁是仔猪防止贫血和增强免疫功能所必需的营养元素,口服螯合铁对仔猪免疫功能有明显的增强功能。铜可增强抗体的免疫反应能力。

④生理调节剂的应用。使用1.5%～2%的富马酸提高断奶仔猪日增重、采食量提高、饲料利用率提高。丙酸、盐酸、硫酸、磷酸等无机酸只可使饲料pH值降低,并不能提高甚至会降低仔猪生产性能。

添加外源性酶可弥补断奶仔猪内源消化酶的不足,协助消化。目前使用的酶制剂包括蛋白酶、脂肪酶、淀粉酶、纤维素酶等。

在断奶仔猪日粮中添加土霉素、杆菌肽锌等抗生素可以减少腹泻,提高生长速度。在仔猪饲料中添加适量(100～150 mg/kg)的大蒜素可以促进仔猪消化吸收,其中的二硫醚和三硫醚能够破坏致病菌的正常新陈代谢,使细菌巯基失活而抑制细菌的生长繁殖,可代替日粮中部分抗生素类药物。

寡果糖可以通过影响仔猪内分泌起到促生长作用,具有增强仔猪免疫功能的功效,可促进有益菌的增殖,阻止肠道致病菌在肠道表面定植。

4. 控制断奶应激的饲养管理措施

为控制和缓解断奶应激,除应注意日粮的配置外,在管理上还应该遵循断奶仔猪饲养"两维持、三过渡"的原则。

(1)饲料成分的过渡。

具体操作:仔猪断乳后,半个月内不改变饲料形态及饲料配方,半月后改喂断乳仔猪的饲料。为防止因换料引起的降低食欲,消化不良等,必须采用交替过渡的方法。先将欲改变的断乳仔猪饲料分别按10%、30%、50%、70%和90%逐步增加,原哺乳仔猪饲料按90%、70%、50%、30%和10%逐步减少,每次增减饲料时要过渡2～3 d。变换饲料过程中,注意观察仔猪采食和排便情况,发生不正常的情况应及时调整。

(2)饲料量的过渡。仔猪断乳后,5～7 d内保持断乳前供给的饲料量,随后可根据具体情况,酌情逐渐增加饲料量。因为仔猪断乳前供给的饲料量,实质是仔猪断乳前的补料量。断乳前仔猪的饲料量应是补料量加哺乳量,所以断乳后仍按断乳前的补料量供给饲料,刚好让断乳仔猪吃到八分饱,这正迎合了仔猪断乳后要控制饲料量,防止断乳后仔猪采食量大与消化能力弱的矛盾。如果不适当地控制,很容易发生消化不良、腹泻拉稀等,对仔猪后期的生长发育有严重的影响。

(3)饲喂次数的过渡。仔猪断乳后,维持断乳前的饲喂次数,即不增加也不减少,饲养正常的情况下,断乳后的2～3周可以逐渐减少饲喂次数,但是3月龄前不能低于 4 次。

仔猪实行自由采食,同样要控制饲料量。使用自动饲槽时,因槽位不够,强壮的仔猪占住槽位不放,等它们下槽时,饲料也快吃光了,形成饥饱不均,导致消化不良、拉稀等。这种情况下可以暂时按顿饲喂,增加饲槽数量,使仔猪都能吃上均匀的饲料。一周后逐渐过渡到自动采食。陆续撤下后加的饲槽,自动饲槽里保持充足的饲料。

(4)环境和管理制度的过渡。仔猪断乳时,只将母猪赶到另外一栋猪舍里饲养,仔猪仍留在产床上饲养,避免母仔再接触,否则见面后,母猪和仔猪互相呼叫不得安静,影响猪群休息和增重,仔猪留在原圈,尽量保持断乳前的生活环境不变。

仔猪断乳后,经过半个月的过渡,如果适应了独立生活,饮食和排便都正常,可以进行并窝或调群。在并窝或调群前尽量找机会让仔猪先接触熟悉,如一起放到宽敞的运动场活动,一旦发生咬斗有回旋的余地,不会被咬伤,也可以避免将来并窝和调群互相咬伤。并窝时要两窝一并,不要全群打乱重新组群,避免 5~6 头仔猪轮班咬一头仔猪。

如果要拆群并窝,应坚持拆多不拆少、拆强不拆弱、夜并昼不并的原则;并依据仔猪的大小,胖瘦和强弱来调群。个别弱小的仔猪可以单组一群,进行个别护理。

(5)猪舍的温度和湿度。断乳后,虽然把母猪赶走,只留下仔猪,这时圈里的温度仍应保持在 $18\sim22℃$,相对湿度不超过 75%。温暖、干燥的舍内环境,有利于仔猪的生长发育,如果温度过低、湿度大,仔猪容易聚堆,影响休息,不利增重。病猪所需环境温度比正常猪群高 $1\sim2℃$。

(6)保证供水。水对断乳仔猪十分重要。断乳仔猪适应独立生活后,每天要采食大量饲料,需水量增加。这时一定保证充足而清洁的饮用水,否则影响消化和代谢的正常进行。在供水不足时,喝了污水可导致消化道疾病如下痢、腹泻等;安装自动饮水器,是解决饮水的有效措施。

此外,断奶仔猪舍应设置辅助供水系统,并配备加药桶,以便特殊情况下给猪群饮水加温、加药保健。

二、仔猪保育阶段的饲养管理

(一)断乳仔猪的转舍

断乳仔猪经过在分娩舍的 1 周过渡期后,群体已经稳定,可以将猪群转移到保育舍进行保育饲养,在保育舍完成 6~7 周的生产过程。

1. 断乳仔猪转舍的准备工作

(1)提前一周完成保育舍的清理、消毒处置工作,必须做到熏蒸消毒。

(2)检修保育舍的生产设备,对饲喂设备、漏缝地板、供暖设备及其他环境控制设备进行认真检修和调试,保证设备能够正常运行;尤其要对供水系统进行调试,对坏的饮水器要更换,重新调整饮水器的高度,确保转入仔猪每头都能正常饮水。

(3)低温季节提前一天开始供暖,至转入前保育舍的温度在 25～28℃;尤其是使用水循环地暖的猪场更要保证时间提前量。

(4)准备转运工具,要进行彻底消毒;如果是转运路途较远,需要使用机动车来运输,一定要使用分隔笼来装载;同时准备标记用具,便于在装载时对来自不同母猪的断乳仔猪进行标识,以便转入保育舍时进行分群。

(5)准备相关表格,确定具体实施转群的时间。

2. 断乳仔猪的转舍工作

(1)保育猪的转群时间一般定在天快黑时或晚间进行。

(2)转群前可在仔猪的饮水中添加维生素 C、维生素 E 及葡萄糖;提高仔猪抗应激能力。

(3)以窝为装载单位来安排转群,对于商品猪要进行称重登记及性别登记;若是种猪,如果以前没有进行血统信息进行标识,可以在转群前上耳标进行血统确认。

(4)用机动车进行运输时,以窝为单位进行标记,以防在运输、装、卸仔猪时出现混淆,不利于在保育舍中进行分群饲养;运输途中要缓慢行驶,不能急刹车,以免造成仔猪伤残及加重猪群应激。

(5)仔猪放入保育栏之前要进行消毒。

(6)放入仔猪后,确认饮水器是否高低适配。

(7)保持转入前使用的料型不变,7 d 后再慢慢更换成保育饲料。

(8)保证保育舍全进全出的饲养工艺,规范完成保育猪的转入及转出工作。

(二)仔猪保育阶段的饲养管理

保育舍是按全进全出的饲养管理模式来设计,这是工厂化养猪必须遵循的规则。若是小规模养殖,也要设计成单元式的养殖空间,有利于疾病的防控。

上批保育猪转出后,经过清理、消毒处置的保育舍,在空置 5～7 d 以后再转入下一批次的断乳仔猪。若是合群饲养的话,转群时间最好安排在黄昏时候进行,为防止仔猪咬架及满足仔猪嬉戏的需求,也可在猪栏一角挂一段与猪尾大小相近的胶管或铁环玩具(但必须是消毒过的)供仔猪玩耍。转群时最好是采用全进全出的方法,把日龄相近的在同一产房内的仔猪一次性全部断乳并转入保育舍。

转入保育舍的仔猪,维持断乳时使用的乳猪料在 7 d 以上,再慢慢过渡使用保育料。保育期间不要轻易换料,以免造成不必要的损失。

1. 保育猪的环境要求

保育舍成功管理的关键是完美的卫生程序,当猪圈和猪舍空出后,对所有的周围环境及设施,包括天花板、风扇、主干道、料槽和饮水器都要进行严格的清洗、消毒程序;并在进猪前应彻底干燥和空栏,并在进猪前把房间预热。断乳仔猪由于应激反应,使体内脂肪减少,体内的水分分布会有所改变,对温度变化较为敏感,所以断乳后最初10 d内的环境温度应稍高于断乳前的分娩小猪栏温度,温度过低,则仔猪表现不安,容易出现拉稀等现象。

猪舍内外要经常清扫,定期消毒,杀灭病原体,防止传染病。及时清除圈内粪尿,每天至少打扫2～3次。尤其是发病仔猪的粪便,要随时清除。每周用消毒剂对圈舍、过道、用具等进行1～2次常规消毒。这是预防疾病,保证仔猪断奶后正常生长发育的重要措施。仔猪出圈后,采用高压水泵冲洗消毒,5～7 d后再进另一批仔猪。

2. 供应清洁足量的饮用水,饮水器安装到位

断乳仔猪供水充足是成功饲养断乳仔猪的基本条件,如饮水不足,会使仔猪采食量减少,增重减慢。断乳初期,一个饮水器可满足8头仔猪的需要,一头仔猪每天必须的饮用水为1.2 L,饮水器的出水量要求500 mL/min以上,如果仔猪长时间咬住饮水器,说明饮水器的出水量不够,会导致仔猪相应地减少采食量,影响仔猪的日增重。

饮水器安装位置在高于仔猪肩部5 cm即可。考虑到保育阶段的猪生长很快,饮水器安装成上下位置可调整的状态,到时可根据猪的高度来调适,同时将乳头式饮水器呈45°斜向安装,可提高饮水效率及饮水舒适度,减少水的流失。

3. 合理的饲养密度

饲养密度与日增重间有着十分密切的因果关系。从断乳到30 kg体重的这一生长阶段的密度过大还会造成以后的发育不良,胴体品质的下降。不同养殖条件下的饲养密度见表6.6。

表6.6　不同养殖条件下的饲养密度

仔猪体重/kg	饲养密度/(m²/头)		
	平地式	半漏缝地板	全漏缝地板
5～7.5	0.15	0.1	0.1
7.6～10	0.23	0.15	0.15
11～12.5	0.25	0.18	0.18
12.6～15	0.3	0.2	0.2
16～20	0.5	0.25	0.25
21～30	0.6	0.3	0.3

4. 保证自由采食且采食充分

在保育阶段,是仔猪肌肉生长的快速时期。所以保育仔猪生长发育特别快,饲料报酬特别高。在此阶段使用的保育料一定要选用得当,确保保育猪自由采食并且采食充分。

5. 合理分群和调教

转入保育舍的仔猪,按体格大小和强弱分圈饲养,尽量使每圈的仔猪个体均匀,并把最小的猪放在房间最暖和的特别看护栏内,留下一个或更多的空栏给处于劣势的弱小猪。

原窝饲养也是保育时期的一种模式,可一定程度缓解仔猪的应激。

仔猪在组群后,应立即调教"三点定位"。"三点定位"是指猪只在固定地点排便、采食和睡觉,关键是调教其定点排便。让仔猪学会使用自动饲槽和自动饮水器。断奶转群的仔猪吃食、卧位、饮水、排泄区尚未形成固定位置。所以,要加强调教训练,使其形成理想的睡卧和排泄区。仔猪培育栏最好是长方形,在中间走道一端设有自动食槽,另一端安装自动饮水器,靠近食槽一侧为睡卧区,另一侧为排泄区。训练的方法是排泄区的粪便暂不清扫,其他区的粪便及时清除干净,让仔猪顺着粪尿气味来确认排粪区,诱导仔猪来排泄,很快养成定点排粪尿的习惯。当仔猪活动时,对不到指定地点排泄的仔猪用小棍哄赶并加以训斥。经过一周的训练,可建立起定点睡卧和排泄的条件反射。

6. 防止咬尾、咬耳

猪的相互咬食现象,又称为"相食症",是养猪生产中常见的危害较大的一种恶癖,其中以咬耳、咬尾最为常见。仔猪断乳后,常常发生咬尾、咬耳现象,不仅影响猪的休息,严重的可能造成猪只的伤亡。

(1)咬尾、咬耳的原因。

吸吮习惯:仔猪断奶后虽然找不到母猪,但还保留吸吮习惯,这时可能会把其他仔猪的尾巴、耳尖当做乳头来吸吮,进而导致咬尾咬耳的发生。

营养不良:如高能量、粗纤维过少、蛋白质严重不足时,特别是饲料中缺乏维生素、矿物质(Ca、P、Fe、Cu、Zn、I)、食盐等,造成仔猪异嗜癖。

环境因素:舍内高温、空气污浊、饲养密度过大、采食槽位不够、供水不足、重新组群等都会引发相食症。通风不良或拥挤增加了仔猪的攻击性。

此外,猪有明显的"序列"行为和"争斗"行为。序列排位,完全靠"打斗"而定。因此,重新组群,必定重新排定序列,必然或轻或重地争斗一番。由于各种不适因素的诱因,使猪更加烦躁不安而争斗加剧。据观察,猪只争斗与躲闪时,耳朵易扇动又首当其冲,尾巴易抢起,而且又落在最后。这两个部位又比较软弱,容易出血。

一旦出血,因血液的刺激会更加引起争斗的欲望,加上猪有很强的模仿行为,一猪领头,其他猪就会模仿,群起而攻之。

(2)控制措施。一是改善饲养管理,保证良好通风和合理饲养密度,消除使猪不适的因素。二是及时调整日粮,饲料组成合理,饲喂全价配合饲料。三是加强看管,一旦发现相食现象,及时处置,要将咬尾者和被咬者隔离,并对被咬伤者及时治疗,及时制止争斗行为。在圈中撒红土、微量元素、石粉等让猪拱食。四是为仔猪设置玩具,如铁链、玉米秸、石块等,分散其注意力。五是在初生时给仔猪断尾。

7. 观察猪群

在仔猪保育阶段,应加强日常猪群观察,及时掌握猪群状态。健康正常的猪群应散开活动式睡觉,无相互挤压,行走时步态正常,被毛光亮,当有人进入猪舍时反映出注意及警觉的神态,喂料时会积极抢食,猪尾卷起,粪便正常。如果猪群异常,出现一种或多种症候:不活跃、常卧不起、不愿走动、四肢无力、消瘦、被毛松乱、肤色苍白、垂头夹尾、发抖拉稀等,当出现上述症状时应及时诊治。

8. 加强保健

保育阶段仔猪发病率明显升高,对仔猪健康及生长发育带来很大影响。所以除了按计划进行圆环病毒、猪瘟、伪狂犬、副猪嗜血杆菌灭活苗(2次)免疫保健外,加强对猪群的用药保健非常重要,一般采用阶段性全群给药预防,2～3周一个周期;对保证猪的正常增重及控制疾病有明显效果。

第七章　生长育肥猪的饲养管理技术

保育阶段结束后，出保育舍的猪达到 25 kg 左右，这时候的猪体生长发育及机能已日趋完善，可以完全适应开放的气候条件；但从保育舍转群到生长肥育舍时，要注意舍内温度的适应性对接，即在转出保育舍前 4 d 开始，逐渐降低舍内温度至自然条件下的温度水平，这样能够保证猪群转舍后不会出现大的应激。后续环节的生产将相对简单一些。

生长育肥是猪生产的终末阶段，是控制生产成本的重要环节。本阶段的生产目标是依据育肥猪的生长发育规律，利用现代的猪生产技术和生产工艺，充分发挥肉猪的品种遗传优势，减少劳动量及饲料的投入，降低产肉成本，高效地为消费者提供优质、安全的肉产品。实现高效、优质、安全生产的目标。

在规模化主场中，生长育肥猪占全群饲养量的 80％以上，并且饲养时间长、饲料消耗大。因此，提高饲料转化率、日增重，增加瘦肉产量，使猪群尽早出栏将加快整个养猪生产的周转，最大化地提高养猪的经济效益。本章主要讲授生长育肥猪的饲养管理技术。

第一节　健康养猪概述

一、健康养猪概述

(一)健康养猪的概念

健康养猪包括 3 个方面的内容：①生产健康、安全、无污染的猪肉产品，包括有机食品、绿色食品和无公害食品的生产。②规模化猪场应该按标准对猪的重大疫病进行监测、防疫，严格控制人畜共患病；严格控制禁用药品及某些危害人类健康的金属元素、激素添加剂，采用标准化的猪场环境控制、生产管理和疾病防控措施，使猪场达到安全生产的目的，并获得较高经济效益。③防止养猪生产对环境的污染，加强猪场环境消毒和粪污的无公害处理，减少污染物的排放。对提供给屠宰场的商品猪从源头保障无污染、无公害和安全健康。

健康养猪所涉及的 3 个方面(即"三位一体")，其中任何一方面的缺失，都构不成实质意义上健康养猪。因此，健康养猪如果仅仅通过疫病防控措施、饲料兽药质量安全控制或环境污染上的达标，是无法简单地实现"健康养猪"的目的。换一句话说，健康养殖只有通过系统、全面、科学的考虑，才能最终获得。因此，有必要在提倡规模化、标准化养殖的基础上，进一步提出"健康化"养猪的概念。

要实现健康养猪是很不容易的一件事。首先，生猪养殖业面临着诸多风险，包括自然风险（如雨雪天气，地震灾害等）、生物安全风险（各种疫病，如高致病性猪蓝耳病，非洲猪瘟，"猪"流感等）、市场风险、理化安全风险（如投入品质量问题）、道德风险（如故意使用"瘦肉精"）等，其中生物安全风险往往是经常性的、全局性的，难于预测与控制，所引起的后果也最大，对我国传统养猪模式产生了巨大影响。其次，传统的小规模、大群体的生产模式，也不利于健康养殖的实施。

(二)健康养猪的目标

健康养猪的目标是：生产无公害、绿色、有机的猪肉产品，实现生猪产业高产、优质、高效、生态、安全的可持续发展，促进农民增收（即经济效益）、确保市场猪肉供应、增强人民健康水平（即社会效益）、有利于环境保护（即生态效益）。

(三)健康养猪的任务(实现"三无")

随着人们生活水平的不断提高，生产无污染、无残留和无公害的安全优质猪肉是一个不可逆转的趋势，也是我国畜牧业入世后适应国际要求、适应激烈市场竞争的必然选择。

第一个任务是畜禽个体的健康（无疾病）。转变传统养猪、防病的观念，实行健康养殖，科学饲养管理，构建生物安全体系，养猪生产才能健康持续地发展。猪健康才会少吃多长，少维持多生产。如此才有更好的经济效益。

第二个任务是畜产品质量安全（无残留）。近年来，猪肉安全事件层出不穷，安全问题备受关注。抗生素、激素、化学药物和某些矿物元素添加剂的使用，虽能提高养殖业生产水平，但负面作用不容忽视，药物残留、抗药性、毒副作用及对环境的污染等，给人类健康造成严重的威胁。

第三个任务是环境友好（无环境污染）。随着养猪业的快速发展，由其引起的农业面源污染也越来越严重，已占到养殖业污染的70%，主要是氮、磷排放、重金属污染等。环境问题越来越成为全社会关注的焦点。

近年来，我国养猪模式正经历一场变革，可持续发展、低碳养殖、健康养殖成为新时期养猪产业发展的目标。围绕这一目标，我国在猪育种、饲料、疫病控制、猪舍建筑材料、设施设备、粪尿处理等方面的研究均取得了很大成就，制定了环境监测、粪污排放等标准，畜牧法的实施等，猪场规模化、标准化程度不断提高，促进了健康养猪的发展。

二、无公害猪肉生产环节

1. 猪场的环境

猪场应选择在干燥、排水良好的地方,周围 3 km 内无大型化工厂、肉品加工屠宰厂或其他畜牧场污染源。距公路干线、居民区和公共场所至少在 1 km 以上。总的来说,猪场应建在无污染的地方并避免对周围环境造成污染。

2. 生猪饲养及舍内环境控制

应选择优良的瘦肉型猪,向加盟户或养殖户提供健康的种猪,自繁自养、饮水水质要符合国家标准,定期消毒,非生产人员一般不允许进入生产区。

猪舍设置有全进全出的单元,猪舍具有完善的保温隔热设计,舍内有保温取暖、降温设备。猪舍建筑多数在屋顶安装排气扇通风换气。猪舍采用部分或是全漏缝设计,粪尿主要是通过漏缝地板直接进入猪舍下面的粪池。猪场标准化设计不仅可以减少排污对环境的污染,也能提高猪群健康,减少抗生素的使用,提高机体免疫水平。

3. 饲料及饲料添加剂的质量监控

无公害饲料的生产及添加剂的使用,应按农业部最新颁布的标准执行。饲料中严禁添加盐酸克伦特罗(瘦肉精)、莱克多巴胺等制剂,使用药物饲料添加剂应严格执行休药期制度。一般来说,宰前 10~30 d 应停止添加药物。

4. 开展动物疫病监测

猪场常监测的疾病包括口蹄疫、猪水疱病、猪瘟、猪繁殖及呼吸综合征、伪狂犬病、猪乙型脑炎、猪丹毒、布氏杆菌病、结核病、猪囊尾蚴病、弓形虫病等。定期进行防疫注射。

在养猪发达国家,一些猪病已被净化,猪群健康程度很高。如猪瘟、口蹄疫、伪狂犬病、猪痢疾等已在美国、丹麦净化。丹麦猪场健康程度很高,猪场都是 SPF 认证场,丹麦的健康状况采用分级别认证,如有一种病则在 SPF 的基础上再加上病原的简称,采用这种方法时健康标准明晰化,对购猪客户有利。丹麦蓝耳病的控制主要通过提高猪场的管理水平和控制其他疾病来减少蓝耳病的影响,目前蓝耳病并没有给丹麦普通的商品场造成影响。而美国对蓝耳病的控制仍然是通过接种疫苗,效果不佳。丹麦猪场,尽量做到不给猪群免疫和注射药物,以减少应激,利于猪群的生长,育肥猪从出生到上市不免疫疫苗,不使用药物。美国猪场对圆环病毒控制主要应用圆环病毒疫苗,对呼吸道疾病综合征的控制,主要是控制好支原体,同时控制好继发感染。

5. 兽药使用及残留

农业部已发布无公害食品生猪饲养兽药使用准则,对允许使用的抗寄生虫药和抗菌药已列表说明,并对用法、用量、休药期作了明确规定(前面相关章节已作介绍)。禁止使用麻醉药、镇痛药、中枢兴奋药、化学保定药等。近年来,滥用抗生素造成了药物在猪体内的残留,屠宰上市后对消费者造成危害。加入 WTO 后,我国猪肉出口往往因药物残留而受影响。农业部于 2002 年 3 月发布了农牧发[2002]1 号文件《食品动物禁用的兽药及其他化合物清单》,此通知对 21 类药品进行了严格控制,序号 1~18 所列品种的原料药及其单方、复方制剂产品一律停止经营和使用,如瘦肉精、氯霉素、硝基呋喃类、甘汞、氯丙嗪等都是禁用药品。养猪者及兽医工作者必须遵守执行。

6. 严格检验

对屠宰加工环节进行卫生检测,对旋毛虫、猪囊虫等逐头检验。对兽药、农药、铅、砷、铜、汞等残留进行抽检。

第二节 生长肥育猪的生长发育规律

猪的生长发育,是在其所获得的遗传物质与其所处的具体环境条件相互作用下进行的。生长是发育的基础,发育反过来又促进生长。生长是通过同化作用进行的物质积累,发育是通过细胞分化实现的各种组织、器官的形态结构和机能的完善过程。在肥育猪生产过程中,应随时观察猪的生长发育规律,根据猪的表现采取相应的饲养管理措施。

肥育猪的生长发育主要表现在:体重增长速度的变化,体组织的变化和化学成分的变化。

一、体重增长速度的变化

肥育猪体重增长速度的变化规律,是决定肉猪出售或屠宰的重要依据之一。

猪的相对生长,在幼龄阶段较快,以后随体重的增大而降低,幼猪的生长强度大,正处在生长发育的关键时期,对营养和温度等外界条件的反应强烈。因此对断奶到 50 kg 阶段的幼猪,加强饲养管理是十分必要的,这一时期的生产水平,在很大程度上决定着育肥生产的总体效果。猪的绝对生长,从出生后随日龄的增长而增加。所以,肥育猪的日增重随日龄增长而提高,到一定日龄达最高峰,以后下降,表现为不规则的抛物线,呈现慢—快—慢的趋势。日增重的转折点出现在 5~6 月龄,体重相当于成年猪体重的 40% 左右的时候。日增重高峰出现的早晚与品种、杂交组合、营养水平和环境条件有关。在正常饲养条件下，这一转折点出现得越迟，说明增速生长期越长，猪的生长潜力也越大，这是瘦肉型猪的特点。据试验，国外品种与国内品种杂交，日增重高峰在 80～90 kg，少量在 90 kg 以上。因此，应在生长速度最快的时期，对肥育猪加强饲养，在生长速度转折点，使肥育猪早日达到适宜的出栏体重，提高肥育效果。如果在增速生长期营养供应不足则降低日增重，增加饲养成本。

二、主要部位与体组织的变化

猪体各部位的生长发育顺序和速度是不平衡的。头部是最早发育的部位，其次是腿。猪整体生长发育从头部和四肢开始有两个生长波。主生长波是从头部向躯干到腰部，次生长波从四肢下部及尾部向躯干部到腰部。因此，幼猪的头和四肢相对较大，体躯短窄而浅；后躯和臀部发育差。随年龄和体重的增长，体高和体斜长增加，接着是厚度和宽度的增加，腰部的生长期长，其生长高峰出现得最迟，是猪体最晚熟的部位。

猪体主要组织的变化是指骨骼、皮肤、肌肉和脂肪的生长规律。随着年龄的增长，骨骼最先发育，也最早结束生长，是成熟最早的组织，肌肉处于中间，脂肪生长期长，生长高峰出现得晚，是最晚发育的组织。这几种组织早熟性顺序在品种间存在差异。地方品种猪是按骨、肉、皮、脂的顺序生长；培育品种和瘦肉型猪是按骨、皮、肉、脂的顺序生长。这表明地方品种猪（如民猪）皮有较强的生长势，而瘦肉型猪肌肉的生长期较长。

肉猪在生长肥育过程中，骨骼、皮肤、肌肉、脂肪 4 种组织同时都在生长。但其生长强度是随体重和年龄的增长而变化，其生长顺序有先后，生长强度有快慢。骨骼最先发育，从出生到 4 月龄生长最快，4 月龄后开始下降；肌肉在 4～6 月龄、体重 30～70 kg 时增长最快，体重 90 kg 左右开始下降；脂肪生长强度一直在上升，6～7 月龄、体重 90～100 kg 时生长强度达最高峰，以后下降，但其绝对增重仍随体重的增加而直线上升，直到成年。由此可见，肌肉和脂肪生长强度出现转折点的时期是 5～6 月龄、体重 90 kg 左右时。此时结束肥育有利于获得较理想的胴体，如再养下去，则越养越肥。

三、猪体化学成分的变化

猪体化学成分随体组织和体重的增长呈规律性变化。猪体的水分、蛋白质和灰分随日增重的增长相对含量下降，脂肪相对含量迅速增高（表 7.1）。在生长肥育的前期，水分、蛋白质和矿物质增加较快，中期减少，后期更少。脂肪则是前期增加很少,中期渐多,后期最多。猪体成分中,蛋白质、矿物质和水分统称非脂体。非脂体除随年龄、体重的增加而减少之外,还与猪的性别有关。以阉猪最少,公猪最多,母猪介于二者之间。

表 7.1　猪体化学组成　　　　　　　　　　　　　%

生长阶段/kg	分析头数	水分	脂肪	蛋白质	灰分	去脂干物质	
						蛋白质	矿物质
初生	3	77.95	2.45	16.25	4.06	80	19.99
25 d	5	70.67	9.74	16.56	3.06	84.4	15.6
45	60	66.76	16.16	14.94	3.12	82.72	17.28
68	6	56.07	29.08	14.03	2.85	83.12	16.88
90	12	53.98	28.54	14.48	2.66	83.12	15.52
114	40	51.28	32.14	13.37	2.75	82.94	17.06
136	10	42.48	42.64	11.63	2.06	84.96	15.05

如果以空体重(宰前活重—胃肠道内容物)分析猪体化学成分的动态变化,可以清楚地看出,体蛋白质和灰分基本稳定,占 20% 左右,脂肪随生长逐渐增多,水分减少,以脂肪取代水分,脂肪和水分之和约占 80%。

掌握肥育猪的生长发育规律,就可以在生长发育的不同阶段,控制饲料类型和营养水平,加速或抑制猪体某些部位和组织生长发育程度,以改变猪的体型结构、生产性能和胴体品质,使它向高产、高效、优质的方向发展。

第三节　提高生长肥育效率的措施及方法

评定生长育肥猪生产力的主要指标分为 3 部分,即生长速度、饲料转化率、胴体与肉质。生长速度通常以日增重来表示,单位为 g/d,是指生长、育肥期间猪的增重与饲养天数之比。饲料转化率是指生长、育肥期间平均每千克增重所消耗的混合饲料量(包括青料和粗料),也称耗料增重比。胴体与肉质则包括屠宰率、膘厚、眼肌面积、瘦肉率、肉色、pH、系水力、肌肉大理石纹、熟肉率等。影响生长育肥猪生产力的因素是多方面的,既有遗传因素,也有营养、环境等因素,且各因素之间相互影响、相互制约。因此,在饲养实践中必须抓住关键环节,采取综合有效的措施。

一、选择适宜的品种及杂交方式

实践证明,不同品种或品系的猪在生长性能及胴体长度方面有所差别。引进的国外品种高于我国培育品种,培育品种高于我国的本地品种。体型上,背膘越薄、胴体越长,瘦肉率则越高,生长速度越快;采用经济杂交的杂种生产性能高于纯种。

不同品种(品系)和类型的猪,由于其培育条件、选择程度和生产方向不同,形成了遗传差异,即便是在饲料、饲养管理、饲养时间、方法、措施等条件都相同,肥育效果和胴体组成均不相同,其日增重、饲料报酬和胴体瘦肉率都有明显差异。原始及地方猪种多属脂肪型品种,肥育期生长速度慢,饲料报酬差,胴体瘦肉率低。而现代培育品种,特别是瘦肉型猪种,肥育期生长快,省饲料,胴体瘦肉率高(表7.2)。瘦肉型猪肌肉生长能力强,代表了现代肥育猪的生产方向。但不同瘦肉型品种,肌肉生长能力不同,其遗传差异可达20%左右。

表7.2　品种间胴体组织的差别

品种	胴体长/cm	背膘厚/cm	板油/%	总脂肪/%	总肌肉/%	眼肌面积/cm²
长白猪	97.6	2.57	2.37	28.07	56.38	31.33
东北民猪	90.01	3.18	4.46	35.61	45.36	23.18

不同品种猪的消化机能及耐粗性差异很大,例如在以精料为主的饲养条件下,国外猪种的增重速度一般比地方猪种快,但在以青饲料为主的饲养条件下,则国外猪种的增重速度反就不如我国地方猪种。这必然影响其增重速度、增重效率和增重内容。因而也就导致了肥育性能和经济效益的差别。在肉猪生产中,应根据市场需要和当地的饲养条件,选择适当的品种。品种间肥育效果差异见表7.3。

表7.3　不同品种猪的肥育效果

品种	育肥头数	达90 kg的天数	平均日增重/g	饲料利用率/%
大约克夏	12	175	657	4.12
湖北白猪	12	179	626	3.42
监利猪	9	286	307	4.59

中国地方猪种,大都是脂肪型品种,肥育过程中沉积脂肪的能力强,胴体背膘厚,花、板油比例大(可占胴体重的7%～11%),脂肪率高达35%左右,瘦肉率38%～42%。但其优点是肉的品质好,肌肉脂肪含量高,肌纤维细,肉质细嫩多汁。

1. 选择猪种时,应注意该品种的胴体瘦肉率

选择胴体瘦肉率高的品种作为种猪,可以显著提高商品肉猪的胴体瘦肉率。

猪的品种不同,胴体瘦肉率也不同,从整体而言,国外猪种以及我国的培育猪种的胴体瘦肉率明显高于我国地方猪种,所以选择优良的瘦肉型品种,同时加强种猪胴体瘦肉率的选育,可以明显提高肉猪的胴体瘦肉率。

但是,值得我们注意的是,过分追求胴体瘦肉率会带来一定的负效应,主要是肉的品质和猪的繁殖力会明显下降。因此,在实际生产中,要选择繁殖力高的地方品种(如太湖猪)和国外优良的瘦肉型品种杂交,以达到既能提高胴体瘦肉率又不会引起繁殖力太低。

2. 采用合理的杂交方式生产杂交猪

采用品种间和品系间杂交,提高生长速度及胴体瘦肉率,是目前世界各国广泛采用的技术措施,杂交是提高猪胴体瘦肉率的重要途径。从国内外对杂交方式的研究和实践来看,主要有二元杂交、三元杂交和配套系杂交。我国地方品种具有乳头多、产仔多、哺乳力高、母性好、适应性强的特点,但瘦肉率低;而国外品种与此相反,若两者杂交可获得较多的瘦肉,同时又保持了本地猪的优良特点。近几年用瘦肉型品种的公猪与本地猪或培育品种杂交,已经取得了巨大的经济效益。一般情况下,杜洛克猪无论在任何杂交方式下,都是作为终端父本的首选者,长白猪在三元杂交中通常用作第一父本。

当今国际养猪发展趋势是按专门化品系选育,根据市场需求杂交配套生产商品猪,并形成了许多著名的配套系猪,我国目前已引进了美国的 PIC、荷兰的达兰(DALLAND)、法国伊彼得(FRANCE-HYBRIDES)、比利时的斯格(SEGHERS)等配套系猪。我国自己培育的配套系猪有深农配套系、光明配套系和冀合白猪配套系。

二、选好猪苗

生产实践证明,仔猪初生重、断乳重与育肥期增重之间呈正相关。凡仔猪初生个体大的,则生命力强,体质健壮,生长快,断奶体重亦大,健康状况和抗病力都相应地提高。同时,断奶体重大的猪,育肥速度较快,饲料报酬也较高。仔猪质量对育肥期增重、饲料转化率和发病率关系很大,如果不是自家生产育肥仔猪,则最好事先与仔猪生产场或养母猪户签订合同,到时获得合格的仔猪。直接从交易市场买猪风险较大。购买仔猪要选购优良的杂交组合、体重大、活力强、健康的仔猪育肥。

1. 杂交组合符合生产需要

仔猪的品种、初生重、断奶重和健康状态是影响仔猪生长及后期育肥的重要因素。通过杂交所得到的后代,生活力强,增重快,饲料转化率高。但是,不同杂交方式及不同环境条件下杂交效果不同,不同杂交组合的杂交效果也不同,因而对杂交组合进行筛选极为重要。三元杂交比二元杂交效果更为显著。最常见的杂交组合是杜长大。

2. 提高仔猪初生重和断乳重

在正常情况下,仔猪初生体重的大小与断乳体重的大小关系十分密切,即仔猪初生体重越大,则生活力就越强,生长速度也越快,断乳体重就大。仔猪的断乳体重与肥育期增重关系十分密切,哺乳期体重大的仔猪,肥育期增重快,死亡率也低。在生产中可观察到那些小而瘦弱的仔猪,在肥育期中易患病,甚至中途死亡。为了获得初生重与断乳重大的仔猪,必须重视并加强妊娠母猪、哺乳母猪的饲养管理工作,特别要注意加强哺乳仔猪的培育工作,这样才能提高仔猪的初生重、断乳体重,为提高肥育效果打下良好的基础。正像老百姓总结的那样:"初生差一两,断乳差一斤,育肥差十斤。"

3. 体型好

良好的体发育是抗病力强和身体健康的外在表现,并且各组织、器官、系统的均衡快速生长发育是后期肥育的保证。肋骨开张、胸深大、管围粗、骨骼粗的仔猪在后期肥育时生长快、饲料效率高、背膘薄、瘦肉多。

4. 健康无病

机体健康是快速生长的基础,健康无病仔猪的特征是:两眼明亮有神,被毛光滑有光泽,站立平稳,呼吸均匀,反应灵敏,行动灵活,摇头摆尾或尾巴上卷,叫声清亮,鼻镜湿润,随群出入;粪软尿清,排便姿势正常;主动采食。

商品猪场及屠宰厂的抽样调查资料表明,猪的各种疾病,特别是亚临床症状的疾病和寄生虫等,已成为危害肉猪生产的主要因素,某些慢性消耗性传染病的潜在流行(有的疾病目前尚无有效疫苗和根治的药物),给肥育猪生产造成重大损失,如猪喘气病,虽然对哺乳仔猪和成年猪影响不太大,临床症状不明显,死亡率也不高,但却严重地影响生长速度,使饲养期拖长,饲料消耗量增加。见表7.4。

表 7.4 慢性病对肥育猪的影响

肥育指标	夏 季		冬 季	
	无喘气病	有喘气病	无喘气病	有喘气病
日增重/g	586	504	540	418
饲料/增重	3.39	4.25	3.85	4.90

猪的慢性病带来的经济损失是巨大的,但因死亡率很低,往往不被人们重视。选用仔猪时,应尽量选用未感染慢性病的仔猪,不得选用疫区及病情较重场家的

仔猪。

三、适宜的饲粮营养水平

饲养水平是指猪一昼夜采食的营养物质总量,采食的总量越多,则饲养水平越高,生长速度越快。对猪肥育效果影响最大的是能量和蛋白质水平。饲料费用占养猪成本 70% 左右。饲料是猪生长发育的物质基础,在生长育肥猪各种营养充分满足需要并保持相对平衡时,生长肥育猪获得最佳的生产成绩和产品质量。任何营养的不足或过量,对肥育都是不利的。因此,控制营养水平,才能获得肥育生产的最佳效益。

1. 能量水平

针对我国具体饲料条件,在不限量饲养条件下,兼顾肉猪的增重速度、饲料利用率和胴体瘦肉率,饲粮消化能水平 11.91~12.54 MJ/kg 时为宜。为获得较瘦的胴体,饲粮能量浓度还可降低,但饲粮消化能应不低于 10.87 MJ/kg。否则,虽可得到较瘦的胴体,但增重速度、饲料利用率降低太多,经济上不合算。

不同的品种、类型、性别的猪都有自己的最适宜能量水平。对胴体瘦肉率有较高要求的肥育猪亦或为了防止胴体过肥,在育肥后期要实行限制饲养。

2. 蛋白质和必需氨基酸水平

蛋白质不仅是肌肉生长的营养要素,而且又是酶、激素和抗体的主要成分,对维持机体生命活动和正常生长发育有重要作用。日粮的蛋白质水平对商品肉猪的日增重、饲料转化率和胴体品质影响极大。蛋白质和必需氨基酸的不足,使生长受阻,日增重降低,饲料消耗增加,大体上,饲粮中粗蛋白质每降 1 个百分点,胴体瘦肉率降 0.5 个百分点。大量试验表明,20~100 kg 阶段的肥育猪,日粮粗蛋白在 11%~18%,日增重速度随蛋白质水平的提高而加快,超过 18%,对日增重无明显效果,但可以提高瘦肉率。蛋白质水平过高时,猪需要排泄多余的氨基酸,增加猪的代谢负担,或者有些蛋白质转化为能量,会增加单位增重的耗料量。同时由于蛋白质饲料价格较贵,因此在生长上不采用提高蛋白水平来提高肥育猪胴体瘦肉率。为了提高饲料蛋白的利用效率,应根据猪的肌肉生长潜力和肌肉的生长规律,在肌肉高速生长期适当提高蛋白质水平,特别是必需氨基酸浓度,以促进肌肉生长发育。一般瘦肉型肥育猪日粮粗蛋白水平,前期(20~55 kg 阶段)16%~18%,后期(55~100 kg 阶段)14%~15% 为宜。其中,上下幅度视不同品种或不同杂交猪的肌肉生长能力而变化。

对肥育猪体蛋白质的生长,只考虑饲粮中粗蛋白质水平还不够,还必须重视必需氨基酸尤其是赖氨酸的供给水平。近年研究成果表明,对瘦肉型肉猪,为取得较高的增重速度和胴体瘦肉率,赖氨酸水平以占饲粮风干物的 0.9%~1.0%,或占粗蛋白质的 6.2%左右为宜。猪对蛋白质需要的实质是对氨基酸的需要,必需氨基酸中赖氨酸达到或超过需量时,可节省粗蛋白质 1.5~2 个百分点。

3. 矿物质和维生素水平

肥育猪日粮中应含有足够数量的矿物质元素和维生素,特别是矿物质中某些微量元素的不足或过量时,会导致肉猪物质代谢紊乱,轻者使肉猪增重速度缓慢,饲料消耗增多,重者能引发疾病或死亡。肉猪必需的常量和微量元素有十几种。除需要考虑微量元素供给外,在配合饲粮时主要考虑钙、磷和食盐的供给。肉猪生产时,特别在小猪阶段,应适当添加微量元素添加剂,以提高肉猪的日增重和饲料转换率。

肥育猪对维生素的需要量随其体重的增加而增多。在现代肉猪生产中,饲粮必须添加一定量的多种维生素。生长猪对维生素的吸收和利用率还难准确测定,目前饲养标准中规定的需要量实质上是供给量。而在配制饲粮时一般不计算原料中各种维生素的含量,靠添加维生素添加剂满足需要,或每天给肉猪饲喂 1~2.5 kg 青绿饲料,基本上可以满足对维生素的需要。

4. 粗纤维水平

猪对粗纤维的利用能力较低,日粮粗纤维水平直接影响日粮消化能浓度和有机物消化率。粗纤维的含量是影响饲粮适口性和消化率的主要因素,饲粮粗纤维含量过低,肉猪会出现拉稀或便秘。饲粮粗纤维含量过高,则适口性差,并严重降低饲粮养分的消化率,同时由于采食的能量减少,降低猪的增重速度,也降低了猪的膘厚,所以纤维水平也可用于调节肥瘦度。为保证饲粮有较好的适口性和较高的消化率,生长肥育猪饲粮的粗纤维水平应控制在 6%~8%,若将肥育分为 3 个时期,10~30 kg 体重阶段粗纤维不宜超过 3.5%,30~60 kg 阶段不要超过 4%,60~90 kg 阶段饲料中粗纤维的含量应控制在 7%以内。在决定粗纤维水平时,还要考虑粗纤维来源,稻壳粉、玉米秸粉、稻草粉、稻壳酒糟等高纤维粗料,不宜喂肉猪。

四、选择适合的饲料原料和调制方法

1. 饲料选择

饲料的消化性、适口性、营养价值和价格对肥育效果有一定影响。在日粮配合时要选择多种饲料搭配,满足生长肥育猪的营养需要。动物蛋白如脱脂乳粉、优质鱼粉,虽然价格较高,但对仔猪和幼猪生长效果好,在仔猪饲料中,应适当选用。动物脂肪可以提高日增重,改善饲料效率,国内在饲料中采用较少,今后应适当选用。

据美国堪萨斯州立大学报道,谷物饲料中添加脂肪,可以显著地提高日增重和改善饲料效率。

软脂肪由于含不饱和脂肪酸多,不耐贮存,保鲜期短,有时宰后即发生脂肪氧化。软脂肪自身氧化时,形成羰基化合物,有苦味和腐败味,烹调时有异味。背膘中的不饱和脂肪酸高于 12%～13% 时,自身氧化过程即会发生,如有足量的维生素 E(肥育猪 1 kg 日粮加 50 mg 维生素 E)在胴体中存在,可防止不饱和脂肪酸氧化。肥育猪脂肪的品质除与饲料种类有关外,也与饲料中的高铜和生物素含量有关,同时也受猪的品种、年龄及营养水平的影响。日粮能肮比小时,胴体脂肪不饱和程度降低;生物素可降低胴体中不饱和脂肪酸含量,肥育猪出栏前 4 周,1 kg 日粮中加 200 mg 生物素,可防软脂,同时生物素还能提高猪的生产性能(促生长和改进饲料利用率);高铜日粮可提高脱饱和酶的活性,从而造成猪体内不饱和脂肪酸含量增加,使肥育猪形成软脂;猪体脂肪随日龄和体重的增加,饱和程度提高;瘦肉率高的猪种,其胴体脂肪硬度低。不同饲料对胴体脂肪品质的影响见表 7.5。

表 7.5　不同饲料对胴体脂肪品质的影响

脂肪品质	饲料种类
沉积白色硬脂肪的饲料	薯类、麦类、淀粉、淀粉渣、麸皮、脱脂乳、棉籽饼、甜菜,以米饭为主的剩饭等
沉积微黄色软脂肪的饲料	酱油渣、米糠、豆饼、花生饼、菜籽饼、豆腐渣、玉米、大豆等
沉积中性脂肪的饲料	脱脂米糠(大豆、豆饼、玉米)等
沉积黄褐色软脂肪的饲料	鱼屑类、淘汰公雏、鱼油、动物油渣、花生等

2. 饲料调制

第一,饲料粉碎。玉米、高粱、大麦、小麦、稻谷等谷实饲料,喂前粉碎或压片是十分必要的。这样做可减少咀嚼消耗的能量,增加与消化液的接触面积,有利于消化吸收。粉碎细度可分细(微粒直径在 1 mm 以下)、中(微粒直径在 1～1.8 mm)和粗(微粒直径在 1.8～2.6 mm)3 种。研究与实践证明,玉米等谷实粉碎的细度以中等细度为好。肉猪吃起来爽口,采食量大,增重快,饲料利用率高。据试验,喂给直径 0.3～0.5 mm 配合饲料的比喂给中等细度配合饲料的肉猪,延迟 15 d 达到相同的出栏体重。饲料配合相同,喂给微粒直径 1.2 mm 配合饲料的肉猪的日增重为 700～720 g,而喂给微粒直径 1.6 mm 配合饲料的肉猪的日增重为 758～780 g。谷实饲料的粉碎细度也不是绝对的。当饲粮含有一定量青饲料或糠麸比例较大时,并不影响适口性,也不致于造成溃疡病。用大麦、小麦喂猪时,用压片机压成片状喂给比粉碎的效果好。

干粗饲料一般都应予以粉碎,以细为好。虽然不能明显提高消化率,但缩小了体积,改善了适口性,对整个饲粮的消化有利。

第二,生喂与熟喂。玉米、高粱、大麦、小麦、稻谷等谷实饲料及其加工副产品糠麸类,可加工后直接生喂,煮熟并不能提高其利用率。相反,饲料经加热,蛋白质变性,生物学效价降低,不仅破坏饲料中的维生素,还浪费能源和人工。因此,谷实类饲料及其加工副产物应生喂。青绿多汁饲料,只需打浆或切碎饲喂,煮熟会破坏维生素,处理不当还会造成亚硝酸盐中毒。

第三,饲料的掺水量。配制好的干粉料,可直接用于饲喂,只要保证充足饮水就可以获得较好的饲喂效果,而且省工省时,便于应用自动饲槽进行饲喂,但干粉料降低猪的采食速度,使猪呼吸道疾病增多。将料和水按一定比例混合后饲喂,既可提高饲料的适口性,又可避免产生饲料粉尘,但加水量不宜过多,一般按料水比例为 1：(0.5～1.0),调制成潮拌料或湿拌料,在加水后手握成团,松手散开即可。如将料水比例加大到 1：(1.5～2.0)时,即成浓粥料,虽不影响饲喂效果,但需用槽子喂,费工费时,夏季在喂潮拌料或湿拌料时,要特别注意饲料腐败变质。饲料中加水量过多,会使饲料过稀,一则影响猪的干物质采食量,二则冲淡胃液不利于消化,三是多余的水分需排出,造成生理负担。因此,降低增重和饲料利用率,应改变农家养猪喂稀料的习惯。

第四,饲喂颗粒料的效果。在现代养猪生产中,常采用颗粒料喂猪。即将干粉料制成颗粒状(直径 7～16 mm)饲喂。多数试验表明,颗粒料喂肉猪优于干粉料,约可提高日增重和饲料利用率 8%～10%。但加工颗粒料的成本高于粉状料。

五、选择适宜的饲养模式和饲喂方法

适当的饲养模式和得当的饲喂方法对肥育猪很重要,生产者应根据条件合理运用。

1. 饲养模式

生长肥育猪饲养模式对其增重速度、料重比和胴体品质都有着重要影响。

第一种是阶段育肥法。阶段育肥法是在较低营养水平和不良的饲料条件下所采用的一种肉猪肥育方法。将整个过程分为小猪、架子猪和催肥 3 阶段进行饲养。目前使用较少。方法:小猪阶段饲喂较多的精料,饲粮能量和蛋白质水平相对较高。架子猪阶段利用猪骨骼发育较快的特点,让其长成骨架,采用低能量和低蛋白质的饲粮进行限制饲养(吊架子),一般以青粗饲料为主,饲养 4～5 个月。而催肥阶段则利用肥猪易于沉积脂肪的特点,增大饲粮中精料比例,提高能量和蛋白质的供给水平,快速育肥。这种育肥方式可通过"吊架子"来充分利用当地青粗饲料等自然资源,降低生长肥猪饲养成本,但它拖长了饲养期,生长效率低,已不适应现代集约化养猪生产的要求。

第二种是直线饲养法。直线饲养法就是根据肉猪的生长发育需要,给予相应的营养,全期实行全价平衡日粮敞开饲喂的一种肥育方式。具体做法是:根据肉猪饲养标准,喂给全价饲粮,不限量饲喂,一直养到出栏。这种方法能缩短肥育期,减少维持消耗,节省饲料,提高出栏率和商品率。

第三种是前高后低饲养法。瘦肉型猪 20～60 kg 阶段每天体蛋白质增长量从 48 g 直线上升到 119 g。体重 60 kg 以后基本上稳定在每天增长量为 125 g。而脂肪的生长规律相反,体重 60 kg 前绝对增长量很少,体重 20～60 kg 期间,每天增长 29～120 g,体重 60 kg 以后则直线上升,每天增长量由 120 g 猛增到 378 g。试验证明:为提高商品肉猪胴体瘦肉率,在保持日粮中一定蛋白质和必需氨基酸水平的前提下,控制肉猪饲养期的能量水平,以前高后低的方式为最好。

具体做法是:在体重 60 kg 以前采用高能量、高蛋白质饲粮,饲粮消化能在 12.54～12.96 MJ/kg,粗蛋白质 16％～17％,自由采食或按顿饲喂不限量,日喂 3～4 次;肉猪体重 60 kg 以后,限制采食量,让猪吃到自由采食量的 75％～80％。这样做,既不会影响肉猪的增重,又能减少体脂肪的沉积量。据研究,大体上肉猪每少食 10％饲粮,瘦肉率可提高 1～1.5 个百分点。限饲方法:一是定量饲喂,通过延长饲喂间隔时间来达到目的;二是在饲粮中搭配一些优质草粉等能量较低、体积较大的粗饲料,使每千克饲粮中营养浓度降下来。同样可达到以限食来提高胴体瘦肉率的目的。这种方法比定量饲喂限食简便易行,更适合于专业户养猪。但后期搭配掺入饲料中的青粗饲料必须是优质的。搭配量也要适可而止,以干饲粮含消化能不低于 10.87 MJ/kg 为宜,否则会严重影响增重,降低经济效益。在当今人们喜爱食用瘦肉的情况下,这种育肥方法正逐步得到推广普及。

2. 饲喂方法

猪的饲喂方法有分次饲喂和昼夜自由采食 2 大类。按投料量又可划分为限量饲喂与敞开饲喂(自由采食)2 种形式。

自由采食(需要有自动饲槽、自动饮水器)对生长速度有利,但对胴体品质不利。为克服这一缺点,国外有人主张喂 6 d,停食 1 d,可对饲料效率和胴体品质有所改善。

限量饲喂就是每天给肉猪吃多少饲粮定量。限量饲喂使日增重降低,乃至料重比上升,但胴体瘦肉率增加,全程限量对肌肉增长不利,使肥育效益下降。阶段限量是根据猪的生长发育规律,控制营养水平,在肌肉高速生长期(60 kg 以前)给予营养平衡的高能高蛋白饲料,充分饲喂(若前期饲喂不足或者限量饲喂则降低日增重和瘦肉产量,对肥育效果不利);在肥育后期,肌肉生长高峰已过,生长速度下降,进入脂肪迅速增长期,此时限量饲喂是根据饲料营养水平和猪的肌肉生长能力供给相当于自由采食量80%~90%的饲料量,以改善饲料效率,降低胴体脂肪量,提高瘦肉率。

不限量饲喂,一种方法是将饲粮装入自动饲槽任猪自由采食;另一种方法是每天按顿饲喂,但不限量。不限量饲喂的肉猪采食多,增重快,但饲料利用率稍差,胴体较肥。若要得到较高日增重,以自由采食为好;若只追求瘦肉多和脂肪少,则以限量饲喂为好。

根据我国当前的饲料条件,在肥育猪饲养中,为兼顾增重速度、饲料利用率和胴体瘦肉率3项指标,体重60 kg以前应采取自由采食或不限量按顿饲喂的方法。体重在60 kg以后,适当限食,采取每顿适当控制喂量的方法,或采取适当降低饲粮能量浓度的方法,即适当加大糠麸和青粗饲料比例,仍不限量按顿饲喂。

日喂次数:肥育猪每天的饲喂次数,应根据肉猪的年龄和饲粮组成灵活掌握。幼龄猪胃肠容积小,消化能力差,而对饲料需要量相对要多,每天至少喂3~4次。长到中猪阶段,胃肠容积大了些,消化能力增强,可适当减少饲喂次数。若饲粮是精料型的,则每天不限量饲喂2次或3次,增重速度和饲料利用率基本无差异。如果饲粮中青粗饲料较多,则每天可喂3~4次。这样能增加日采食总量,有利于增重。但更多地增加饲喂次数,不仅浪费人工,还会影响肉猪的休息和消化。

六、科学管理

1. 创造适宜环境条件,保证充足饮水

猪舍要干燥、清洁、定期消毒、定时清扫粪便,即使是在漏缝地板或网上肥育,也要清理不能漏下去的粪便。普通地面要坚固结实,便于清扫冲洗;舍内地面有一定坡度,排水良好,不积水、尿等污物;猪舍通风良好,空气新鲜,温度适宜,能促进猪的生长,提高饲料利用率和氮沉积率。

其一,适宜的温度、湿度、气流速度。在自由采食条件下,生长肥育猪最佳临界温度是18~20℃,低于这个范围,饲料效率就会降低。20~15℃时,每降低1℃,饲料增重的比率增加0.028,从15~10℃时,温度下降1℃,增加0.04。在自由采食条件下,饲料效率的降低一般可以通过增加采食量得以补偿。因此在20~8℃范围内,猪的生长速度不会降低。如温度高于20℃,猪自由采食量减少,增重速度降低,温度在20~32℃时,每升高1℃,日采食量下降12 g。

在限制饲养条件下,环境温度低于20℃时,每下降1℃,猪日增重降低24 g。如要维持日增重不变,温度每下降1℃,每天需多喂饲料37~44 g。在37℃时,猪

不但不长,还会失重350 g,可见防寒防暑十分重要。在适宜的温度下,肉猪表现舒适自如,食欲旺盛,增重速度快,饲料利用率高。

舍内湿度在65%~75%较为合适。在21℃及以下温度时,气流不高于0.25 m/s。温度对育肥效果的影响见表7.6。

表7.6 温度对育肥效果的影响

温度 /℃	每日摄入可消化能 /kJ	饲料/增重	日增重 /kg	产品总能 /kJ	热能利用率 /%
0	64 276	9.5	0.54	12 502	19.4
5	47 669	7.1	0.53	12 272	15.7
10	44 375	4.4	0.80	18 526	41.7
15	39 936	4.0	0.79	18 292	45.8
20	40 822	3.8	0.85	196 834	48.2
25	33 340	3.7	0.72	16 670	50.1
30	28 018	4.9	0.45	10 421	37.1
35	19 140	4.9	0.31	7 177	37.4

其二,控制有害气体和尘埃。猪舍内有害及恶臭的物质有13种:氨、甲硫醇、硫化氢、甲基硫、二甲硫、三甲胺、乙醛、苯乙烯、正丁酸、正戊酸、偏戊酸、一氧化碳、二氧化碳。其中以氨、硫化氢、一氧化碳、二氧化碳等有害气体的不良影响最为严重。据测定,粪尿在25℃、含水80%时,由于微生物的分解作用,可以产生大量复合臭气。粪尿产生的氨是猪舍内主要恶臭物质,对人和猪都有危害,调整日粮,补充必需氨基酸,降低蛋白水平可降低粪中含氮量;在饲料中添加去臭添加剂,如丝兰属植物的提取物,可降低猪舍中游离氨浓度。另外,在猪舍内采用粪尿分离后加以处理,可以最大限度地减轻氨的产生。

用粉状料喂猪时适度用水拌料可降低舍内尘埃。

其三,合理的光照。阳光及其他可见光,可影响猪的活动,促进激素分泌和蛋白质沉积。在黑暗环境下的肥育猪较肥。一般认为,一定的光照对瘦肉型生长肥育猪是有利的。对肥育猪光照的时间和强度,苏联曾经规定,在自然光照时,肥育期光照系数(KEO)应为0.5,人工照明强度(lx)前期应为30~60,后期应为30~50。全封闭无窗猪舍人工光照时间,2~4月龄猪5 h(每日三次,一次1小时40分)4月龄至出栏,光照时间为3 h(每日2次,一次1小时30分)。

其四,控制圈养密度和猪群大小。圈养密度影响舍温、湿度、通风、有毒有害物质在空气中的含量,也影响猪的采食、饮水、排便、活动和休息。同一圈舍猪群的大小,直接影响猪的咬斗行为和猪之间的互相干扰。猪群太大,如超过40头时,不易建立固定的位次关系。因此,群体太大或密度过高时,对肥育猪的健康和生产性能都是不利的,增重速度和饲料效率随群体增大或密度升高而下降。

表7.7列举了每头猪占圈面积与育肥效果间的关系。表7.8列举了群体规模与生产性能间的关系。

表7.7　每头猪占圈面积对育肥效果的影响

占圈面积 /(m²/头)	对育肥猪的影响/kg		
	试验期增重	平均采食量	每增重1 kg耗料
0.5	40.4	2.42	4.09
1.0	41.8	2.37	3.86
2.0	44.7	2.36	3.69

其五,充足的饮水。水是猪体的重要组成部分,对调节体温,养分的消化、吸收和运输,以及体内废物的排泄等各种新陈代谢过程,都起着重要的作用。水也是猪的重要营养之一。因此,必须供给猪充足清洁的饮水。

表7.8　猪群大小对育肥效果的影响

头数	对育肥效果的影响	
	日增重/g	肉料比
40	643	1：4.4
30	645	1：4.2
21	669	1：3.7
10	709	1：3.4

肉猪的饮水量随体重、环境温度,日粮性质和采食量等而变化,一般在冬季,肉猪饮水量为采食风干饲料量的2～3倍或体重的10%左右,春、秋季其正常饮水量约为采食风干饲料量的4倍或体重的16%,夏季约为5倍或体重的23%。饮水不足或限制给水,在采食大量的饲料情况下,肉猪会引起食欲减退,采食量减少,发生便秘,日增重下降和增加饲料消耗,增加背膘,严重缺水时会引发疾病。

不应用过稀的饲料来代替饮水,饲喂过稀的饲料,会减弱肉猪的咀嚼功能,冲淡口腔的消化液,影响口腔的消化作用,另一方面也减少饲料采食量,影响增重。

2. 合理组群,注重调教

猪是群居动物,来源不同的猪并群时,由于群内从新排序,往往出现剧烈的咬斗,相互攻击,强行争食,分群躺卧,各据一方,这一行为严重影响了猪群生产性能的发挥,个体间增重差异明显,而原窝猪在哺乳期就已经形成的群居秩序,肉猪期仍保持不变,这对肉猪生产极为有利。但在同窝猪整齐度稍差的情况下,难免出现些弱猪或体重轻的猪,可把来源、体重、体质、性格和吃食等方面相近似的猪合群饲养,同一群猪个体间体重差异不能过大,在小猪(前期)阶段群体内体重差异不宜超过 2～3 kg,分群后要保持群体的相对稳定。在肥育期间不要变更猪群,否则每重新组群一次,由于咬斗影响体重,使肥育期延长。为尽量减轻合群时的咬斗对增重的影响,一般把体质较弱的猪留在原圈,把体质强的调进弱的圈舍内。由于到新环境,猪有一定的恐惧心理,可减轻强猪攻击性。另外,把少数的留原圈,把数量多的外群猪调入少数的群中。合群应在猪未吃食的晚上合并。总之是采取"留弱不留强"、"移多不移少"、"夜并昼不并"的办法,减轻咬斗的强度。猪合群后要有专人看管,干涉咬斗行为,控制并制止强猪对弱猪的攻击。群饲分次饲喂时,由于强弱位次不同的影响,可使个体间增重的差异达 13％。自由采食时,则差异缩小。但采食量和增重仍有差异。在管理上要照顾弱猪,使猪群发育均匀。

要做好调教工作。首先要了解猪的生活习性和规律。猪喜欢睡卧,在适宜的圈养密度下,约有 60％的时间躺卧或睡觉,猪一般喜躺卧于高处、平地、圈角黑暗处、木板上、垫草上,热天喜睡在风凉处,冬天喜睡于温暖处;猪排便有一定的地点,一般在洞口、门口、低处、湿处及圈角处,并在喂食前后和睡觉刚起来排便。此外,在进入新的环境,或受惊恐时排便,只要掌握这些习性,就能做好调教工作。

第一,限量饲喂要防止强夺弱食。当饲喂时要注意所有猪都能均匀采食,除了要有足够长度的食槽外,对喜争食的猪要勤赶,使不敢采食的猪能得到采食,帮助建立群居秩序,分开排列,同时采食。

第二,固定生活地点,使采食、睡觉、排便三定位,保持猪圈干燥清洁。通常将守候、勤赶、积粪、垫草等方法单独或交错使用进行调教。例如,在调入新圈时,把圈栏打扫干净,将猪床铺上少量垫草,饲槽放入饲料,并在指定排便处堆放少量粪便,然后将猪赶入新圈,督促其到固定地点排便。一旦有的猪未在指定地点排便,应将其撒拉在地面的粪便清扫干净,铲放到粪堆上,并坚持守候、看管和勤赶。这样,很快就会使猪只养成三点定位的习惯。有的猪经积粪引诱其排便无效时,利用猪喜欢在潮湿处排便的习性,可洒水于排便处,进行调教。

做好调教工作,关键在于抓得早(当猪群进入新圈时应立即抓紧调教)、抓得勤(勤守候、勤赶、勤调教)。待猪进圈后马上驱赶到指定地点排便,连续几次使之形成习惯。另外为保持猪舍干燥清洁,可在夜间赶猪 1～2 次,使其到指定地点排便。

3. 做好去势、驱虫与防疫

第一,去势。我国当前肥育猪大都采取去势肥育,对生长快、性成熟晚的瘦肉型品种及其杂交母猪可以不去势肥育,公猪一般去势,去势时间如在 15 日龄前操作方便,仔猪伤口愈合快。但对肥育期日增重及饲料效率不利。如在 2～3 月龄去势,在去势前保持公猪的生长优势,有利于提高日增重、瘦肉率和降低饲料消耗。

猪的性别与是否去势对其生产性能、胴体品质和经济效益都有影响,研究表明,未去势的公猪与去势公猪相比,日增重约高 12％,胴体瘦肉率高 2％,每千克增重节约饲料 7％。未去势公猪与未去势母猪瘦肉率约高 0.5％。未去势的母猪与去势母猪相比,平均日增重和胴体瘦肉率均高,但也有少数试验结果与上述结果相反。目前我国集约化养猪生产中多数母猪不去势,公猪采用早期去势,这是有利于肉猪生产的措施。

国外瘦肉型猪性成熟晚,商品幼母猪一般不去势生产肉猪,但公猪因含有雄性激素(主要是睾丸酮激素),有难闻的膻气味,影响肉的品质,通常是将公猪去势生产肉猪。

表 7.9 试验资料说明未去势公猪在生长速度、饲料转化率和瘦肉率均优于去势公猪和幼母猪,因此,近年来有一些国家采用公猪不去势方法生产肉猪,经济效益较高。而有人试图通过选种和对猪肉烹调的途径来解决未去势公猪猪肉的膻气味。如能完全排除膻气味,那么肉猪不去势的做法将是猪肉生产的一大突破。

表 7.9　不同性别大约克猪的蛋白质与脂肪的沉积量 g

性别	日增重	日沉积蛋白质	日沉积脂肪
公	855	108.7	211.5
母	702	83.5	196.0
阉公	764	87.7	264.4

第二,驱虫。肉猪的寄生虫主要有蛔虫、姜片吸虫、疥螨和虱子等内外寄生虫,仔猪一般在哺乳期易感染体内寄生虫,以蛔虫感染最为普遍,对幼猪危害大,患猪生长缓慢、消瘦、贫血、被毛蓬乱无光泽,甚至形成僵猪。通常在 90 日龄时进行第一次驱虫,必要时在 135 日龄左右时再进行第二次驱虫。驱除蛔虫常用驱虫净(四),每千克体重为 20 mg;丙硫苯咪唑,每千克体重为 100 mg,拌入饲料中一次喂服,驱虫效果较好。驱除疥螨和虱子常用敌百虫,每千克体重 0.1 g,溶于温水中,再拌和少量精料空腹时喂服。

服用驱虫药后,应注意观察,若出现副作用时要及时解救,驱虫后排出的虫体和粪便,要及时清除发酵,以防再度感染。

网上产仔及育成的幼猪每年抽样检查是否有虫卵,如有发现则按程序进行驱虫,现代化养猪生产中对内外寄生虫防治主要依靠监测手段,做到“预防为主”。

第三,防疫。预防免疫注射是预防猪传染病发生的关键措施,用疫苗给猪注射,能使猪产生特异性抗体,在一定时间内猪就可以不被传染病侵袭,保证较高的免疫强度和免疫水平。必须制定科学的免疫程序和预防接种,做到头头接种。新引进的猪种在隔离舍期间无论以前做了何种免疫注射,都应根据本场免疫程序进行接种各种传染病疫苗。同时对猪舍应经常清洁消毒,杀虫灭鼠,为猪的生长发育创造一个清洁的环境。

在现代化养猪生产工艺流程中,仔猪在育成期前(70日龄以前)各种传染病疫苗均进行了接种,转入肉猪群后到出栏前不须再进行接种,但应根据地方传染病流行情况,及时采血监测各种疫病的效价,防止发生意外传染病。

4. 提高猪群健康水平,做好猪群健康监测

在整个养猪生产过程中,做好猪群健康的监测工作,及时发现亚临床症状,早期控制疫情,把疾病消灭在萌芽状态非常重要。同时,通过对猪群健康的监测,还可发现营养、饲养、管理上存在的问题,使其及时得到解决。通过对猪群健康的监测,也可发现温度、湿度、圈养密度等环境条件是否适宜,以便及时采取措施。

其一,观察猪群。要求饲养员对所养猪只要随时观察,发现异常,及时汇报。猪场技术人员和兽医,每日至少巡视猪群2~3遍,并经常与饲养员取得联系,互通信息,以掌握猪群动态。

观察猪群要做到平时看神态、吃食看食欲、清扫看便。一般健康猪的表现是:反应灵敏,鼻端湿润发凉,皮毛光滑,眼光有神。走路摇头摆尾,喂料争先恐后,食欲旺盛,睡时四肢摊开,呼吸均匀,尿清无色,粪便成条,体温38~39℃,呼吸每分钟10~20次,心跳每分钟60~80次,如果喂料时大部分猪都争先上槽,只有个别猪仍不动或吃几口就离开,可能这头猪已患病。须进一步检查。如果喂料时,全栏猪都不来吃或只吃几口,可能是饲料方面的问题或猪的中毒,观察猪的粪便在天亮这段时间,猪一般要屙一次屎尿,粪便新鲜易于发现问题,再者晚上屙的粪便因猪活动少未被踩烂,容易看。如果粪便稀烂,腥臭,混有鼻涕状的黏液,可能是猪消化不良或慢性胃肠炎。同栏猪个别生长缓慢,毛长枯乱,消瘦,很可能是患有消化性疾病,如寄生虫病、消化道实质器官疾病和热性疾病。

对观察中发现的不正常情况,应及时分析,查明原因,尽早采取措施加以解决。发现不正常的猪进行隔离观察,尽早确诊。如属一般疾病,应采用对症治疗或淘汰,如是烈性传染病,则应立即捕杀,妥善处理尸体,并采取紧急消毒、紧急免疫接种等措施,防止其蔓延扩散。

其二,测量统计。特定的品种与杂交组合,要求有特定的饲养管理水平,并同时表现特定的生产力水平,通过测量统计,便可反映饲养管理水平是否适宜,猪群的健康是否在最佳状态。低劣的饲养管理,发挥不出猪的最大遗传潜力,同时也降低了猪的健康水平。猪所表现的生产力水平高低是反映饲养管理水平和健康水平的晴雨表。例如猪的受胎率低,产仔数少,有可能是饲养管理问题,也有可能是细小病毒、乙脑等疾病引起;初生重低,有可能是母猪怀孕期营养不良;21 d窝重小,整齐度差,可能是母乳不足,补料过晚或不当,环境不良或受到疾病侵袭;肉猪日增重低、饲料报酬差,有可能是猪群潜藏某些慢性疾病或饲养管理不当。

七、适时屠宰

瘦肉型猪性成熟晚,未去势公猪生长速度和胴体瘦肉率高于母猪,也高于去势公猪。母猪其瘦肉率高于去势公猪,生长速度和饲料效率比公猪稍差。M.D Judge 等(美国 1990)报道,未去势公猪胴体瘦肉率比去势公猪高 3.8 个百分点。肌肉日增长量,公猪为 240.62 g,阉猪为 236.08 g,公猪比阉猪高 3.54 g,而饲料消耗低于阉猪。英国肉类与家禽委员会(MLC)报道,公猪瘦肉生产成本比阉猪低 12%。可见欲提高生产效益,应提倡公猪不去势肥育。但公猪肉因雄性激素而带有膻味,这种味道在烹调加热时才能嗅到。如果制成冷食熟肉加工产品,食用时人们感觉不到有异味。为了解决公猪肉的膻味,许多国家进行多方面的研究,用雌性激素控制雄性激素产生,对减轻膻味有一定作用但未找到成功的使用方法。最近荷兰研制出一种疫苗,可以抑制公猪产生性臭,但尚未在生产上正式应用。解决不去势肥育公猪肉膻味的较简便方法,是选择性成熟晚的品种,加速肥育猪的增重,使其在性活动到来之前屠宰,提早出栏。英国对 72.5 kg 屠宰的公猪胴体测定,仅有 2% 的人能感觉到未阉公猪肉在烹调时有不良气味,但其程度同阉猪和母猪的相等。

瘦肉型商品肥猪适宜屠宰体重的确定,要从提高胴体品质和养猪经济效益出发,兼顾瘦肉率、屠宰率、增重速度和饲料效率 4 项指标。瘦肉猪的月龄、体重越小,饲料报酬越高,瘦肉率越高,但肉的含水量高(猪的瘦肉,在体重 20 kg 时含水 80%,70 kg 时含水 78%,120 kg 时含水 76%),肌间脂肪少,肉的品质差;过早屠宰又使商品肥猪单位活重所摊仔猪成本比重加大,且屠宰率低,经济上不合算。瘦肉型商品猪的适宜屠宰期,应在其肌肉生长高峰(5~6 月龄)之后,脂肪生长高峰(6 月龄)刚刚开始,肌间脂肪有一定的沉积,饲料报酬已逐渐下降之时,也就是正值肌肉、脂肪增长的转折点。这时的体重为最适宜的屠宰体重。适宜屠宰体重的大小,可因品种或杂种的体型大小,成熟早晚,饲养水平不同而有所区别。一般小型早熟品种应在体重达 70~80 kg 时屠宰,大型晚熟品种应在 90~110 kg 时屠宰较为适宜。对同一品种或同一杂交组合的猪来说,高水平饲养时,屠宰体重稍稍提前;稍低水平饲养时,屠宰体重可适当增大。

生长育肥猪随着体重的增加,日增重逐渐增高,到一定阶段之后,则逐渐下降,饲料消耗增加,饲料转化率下降;并且随体重的增加,屠宰率提高,胴体脂肪比例增高,瘦肉率降低。

　　因此,生长育肥猪的屠宰活重不宜过大,否则日增重和饲料转化率下降,瘦肉率降低。但屠宰活重过小也不适宜,此时虽单位增重的耗料量少,瘦肉率高,而育肥猪尚未达到经济成熟,屠宰率低,瘦肉产量少。

　　此外,随着人民生活水平的提高,对瘦肉的需求很迫切,市场上瘦肉易销,肥猪肉难销。为了获取较好的销售价格和经济效益,生产者正积极探索饲养品种的最佳出栏活重,一些原来有养大猪习惯的地区也在一定程度上调低了生长育肥猪的出栏体重。

　　生猪出栏适合屠宰体重还应该关注每千克活重的售价、饲料成本等因素进行综合分析来确定,当生猪的价格与饲料价格比价较大时,按屠宰加工厂能接受的最大体重来出售而且价格不受影响,养猪场会有更大的收益。

第八章　猪场的经营管理

规模化猪场作为一个企业，对于经营者来说，一定要通过先进的经营理念、现代化的企业管理制度、深厚的企业文化、良好的企业形象等要素来运营猪场，打造一支有责任心和执行力的高素质员工团队，这是猪场运营成功的重要保障。在国内经济快速发展的大背景下，养猪行业的经营者要转变思想，认清行业发展的制约因素，把传统的低效率经营模式抛弃，重新对岗位职责进行定位和分配，把制度管人、责任到人落到实处，提高猪场运营效率。

第一节　转变猪场的经营理念

一、猪场经营管理中的人文管理

我国猪的饲养量和年出栏数都达到世界总量的 50% 以上的水平，然而整体养殖经济效益以及效益的稳定性却和国外发达国家相差甚远。随着我国融入全球经济的步伐日益加快，国际社会或者国际市场对我国各个行业的要求越来越严格，国内养殖也已经呈现出散养减少、单个养殖规模增加的趋势。但总的来说，养殖的经济效益稳定性差和越来越低利化还是不争的事实。那么，是我们的技术真的落后于国外同行，还是我们对技术的应用出现了偏差？经过调查以及和一些专家的沟通交流后，得到最终的结果是，问题出在最关键的环节——养殖场的操作者——人身上！就当前的现状来说，搞好对人的管理将是突破养猪经济效益瓶颈的重要一环。

造成某些养猪场效益低下的原因有下列几种：①养猪场所处的地点多在落后地区或者是在发达地区的落后乡镇，交通、环境、习惯、风俗、思想等都不利于人才聚集，因此自主开发和研制新型切合实际的养猪模式缺乏基础技术实力，简单的模仿比较多见，客观上制约了经济效益最大化。②多数养猪场的饲养人员文化水平普遍偏低，对新技术的理解、接受和应用能力差，很大程度上削弱了经济效益的发挥。③由于长时间的封闭式管理，对外界接触减少，容易导致信息闭塞，情绪不稳，导致管理手段简单、粗暴、野蛮，员工情绪化工作状态比较常见，工作效率低。④员工的工资待遇水平低，导致了员工的工作积极性不能完全发挥，更不能超水平发挥。从经营角度上来看,员工创造额外利润空间减小,高额的经济效益也就难以达到。⑤我国多数养猪场(比较规范的养猪场)场长是兽医(祖传的还不少)出身或者是学习兽医专业的,在实际工作中出现"治重于防"这种严重扭曲养猪场"防重于治"的基本管理原则的现象,导致养猪成本提高,经济效益下滑;还有很多根本不懂管理的人在管理养猪场,效益就更加不能得到保证。⑥几乎所有的养猪场只考虑员工的基本经济收入和一些物质奖励,而对于人类本身的最基本精神需求却没有去认真研究并在工作过程中采取措施给予相应的满足。⑦衡量养猪场员工的工作绩效制度不全或不完善,也是导致员工工作积极性不能发挥和调动的重要原因,对于员工工作成绩的好坏没有一个正确界定方法,所以就存在"大锅饭"或者混日子的现象,当然不可能给企业带来好的经济效益。⑧管理人员的素质低下可能是导致养猪场经济效益差的根本原因。有很多养猪场管理人员根本就没有接触过先进的管理理念,因此他们很难理解如何向管理要效益,更不懂得如何为养猪场获取更多的经济收益,只是按照老板的指示机械地执行工作指令,很少发挥自身的主观能动性,创造附加值。

二、改变国内养猪场困境的探讨

根据对目前国内养猪场的以上现状分析以及国内经济发展、用工环境的快速变化,如需要在较短时间内改变这种现状,就必须从转变观念入手。

1. 转变观念,抓住重点,充分调动人的积极性,使企业财富最大化

(1)企业应该以经济效益为本。应该把企业"以经济效益为本"作为主导管理思想进行贯彻,不能回避遮掩,应明确无误地告诉所有的员工,并取得集体的认同。如诺基亚提倡的是"科技以人为本",又如世界大财团美国 GE 公司管理者经营理念是"股东效益最大化",还有更多的企业无不是把企业效益回报能力作为一个重点指标进行考核。

(2)从重视技术革新转向重视技术革新与人文管理并重。国内养猪场从传统散养经过 20 余年的发展逐渐转变为现在接近现代化、规模化的格局。在这个过程中,技术革新一直是唱主角。从 1990—2000 年的 10 年间,有许多高新技术企业利用技术的优势得以快速发展,有些企业甚至出现技术上的"走火入魔"现象,像南方一些养猪场在饲料营养浓度上明显比北方平均高出 30% 以上,有的甚至更多,这也就是为什么南方养猪场环境比北方猪场更加恶劣的重要原因之一,至于品种改良等技术的应用对于一个只有 3～5 年历史的养猪场来说并不是立竿见影的事情,所以很多养猪场主仍然把经济效益的回报寄希望于运气和行业的牛市,而把创造经济附加值的执行主体——人给遗忘了,或者作为一个次要的因素。因此,如何在技术有了相当水平的基础上，迅速转变方向，去同时重视 NTN 管理即重视人和文化的管理是当务之急。

（3）把养猪场当公司（企业）来运作。尽管国内有许多大型养猪场的规模相当可观，但是仍摆脱不了小农的意识，有的是管理者本身，有的则是从事具体工作的员工表现出来的工作环境氛围，由于在实际操作上并没有突破传统农村经营模式的思路，那么就出现许多养猪场主还是把养猪场当做自己的家里事和家里活来干，有些管理者还经常教育员工要把工作像家里事和家里活来干。事实上，正是由于这种企业文化的引导，使许多本来文化水平就低、来自于广大农村的工作人员为自己的工作行为找到了一个合理的依据，而当出现科学性要求和习惯发生矛盾时，这些损失往往是在积累一段时间后才出现，具有相当的必然性。这些现象主要是小农思想和作坊管理思想在作怪，管理者在思想上根本没有把养猪场作为一个公司来运作。随着市场一体化、经济全球化的不断深入，市场对各种生产企业的要求越来越严格，竞争会更加激烈，管理上的落后势必导致企业发展的迟缓。因此必须把养猪场作为一个正规的公司来运作，而不是当做一个家庭来管理。

（4）员工不仅仅是工作指令的执行者。一般按照传统习惯，养猪场主和管理者都希望所有员工马上执行公司颁布的各项规章制度，但是结果往往相反，主要原因是因为员工对一些要求不理解或者有逆反心理，在这种条件下，执行情况可想而知。根据世界先进企业的管理经验，要让员工认真执行工作指令，遵守各项规章，一个比较成功的办法便是让员工参与这些制度的制定，而不仅仅是执行，只有这样才能充分发挥员工工作热情，让他们真正感觉到自己是主人，体会成就感、归属感，执行起来就像是自己给自己做事一样，效率自然会很高。

（5）注重员工的特长，而不是一味地去改正员工的缺点。过去传统的管理者总是在要求员工干好本职工作之余或者在工作当中，改正自己的缺点。所以，很少有员工能够在上司那里得到很高的评价，干得再好，领导都会要求员工如果能改正某些缺点，可能会更好。这种现象在养猪场是非常多见的，当饲养人员辛辛苦苦把工作做好、指望得到领导的肯定时，领导却先指出工作上的失误和缺陷，造成员工心理上的劣势，又不能和领导争辩，领导则觉得自己很伟大，能够指出员工的很多缺点，而且员工无法反驳，殊不知，久而久之，员工内心对领导肯定工作成绩的期望逐渐淡化，最后变得麻木，连自己擅长的工作也做得越来越差。咨询公司的调查结果显示，几乎是 100％的员工非常希望得到领导对他工作业绩的及时认可，并且鼓励他继续坚持，如果这种期望长时间得不到回应，就会变成绝望和失望。所以关注员工的特长并且即时肯定，对于发挥员工的工作积极性是非常重要的。

（6）让养猪场成为员工心中的家。出于特殊环境控制的需要，国内大多数养猪场的员工都是外地人员,对于养猪场的防疫、环境控制以及全面实施饲养管理规定非常有利。但是同时也带来一个很大的问题,就是这些人对养猪场的亲近感很难强化,尤其是后期的管理中如果还不能让他们体会到这种感觉,那么人很难将全部身心投入到其中,他们只会把和自己利益直接相关且马上见效的事情去做好(但还不一定),至于其他间接或者和自己目前无关的事情没有人会认真处理。所以发挥全部员工积极性,为养猪场获取最大效益的关键在于让所有的外来员工对养猪场永远有一种家的感觉,这种感觉的产生越早、越深切,越有利于发挥员工工作积极性。

2. 改变机制,打破传统"大锅饭"分配方式

(1)业绩考核以经济效益考核为主。猪只实行从断乳至出栏的一条龙跟踪考核制,这些制度在某些养猪场已经开始制定并付诸实施。但是有许多养猪场对于这些制度的实施太过机械和书本化,没有按照养猪场自身的情况特点来制定个性化的考核制度。所以,很多养猪场因为遭到拒绝执行最后不了了之。随着市场经济的日益深入,对每个工作岗位实施绩效考核已经势在必行,但是在制定并实施的过程中,应该充分发挥各个岗位人员的能动性、创造性,制定出一个适合养猪场本身又有利于调动员工工作积极性的考核制度,是实施绩效考核制度成功与否的关键所在。

(2)责、权的精确定位与落实到岗、到人。在市场经济中,开发适销对路的产品能够迅速打开市场并获得经济回报。那么在企业管理上来说,提高工作绩效的关键在于人、岗的有机统一,即做到人适其位,岗适其人。如何做到这一点呢? 简单来说就是:

①对设立的岗位进行精确的岗位描述。对于某个具体岗位进行详细精确的岗位描述,明确其责、权、利,对于一个上岗人员迅速理清工作方向、工作要求、工作考核指标将非常有效,而且能够使员工快速进入工作状态,缩短适应时间,提高绩效。这在我国大多数企业都没有很好的建立,许多企业认为有了岗位职责以及岗位作业指导书就行了。其实不然,因为这些内容加在一起充其量只不过是要求岗位人员干什么或不能干什么..而对于什么是干好、什么是干坏或者干好的奖励与干坏的处罚却缺乏详尽的量化规定,所以对员工的工作实际上没有多少鞭策和激励作用,这就是困扰大多数企业的一个共性问题,即为什么制度都有,而工作绩效仍然很低。

②根据岗位描述确定需要什么样的人。针对某个岗位的具体描述,分析需要什么素质的人,比如年龄、性别、性格、文化教育、专业技能、工作经历、工作倾向、亲和力、自控能力等;根据确定的特点去招聘或者选拔合适的人安排到相应岗位上,

达到人适其位、岗适其人。

（3）提倡自己给自己开工资的观念，营造良性竞争的氛围。由于受各种传统因素以及现代价值观念的非正确影响，许多人在工作中打工意识很强，由此产生被剥削和压迫的意识也很强，这种意识会导致管理与被管理以及雇方与被雇方之间的矛盾莫名其妙地升级、恶化，员工对企业每个月发放的待遇薪水始终没有满意过，这种不满意现象积累到一定程度，就会出现员工故意怠工、降低工作绩效或者故意增加养猪成本等不良行为。所以养猪场管理者必须采取观念引导措施，提倡员工自己给自己开工资，淡化或者弱化打工意识，发挥个人潜能，为养猪场创造最大效益。要实现这个目的的前提则是要让每个员工清楚自己所得报酬的各个组成来源和标准，也就是要让每个员工参与制定考核他们工作绩效制度的整个过程，营造一个良性、友好的工作竞争氛围，逐渐淡化打工和被雇用等不利于工作积极性发挥的不良意识。

3. 员工激励措施

一提到员工激励，传统观念认为是给员工多发奖金或者多发物品，其实这些东西在物品短缺时代以及经济落后状态时有一定作用，但并不是始终管用，要用好激励措施、发挥员工积极性，需要采取灵活多变的激励方式和方法。

（1）激励方式。就激励方式而言，有表扬、奖励、光荣榜、分享，其中又可以分为口头、书面、单独、群体；特别指出国内企业对于员工分享个人成功以及先进工作经验而言，太过于形式化，分享工作往往成为某个人的工作报告会，成为教育会，而事实上，分享会议应该成为多数人在感受他人成功喜悦中寻找自己成功喜悦的感觉，进而使更多的人产生一种需要成功的强烈欲望和冲动，借此达到激励目的；还要灵活多变地采取团队、个人、互相激励相结合的方式，使激励无处不在，最大限度地发挥激励效应的作用。

（2）激励频率。根据目前世界最新的调查研究表明，一次激励所产生的动力平均可以延续 5 d 左右时间，正好和现在的周工作制度吻合，如果需要让员工保持长期旺盛的工作斗志，必须用的激励频率不能少于每周 1 次。当然如果能在企业内部形成一种激励文化，使激励行为无处、无时不在，那么可以使员工时刻处于高度工作兴奋状态，工作绩效将是最理想的。而对于我们目前的养猪场而言，这样的激励可能还做不到。为此，应该在养猪场中建立日常激励、周激励、月激励、季度激励、年度激励计划并安排有关人员进行落实，逐渐使每个员工都能深切体会到激励给他们带来的好处。

（3）激励内容。在物品短缺和经济落后的时代或阶段，多采取物质激励非常有效（如青岛海尔集团一直实行的季度奖励金发放的措施，在很大程度上解决了企业发展初期员工队伍的稳定性和吸引外来人才等问题，而现在已经不具有很大的吸引力了），对于目前我国大多数地区来说，应该采用物质和精神兼顾的原则进行激励，并且越是经济发达地区，精神激励的比例要逐渐超越物质奖励额度；精神激励的方式也是多种多样的，可以通过在企业经营的某个阶段实施挑战目标，对于挑战成功人员给予特殊精神激励的方式来鼓励更多的员工给自己下挑战书。自己对自己的挑战比别人硬加给的挑战要更加具有吸引力，因此挑战目标的设定是个关键环节。

对业务能力强的技术及管理人员可以采用股权激励的方式，达到留住人才、共同成长及共享成果的最佳合作模式。

（4）激励影响范围扩展、延伸到被激励人相关的群体。员工所获得的各种激励不能仅仅局限于养猪场内部员工和有关领导知道，在可能条件下，应该让其所在的生活环境都知道，这对于延长激励效应和扩大鞭策员工行为范围极为有效。

4. 员工培训制度

时下有许多企业包括大型规模化养猪场对于员工培训的重要性已经取得共识，而且积极主动地寻求各种资源对员工进行培训，但是从整个培训效果来看，却非常的不理想。原因主要在于绝大多数养猪场对员工培训的真正目的并不明确，而且往往是不分层次"一勺烩"，结果是费钱不讨好。所以在企业内部应该建立有条件的培训制度，实施竞争性培训，明确什么培训是每个员工必须接受的，除此以外的任何培训应该要设定一些条件，达到这些条件的则给予培训提升机会。

在接受咨询机构对企业进行培训的同时，应该注重形成企业自身特色的内部培训机制，要使内训与外训兼顾；外部咨询机构应该给予企业制订一套完整的培训计划和实施方案。有时候企业的内训比外训更加重要，所以对于企业内部培训师的培训是提高企业内部凝聚力的关键环节之一。通过形式多样的内外培训，认真抓好企业员工素质的提高与巩固。

5. 员工文化生活

（1）解决工作以外时间干什么的问题。由于行业的特殊性，大多养猪场都地处偏僻、交通不便的地方，和外界的交流太少。为了活跃员工的工作与生活气氛，一般的养猪场都会在场内设置电视、运动场等简易设施，以丰富员工的业余生活内容，至于如何发挥这些工具的作用却是很少有人去细想。添置这些设备的目的毋庸置疑是为了解决工作时间之外员工干什么的问题，但是要真正解决好这些问题，仅仅添置设备就行了吗？要利用各种设备资源、人力资源、教育资源、技术资源、地域资源等各种资源进行整合利用，真正让员工的生活丰富起来。

（2）加强员工之间的沟通与交流。要定时举行员工之间的沟通交流活动，可以举办工作心得讨论会,对养猪场日前各项制度的执行意见讨论会,员工需求面谈会,员工个别交流会等。这里需要注意的是在员工交流会时,千万注意不要什么场合领导都参加,并且滔滔不绝,变成一言堂,要多发挥中层干部以及基层干部的作用。否则,员工之间的交流就等于是一句空话,不会收到任何效果。

(3)促进团队友谊和形成长期合作的意愿。要举办各种群体性(包括养猪场所有管理人员在内)活动,体育比赛、郊外旅游、文艺表演、特色风味聚餐等,增进员工之间的交流和情感沟通,鼓励团队合作,建立密切的合作伙伴关系,继而达成长期合作、共同发展的主观意愿,对于员工队伍的稳定和增强团队抵抗风险能力都将举足轻重。

6. 员工危机感和归属感

(1)培训员工的危机意识,不定期开展危机感的活动训练。要在养猪场不断教育并灌输危机意识,可以通过当前社会形势、行业形势、就业形势、员工素质要求发展趋势、企业发展规划以及对员工技能的要求等,使之树立紧迫感和危机感,必要时对于一些特殊员工可以请专家进行专业训练,以强化这种意识。

(2)危机意识训练方式和内容。野外拓展训练以及职业竞赛、各种形式的技能对抗赛、比武,企业内部的技能资源认证等都是比较好的危机意识训练,有些内容需要企业多个职能部门共同参与完成。

(3)寻找规避危机的方式方法,提供安全可靠的大本营支持。通过一系列的危机训练和意识强化,来促使各级员工发现自身的不足以及面临的直接和间接威胁,自觉提高自己和武装自己,培养自己抗击风险的能力,这就为规避危机方式方法的出台提供了思想上的共识基础。养猪场或者相关企业作为这些员工的大后方,在解决和规避危机具体处理上应该提供强有力的支持保障体系,增强员工的安全感。

(4)使员工感受到自己是本单位不可分割的一分子,强化归属感。在企业取得任何进展时,应该采取各种形式进行公示,并强调这是由于全体员工的共同努力才得来的结果,让每个员工都感受到,成功有我一份。这样一来,员工的团队意识、归属意识自然逐渐加强,久而久之定会使员工保持朝气蓬勃、奋发向上的士气,企业的竞争力也就增强了。

7. 提高中层管理人员的工作责任心

时下大多数管理人员都提到了要加强工作责任心的问题,但是对于如何衡量和评价责任心,很多单位和个人没有明确的概念。对于提高中层管理人员的工作责任心,要做好以下几个方面。

(1)正确描述部门各个岗位的工作要求,正确界定工作结果。前面已经提及要发挥员工的工作积极性和提高工作绩效,就必须明确各个岗位的岗位职责,并且简单明了地告诉每个岗位人员;不仅如此,还必须明确指出,什么是管理者所需要的正确结果以及界定结果正确与否的标准,这些工作都需要养猪场的中层管理人员来完成。如肥育舍主任应该把肥育舍各个岗位的工作要求和操作细则以及责任等详细情况简明扼要地告诉给每个操作工人,并且要明确告知什么是我们需要看到的正确结果(带有数字化标准),如此一来,员工在正式上岗前就已经非常明白自己应该干的和不应该干的,而且还知道干到什么程度才是对的,是符合需要的,由于目标方向一致,工作起来效率自然倍增。

(2)如何帮助员工完成工作要求并使其在工作中得到提高。这里实际上是要求管理人员能够指导员工把每件工作做到尽可能的完美,并且在实践操作中不断帮助员工提高工作技能和个人素质,这也是对管理者提出的一个严峻考验,也就是说,在帮助员工完成工作任务的同时,必须对某个人的综合素质有所提高或者改善,这是考核管理者技能是否过关的重要指标。为达成此目标,管理者需要认真制订工作计划,确保每个不同岗位的员工都能够得到切实的提高和改善。

(3)鼓励员工个人发展,帮助制订个人发展规划。如果一个人没有发展规划,就相当于没有了方向和目标,那么要保持长期旺盛的斗志几乎是不可能的。所以要希望员工始终有强烈的进取心和成功欲望,就必须让他们有个人的发展规则,否则就算是达到了自己的期望目标,也因为没有事先设定目标而感觉不到成功的喜悦,那么也就不会给个人带来多大的刺激或者激励,时间一长,员工就不会再把工作成就当回事,这是非常危险和有害的。作为管理者非但要鼓励员工制订个人发展计划,还要不断帮助员工随着企业的发展随时修正个人规划,不然会出现不符合实际或者与实际脱节的现象,从而带给员工负面影响。所以员工的个人规划应该是一个动态的而不能一成不变。

(4)关心员工。所谓的关心员工并不只是传统意义上的关心,应该扩展概念,并不断丰富关心的方式方法,要结合时间、地点、人物、对象的变化进行调整。

(5)树立个人威信。这里的威信主要是指个人的诚信和在员工心中的信用价值,而不是传统意义上的吃苦在先、享乐在后就行的,这里更需要管理者敢说、敢做、敢当,办事效率高,准确率高,对大家负责,唯有如此方能真正达到树立威信的目的。

(6)提倡团队与奉献精神。无论是企业自身还是企业的某个部门取得任何进展或成绩,应该及时公示,让所有成员感受到这份喜悦和体会成就感,并且对于鼓励个人为团队做奉献有极大的促进作用。

8. 系统思考,综合效应,切实提高养殖经济效益

随着市场一体化、经济全球化的日益深入,世界经济形势对中国市场的影响日益深入,国内所有的养猪企业面对的已经不是传统意义上的国内同行,而是国际集团、跨国公司的直接威胁,所以在考虑改善养猪场内部人员结构调整、素质提高、员工培训、企业发展规划时应该把眼光扩大到整个世界市场,也就是说,要系统全面而不是单独分裂地采取决策,充分利用各种资源发挥的综合效应,切实提高养猪经济效益。

鉴于目前国内养猪场的现状,对于技术引进、品种改良、环境改造等应该根据当地实际情况进行有限度的改造或调整,而应把主要精力放到能够改变状况的操作主体——人身上,这是比较适合国内养猪场现状而且又不需要进行大投入的工作,但是对于养猪场以后的健康稳定发展具有现实和深远的意义。

第二节　猪场经营管理机制设计

一、岗位设置

岗位设置包括健全的劳动组织和劳动制度,贯彻生产岗位责任制,定出合理的劳动定额和劳动报酬,使每个人责任明确,工作有序,坚决杜绝互相推诿、生产窝工等现象。最终目的是调动每个人的积极性,提高劳动生产率和养猪经济效益。

(一)健全的劳动组织和劳动制度

1. 猪场的劳动组织

根据猪场的各项工作性质进行分工,使干部、职工进行最佳组合,明确每个人的责任,使之相互独立又相互协作,达到提高劳动生产率的目的。各部门的基本职责如下。

(1)管理方面。包括场长、副场长等。职责是负责全场发展计划的制定,对生产经营活动具有决策权和指挥权,合理调配人力,做到人尽其才,对职工有按条例奖罚权;安排生产,指挥生产,检查猪群繁殖、饲养、疾病防治、生产销售、饲料供应等关键性大事,掌握财务收支的审批及对外经济往来,负责全场职工的思想、文化、专业技术教育及生活管理。

(2)技术方面。包括畜牧、兽医技术人员等,他们在场长的统一领导下负责全场的技术工作。职责是制定各种生产计划,掌握猪群变化、周转情况,检查饲养员工作情况,各种防疫、保健、治疗工作、疫苗注射部位和操作规程都必须准确熟练。同时,还要负责新技术推广、生产技术问题分析、生产技术资料统计等,及时向场长汇报。

(3)饲养方面。主要是饲养员。这类人员要实行责任制,按所饲养猪群制定生产指标、饲料消耗和奖罚制度。他们的职责是按技术要求养好猪，积极完成规定的生产指标，做好本猪群的日常管理、卫生清理工作，注意观察猪群，发现意外或异常情况及时报告。另外，要积极学习养猪技术知识，不断提高操作技能。

(4)后勤管理方面。主要包括财务管理、饲料加工供应及其他服务工作如供销、水电供应、房屋设备维修等。财务管理工作包括日常报账、记账、结账、资金管理与核算、成本管理与核算、生产成果的管理与核算等，并通过报表发现存在的财务薄弱环节，提供给场长，以便及时做出决策，避免造成不可挽回的损失。物资的供应及产品的销售，应本着降低成本、提高效益的原则。

2. 猪场的劳动制度

劳动制度是合理组织生产力的重要手段。劳动制度的制定，要符合猪场劳动特点和生产实际，内容要具体化，用词准确，简明扼要，质和量的概念必须明确，经过群众认真讨论，领导批准后公布。一经公布，全场干部职工必须认真执行。

(二)确定合理的劳动定额

定额就是集约化猪场在进行生产活动时，对人力、物力、财力的配备、占用、消耗以及生产成果等方面遵循或达到的标准。定额包括以下几方面内容。

(1)劳动手段配备定额。即完成一定任务所规定的机械设备或其他劳动手段应配备的数量标准。如运输工具、饲料加工机具、饲喂工具和猪栏等。

(2)劳动力配备定额。即按照生产的实际需要和管理工作的需要所规定的人员配备标准。如每个饲养员应承担的各类猪头数定额，机务人员的配备定额，管理人员的编制定额等。

(3)劳动定额。即在一定质量要求条件下，单位工作时间内应完成的工作量或产量。如机械工作组定额、人力日作业定额等。

(4)物资消耗定额。即为生产一定产品或完成某项工作所规定的原材料、燃料、工具、电力等的消耗标准。如饲料消耗定额、药品使用定额等。

(5)工作质量和产品质量定额。如母猪的受胎率、产仔率、成活率、肉猪出栏率、出勤率、机械的完好率等。

(6)财务收支定额。即在一定的生产经营条件下，允许占用或消耗财力的标准，以及应达到的财力成果标准。如资金占用定额、成本定额、各项费用定额以及产值、收入、支出、利润定额。

二、现代工厂化养猪联产计酬参考方案

猪场生产任务：全年出栏 10 500 头，年底存栏 5 500 头，残次猪、淘汰公母猪不计入出栏，猪场自动化程度不高，饲养员 17 人。以下方案在实施时要根据猪场现

有条件及实际情况来做相应调整,同时要考虑地域及季节变化。

1. 基础种群的生产指标

(1)猪场年生产预期成绩。

①每头母猪年供 100 kg 商品猪 18～20 头以上。

②全年全场总平均料肉比(3.2～3.3):1。

③初生至 100 kg 体重控制在 160～170 d。

④断乳仔猪至 100 kg 体重总饲料耗料量约为 250～260 kg,料肉比(2.7～2.8):1。

(2)繁殖母猪的预期成绩。

①产仔平均初生重 1.30～1.65 kg。

②母猪平均年产胎数 2.2～2.23(注:乳猪断乳日龄为 21～28 日龄)。

③平均每胎产活仔数为 10 头左右。

④哺乳猪高床饲养育成率达 97% 以上;地面饲养育成率达 95% 以上。

⑤每胎断乳活仔猪数为 9.5 头。

⑥断乳母猪发情天数 5～7 d,乏情率低。

⑦全场繁殖母猪淘汰率为 25%～30%,核心母猪淘汰率为 33%～35%,公猪淘汰率为 40% 左右。

⑧后备母猪配种年龄 210 d。

⑨母猪分娩率 95%(注:分娩率＝母猪分娩数与妊娠数的百分比)。

⑩受胎率 87%。

(3)断乳至 25 kg 体重的仔猪预期保育成绩。

①21～25 日龄断乳体重达 6～7 kg,25～28 日龄断乳体重三元猪可达 7～8 kg,纯种猪可达 6.5～7.5 kg。

②保育舍仔猪平均成活率:地面保育成活率为 95%,高床保育成活率为 97%。

③60 日龄体重为 22～25 kg;70 日龄体重为 26～30 kg;75 日龄体重为 28～33 kg。

④断乳仔猪 8～25 kg 料肉比为(1.6～1.8):1。

(4)25～100 kg 的生长肥育猪预期成绩。

①育成、育肥成活率 97%～98%。

②饲料转化率(2.6～2.8):1(注:必须控制好喘气病)。

③平均日增重 700～800 g。

2. 计酬原则与方法(实行联产计酬,工作包干制。工资高低视各场各地区不同情况而定)

(1)方案一。

①配种怀孕舍(饲养管理员 4 名)。

其中,工资:以 500 头母猪参加生产,每胎产活仔(不含木乃伊、死胎、畸形、弱仔等)8.5 头计算,按产活仔数 2.23 元/头计发工资。

奖金:

A. 年产胎次 2.3 胎,配种受胎率 85%,怀孕分娩率 97%,全年完成指标基础奖 4 800 元。每超额 0.1%另奖 100 元,每少 0.1%赔 50 元。

B. 公猪年正常淘汰率 40%,残次率 12%,按 200 元/头奖赔。母猪年正常淘汰率 25%,残次率 6%。按 100 元/头奖赔。

C. 胎产仔数:以每胎均产仔数 9 头,活仔数 8.5 头计。每超产 1 头活仔奖 10 元,少产 1 头赔 5 元。

D. 饲料:按每产 1 头活仔给公母猪料 44 kg 计算,节约或超出部分按 10%奖赔。

②分娩舍(饲养管理员 4 人,其中晚班 1 人)。

其中,工资由两部分组成:

A. 每断乳 1 头仔猪工资 1.78 元。

B. 每净增重 1 kg 仔猪工资 0.191 元。仔猪断乳日龄为 21 d,断乳平均 6.5 kg,个别仔猪不得小于 5.0 kg。

奖金:

A. 活仔断乳成活率 95%,全年完成指标基础奖 4 200 元,增减 1 头按 10 元奖赔。

B. 饲料。

乳猪料:每断乳 1 头仔猪给料 0.5 kg。

母猪料:按断乳仔猪窝重×2.5 计算用料,节约或超出部分按 10%奖赔。

③保育舍(饲养管理员 2 名)。

其中,工资由两部分组成:

A. 每出栏 1 头小猪工资为 0.65 元。

B. 每净增重 1 kg 小猪工资为 0.022 元。

奖金:

A. 小猪成活率 96%,全年完成指标基础奖 1 200 元,多活少活 1 头按 10 元/头奖赔。

B. 饲料:按料肉比 1.7:1 计算,节约或超出部分按 10%奖赔。

保育饲养期为 5 周,平均转栏个体重 22 kg,个别猪仔不得小于 18 kg,未达 15 kg 的中猪栏可拒收。

④中猪舍(饲养管理员 3 人)。

a. 工资:由两部分组成。

A. 每出栏 1 头猪工资 0.968 元。

B. 每增重 1 kg 工资 0.024 元。

b. 奖金。

A. 成活率 98.5%,增减按每头 100 元奖赔。

B. 残次率 1%,少残多残 1 头按 100 元奖赔。

C. 饲料:按料肉比 2.5∶1 计,节约或超出部分,按 10% 奖赔。

饲养期为 8~9 周,转栏平均重 65 kg。

⑤肥猪舍(饲养管理员 4 人)。

a. 工资:由两部分组成。

A. 每出栏 1 头猪工资为 1.27 元。

B. 每增重 1 kg 工资为 0.043 元。

b. 奖金。

A. 成活率 99%,每增减 1 头按 100 元奖赔。

B. 残次率 0.5%,少残或多残 1 头按 100 元奖赔。

C. 饲料:以料肉比 3.4∶1 计,节约或超出部分按 10% 奖赔。

猪场内技术人员及管理人员的工资奖金由场部视工作强度及成绩给予发放。

(2)方案二。

①猪场主管工资待遇。由场部发给,每月定级工资 2 000 元,扣其中 200 元作为保证金,年中、年底考核合格后分 2 次发还,未完成任务的在其中扣除。

②饲养管理员工资发放方案。为了便于控制生产成本,提高主管的管理力度,实行固定计酬与浮动工资相结合的方式计发工资。

第一,固定计酬:场部按出栏猪头数、产仔及成活成绩以及增重情况制定分配方案(全年计),工资总额 85% 按如下分配。

A. 出栏计酬:肉猪每出栏一头发 21 元,种猪 25 元。残中大猪 5 元。若接受其他生产线的中猪饲养,出栏工资减半,年底存栏增加或减少头数时则分别加发或扣发工资,每头 21 元。

B. 配种员、公母猪饲养员:每产一头合格仔猪(个体重 0.75 kg)发工资 3.75 元。

C. 产房:21~28 d 断乳,每头健康仔猪(个体重大于 6.5 kg)发 2 元。每千克增重发 0.22 元。均重超过 7.5 kg 部分,按每千克 0.065 元发给。

D. 保育舍:75 日龄转栏过称每头发 1 元(健康,体重 28 kg 以上)。每千克增重发 0.065 元,平均体重超过 33 kg 部分按每千克发 0.029 元。

E. 中猪阶段:(25～65 kg)每出栏一头健康中猪发 0.8 元,每千克增重发 0.065 元。

F. 大猪:参考中猪

第二,浮动工资:年终根据全场利润多少评定浮动工资。个人占年工资的 15%,由场主管根据个人工作完成情况及工作表现分配,并报老板批准发放。

三、猪场的物资管理和统计报表

1. 物资管理

猪场物资种类繁多,许多猪场场内物资管理一直处于空白地带,到底自己有多少家底谁也说不清楚,只能凭印象说大概,造成管理缺位,达不到"人尽其才,物尽其用"的效果,严重影响企业再发展。因此要加强猪场内的物资管理,盘活资源,最大限度发挥现有的财产物资的作用,当好家,理好财,最大限度降低生产成本,做到管理规范化、决策科学化、效益最大化要求,从而加强成本控制、强化内部管理,首先要建立进销存账,由专人负责,物资凭单进出仓,要货单相符,不准弄虚作假。生产必需品如药物、饲料、生产工具等要每月制订计划上报,各生产区(组)根据实际需要领取,不得浪费。要爱护公物,否则按公司奖罚条例处理。管理者对自己的物资了如指掌后,从生产实际需要进行合理资源配置,杜绝肆意浪费和无计划办事,将成本控制在最佳范围以内,通过勤练内功,科学管理,降低成本,提高市场竞争力。

2. 统计报表

统计报表是反映猪场生产管理情况的有效手段,是上级领导检查工作的途径之一,也是统计分析、指导生产的依据。因此,认真填写报表是一项严肃的工作,应予以高度的重视。各生产组长做好各种生产记录,并准确、如实地填写周报表,交到上一级主管,查对核实后,及时送到场部并输入电脑。猪场的报表体系要科学、实用、精简、准确、准时,统计报表的主要目的是分析生产,及时发现问题,及时解决问题。

(1)生产报表。种猪配种情况周报表、分娩母猪及产仔情况周报表、断乳母猪及仔猪生产情况周报表、种猪死亡淘汰情况周报表、肉猪转栏情况周报表、肉猪死亡及上市情况周报表、妊检空怀及流产母猪情况周报表、猪群盘点月报表、猪场生产情况周报表、配种妊娠舍周报表、分娩保育舍周报表、生长育肥舍周报表、公猪配种登记月报表(公猪使用频率月报表)、防疫记录、猪舍内饲料进出存周报表和人工授精周报表。

（2）其他报表。饲料需求计划月报表、药物需求计划月报表、生产工具等物资需求计划月报表、饲料进销存月报表、药物进销存月报表、生产工具等物资进销存月报表、饲料内部领用周报表、药物内部领用周报表和生产工具等物资内部领用周报表。

利用专门设计的计算机软件猪场管理系统能够将上述所有资料全部收集到计算机进行管理、处理和分析，这样生产过程中所有的指标信息及关注事项都能通过计算机平台得以展现，充分体现猪场"管家"的角色。猪场工作人员通过简单培训后，都能够使用无线手持收录器，将自己岗位统计的原始数据进行输入上传给计算机，过程简单明了，但切记不能漏掉数据或输入错误，以免造成数据失真，导致一系列后续问题。所以，原始纸质记录不能随便丢弃，收存好以备后查。

第三节　猪场成本控制与核算

一、生猪价格形成及其影响因素

价格：用货币表现出来的商品的价值就是商品的价格，价格是价值的货币表现。

生猪价格就是生猪出售时价值的货币表现。一般用元/kg（毛猪体重）来表示，现在屠宰场对收购生猪价格按宰后胴体质量指标进行定价，对商品猪的生产有一定导向作用，使猪生产者不仅要考虑猪的增重快慢，还要对出售生猪的体重及质量有所把控。

生猪价格是由供求关系、生产资料价格、区域性差异（生产水平、消费水平、物流因素）、人为因素等综合因素作用而体现出来的一种动态性价格的体现。

（一）供求关系

在一般情况下，供求关系变化影响价格的涨落。当某种商品供不应求时，买者之间就会相互竞争，使价格高于价值；当某种商品供过于求时，卖者之间就会竞争，使价格低于价值。

生猪的市场供求与生猪价格的制约关系表现为以下3种情况：

第一，当生猪市场需求量大于生猪生产量即生猪供不应求时，一般来说生猪价格将上涨；

第二，当生猪市场需求量小于生猪生产量即生猪供大于求时，一般来说生猪价格将下降；

第三，当生猪市场需求量与生猪生产量大体相等即生猪供求平衡时，生猪价格以生猪价值为基础,价格不受供求关系的影响。

如 2005 年末至 2006 年上半年生猪价格持续低价运行,养猪户亏损严重,大部分地区的散养户及小规模养殖户大量宰杀及淘汰母猪,这种势头一直持续到 2006 年 8 月左右,多数地区生猪和母猪存栏数大幅减少,使原来的供大于求转化为供求相对平衡,甚至出现供不应求的局面。

(二)生产资料价格(产品成本)

产品价格是产品价值的货币表现,产品价格应大体上符合其价值。产品定价是一项复杂的工作,特别是在市场经济条件下,应考虑的因素很多。无论是国家还是企业,在制定产品价格时,应遵循价值规律的基本要求。但现阶段,人们还不能直接计算产品的价值,而只能计算产品成本,通过成本间接地或相对地掌握产品的价值。因此,产品成本就成了制定产品价格的重要因素。

在养猪生产中,生产资料包括的内容很多,如饲料、水电、兽药等。

饲料在养猪成本中占有很大的比重,饲料中使用最多的是玉米,其次是饼粕类、米糠、小麦麸,添加剂仅占饲料很少的一部分。饲料原料的价格波动与生猪的价格是密切相关的,只是两者之间存在一种不协同性,往往是饲料原料的价格已经涨了很长时间,生猪的价格才缓缓地涨起来,有时甚至是一种反比,饲料原料价格上涨时,生猪的价格反倒会下跌。但总的来说,饲料原料与生猪价格在上涨时会有一个共存期,原料价格与生猪的价格在正常情况下是呈跳跃式交替进行的,往往原料价格上涨了一段时间后生猪的价格才会涨上来,而在这期间如果所用的饲料原料是现用现买的,养猪的利润就会出现不同程度的下降,而有时当原料价格已经下跌了,生猪的价格却高高在上,此时养猪行业就会出现高利润,这时会使更多的人跻身养猪业。同时一些正在经营中的养猪场也会盲目地增加生产量,在一定时期内造成供大于求,使生猪价格下降。

由于我国地域广阔,各地区的养猪生产水平不同,消费者的消费水平也不同,生猪的价格也有差异。

另外,有些人为因素或消费信息变化也会造成生猪价格波动,如 2005 年 8 月,在四川省出现了猪链球菌 II 型传染人致死事件,在一定程度上影响了猪肉的国内消费数量,出现了生猪价格下滑现象。

二、生产过程成本支出与控制

成本是企业生产产品所消耗的物化劳动的总和,是在生产中被消耗掉的价值,为了维持再生产的进行,这种消耗必须在生产成果中予以补偿。

成本核算,就是考核生产中的各项消耗,分析各项消耗增减的原因,从而寻找降低成本的途径。养猪场如果要增加盈利,基本途径有 2 条,一是通过扩大再生产,增加总收入;二是通过改善经营管理,节约各项消耗,降低生产成本。因此,养猪场的主要经营者应当重视成本,了解成本的内容,学会成本核算。

养猪场的产品成本核算,是把在生产过程中所发生的各项费用,按不同的产品对象和规定的方法进行归集和分配,借以确定各生产阶段的总成本和单位成本。

产品成本核算是养猪场落实目标责任制,提高经济效益不可缺少的基础工作,是会计核算的重要内容。养猪场要进行商品猪生产,必然要发生各种各样的耗费和支出,这些耗费和支出是否符合经济有效的原则,不能以耗费和支出总量的多少来衡量,而只有从产品单位耗费水平的高低才可以反映出来。一般来讲,一个猪场的单位活重成本水平越低,其获得利润能力就越强;反之,其获利能力就差。及时准确地进行产品成本核算,可以反映和监督各项生产费用的发生和产品成本的形成过程,从而凭借实际成本资料与计划成本的差异,分析成本升降的原因,揭示成本管理中的薄弱环节,不断挖掘降低成本的潜力,做到按计划、定额使用人力、物力和财力,达到预期的成本目标。

1. 成本构成分析

产品成本是反映猪场生产经营活动的一个综合性经济指标。猪场经营管理中各方面工作的情况,如种猪选择的好坏、产仔的多少、成活率的高低、劳动生产率的高低、饲料的节约与浪费、固定资产的利用情况、资金运用是否合理以及供产销各环节的工作衔接是否协调等,都可以直接或间接地在成本上反映出来。因此成本水平的高低,在很大程度上反映了一个猪场经营管理的工作质量。加强成本核算,合理降低生产成本,有助于我们去考核猪场生产经营活动的经济效益,促进其经济管理工作的不断改善。

产品成本是补偿生产消耗的尺度,为了保证再生产的不断进行,必须对生产消耗进行补偿。猪场是自负盈亏的商品生产者和经营者,生产消耗是用自身的生产成果,即营业收入来补偿的。而成本就是衡量这一补偿度大小的尺子。猪场在取得营业收入后,必须把相当于成本的数额划分出来,用以补偿生产经营中的资金耗费。这样,才能维持资金周转按原有规模进行;如果猪场不能按照成本来补偿生产耗费,猪场资金就会短缺,再生产就不能按原来规模进行。成本是划分生产经营耗费和猪场纯收入的依据,在一定营业收入中,成本越低,纯收入就越多。猪生产成本构成及简要分析见表 8.1。

2. 成本控制

在猪生产过程中,除了重点控制饲料成本,提高饲料转化率,减少饲料损耗外,还应做好以下成本项目的控制:

表 8.1　猪生产成本构成分析简表(均以 500 头生产母猪为例)

类　型		构成比例/% (优良值)	超常值评价
可变成本	饲料	70~80	比例小:未能达到满负荷生产或其他费用过高
			比例大:浪费很大;饲养周期太长、效率低下
	人工	5~7	比例小:机械化操作程度高
			比例大:饲养量小、劳动生产效率低
	兽药(疫苗)	2~3	划分为:预防、治疗和消毒以及器械添置费用
	水电维修	4~5	工厂化养猪条件下,相对维修费用大于一般养殖方式
	工具材料	2~2.5	易于消耗的工具材料费每年下降
	销售费用	1.5~2.5	投入到销售中的必要费用
	管理费	0.3~0.5	需要以较低的管理成本,获得最大的管理效率
	其他	8~10	
不变成本	折旧费	3~4	为再生产循环和扩大再生产的回报

(1)药物及医疗器械定额,每出栏一头肉猪按 8 元、种猪按 10 元计算。

(2)用水定额,用水量为每年 4 万 m³,按 0.5 元/m³ 计。

(3)用电定额,用电量为每年 6 万 kW·h,按 1 元/(kW·h)计。

(4)疫苗定额,每年为 5 万元计。

(5)物耗定额,按出栏猪每头猪计 2 元。其中胶水管每幢猪舍每年 2 条,扫把每舍每月 2 把,铁铲每舍每年配 2 把,全场手推车配 5 辆。其他包括电炉、电热水煲、水龙头、灯泡等。

(6)场部供给生产人员用品,水鞋每年每人 3 双,工作服每年每人 2 套。全场供洗衣粉 25 kg,香皂 100 块。

(7)设备维修及保养费一年 6 000 元。

三、猪场的成本核算

1. 成本核算的基本概念

成本核算是企业进行产品成本管理的重要内容,是猪场不断提高经济效益和市场竞争能力的重要途径。猪场的成本核算就是对猪场生产仔猪、商品猪、种猪等产品所消耗的物化劳动和活劳动的价值总和进行计算,得到每个生产单位产品所消耗的资金总额,即产品成本。成本管理则是在进行成本核算的基础上,考察构成成本的各项消耗数量及其增减变化的原因,寻找降低成本的途径。在增加生产量的同时,不断地降低生产成本是猪场扩大盈利的主要方法。

为了客观反映生产成本,我们必须注意成本与费用的联系和区别。在某一计算期内所消耗的物质资料和活劳动的价值总和是生产费用,生产费用中只有分摊到产品中去的那部分才构成生产成本,两者可以是相等的,也可以是不等的。

2. 生产成本核算的方法

进行生产成本的核算需要完整系统的生产统计数据,这些数据来自于日常生产过程中的各种原始记录及其分类整理的结果。所以建立完整的原始记录制度,准确及时地记录和整理是进行产品成本核算的基础。通过产品的成本核算达到降低生产成本、提高经济效益的目的,我们需要了解具体的成本核算方法。

第一步,确定成本核算对象、指标和计算期单位。养猪场生产的终端产品是仔猪、种猪和瘦肉型商品猪,成本核算的指标是每千克或每头产品的成本资金总量,计算期有月、季度、半年、年等单位。现以 100 头基础母猪、本年度存栏变化很小(如变化较大应将增减的猪群消耗剔除,消除其影响)的小型猪场为例,将商品猪作为成本核算的对象,以元/kg、元/头为核算成本的指标,以年为计算期单位说明猪场成本核算的具体过程和方法。

第二步,确定构成养猪场产品成本的项目。一般情况下将构成猪场产品成本核算的费用项目分为两大类:即固定费用项目和变动费用项目。变动费用项目是指那些随着猪场生产量的变化其费用大小也显著变化的费用项目,例如猪场的饲料费用;固定费用项目是指那些与猪场生产量的大小无关或关系很小的费用项目,其特点是一定规模的养猪场随着生产量的提高由固定费用形成的成本显著降低,从而降低生产总成本,这就是规模效应,降低固定费用是猪场提高经济效益的重要途径之一。

(1)变动成本费用项目:饲料、药品、煤、汽油、电和低值易耗物品费。其中饲料包含饲料的买价、运杂费和饲料加工费等。

(2)固定成本费用项目:饲养人员工资、奖金、福利费用,以及猪场直接管理人员费用、固定资产折旧和维修费。

第三步,成本核算过程。各类成本发生额如下:

变动成本中原材料采购成本的核算。

采购费用分配率＝采购费用总额÷原料总买价×100％

原料采购成本:买价与采购费用分配率的乘积。

饲料产品加工费分配量＝加工费总额÷加工总量

已消耗饲料产品的成本价＝原料组成本价÷损耗率＋加工费分配量

损耗率＝(原料消耗量－饲料成品量)÷原料消耗量×100％

在饲料加工过程中,其饲料产品的原料价应按饲料配方的组成计算。

总饲养成本的核算:饲料变动成本、其他变动成本和固定成本之和。

通过以上核算,我们定量了产品中各种成本在总成本中的比例,同时得到了该年度生猪产品的总成本及单位产品的成本。如将每年或各季度的成本进行如此核算,并进行比较,我们会发现企业存在的问题及提高效益的潜力,这对降低成本将有巨大作用。

3. 成本核算的意义

(1)通过产品成本核算,明确了产品成本构成的项目,加强了财务管理。从上述产品核算的过程及结果中我们可以明确地看到产品成本构成的项目。如果有不合理的开支项目,在核算的过程中必然会暴露出来。此类项目的多少与大小直接影响着企业的生产成本,也反映了企业财务管理的状态。进行细致而严格的企业产品成本核算,必然会加强企业的财务管理,减少财务漏洞,从而降低产品生产成本,提高企业经济效益。

(2)通过产品成本核算,明确了产品的总成本及单位成本。产品核算的结果告诉我们,每生产1单位的产品需用多少资金,那么我们就可以根据产品市场售价随时了解企业的盈亏状态。例如商品猪的售价是8元/kg,则处于盈利状态;而处于6.82元/kg则处于盈亏平衡临界点。这将有利于决策者根据市场价格随时调节生产过程,以提高经济效益。

(3)通过产品成本核算,了解产品总成本中各项成本的比例。了解这个比例有利于决策者对现实的成本构成作出正确的评价,发现问题的同时找到机遇。例如,作为国有大猪场,人员较多,机械化程度较高,其变动成本与固定成本的比例一般为7.5:2.5,而农村规模化养猪企业一般为9:1,这个比例深刻反映了不同体制下运行的同类企业为什么成本相差很大的原因。提高固定资产利用率,降低固定成本的比例始终是企业追求经济效益的有效方法之一。

(4)进行全面的成本核算有利于对企业实行全面的计划管理。当我们通过成本核算得到某一企业在其具体环境中单位产品的盈利额时,我们就可以根据该企业的平均固定成本数额确定盈亏点。例如,每头商品猪的售价是800元,实际总成本为650元,则每头猪可盈利150元。以某猪场为例,1995年度固定成本总额是23.1万元,那么该猪场出栏1 540头时才可以达到盈亏平衡点;如果企业的固定资产投资大并且负债信贷资金,就必然加大企业的固定成本总额及其在总成本中的比例,从而必然提高盈亏平衡点时的产品数量,即商品猪的头数。其结果是增大企业经营风险,相对降低企业效益。例如,该猪场固定成本为45万元时,就必须使出栏头数达到3 000头才达到盈亏平衡点,此点在进行企业投资时或制订年度计划时必须进行周密的考虑。

　　（5）提高生产效率，可以降低固定成本及变动成本。通过进行成本核算，我们看到，产品的成本构成是由固定成本和变动成本两大部分组成的，提高生产效率可以同时降低此两项的总额。所以提高技术水平，调动职工积极性，提高企业合格产品的数量，减少单位产品的摊销费用从而降低成本，可以达到提高企业效益的目的。

　　综上所述，加强企业成本核算，并对核算的结果进行细致的分析是提高猪场经济效益最重要的途径之一。很难想象一个没有进行严格的成本核算的企业，一个不能对成本结构进行经济分析的企业，能够采取有效的措施使企业产生良好的经济效益。因此，对猪场进行成本核算和成本管理，学会对核算的结果进行科学分析，并适时作出正确决策是未来猪场进一步提高市场竞争能力的重要措施。

4. 规模化猪场的成本核算实例与盈亏分析

　　成本核算与盈亏分析在规模化猪场的经营管理中占有十分重要的地位。定期的财务分析可使经营者明确目标，有针对性地加强管理，从而获得最佳经济效益。规模化猪场一般进行全年一贯制均衡生产，几乎每天都有仔猪出生，每周都有育肥猪或仔猪出售，也常有猪只死亡，所以猪群的数量每天都在变化。猪的饲养周期又较长，这就给成本核算及财务分析带来一定难度。

　　（1）成本核算与盈亏分析。猪的生产成本分为直接生产成本和间接生产成本。所谓直接生产成本就是直接用于猪生产的费用，主要包括饲料成本、防疫费、药费、饲养员工资等；间接生产成本是指间接用于猪生产的费用，主要包括管理人员工资、固定资产折旧费、贷款利息、供热费、电费、设备维修费、工具费、差旅费、招待费等。下面是 2002 年某实习农场良种猪场成本核算实例。

　　①母猪的成本核算及其毛利的计算。

　　第一项，母猪成本费用（每头母猪的每年成本费用）：A. 饲料成本费用2 761.23 元；B. 防疫费 93.68 元；C. 饲养员工资 126.76 元；D. 兽药费 38.68 元；E. 保健费 84.60 元；F. 水电费 80 元；G. 租金费 100 元；H. 资金占用费 121 元；I. 饲料损耗费 33.11 元；J. 饲料装运费 15.07 元；K. 饲料加工费 26.27 元；L. 维修费 30 元；M. 母猪折旧费 70 元；N. 低值易耗品费 4.32 元；O. 企管费 84 元；P. 燃料费 11 元；Q. 母猪配种费 50 元；R. 受胎产仔亏损费 156.8 元；S. 其他费12.3 元。合计 3 898.82 元。

　　第二项，每头母猪毛利的计算：每头全年产 2.2 胎，平均每窝 9.5 头，产房成活率91%；保育舍成活率 97%；保育猪出栏平均体重 19.5 kg，每头保育猪 11 元/kg，销售仔猪收入＝2.2×9.5×0.91×0.97×19.5×11＝3 957（元）。每头母猪平均毛利＝3 957－3 898.82＝58(元)。

②育肥猪的成本核算及其毛利的计算。

第一项,育肥猪成本费用(每头育猪的每年成本费用):A. 饲料成本费用394.57 元;B. 种猪费 214.5 元;C. 工资费 9.69 元;D. 防疫及药费 3.77 元;E. 水电费 4 元;F. 租金费 4 元;G. 资金占用费 5 元;H. 饲料损耗费 7.88 元;I. 饲料装运费 3.3 元;J. 饲料加工费 5.68 元;K. 维修费 1 元;L. 运杂费 0.5 元;M. 尿检费 0.67 元;N. 排污费 0.53 元;O. 企管费 7.12 元;P. 低值易耗品费 0.15 元。合计 666.36 元。

第三项,每头育肥猪毛利的计算:每头育肥猪平均出栏体重 90 kg,2002 年育肥猪平均价 7 元/ kg;每头猪毛利＝出售育肥猪收入－育肥猪成本＝95×7－666.36＝－1.36(元)。

③盈亏分析。猪场全年的盈亏额等于母猪与育肥猪的毛利及其他收入之和减去猪的间接生产成本。在年终分析猪场的盈亏时还要考虑到猪群数量的变化,如果猪群数量增加,则表示存在着潜在的盈利因素,如果猪群数量减少,则表示存在着潜在的亏损因素。因为该猪场的存栏量变化不大。所以盈亏的影响在分析时可忽略不计,但如果猪的存栏变化较大,在分析盈亏时就必须考虑到这一因素。

养猪利润指数可以预测在市场多变的情况下,及时判断经营是否有利及利润大小,方便而快速。

利润指数＝市场指数×生产指数

市场指数＝猪只价格/饲料成本

生产指数＝每头母猪年断乳仔数/全群料重比

例:毛猪价格 15 元/kg,饲料成本 2.2 元/kg,则市场指数为 6.2;

全群料重比＝(母猪 1 200 kg＋18.5×300 kg)/(18.5×100 kg)＝3.65：1

式中,1 200 kg 是母猪一年的饲料耗用量;300 kg 是一头商品猪的饲料耗用量;100 kg 是一头出栏商品猪的体重。

每头母猪年育成仔猪 18.5 头,全群料重比 3.65,则生产指数为 5.07;

利润指数＝6.2×5.07＝31.43。

一般认为,利润指数为 25～26 是盈亏平衡点,超过越多,利润越高,30～31 经济效益已很显著。市场价格无法控制,必须全力研究如何提高生产指数——全群平均每头母猪年育成仔猪数和全群料重比。

(2)提高猪场经济效益的措施。分析以上成本核算与盈亏分析的过程,可以看出要提高猪场经济效益关键要做到以下几点:

①提高每头母猪的年提供仔猪数，提高猪场经济效益最有效的办法就是提高每头母猪的年提供仔猪数。一般每增加 1 头的仔猪可获纯利润为 125 元/头，如果出售，利润会更高。可见提高每头母猪的年提供仔猪数能显著增加经济效益。

②降低饲料成本。在猪的饲养成本中所占的比例一般都在 70％左右。降低饲料成本是增加经济效益的有效措施，但同时一定要保证饲料的质量，否则只能适得其反。主要方法是利用多种原料进行合理配合。达到既降低成本，又满足猪只营养需要的目的。

③降低非生产性开支。一般来说饲料成本在总成本中占的比例越高。非生产性开支所占的比例越少，说明猪场的管理越好，所以要尽量减少各种非生产性开支，提高经济效益。

四、猪场的生产计划制定

规模化猪场的生产是按照一定的生产流程进行的，在各个生产车间栏位数和饲养时间都是固定的，各流程相互连接，如同工业生产一样，所以，应制订出详尽的计划使生产按一定的秩序进行。均衡性生产对猪场的管理、生产运行、资金运行具有重要意义。只有均衡生产才能保证诸如工资方案、猪群周转、疫病控制、栏舍使用、资金运行等计划和指标的有效落实。猪群的均衡生产决定了全场的均衡生产，在生产实践中必需科学地制订生产计划，包括周、月、年生产计划，配种率、分娩率、产仔率等目标计划，达不到预定计划的要查找原因，及时解决，确保计划的完成率，及时总结提高猪场的生产水平与经济效益。根据编制计划时间长短猪场计划可分长远计划、年度计划和阶段生产计划。长远计划是猪场 3～5 年或更长时间的发展纲要和年度计划制定的依据，对猪场的发展具有方向性的指导作用；年度计划是计划管理的主要环节，是长期计划的具体化，它是猪场最基本的生产经营活动，是在总结上一年度生产活动的基础上制定的，是指导当年生产经营活动的总体方案；阶段计划是年度生产任务在各时期的具体安排，可按季或月来编制，编制方法同年度计划基本相同，只是内容更具体，指标更准确，通过定期检查，促进阶段计划完成。因此通过计划的实施，可以看出猪场任务完成的情况，生产经营水平，饲料供求是否平衡，产品销售状况等。

1. 配种分娩计划

阐明计划年度内全场所有繁殖母猪各月的配种头数、分娩胎数和产仔数，根据生产效果进行选种选配。一个年产万头肉猪的养猪企业，一般有种母猪 600 头左右，母猪配种受胎率要求在 90％以上。全年配种 1 200 胎次，平均每周配种

23 头,全年分娩 1 080 胎,平均每周分娩 21 胎,每胎产仔 10 头,全年产仔猪 10 800 头。为了保证计划的完成,大多数企业在此基础上适当增加,大体上每周配种 28 头,保证有 21～24 头母猪受胎分娩,仔猪 4～5 周断乳,断乳仔猪在分娩栏留存 1 周。

为了避免集中配种,实现全年均衡生产,每周制订细致的配种计划是十分必要的。制订配种计划要熟悉在群种猪的状况,对在群母猪在下 1 周的状况做好充分的估计和准备。以下是一个周配种计划单(表 8.2)和估计各类型母猪在下 1 周出现发情最高头数和最低头数的方法。

表 8.2   周配种计划单

舍号	类别	计划配种数	最高头数	最低头数
	断乳母猪			
	后备母猪			
	断乳后 7 d 未发情猪			
	上周或前几周复配猪			
	上周或前几周的空怀猪			
	总计			

周配种计划单各类别猪出现最高发情数和最低发情数的估算方法是这样的:

(1)断乳母猪。最高数＝本周断乳猪数×前 4 周适时发情的最高百分数。最低数＝本周断乳母猪数×前 4 周适时发情最低百分数。

(2)后备母猪。最高数＝后备母猪总数÷3。最低数＝已转入配种舍的数量,并掌握了上一个情期发情时间的后备母猪数。

(3)断乳后 7 d 未发情猪。最高数和最低数＝断乳后 7 d 未发情猪的总数÷3。

(4)上周或前几周的复配猪。最高数和最低数＝前 4 周出现的复配猪的平均数。

(5)上周或前几周的空怀猪。最高数＝除在本周确实不能发情的其余所有空怀猪数。最低数＝据记录有望在本周发情的空怀猪数。

年度配种分娩计划见表 8.3。

2. 猪群周转计划

确定各类猪群的头数,猪群的增减变化,以保持合理的猪群结构,达到最佳生产效益。由于规模化猪场的猪群周转按小群(或按单元)连续进行,所以对整个猪群来说,每周都有部分小群发生转移。在均衡生产的情况下,从理论上说各周猪群的转移基本上是一致的,因此,在连续流水式作业的情况下,需制订出在每周的不同时间的转群计划。

表 8.3　××××年度配种分娩计划表

年度	月份	配种数			分娩数			产仔数		
		基础母猪	检定母猪	小计	基础母猪	检定母猪	小计	基础母猪	检定母猪	小计
上年度	9									
	10									
	11									
	12									
本年度	1									
	2									
	3									
	4									
	5									
	6									
	7									
	8									
	9									
	10									
	11									
	12									
全年合计										

　　星期一:妊娠猪舍产前 1 周的临产母猪调到分娩舍。分娩舍于前 2 d 做好准备工作。

　　星期二:配种舍将通过鉴定的妊娠母猪调到妊娠猪舍,妊娠猪舍于前 1 d 做好准备工作。

　　星期三:分娩舍将断乳母猪调到配种舍,配种舍于前 1 d 做好准备工作。

　　星期四:将上 1 周断乳留栏饲养 1 周的断乳仔猪调到仔培舍,仔培舍于前 2 d 做好准备工作。

　　星期五:将在仔培舍饲养 5 周的仔猪调到生长育肥舍,生长育肥舍于前 1 d 做好准备工作。

　　星期六:生长育肥舍肉猪出栏。

　　年度猪群周转计划见表 8.4。

表 8.4 ××××年度猪群周转计划表

		上年存栏	1月	2月	3月	4月	5月	6月	7月	8月	9月	10月	11月	12月	合计
基础公猪	月初数														
	淘汰数														
	转入数														
检定公猪	月初数														
	出售或淘汰数														
	转出数														
	转入数														
基础母猪	月初数														
	淘汰数														
	转入数														
检定母猪	月初数														
	淘汰数														
	转出数														
	转入数														
哺乳仔猪															
培育仔猪															
后备母猪															
生长肥育猪															
月末存栏总数															
出售淘汰总数	出售断奶仔猪														
	出售后备公猪														
	出售后备母猪														
	出售肉猪														
	淘汰成年猪														

应该注意,在转移每一群猪时,都应该随带本身的原始档案资料。为及时掌握猪群每周的周转存栏动态情况,可采用与之相适应的生猪每周调动存栏表。表 8.4 的特点是按猪的生产流程将猪群分为配种舍、妊娠舍、分娩舍、保育舍、生

长育肥舍,每种猪舍都有一个分表,按各舍实际需要设计具体项目。将各分表联系起来,便成为企业猪群每周的周转存栏动态总表。这一总表既能反映出各类猪的周内变动情况,也便于与周作业计划进行对比。

3. 生产计划

根据猪场的母猪数量、生产流程和生产指标进行制订,预计全年出栏的猪数以及按周逐月的分布情况。如某猪场存栏母猪 500 头,分娩率 85%,每胎产活仔数 10 头,哺乳期成活率 95%,保育期成活率 97%,育成期成活率 99%,3 周龄断乳,商品猪出栏 23 周(3 周+5 周+15 周),每头母猪年产仔窝数是 52÷20.5=2.4 (窝),年生产计划如表 8.5 所示。

表 8.5　500 头母猪生产计划一览表　　　　　头

不同阶段猪群数	统计时段		
	周	月	年
满负荷配种母猪数	27	118	1 412
满负荷分娩胎数	23	100	1 200
满负荷活产仔数	230	1 000	12 000
满负荷断乳仔猪数	218	950	1 1 400
满负荷保育成活数	211	921	11 058
出栏育肥猪数	209	912	10 947

4. 饲料供需计划

在第二章已述及,此处不再重复。

5. 物资供应计划

根据本场猪只饲养头数,确定计划期内猪场全年所需兽医药品及其他物资的需要量。

6. 劳动工资计划

根据不同工种的饲养头数和劳动定额,确定计划内所需的人力,并预算劳动工资,编制工资计划。

附:"猪博士"猪场管理系统简介

一、软件介绍

"猪博士"猪场管理系统是郑州大家软件科技有限公司组织河南省著名养猪专

家、资深计算机专家、管理学专家经过多年研制而成,旨在探索科学的猪场管理模式,利用现代信息技术,建立一套完整科学的信息收集、处理与分析的管理系统,财务业务一体化,推动猪场管理标准化、科学化,减少母猪非生产时间,提高饲料效率,为猪场集约化、规模化经营管理提供强有力的支持。

二、软件功能

1. 种母猪管理

包括种母猪进场管理、配种管理、妊娠检查管理、分娩管理、转舍管理、仔猪变动管理、拼窝管理、窝重管理、断奶及部分断奶管理、疾病管理、体况管理、离场管理、防疫管理、转场管理等。

2. 种公猪管理

包括种公猪进场管理、采精管理、疾病管理、体况管理、防疫管理、保健管理、转舍管理、离场管理等。

3. 猪群管理

包括猪群新建管理、猪群变动管理、猪只转舍管理、猪群转种猪管理、猪群疾病管理、猪群防疫管理、猪群保健管理、猪群关闭管理等。

4. 原料管理(包括饲料生产管理)

包括原料采购管理、原料领用管理、原料生产饲料管理、原料库存查询、原料变动明细查询、原料盘点管理等。

5. 饲料管理

包括饲料采购管理、饲料领用管理、饲料库存查询、饲料变动明细查询、饲料盘点管理、猪舍领用饲料统计等。

6. 兽药管理

包括兽药采购管理、兽药领用管理、兽药库存查询、兽药变动明细查询、兽药盘点管理、猪舍领用兽药统计等。

7. 疫苗管理

包括疫苗采购管理、疫苗领用管理、疫苗库存查询、疫苗变动明细查询、疫苗盘点管理、猪舍领用疫苗统计等。

8. 易耗品管理

包括易耗品采购管理、易耗品领用管理、易耗品库存查询、易耗品变动明细查询、易耗品盘点管理、猪舍领用易耗品统计等。

9. 防疫程序管理

根据种公猪、种母猪、猪群不同生长阶段的防疫特征,设置不同的防疫程序,系统会根据设置自动提醒并可打印出防疫日工作计划，以便防疫员进行防疫操作。

10. 生产提醒

包括待配种母猪提醒、需断奶母猪提醒、需妊娠检查母猪提醒、需转入产房母猪提醒等。生产人员可根据系统生成的日工作计划安排执行相应工作，管理人员可根据系统提示，检查日工作完成情况，进而对猪场生产进行管理与控制。

11. 工资管理

根据系统设置与生产情况，自动生成工资表。

12. 成本管理

根据系统设置与生产情况，自动分摊成本，并计算出当期成本。

13. 统计查询

种母猪存栏情况查询、种公猪存栏情况查询、猪群存栏情况查询、种母猪配种记录查询、种母猪妊娠检查记录查询、种母猪分娩情况查询、种母猪转舍情况查询、仔猪变动记录查询、仔猪拼窝记录查询、仔猪窝重情况查询、公猪转舍查询、公猪采精记录查询、猪群变动记录查询、疾病与用药记录查询等。

14. 报表管理

种母猪生产报表、种母猪淘汰报表、种母猪死亡报表、公猪生产成绩报表、商品猪淘汰报表、猪群死亡报表、出栏猪报表、销售报表、利润报表、猪场综合报表等。

15. 分析管理

母猪发情分析、受胎率分析、分娩率分析、各胎次产仔分析、产仔窝数情况分析、种猪年龄分析等。

三、软件特色

1. 清晰管理、精确管理

系统将猪场的猪按种公猪、种母猪和猪群进行分类，以种猪和猪群为单位进行管理，详细记录和管理、分析发生在种猪和猪群身上的各种事件，管理主线清晰。对不同猪群各个阶段各项指标都可进行全面精确管理与核算。

2. 猪场生产经营全面管理

系统除了对猪场生产进行管理外，还可对工资、成本、采购、销售、库存等进行管理与核算。

3. 快捷智能数据录入

系统针对猪场数据输入及应用特点，特别设计了快速智能化记忆输入，大大减少了数据输入量和应用难度，提高了输入效率。系统预留有猪场自动化及无线设备接口。

4. 根据不同岗位自动提醒

系统根据用户设置，根据岗位生成生产计划，如断奶母猪提醒、妊娠检查母猪提醒、转入产房母猪提醒、免疫提醒等。

5. 软件基于事件，操作简单

软件操作简单，用户只需了解猪场操作流程即可，不需要较高的计算机操作水平。

6. 丰富完备的各种报表

系统根据用户需要，生成猪场各种报表，系统还可根据猪场需要，自定义及定制报表。

7. 支持集团化猪场应用

系统支持互联网（B/S）构架，支持集团化多猪场远程互联，数据自动汇总集中，猪场老板无论走到哪里，通过互联网可随时了解猪场生产状态。

8. 快速实施

系统特别设计了快速实施功能，一般万头场规模数据整理，只需两天即可实施完毕，不影响猪场正常生产。

9. 根据规模化猪场量身定做

软件课题组成员有我省著名的养猪专家、资深计算机软件开发工程师以及饲料公司、兽药厂、数十家现代化猪场管理人员组成，专门针对规模化猪场，经过反复的调查与研讨，推出现代化的猪场标准化管理与养殖模式。

系统还可根据猪场特殊需求，量身定制软件。

参 考 文 献

1. 朱宽佑,潘琦. 猪生产. 北京:中国农业大学出版社,2011.
2. 朱宽佑,潘琦. 养猪生产. 北京:中国农业大学出版社,2005.
3. 王振来,路广计,谷军虎. 养猪场生产技术与管理. 北京:中国农业大学出版社,2003.
4. 曲万文. 现代猪场生产管理实用技术. 北京:中国农业出版社,2008.
5. 连森阳. 养猪技术与经营管理. 北京:中国农业出版社,2005.
6. 杨公社. 猪生产学. 北京:中国农业出版社,2002.
7. 陈明清,王连纯. 现代养猪生产. 北京:中国农业出版社,2002.
8. 李炳坦,等. 养猪生产技术手册. 北京:农业出版社,1990.
9. 陈焕春. 规模化猪场疫病控制与净化. 北京:中国农业出版社,2000.
10. 刘海良主译. 养猪生产(Swine Production,Alberta Agriculture). 北京:中国农业出版社,1998.
11. 白玉坤,王振来. 肉猪高效饲养与疫病监控. 北京:中国农业大学出版社,2003.
12. 赵书广. 中国养猪大成. 北京:中国农业出版社,2000.
13. 李宝林. 猪生产. 北京:中国农业出版社,2001.